AF455507

OPUSCULES

MATHÉMATIQUES.

TOME VI.

On trouve chez BRIASSON *les Ouvrages de Mathématique de M. d'*ALEMBERT *;*

SAVOIR,

TRAITÉ de Dynamique, nouvelle Edition, considérablement augmentée, *in*-4. *fig*. 1758. La premiere Edition est de 1743.

— Traité de l'Equilibre & du mouvement des Fluides, pour servir de suite au *Traité de Dynamique*, *in*-4. *fig*. seconde Edition, revue & augmentée, 1770. La premiere Edition est de 1744.

— Essai d'une nouvelle Théorie de la résistance des Fluides, *in*-4. *fig*. 1752.

Nota. Ces trois Traités ont une très-grande liaison entr'eux; cependant ils seront toujours séparés au gré de l'acheteur.

— Réflexions sur la cause générale des Vents, *in*-4. *fig*. 1747.

— Recherches sur la précession des Equinoxes & sur la nutation de l'Axe de la Terre, *in*-4. *fig*. 1749.

— Recherches sur différens points importans du Systême du Monde, *in*-4. 3 vol. *fig*. 1754 & 1756.

— Opuscules Mathématiques, ou Mémoires sur différens sujets de Géométrie, de Méchanique, d'Optique, d'Astronomie, &c. *in*-4. 6 vol. *fig*. 1761, 1764, 1767, 1768 & 1773. *Le quatriéme, le cinquiéme & le sixiéme volume se vendent séparément.*

Nota. Les *Elémens de Musique* du même Auteur, qu'on peut mettre au nombre de ses Ouvrages Mathématiques, se trouvent à Paris, chez *Desaint* & *Saillant*, & à Lyon, chez *Jean-Marie Bruyzet*.

OPUSCULES MATHÉMATIQUES,

OU

MÉMOIRES sur différens Sujets de GÉOMÉTRIE, de MÉCHANIQUE, d'OPTIQUE, d'ASTRONOMIE, &c.

Par M. D'ALEMBERT, *Secrétaire perpétuel de l'Académie Françoise, des Académies Royales des Sciences de France, de Prusse, d'Angleterre & de Russie, de l'Académie Royale des Belles-Lettres de Suede, de l'Institut de Bologne, & des Sociétés Royales des Sciences de Turin & de Norwege.*

TOME VI.

A PARIS,

Chez BRIASSON, Libraire, rue Saint Jacques, à la Science.

M. DCC. LXXIII.

AVEC APPROBATION ET PRIVILÈGE DU ROI.

TABLE
DES TITRES
Contenus dans ce ſixiéme Volume.

QUARANTE-CINQUIÉME MÉMOIRE.

ARTICLE I.

REMARQUES SUR L'ARTICLE PRÉCÉDENT.

ARTICLE II.

ARTICLE III.

REMARQUES SUR L'ARTICLE PRÉCÉDENT.

ARTICLE IV.

QUARANTE-SIXIÉME MÉMOIRE.

REMARQUES SUR LE MÉMOIRE PRÉCÉDENT.

QUARANTE-SEPTIÉME MÉMOIRE.

REMARQUES SUR LE MÉMOIRE PRÉCÉDENT.

QUARANTE-HUITIÉME MÉMOIRE.

REMARQUES SUR LE MÉMOIRE PRÉCÉDENT.

QUARANTE-NEUVIÉME MÉMOIRE.

CINQUANTIÉME MÉMOIRE.

Sur quelques points d'Astronomie Physique.

CINQUANTE-UNIÉME MÉMOIRE.

Recherches sur différens Sujets.

Fin de la Table.

EXTRAIT des Regîtres de l'Académie Royale des Sciences.

Du 2 Septembre 1772.

MESSIEURS LE MONNIER & l'Abbé BOSSUT, qui avoient été nommés pour examiner le Sixiéme Volume des *Opuscules Mathématiques* de M. d'ALEMBERT, en ayant fait leur rapport, l'Académie a jugé cet Ouvrage digne de l'impression. En foi de quoi j'ai signé le présent Certificat. A Paris, le 2 Septembre 1772.

GRANDJEAN DE FOUCHY,
Secrétaire perpétuel de l'Académie Royale des Sciences.

OPUSCULES MATHÉMATIQUES.

XLV. MÉMOIRE.

Recherches sur quelques points d'Astronomie Physique.

J'AI renfermé dans un seul Mémoire les différens objets de ces Recherches ; savoir, quelques réflexions sur la Théorie de la Lune, sur la Figure de la Terre, & sur l'effet de la pesanteur au sommet & au pied des Montagnes (*a*).

(*a*) Ce Mémoire, donné à l'Académie en 1770, ainsi que presque toutes les Remarques qui y sont jointes, étoit destiné à paroître dans le Volume de cette année-là ; mais comme il devoit être suivi de plusieurs autres Mémoires sur les mêmes objets, qui auroient occupé trop de place dans les Volumes suivans, l'Auteur a cru plus à propos de réunir toutes ces différentes Recherches dans ce sixième Tome de ses *Opuscules Mathématiques.*

ARTICLE I.

Nouvelles Recherches ſur la Théorie de la Lune.

Ces Recherches ſerviront de ſuite, & en partie de Supplément à celles que j'ai données dans le cinquiéme Volume de mes Opuſcules. Je ſouhaite que les Géometres y trouvent quelques vues nouvelles pour perfectionner & ſimplifier la Théorie de la Lune.

§. I.

De la maniere la plus ſimple de calculer analytiquement & aſtronomiquement les mouvemens de la Lune.

1. Soit x le rayon vecteur de la Lune, projetté ſur l'écliptique, z l'angle vrai parcouru par la Lune durant le temps t, Ψ la force qui agit dans le ſens du rayon vecteur, & π la force perpendiculaire à ce rayon; on aura d'abord les deux équations

$$(A) \quad -ddx + xdz^2 - \Psi dt^2 = 0$$
$$(B) \quad xddz + 2dxdz = \pi dt^2;$$

ces deux équations ſont aiſées à déduire de celles que nous avons données, page 305 du cinquiéme Volume de nos Opuſcules; elles peuvent d'ailleurs ſe trouver directement d'une maniere très-facile, comme ont fait pluſieurs Géometres, en conſidérant que ſi Ψ étoit $= 0$ on auroit $ddx = xdz^2$, dt étant conſtant, & que ſi π

étoit $= 0$, on auroit $d(xx\,dz) = 0$, dt étant toujours supposé constant; d'où il est très-aisé de déduire les équations précédentes (A) & (B), en ayant égard aux forces Ψ & π.

2. Pour intégrer ces équations de la maniere la plus appropriée aux calculs astronomiques, il faut, comme nous l'avons dit dans le Volume cité, que x & z soient exprimés par le mouvement moyen, que j'appelle Z.

3. Mais avant d'en venir là, il faut remarquer 1°. que dt doit être exprimé en dZ. 2°. Que les forces Ψ & π contiennent des sinus & cosinus de l'angle $z - z'$, qui est l'élongation réelle de la Lune à l'opposition du Soleil. 3°. Que $z' = nZ - 2\lambda$ sin. $\pi' nZ$ à très-peu près, n étant le rapport du mouvement moyen de la Terre à celui de la Lune, λ l'excentricité de l'orbite terrestre, & $\pi' nZ$ l'anomalie moyenne de la Terre, ou ce qui revient au même, de l'opposition du Soleil. 4°. Enfin, que $z = Z + \alpha$, α étant une quantité ou angle qui n'est jamais fort grand, puisqu'il ne passe pas 8 à 9 degrés, d'où il s'ensuit que $z - z' = Z - nZ + \alpha + 2\lambda$ sin. $\pi' nZ$; & que par conséquent, suivant la méthode que j'ai donnée ailleurs (*Rech. sur le Syst. du Monde*, premiere Partie, p. 50) sin. $(z - z') =$ sin. $(Z - nZ) +$ $(\alpha + 2\lambda$ sin. $\pi' nZ)$ cos. $(Z - nZ) - \frac{1}{2}(\alpha + 2\lambda$ sin. $\pi' nZ)^2$ sin. $(Z - nZ) - \frac{1}{2.3}(\alpha + 2\lambda$ sin. $\pi' nZ)^3$ cosin. $(Z - nZ)$ &c. On trouvera de même cosin. $(z - z') =$ cos. $(Z - nZ) - (\alpha + 2\lambda$ sin. $\pi' nZ)$ sin.

$(Z - nZ) - \frac{1}{2}(\alpha + 2\lambda \text{ fin. } \pi' nZ)^2$ cofin. $(Z - nZ) + \frac{1}{2.3}(\alpha + 2\lambda \text{ fin. } \pi' nZ)$ fin. $(Z - nZ)$ &c. Par ce moyen on aura l'expreſſion facile des quantités où entre l'angle $z - z'$, ſans employer dans cette expreſſion d'autres mouvemens que les mouvemens moyens.

4. A l'égard du temps dt, pour l'exprimer en dZ; on conſidérera que $dt^2 = \frac{a^3 dZ^2}{T+L}$, T étant la maſſe de la Terre, L celle de la Lune, & a le rayon d'une orbite circulaire que la Lune pourroit décrire uniformément en n'ayant d'autre force que celle de ſa gravitation vers la Terre. En ſubſtituant cette valeur de dt^2 dans les équations (A) & (B), on fera diſparoître dt^2.

5. De plus, ſi on nomme B la diſtance moyenne du Soleil à la Terre, on aura auſſi $dt^2 = \frac{B^3 n^2 dZ^2}{S}$, par la théorie des trajectoires elliptiques ; d'où il s'enſuit que $\frac{S a^3}{(T+L) B^3} = n^2$; ou $\frac{S}{B^3} = \frac{n^2 (T+L)}{a^3}$ (a).

6. Et comme les quantités Ψ & π contiennent les maſſes S & $T+L$, il ſera aiſé, au moyen des deux articles précédens, de faire diſparoître des équations dt,

(a) Il faudroit mettre à la rigueur $S+T$ au lieu de S dans cette équation & dans les précédentes, par la même raiſon qu'on a $T+L$ au lieu de T dans l'équation $dt^2 = \frac{a^3 dZ^2}{T+L}$. Mais T étant fort petit par rapport à S, on peut ici ſans erreur ſenſible ſubſtituer S à $S+T$.

S, & L tout-à-la-fois, & de la maniere la plus simple.

7. Soit maintenant ρ la tangente de la latitude, on considérera que la force Ψ est composée de trois autres, 1°. d'une force $\frac{(T+L)}{xx(1+\rho\rho)^{\frac{1}{2}}}$. 2°. D'une force φ' dérivée de l'action du Soleil, & qui agit suivant le rayon de l'orbite projettée de la Lune. 3°. D'une force φ cos. $(z-z')$ qui agit aussi suivant le même rayon, & qui est dérivée de la force φ parallèle à l'écliptique, & provenant aussi de l'action du Soleil. 4°. Enfin, on verra que la force $\pi = \varphi$ sin. $(z-z')$, d'où il s'ensuit qu'on aura

$$(C)\ldots - ddx + xdz^2 - \frac{a^3 dZ^2}{T+L} \times \left[\frac{T+L}{x^2(1+\rho\rho)^{\frac{3}{2}}} + \varphi' + \varphi \text{ cos. } (z-z')\right] = 0;$$

$$(D) \quad xddz + 2dxdz = \frac{a^3 dZ^2}{T+L} \times \varphi \text{ sin. } (z-z').$$

8. Pour trouver l'équation de la latitude, on considérera que $x\rho$ est la distance de la Lune au plan de l'écliptique, & qu'on aura $-d^2(x\rho) = dt^2 \times \rho \times \left[\frac{T+L}{x^2(1+\rho\rho)^{\frac{3}{2}}} + \varphi'\right]$; ce qui donne en combinant cette équation avec l'équation (C)

$$(E) \quad -xdd\rho - 2dxd\rho - \rho xdz^2 + \frac{a^3 \rho dZ^2}{T+L} \times \varphi \text{ cos. } (z-z') = 0;$$ équation qui revient à celle que nous avons trouvée par une autre méthode dans le cinquiéme Volume de nos Opuscules, pag. 374.

9. Cette derniere équation suffit pour connoître la

latitude de la Lune, ſans avoir calculé auparavant le mouvement du nœud & l'inclinaiſon; & c'eſt, comme nous l'avons déja dit ailleurs, M. de la Grange qui a fait le premier cette remarque. Cependant, comme il pourroit être utile de connoître ſéparément le mouvement des nœuds de la Lune, on conſidérera que ſi ζ eſt ce mouvement, on aura

$$(F) \quad x\, d\zeta\, dz = \varphi\, dt^2 \text{ ſin. } (z' - \zeta) \times \text{ſin. } (z - \zeta),$$

équation très-aiſée à déduire de celle qu'on trouve dans nos *Recherches ſur le Syſtême du Monde*, premiere Partie, page 20, & très-facile d'ailleurs à trouver directement par la méthode employée dans l'endroit cité (*a*).

10. Pour intégrer maintenant ces différentes équations, on fera $x = a\,(1 + b \text{ coſ. } NZ + c \text{ coſ. } 2NZ$, &c. $+ e \text{ coſ. } (2Z - 2nZ) + f \text{ coſ. } (2Z - 2nZ - NZ) +$ &c.) & ainſi de ſuite; les coefficiens b, c, e, &c. étant indéterminés ainſi que N. On fera auſſi z ou $Z + \alpha = Z + \mathcal{C} \text{ ſin. } NZ + \gamma \text{ ſin. } 2nZ$, &c. $+ \epsilon \text{ ſin. } (2Z - 2nZ)$ &c. On fera enfin $\rho = \mu\,(\text{ſin. } K.z + \lambda \text{ ſin. } (2nZ - 2K.Z) +$ &c.) K, λ, &c. étant auſſi indéterminées. On ſubſtituera ces valeurs dans les équations (A), (B), (E), & on déterminera par les méthodes ordinaires les coefficiens inconnus.

11. Il eſt à remarquer que les quantités α & μ s'en iront dans les calculs, ou du moins dans pluſieurs termes, & que ces quantités devront être déterminées par les obſervations. La quantité b, coefficient de coſ. $N.Z$

(*a*) Voyez les Remarques à la fin de cet article.

dans la valeur de x, restera aussi indéterminée, & devra être fixée par les observations; nous dirons plus bas comment on doit s'y prendre pour cet effet.

12. Quant à la quantité a³, on en trouvera la valeur en faisant égal à zéro dans l'équation (*A*) le coefficient du terme constant, c'est-à-dire, qui ne renfermera point l'angle Z ni ses multiples. Pour le faire sentir, soit supposé simplement dans l'équation (*A*), $\psi = \frac{T+L}{x^2}$, c'est-à-dire, que la trajectoire de la Lune soit une ellipse simple ordinaire, on aura $-ddx + xdz^2 - \frac{a^3 dZ^2}{x^2} = 0$. Donc si on fait $x = a(1+\theta)$, θ ne renfermant que des sinus & des cosinus, ou plutôt $x = a(1 + b \cos. Z + c \cos. 2Z$, &c.) on aura évidemment un terme qui ne contiendra ni cos. Z, ni cos. $2Z$, &c. & qui donnera la valeur de a³ en a, b, &c. il en sera de même dans l'équation (*A*) de l'art. 1 (*b*).

13. Cette méthode de déterminer les coefficiens dans l'équation de l'orbite lunaire, & dans l'expression du lieu vrai, est à la vérité moins directe que d'autres qui ont été données par différens Mathématiciens; mais elle a l'avantage d'être plus simple, & de donner plus exactement les valeurs de ces coefficiens; plus simple, parce qu'on s'y passe d'intégration, & plus exacte, parce qu'on trouve directement la valeur des coefficiens, sans substituer à chaque approximation la valeur trouvée dans l'ap-

(*b*) Voyez les Remarques à la fin de cet article.

proximation précédente. C'eſt ce qui s'éclaircira encore mieux par la ſuite.

14. L'inconvénient de cette méthode, comme nous l'avons déja remarqué ailleurs, c'eſt que la valeur de N qui donne le mouvement de l'apogée, & qui doit être $= 1$ quand les forces perturbatrices φ', φ ſont nulles, ſe trouve dans ce dernier cas exprimée par une ſérie infinie, qui à la vérité approchera continuellement & de plus en plus de l'unité, mais qui n'y ſera jamais exactement égale.

15. Mais comme on eſt certain *à poſteriori* que la valeur de N eſt $= 1$, lorſque les forces perturbatrices ſont nulles, & que ces forces perturbatrices ſont indiquées par le coefficient n^2 qui entre dans le rapport de S à $T + L$, il eſt clair que pour ſimplifier les calculs dans la recherche du mouvement de l'apogée, il n'y aura qu'à regarder comme nuls dans la valeur de N tous les termes dans leſquels n^2 ne ſe trouvera pas; ou en général négliger dans le calcul comme inutiles, tous les termes où il ne ſe trouvera aucune quantité dépendante des forces perturbatrices, en quelque nombre & de quelqu'eſpéce qu'elles ſoient. Par-là on trouvera l'influence que les forces perturbatrices ont ſur le mouvement de l'apogée, avec autant de facilité à peu près que ſi on cherchoit la valeur de x par le mouvement vrai z (c).

16. On intégrera de la même maniere par la méthode

(c) Voyez les Remarques à la fin de cet article.

des

des indéterminées, l'équation (*F*) de l'art. 9, qui représente le mouvement du nœud, si on croit avoir besoin de ce mouvement; & pour cela on fera $\zeta = K.Z + \nu$, ce qui donnera $z' - \zeta = nZ + 2\lambda$ sin. $\pi nZ - K.Z - \nu$, & $z - \zeta = Z + \alpha - K.Z - \nu$; d'où il est aisé (*art.* 3) d'exprimer les sinus & cosinus en multiples de Z, ce qui donnera directement en mouvement moyen, le mouvement vrai du nœud & ses équations.

17. Pour déterminer maintenant les quantités a, b, μ, qui restent indéterminées (*art.* 11) dans le calcul de l'orbite, on n'aura besoin à la rigueur que d'une seule observation, pourvû que les mouvemens moyens soient exactement connus.

18. Soit d'abord z le mouvement vrai observé pour un instant donné, pour lequel (*hyp.*) on connoît Z; on aura $z = Z + \alpha$, α étant une quantité dans laquelle il n'y a que b d'inconnue, d'où l'on tirera par conséquent b (*d*).

19. Soit ensuite σ la parallaxe observée pour ce même instant ou pour quelqu'autre, & ϑ la parallaxe moyenne, celle qui répond à la distance moyenne a. Soit ρ' la tangente de la latitude calculée pour le même instant, on aura $\sigma\sqrt{(1 + \rho'\rho')}$ pour la parallaxe qui répond à la distance x; soit ensuite $x = a(1 + \theta)$, il est aisé de voir que les parallaxes étant en raison inverse des distances, on aura $x\sigma\sqrt{(1 + \rho'\rho')} = a\vartheta$, & qu'ainsi

(*d*) Voyez les Remarques à la fin de cet article.

on aura $\vartheta = \sigma(1+\theta)\sqrt{(1+\rho'\rho')}$; équation dans le ſecond membre de laquelle il ne ſe trouve que des quantités connues par obſervation. Afin de rendre le calcul encore plus ſimple, on peut ſuppoſer que $\rho' = 0$, c'eſt-à-dire, que l'obſervation ſe faſſe dans le nœud, & on aura pour lors $\vartheta = \sigma(1+\theta)$. Mais comme la parallaxe σ qui répond à la diſtance moyenne a, n'eſt que la parallaxe qui auroit lieu ſi l'orbite de la Lune étoit rapportée au plan de l'écliptique, il eſt aiſé de voir que la parallaxe de la Lune dans ſon orbite réelle eſt $\frac{\vartheta a}{x\sqrt{(1+\rho\rho)}}$ pour un lieu quelconque, ou $\frac{\vartheta}{1+\theta}$ coſ. latit. en ſuppoſant $x = a(1+\theta)$ comme ci-deſſus; équation qui ſervira à former les tables de la parallaxe. On formera de la même maniere la table des diametres apparens, qui ſont toujours proportionnels à la parallaxe.

20. On emploiera une méthode analogue pour trouver la quantité conſtante μ qui entre dans l'expreſſion de la latitude. Soit μ' la latitude obſervée, & $\mu(1+\varpi)$ l'expreſſion de cette latitude, on aura $\mu = \frac{\mu'}{1+\varpi}$, équation dans laquelle ϖ eſt donné par la théorie, & μ' eſt donnée par obſervation.

21. Les calculs des art. 17 & 18 & des ſuivans ſuppoſent que le lieu moyen de la Lune eſt exactement ou preſque exactement connu. Mais pour plus de ſûreté, ſoit ſuppoſé qu'on ait commis l'erreur α' dans ce lieu

moyen, enſorte qu'au lieu de Z, il faille écrire $Z + \alpha'$. Soit enſuite obſervé un autre lieu de la Lune dans un temps quelconque; & comme le mouvement moyen de la Lune entre les deux temps d'obſervation eſt bien connu, ſur-tout ſi ces deux temps ne ſont pas très-éloignés l'un de l'autre, on aura la valeur de ce mouvement $= \xi$ quantité connue, & le lieu moyen pour le temps de la ſeconde obſervation ſera $Z + \xi + \alpha'$. Employant donc deux obſervations au lieu d'une, on aura deux inconnues α' & b à déterminer; & ſe ſervant d'une méthode analogue à celle de l'*art.* 3, la quantité α' qui eſt toujours peu conſidérable, ne ſera élevée dans les équations qu'au premier degré, ou tout au plus au ſecond, & ſera de plus dégagée des ſinus & coſinus qui la rendroient difficile à déterminer (*e*).

§. II.

Sur les Equations incertaines de la Théorie de la Lune.

1. J'ai fait voir dans le Tome V de mes Opuſcules, pages 336 & ſuivantes, que dans l'équation $ddt + Ntdz^2 + itdz^2 \text{coſ.} pz = 0$, le dernier terme quoique très-petit, pouvoit influer très-conſidérablement dans le mouvement de l'apogée. Ce n'eſt pas tout, & je ferai voir encore ici que ce terme peut influer conſidérablement ſur la valeur de certains autres termes de l'expreſſion de t.

(*e*) Voyez les Remarques à la fin de cet article.

2. Pour cet effet, soit $ddt + N^2 t dz^2 + it$ cosin. $pz . dz^2 + G dz^2$ cos. $qz = 0$. Et soit F cos. qz le terme qui viendroit de G cos. qz dans la valeur de t; on supposera $t = F$ cos. $qz + M$ cos. $(qz + pz) + R$ cos. $(qz - pz)$, & on aura

$$dz^2 \text{cos.} qz \left(-Fqq + N^2 F + G + \frac{iM}{2} + \frac{iR}{2}\right) + dz^2 \text{ cos. } (qz + pz) \times \left[-M(q+p)^2 + N^2 . M + \frac{iF}{2}\right] + dz^2 \text{ cos. } (qz - pz) \times \left[-R(q-p)^2 + N^2 . R + \frac{iF}{2}\right] = 0.$$

3. Or, si on n'avoit point d'égard aux termes qui renferment M & R, on auroit simplement $F = -\frac{G}{N^2 - qq}$; mais si on a égard aux termes qui renferment M & R, on aura les trois équations $-Fqq + N^2 . F + G + \frac{iM + iR}{2} = 0$; $-M(q+p)^2 + N^2 . M + \frac{iF}{2} = 0$; & $-R(q-p)^2 + N^2 R + \frac{iF}{2} = 0$. Ce qui donne $-Fqq + N^2 . F + G + \frac{ii}{4} \times \left(-\frac{F}{N^2 - (q+p)^2} - \frac{F}{N^2 - (q-p)^2}\right) = 0$. La valeur de F sera donc fort différente de celle qui résulte de la premiere équation $F = -\frac{G}{N^2 - q^2}$, si la quantité $-\frac{ii}{4[N^2 - (q+p)^2]} - \frac{ii}{4[N^2 - (q-p)^2]}$

eſt comparable à $N^2 - q^2$. Or nous allons voir que cela peut arriver en un très-grand nombre de cas.

4. Soit $N^2 = 1 + 2\alpha$; $q = 1 + \beta$, $p = 2 + \sigma$; & pour rendre ce calcul plus applicable à la Lune, $N^2 = 1 + 2\alpha n^2$, $q = 1 + \beta n^2$, $p = 2 + \sigma$, $i = kn^2$, n^2 étant une aſſez petite fraction qui eſt environ $\frac{1}{180}$ dans la Théorie de la Lune ; on aura pour la premiere valeur de F, ſavoir $-\frac{G}{N^2 - q^2}$, l'expreſſion $-\frac{G}{2(\alpha - \beta)n^2}$; & pour la ſeconde $-G : [2(\alpha - \beta)n^2 - \frac{k^2 n^4}{4(2\alpha n^2 - 2\sigma + 2\beta n^2)}]$ à très-peu près, en négligeant les termes qui ſeroient très-petits par rapport aux autres. Or il n'eſt pas difficile de voir que le terme $\frac{k^2 n^4}{4(2\alpha n^2 - 2\sigma + 2\beta n^2)}$, peut être très-comparable à $2(\alpha - \beta)n^2$.

5. En effet, ſi on cherchoit par une méthode ſemblable à la précédente, le mouvement de l'apogée de la Lune, & qu'on nommât f coſ. Kz le terme qui donne ce mouvement, comme dans l'endroit cité ci-deſſus du cinquiéme Volume de nos Opuſcules, on auroit l'équation $-K^2 + N^2 - \frac{ii}{4[N^2 - (K - p)^2]} = 0$; ou en faiſant $K = 1 + \rho n^2$, l'équation $-2\rho + 2\alpha - \frac{k^2 n^4}{4(2\alpha n^2 - 2\sigma + 2\rho n^2)} = 0$. Or nous avons fait voir (*ibid.*) que dans la Théorie de la Lune, la valeur de ρ

qui résultera de cette équation, peut être & sera en effet fort différente de celle qui résulteroit de l'équation simple $-2\rho+2\alpha=0$, fournie par la premiere approximation; d'où il n'est pas difficile de conclure que le terme $\frac{k^2 n^4}{4(2\alpha n^2-2\sigma+2\beta n^2)}$ peut être très-comparable à $2(\alpha-\beta)n^2$.

6. Soit $\sigma=-2n$, comme il arrive dans la Théorie de la Lune, le terme $-\frac{k^2 n^4}{4(2\alpha n^2-2\sigma+2\beta n^2)}$, ainsi que $-\frac{k^2 n^4}{4(2\alpha n^2-2\sigma+2\rho n^2)}$, se réduiroit à $-\frac{k^2 n^2}{16}$ à très-peu près. Or on sait par la Théorie de la Lune qu'un terme analogue à celui-là, augmente de près du double le mouvement de l'apogée.

7. Il est donc non-seulement possible, mais vraisemblable, que le coefficient *G* deviendra beaucoup plus petit par le nouveau terme : je dis *beaucoup plus petit*, parce que ce terme augmentera le dénominateur de la valeur de *G*.

8. Si p est une quantité assez petite, & que q soit peu différent de l'unité, alors les deux termes $-\frac{ii}{4[N^2-(q+p)^2]}$ & $-\frac{ii}{4[N^2-(q-p)^2]}$ pourront influer considérablement l'un & l'autre sur la valeur du coefficient *G*; & en général toutes les fois que N^2 sera peu différent de $(q+p)^2$ ou de $(q-p)^2$ ou de l'une & de l'autre de ces quantités, la valeur du coefficient *G* pourra être très-différente à la seconde

approximation de ce qu'elle étoit à la premiere. Il pourroit même arriver, si $(q+p)^2$ ou $(q-p)^2$ étoit presqu'égal à N^2, que G devînt presqu'infini à la seconde approximation. Mais pour lors, la valeur de G étant exprimée par une série convergente, la méthode analytique que nous proposons deviendroit légitimement suspecte, & il faudroit tâcher d'y en substituer une autre plus exacte, qui peut-être ne seroit pas facile à trouver.

8. Les remarques précédentes peuvent être fort utiles pour trouver avec plus d'exactitude des termes qui peuvent être d'une valeur fort incertaine dans la Théorie de la Lune. On voit, par exemple, que si $q = 1 - n + \pi n$, le coefficient G, dont la valeur est $-\frac{F}{NN - qq}$ par la premiere approximation, peut être extrêmement altérée par le terme $+ i \iota$ cos. pz. Il y a même lieu de croire, par l'*art.* 6, que ce coefficient sera fort diminué, & que l'équation de $25''$ qui résulte de la valeur du premier coefficient (Tome V des Opuscules, p. 359) deviendra beaucoup plus petite, indépendamment des altérations qu'elle peut encore subir par d'autres termes.

9. Du reste, la méthode des indéterminées que nous employons ici, me paroît tout-à-la-fois la plus simple & la plus sûre pour trouver les coefficiens des différens termes avec l'exactitude dont ils sont susceptibles; & dans les cas où cette méthode seroit fautive, je ne

crois pas que les autres méthodes connues euſſent plus d'avantage (*f*).

§. III.

Sur l'Equation ſéculaire de la Lune.

1. J'ai fait voir encore dans le Tome V de mes Opuſcules, p. 385 & ſuiv. que l'équation ſéculaire, ſi elle eſt réelle, & ſi elle dépend de la Théorie de la gravitation, réſulte vraiſemblablement de certains termes A ſin. λz dans leſquels λ eſt extrêmement petit, mais ſans être abſolument nul; car c'eſt une choſe digne de remarque, que tout terme B coſ. λz de l'expreſſion du rayon vecteur, dans lequel λ ſeroit $= 0$ abſolu, ne donneroit dans l'expreſſion du temps qu'un terme de la forme Cz, qui ſe confondroit & ſe perdroit dans le moyen mouvement; au lieu que ſi λ n'eſt pas $= 0$, le terme A ſin. λz peut donner au moyen mouvement une altération apparente, au moins pendant pluſieurs ſiécles. Voyez l'endroit cité du Tome V des Opuſcules.

2. Il faut néanmoins pour cela que le coefficient A ne ſoit pas trop petit: car s'il étoit tel, qu'en ſuppoſant ſin. $\lambda z =$ au ſinus total, l'équation demeurât inſenſible; on ne s'apperçevroit point alors d'aucune équation ſéculaire.

3. Comme le mouvement de l'apogée eſt à peu près le double du mouvement du nœud, j'avois penſé d'abord

(*f*) Voyez les Remarques à la fin de cet article.

bord que les termes qui auroient pour argument $2z - 2pz + Nz - 3z + 3nz - 3\pi nz$ pourroient se réduire à un argument très-petit λz; puisque π est extrêmement peu différent de l'unité, étant égal (Tome V des Opuscules, pag. 383) à $1 - \frac{1}{360 . 15 . 15}$; & que p est presque $= - \frac{3n^2}{4}$, & $N =$ à très-peu près $1 - \frac{3n^2}{2}$. Mais si on s'en rapporte aux déterminations astronomiques admises jusqu'ici, je doute que la valeur de λ qui résultera de ces termes, soit assez petite; car $N = 1 - 0,008455$; $p = -0,004053$; d'où il s'ensuit que $\lambda = -0,000350$ à peu près. Donc λz sera $=$ à $90°$, lorsque z sera $= 90° \times \frac{1000000}{350} = \frac{360° \times 10000 \times 25}{350}$; ce qui donne pour le temps employé à parcourir l'arc z, un mois périodique lunaire multiplié par $\frac{250000}{350}$ ou par $\frac{5000}{7}$; & comme un mois périodique lunaire est $=$ à 1 année $\times 0,0748$, on trouve que le temps employé à parcourir l'arc z est égal à environ 50 années. Or ce temps ne paroît pas assez considérable pour l'équation séculaire de la Lune, qui va toujours croissant, selon M. Mayer, & qui au bout de 100 ans n'est que de 9 secondes.

4. Il n'est pas difficile de trouver dans les équations de la Lune, poussées à l'infini, des termes qui ayent

des argumens λz, où λ soit très-petit. Car $1-n$, par exemple, étant $= 0,9252$, & $N = 0,991545$, on peut toujours trouver facilement par les méthodes connues deux nombres entiers r, s, tels que $r(1-n) - sN$ soit égal à une fraction très-petite, par exemple, $0,000000001$; puisqu'il n'y a qu'à faire $r \times 92520000 - s \times 99154500 = 1$, & pour lors on aura facilement r & s par des méthodes algébriques très-simples; & l'argument $[r(1-n) - s.N]z$ seroit $= \lambda z$, λ étant une quantité extrêmement petite.

5. Mais par la remarque faite ci-dessus (art. 2), il n'est pas sûr que de pareils termes pussent donner une équation séculaire sensible; parce que plus les coefficiens r & s de l'argument $r(1-n)z - sNz$, seroient grands, plus le coefficient qui affecteroit le sinus & le cosinus de ces angles seroit petit; ces deux quantités ou coefficiens ayant une sorte de dépendance l'un de l'autre.

6. On voit par ces Remarques, 1°. qu'il n'est pas encore suffisamment prouvé que l'équation séculaire de la Lune ne provienne pas de la gravitation. 2°. Qu'il est très-difficile d'assigner les termes qui peuvent la produire.

7. On peut faire quelques autres remarques importantes sur l'équation séculaire de la Lune. En premier lieu, comme l'équation séculaire de la Terre est insensible, il faut que la cause qui produit l'équation séculaire de la Lune n'en puisse pas produire une sensible

dans la Terre ; par exemple, l'équation du rayon vecteur de la Lune contient un terme de cette forme $E n^2 \lambda \times$ cos. $\pi' n Z$, $\pi' n Z$ étant l'anomalie moyenne de la Terre, & λ son excentricité. Or la Théorie de M. de la Grange sur l'action de Saturne & de Jupiter, fait voir aisément que le rayon vecteur de la Terre doit contenir deux termes de cette forme λ cos. $\pi' n Z + \lambda'$ cos. $\pi'' n Z$, π' & π'' différant très-peu l'un de l'autre & de l'unité. Soit $n Z = Z'$, il est aisé de voir que ces deux termes produiront dans le mouvement de la Terre une équation séculaire proportionnelle à $\frac{B \lambda \lambda'}{\pi' - \pi''} \times (\pi' - \pi'')^2 Z'^2 = B \lambda \lambda' (\pi' - \pi'') Z' Z'$, & dans le mouvement de la Lune une équation séculaire proportionnelle à $\frac{A n^4 \lambda \lambda' . (\pi' n - \pi'' n)^2 Z^2}{\pi' n - \pi'' n} = A n^5 \lambda \lambda' \times (\pi' - \pi'') Z Z = A n^3 \lambda \lambda' (\pi' - \pi'') Z' Z'$; c'est-à-dire, à cause de $n^2 = \frac{1}{178}$, beaucoup plus petite que $B \lambda \lambda' (\pi' - \pi'') Z' Z'$; à moins que A ne fût beaucoup plus grand que B, ce qui n'a pas lieu dans le cas présent (g). Il paroît donc que l'équation séculaire de la Lune, produite par ces termes, seroit considérablement plus petite que celle de la Terre, & qu'ainsi les termes dont il s'agit ne peuvent être la cause réelle de l'équation séculaire de la Lune. Il en seroit de même de plusieurs autres termes semblables, qui pourroient paroître donner l'équation séculaire de la Lune, & qui

(g) Voyez les Remarques à la fin de cet article.

ne la donneroient pas réellement, parce que des termes analogues à ceux-là dans l'orbite de la Terre, donneroient une équation séculaire de la Terre, plus grande que celle de la Lune.

8. En second lieu, l'équation qui exprime le mouvement de la Lune renfermant un terme de la forme $x^2 dz \int \pi x^3 dz$, & x étant à peu près constant, il est bien aisé de voir que si on pouvoit trouver un terme tout constant dans l'expression de π, il y auroit alors une équation séculaire. Or il faudroit pour cela examiner l'effet de l'action de la Terre sur la Lune, en ayant égard à la figure non sphérique de ces deux planetes; peut-être par le résultat du calcul, trouveroit-on dans la valeur de π un terme très-petit & constant, & pour lors on pourroit être dispensé de chercher d'autres causes de l'équation séculaire.

9. En troisiéme lieu, l'équation séculaire étant (Tome V de nos Opuscules, pag. 386) $-\frac{A\delta^2\lambda^2}{2}$ sin. $\lambda\zeta$, quantité dans laquelle λ est très-petit, on peut observer qu'en quelqu'endroit qu'on fasse commencer les arcs δ, c'est-à-dire, de quelque point de l'orbite qu'on fasse commencer l'observation de l'équation séculaire, sin. $\lambda\zeta$ sera toujours à peu près le même; car soit $\zeta + \rho$, un arc constant différent de ζ, on aura au lieu de sin. $\lambda\zeta$, sin. $(\lambda\zeta + \lambda\rho)$ qui en differe très-peu, $\lambda\rho$ devant être une quantité très-petite. D'où l'on voit qu'en quelque point qu'on commence à observer l'équation séculaire, elle

ſera toujours ſenſiblement proportionnelle au quarré du temps, au moins dans l'état actuel des obſervations, qui exigent & qui ſuppoſent que l'arc δ, commençant à l'extrémité de l'arc ζ, donne $\lambda\,\delta$ très-petit; d'où il eſt viſible que l'arc ρ, commençant à l'extrémité du même arc ζ, donnera auſſi $\lambda\,\rho$ très-petit (*h*).

(*h*) Voyez les Remarques à la fin de cet article.

REMARQUES
SUR L'ARTICLE PRÉCÉDENT.

(a) Remarque pour l'article 9 du §. 1.

QUAND on a trouvé la formule de la latitude, on peut en déduire directement celles du mouvement du nœud & de l'inclinaison ; pour cela il suffit de considérer que connoissant deux latitudes infiniment proches, & les deux rayons vecteurs correspondans dans l'orbite projettée, on aura la position du plan de l'orbite *réelle* de la Lune en cet instant ; d'où l'on tirera la formule pour la position du nœud & l'inclinaison correspondante. Le calcul en est facile à faire. En effet, soit dz l'angle décrit par la Lune dans l'orbite projettée, x le rayon vecteur de cette orbite, $x\rho$ la distance de la Lune à l'écliptique, on trouve aisément l'inclinaison, en remarquant que si on appelle V l'angle de la ligne des nœuds avec le rayon x, on aura $\frac{x\rho}{x \text{ sin. } V}$ ou $\frac{\rho}{\text{sin. } V}$ = à la tangente de l'inclinaison, que j'appelle m. De plus on considérera que pendant l'instant dt, $\frac{\rho}{\text{sin. } V}$ est constant, en ſuppoſant que la différence de V eſt dz ; de-là il ſuit que $\frac{d\varrho}{\varrho} = \frac{dz \text{ coſ. } V}{\text{ſin. } V}$, & tang. $V = \frac{\varrho\, dz}{d\varrho}$; d'où l'on tire ſin. $V = \frac{\varrho\, dz}{d\varrho \sqrt{(1 + \frac{\varrho^2 dz^2}{d\varrho^2})}} = \frac{\varrho\, dz}{\sqrt{(d\varrho^2 + \varrho^2 dz^2)}}$; & à cauſe de $m = \frac{\varrho}{\text{ſin. } V}$; on aura $m = \frac{\sqrt{(d\varrho^2 + \varrho^2 dz^2)}}{dz}$. Donc on aura 1°. ſin. V, & par conſéquent V, 2°. l'inclinaiſon variable de l'orbite lunaire. Mais il paroît plus ſimple & plus commode de ſe ſervir de la méthode de l'art. 9, pour avoir directement les formules du mouvement du nœud & de l'inclinaiſon.

On peut remarquer encore que ſi on nomme x' le rayon de l'orbite réelle, & dz' le petit angle correſpondant dans cette orbite à l'angle dz, on aura $\frac{xx\,dz}{x'x'\,dz'} =$ au coſinus de l'inclinaiſon diviſé par le ſinus total, ou $\frac{1}{\sqrt{(1+mm)}}$; donc à cauſe de $x' = x\sqrt{(1+\rho\rho)}$, on aura $\frac{dz}{(1+\varrho\varrho)dz'} = \frac{1}{\sqrt{(1+mm)}}$; de plus $x'dz' = \sqrt{(dx^2 + x^2 dz^2 + d(x\rho)^2 - dx'^2)} =$ (en ſubſtituant & réduiſant) $\frac{x\sqrt{(dz^2 + d\varrho^2 + \varrho^2 dz^2)}}{\sqrt{(1+\varrho\varrho)}}$; donc $1 = \frac{(1+\varrho\varrho)dz'}{\sqrt{(dz^2 + d\varrho^2 + \varrho^2 dz^2)}}$; & $\frac{1}{\sqrt{(1+mm)}} = \frac{dz}{\sqrt{(dz^2 + d\varrho^2 + \varrho^2 dz^2)}}$; ce qui donne la même valeur de m déja trouvée.

(*b*) *Remarque ſur l'article 13 du §. 1.*

Pour calculer plus aiſément les valeurs de x & de z dans les équations A & B, on peut conſidérer,

1°. Que $x = a(1 + \theta)$, θ étant une quantité aſſez petite, enſorte qu'au lieu de x & de ſes puiſſances, on peut mettre $a(1 + \theta)$ & ſes puiſſances juſqu'à θ^3 incluſivement, les autres puiſſances ne paroiſſant pas néceſſaires, parce que la plus grande équation eſt celle du centre, dont on peut ſe contenter de pouſſer les termes juſqu'aux quantités très-petites de l'ordre de b^3. Cependant on pourra aller juſqu'aux θ^4, & même au-delà, ſi on juge que le calcul l'exige dans les termes que l'intégration doit augmenter beaucoup.

2°. Que dans ces mêmes équations A & B, ou plutôt dans celles qui en réſultent, il faut, au lieu de a^3, écrire $a^3(1 + e)$, e étant une très-petite quantité qu'on déterminera par la condition qu'il ne doit point ſe trouver de terme conſtant dans la valeur de θ.

3°. Au lieu de ſuppoſer $x = a(1 + \theta) = a(1 + b \text{ coſ. } NZ + c \text{ coſ. } 2NZ$, &c.) &c. & $a^3 = a^3(1 + e)$, on pourroit ſuppoſer $x = a(1 + \alpha' + b' \text{ coſ. } NZ + c' \text{ coſ. } 2NZ$, &c.) auquel cas la valeur de x contiendroit un terme tout conſtant α', qu'on détermineroit de même, en faiſant $= 0$ le terme tout conſtant de l'équation. Mais il nous paroît plus commode & plus ſimple de faire $x = a(1 + b \text{ coſ. } NZ$ &c.) & $a^3 = a^3(1 + e)$.

4°.

4°. Le produit de a' sin. pz par b' cos. qz est comme l'on sait $a'b'\left[\frac{\text{sin.}(p+q)z}{2}+\frac{\text{sin.}(p-q)z}{2}\right]$; & celui de β' sin. qz par α' cos. pz est $\alpha'\beta'\left[\frac{\text{sin.}(q+p)z}{2}+\frac{\text{sin.}(q-p)z}{2}\right]$; d'où la somme de ces deux produits est $\left[\frac{a'b'+\alpha'\beta'}{2}\right]$ sin. $(p+q)z+\left[\frac{a'b'-\alpha'\beta'}{2}\right]$ sin. $(p-q)z$. De même le produit de b' cos. qz par $-a'pp$ sin. pz est $-a'b'pp\left[\frac{\text{sin.}(p+q)z}{2}+\frac{\text{sin.}(p-q)z}{2}\right]$; celui de a' cos. pz par $-b'qq$ sin. qz, est $-\frac{a'b'qq}{2}$ [(sin. $qz+pz$) + sin. $(qz-pz)$]; celui de $-2b'q$ sin. qz par $a'p$ cos. pz est $-a'b'pq\times$ [sin. $(p+q)z$ — sin. $(p-q)z$]; & enfin celui de $-2a'p$ sin. pz par $b'q$ cos. qz est $-a'b'pq$ [(sin. $pz+qz$) + sin. $(pz-qz)$]. Au moyen de ces Remarques il sera facile d'abréger le calcul des différens termes des équations différentielles de l'orbite lunaire. En effet, dans l'équation (B), par exemple, les deux termes $xddz+2dxdz$, donneront en mettant pour z sa valeur $Z+\alpha$, les termes $xdd\alpha+2dxdZ+2dxd\alpha$; or, 1°. s'il y a dans x deux termes de la forme a' cos. $pz+b'$ cos. qz, il y en aura dans α deux correspondans, de la forme α' sin. $pz+\beta'$ sin. qz. 2°. Les termes de $dd\alpha$ seront les mêmes que ceux de α, aux coefficiens près; c'est-à-dire, que si α contient un terme de la forme α' sin. pz,

$dd\alpha$ en contiendra un de la forme $-\alpha' pp \times$ sin. pz; 3°. il en sera de même des termes de $dd\alpha$ & de $dxdZ$. 4°. Les termes du produit $2dxd\alpha$ seront respectivement $-2b'q$ sin. $qz \times \alpha' p$ cos. $pz - 2\alpha' p$ sin. $pz \times$ $6'q$ cos. qz, &c ; & ceux du produit $xdd\alpha$ auront la même forme, comme il est aisé de le voir, que ceux du produit $2dxd\alpha$; d'où l'on voit qu'on peut avoir aisément & tout-à-la-fois les coefficiens de sin. $(p \pm q)z$ dans la valeur de $xdd\alpha + 2dxdZ + 2dxd\alpha$; ce qui abrégera beaucoup le calcul, & qui n'a pas besoin, ce me semble, d'être expliqué & developpé plus au long.

5°. L'équation (E) de la latitude de la Lune (*art.* 8) peut être mise sous la forme $-d(xxd\rho) - \rho x^2 dz^2 + \frac{a^3 \rho x dZ^2}{T+L} \times \varphi$ cos. $(z - z') = 0$; ou encore sous celle-ci $-dd(x\rho) + \rho ddx - \rho x dz^2 + \frac{a^3 \rho dZ^2}{T+L} \times$ φ cos. $(z - z') = 0$, laquelle en faisant $x\rho = \zeta$, se change en $-dd\zeta + \frac{\zeta ddx}{x} - \zeta dz^2 + \frac{a^3 \zeta dZ^2}{x(T+L)} \times$ φ cos. $(z - z') = 0$; équation dans laquelle ζ est la distance de la Lune à l'écliptique. Mais pour la construction des tables, il est plus commode de déterminer ρ que ζ.

(*c*) *Remarque sur l'article* 15 *du* §. 1.

Voici une Remarque qui pourra être fort utile pour trouver d'une maniere assez simple la valeur de N, soit en se servant de l'équation qui représente le mouvement moyen de la Lune, soit en employant celle du lieu vrai. Nous avons déja observé (Tome V des Opuscules, pag. 339) que l'équation en N doit manquer de tous ses termes pairs, & qu'elle aura pour racines les coefficiens des différens argumens. D'où il résulte que dans la Lune, par exemple, si on nomme x' le mouvement de l'apogée, les différentes valeurs de N^2 seront $x'x'$, $(2-2n)^2$, $(2-2n+x')^2$, $(2-2n-x')^2$, &c. Par conséquent si on appelle A le coefficient du second terme de l'équation (qui est ici proprement le troisiéme) ce coefficient pris en signe contraire devant être égal à la somme des racines, on aura $-A = x'x' + (2-2n)^2 + 2(2-2n)^2 + 2x'x'$, &c. d'où l'on tirera par une simple équation du premier degré, la valeur de $x'x'$, valeur qui sera d'autant plus exacte, qu'on aura poussé plus loin le calcul de l'équation qui doit donner la valeur de N. L'avantage de cette méthode est donc d'être d'autant plus exacte, que l'équation en N est d'un degré plus haut, sans néanmoins qu'on soit obligé de chercher les racines de cette équation en N, & sans qu'on ait jamais d'autre équation à résoudre qu'une équation qui contiendra simplement $x'x'$; car cette équation ne sera pas même du second degré, parce que les termes où seroit x' ne s'y trouveront pas, comme on le voit par les quantités $(2-2n+x')^2$, $(2-2n-x')^2$, dont la somme fait disparoître le terme où seroit x'. Il en sera de même des autres argumens qui renferment x', & dont la somme fera disparoître le terme où seroit x', comme $(\pi n + x')^2$, $(\pi n - x')^2$; $(2 - 2n + \pi n + x')^2$, $(2 - 2n + \pi n - x')^2$; $(2 - 2n - \pi n + x')^2$, $(2 - 2n - \pi n - x')^2$; & ainsi des autres à l'infini.

Pour rendre la raison de cette méthode très-sensible par un exemple simple, soit $ddt + A'tdz^2 + Bdz^2 \times$ cos. $qz = 0$; d'où l'on tire $d^4t + A'ddtdz^2 - Bqqdz^4$ cosin. $qz = 0$, & (en chassant cosin. qz) $qqddtdz^2 + Aqqtdz^4 + d^4t + A'ddtdz^2 = 0$; faisant donc $t = f$ cos. Nz, on aura l'équation $N^4 - N^2(A' + qq) + A'q^2 = 0$; donc les valeurs de N^2 seront A & qq, comme en effet elles le doivent être; puisque la valeur de t, par les méthodes connues, se trouvera f cos. $z\sqrt{A} + g$ cos. qz; d'où il résulte que l'équation en N aura pour racines les coefficiens des argumens.

Je remarquerai encore à cette occasion, que la double valeur qu'on trouve pour le mouvement de l'aphelie dans la Théorie des Planetes, (Tome V des Opuscules, pag. 342) se trouveroit de même pour le mouvement de l'apogée de la Lune, si on combinoit la Théorie de la Lune avec celle de la Terre, & qu'on eût égard dans la Théorie de ces deux Planetes & dans le calcul du mouvement de leurs apsides, aux termes qui contiennent $t'dz^2$ cos. $(z - nz)$ pour la Lune, & tdz^2 cos. $(z' - \frac{z'}{n})$ pour la Terre, t' & t étant les petites quantités variables qu'il faut ajouter à la diftance moyenne de la Terre au Soleil, & de la Lune à la Terre, pour avoir l'expression du rayon vecteur. Ces deux valeurs qui donneront le mouvement de l'apogée de la Lune, seront x', & $1 - n + \pi n$, ou $1 - n + ny$, π ou y désignant le mouvement des apsides de la Terre; & pour la Terre elles seront y ou π, & $-\frac{1}{n} + 1 + \frac{x'}{n}$.

Il est évident, par les mêmes raisons; que si dans la Théorie de Jupiter & de Saturne, par exemple, on nomme x' le mouvement de l'aphelie de Jupiter, causé par l'action de Saturne, abstraction faite de l'excentricité de cette derniere Planete, & y le mouvement de l'aphelie de Saturne, causé par l'action de Jupiter, abstraction faite de son excentricité, les deux valeurs de N pour Jupiter, seront x' & $1 - n + ny$; & pour Saturne y, & $-\frac{1}{n} + 1 + \frac{x'}{n}$.

Cette Remarque explique, ce me semble, d'une maniere fort simple le double mouvement des apsides dans la Théorie des Planetes supérieures; mouvement que M. de la Grange a remarqué le premier. On voit 1°. que ce double mouvement aura toujours lieu dans la Théorie des Planetes & de leurs Satellites; 2°. que de ces deux mouvemens, le vrai & propre mouvement de l'apside est celui qui vient de l'action de la Planete perturbatrice, abstraction faite de son excentricité; 3°. que la seconde valeur du mouvement de l'apside n'est autre chose que l'élongation des deux Planetes, plus l'anomalie de la Planete perturbatrice; & que cette seconde valeur n'auroit pas lieu si la Planete perturbatrice étoit sans excentricité.

On peut observer encore, d'après la méthode indiquée ci-dessus, que les valeurs de N^2 dans une des Planetes seront x'^2, & $(1-n+ny)^2$, $(1-n-ny)^2$, &c. & que les valeurs de N'^2 dans l'autre Planete seront y^2 & $\left(-\frac{1}{n}+1+\frac{x'}{n}\right)^2$, $\left(-\frac{1}{n}+1-\frac{x'}{n}\right)^2$, &c. d'où l'on tirera, comme ci-dessus, les valeurs de x'^2 & de y^2 par le moyen des seconds termes de chacune de ces deux équations.

Ces différentes vues, que je ne fais qu'indiquer ici, pourront peut-être servir à simplifier & faciliter la recherche du mouvement des apsides dans le systême de la gravitation.

A l'occasion de ces réflexions sur le mouvement de l'apogée, je crois devoir parler ici d'une méthode pour déterminer ce mouvement, qui a induit en erreur d'habiles Géometres.

Soit l'équation $ddu+udz^2-Adz^2+\frac{Bn^2}{u^m}dz^2=0$, u étant $=\frac{1}{x}=1+t$, $A=1+\zeta$, Bn^2 très-petit, & 1 la distance initiale; on aura en substituant (& en négligeant les quantités très-petites) $ddt+dz^2(t-mBn^2t)-\zeta dz^2+Bn^2dz^2=0$; d'où il est clair que la valeur de t renferme un terme de cette forme f coſ. Nz, N étant $= \sqrt{(1 - mBn^2)}$.

Soit maintenant $x = \frac{1}{u} = \frac{1}{1+t}$; il eſt aiſé de voir en ſubſtituant la valeur de u, que celle de x renfermera auſſi un terme de cette forme $- f$ coſin. Nz, ou plus exactement $+ g$ coſin. Nz, N étant auſſi $= \sqrt{(1 - mBn^2)}$.

Si on avoit $m = -1$, l'équation différentielle en u s'intégreroit rigoureuſement, & le mouvement des apſides ſeroit donné par la quantité $\sqrt{(1 + Bn^2)}$.

Subſtituons maintenant dans l'équation différentielle au lieu de u ſa valeur en x, ou ce qui revient au même, au lieu de u ſa valeur $\frac{1}{1+\theta}$ en faiſant $1 + \theta = x$, nous aurons l'équation $- \frac{dd\theta}{(1+\theta)^2} + \frac{2d\theta^2}{(1+\theta)^3} + \left(\frac{1}{1+\theta} - A\right) dz^2 + Bn^2 dz^2 \times (1+\theta)^m = 0$; d'où réſulte $- dd\theta\,(1+\theta) + 2d\theta^2 + dz^2\,(1+\theta)^2 \times (-\theta - \mathrm{C}\theta) + dz^2\,(m+3)\,\theta . Bn^2 + dz^2\,(- \mathrm{C} + Bn^2) = 0$; de-là on voit (en négligeant les puiſſances de θ, & les produits au-delà d'une dimenſion) 1°. que le coefficient du terme $- dd\theta$ eſt l'unité. 2°. Que celui du terme θdz^2 eſt $- 1 - \mathrm{C} + Bn^2\,(m+3)$; or de-là il paroîtroit réſulter un mouvement des apſides différent de celui qu'on a trouvé dans l'article précédent.

Si dans cette équation au lieu de θ, on écrivoit $\mathrm{C} + \sigma$, on trouveroit, après avoir diviſé par $1 + \mathrm{C}$, que le coefficient de $\varrho\, dz^2$ feroit à très-peu près $-1+Bn^2\times(m+3)$, ce qui donneroit un mouvement très-fautif des apſides, ſi on s'en tenoit à ces ſeuls termes, puiſque dans le cas, par exemple, de $m=-1$, ce mouvement feroit donné par la quantité $\surd(1-2Bn^2)$, très-différente de $\surd(1+Bn^2)$ qui donne le vrai mouvement.

Pour lever cette difficulté, ſoit repriſe l'équation $ddu+udz^2-Adz^2+\frac{Bn^2\,dz^2}{u^m}=0$. On fera $u=K+f$ coſ. Nz, & on aura en ſubſtituant $-N^2+1-\frac{mBn^2}{K^{m+1}}=0$; & $K-A+\frac{Bn^2}{K^m}=0$. Enſuite ſoit ſuppoſé $u=\frac{1}{x}$, & on aura $-ddx+\frac{2dx^2}{x}+xdz^2-Ax^2\,dz^2+Bn^2\,x^{m+2}\,dz^2=0$; & en faiſant $x=K'+f'$ coſ. $N'z$, on aura $+N'^2+1-2AK'+mBn^2K'^{m+1}+2Bn^2K'^{m+1}=0$; & $K'-AK'^2+Bn^2K'^{m+2}=0$, ou $K'=\frac{1+Bn^2\,K'^{m+1}}{A}$; donc $+N'^2+1-2+mBn^2K'^{m+1}=0$; ce qui donne pour N'^2 une valeur ſenſiblement égale à celle de N^2, K' étant ſuppoſé ſenſiblement égal à l'unité, & Bn^2 étant très-petit.

De-là il eſt aiſé de conclure, que pour trouver la valeur de θ dans l'équation différentielle du ſecond ordre dont le premier terme eſt $-dd\theta$, il ne faut pas ſe borner au coefficient du terme $\theta\, dz^2$ dans cette équation, il faut faire $\theta=\rho+f'$ coſ. $N'z$, ρ & f' étant très-petits, & avoir égard dans le calcul aux termes de l'ordre l'ordre de θ^2, ou du moins à quelques-uns de ces termes. D'où il doit résulter une valeur de N' égale à celle qu'on vient de trouver. Mais pour faire le calcul plus facilement, sans être obligé d'avoir égard aux quantités de l'ordre de θ^2, on mettra l'équation sous cette forme $-dd\theta + \frac{2d\theta^2}{1+\theta} + (1+\theta)dz^2 - (1+\zeta) \times (1+\theta)^2 dz^2 + Bn^2(1+\theta)^{m+2}dz^2$; forme analogue à celle de l'équation $-ddx + \frac{2dx^2}{x}$, &c. $=0$; & supposant $\theta = \rho + f'$ cos. $N'z$, on aura $N'^2 + 1 - 2(1+\zeta)(\rho+1) + (mBn^2 + 2Bn^2)(1+\rho)^{m+1} = 0$; & $1 + \rho - (1+\zeta)(1+\rho)^2 + Bn^2(1+\rho)^{m+2} = 0$; d'où l'on tire comme ci-dessus la valeur de N'^2 par l'équation $N'^2 + 1 - 2 + mBn^2(1+\rho)^{m+1} = 0$; qui revient au même que la précédente.

En général, soit au lieu de l'équation $-ddx + \frac{2dx^2}{x} + xdz^2 - Ax^2dz^2 + Bn^2x^{m+2}dz^2 = 0$; celle-ci (qui n'est autre chose que la même équation multipliée par x^k) $-x^kddx + 2x^{k-1}dx^2 + x^{k+1}dz^2 - Ax^{k+2}dz^2 + Bn^2x^{m+2+k}dz^2 = 0$; si on fait comme ci-dessus $A = 1 + \zeta$, ζ étant supposé fort petit, & qu'on fasse aussi $x = K' + f'$ cos. Nz ou $= 1 + \rho + f'$ cos. Nz, & $N^2 = 1 + \alpha$; on aura les équations suivantes $N^2K'^k + K'^k(k+1) - (1+\zeta)(k+2)K'^{k+1} + Bn^2(m+2+k) \times K'^{m+1+k} = 0$; & $K'^{k+1} - (1+\zeta)K'^{k+2} + Bn^2K'^{m+2+k} = 0$. D'où l'on tire, en faifant évanouir K', la même valeur de N^2 que ci-deffus ; puifqu'on aura $(1 + \mathsf{G}) K' = 1 + B n^2 K'^{m+1}$, K' étant prefque $= 1$; comme auffi $N^2 + k + 1 - (1 + \mathsf{G}) (k + 2) K' + B n^2 (m + 2 + k) K'^{m+1} = 0$, ou (en réduifant & mettant pour N^2 fa valeur $1 + \alpha$) $\alpha + m B n^2 K'^{m+1} = 0$. D'un autre côté fi dans l'équation $- x^k ddx$, &c. $= 0$, on met $1 + \theta$ à la place de x, & $\rho + f' \cos. Nz$ à la place de θ, on verra en fubftituant auffi pour N^2 fa valeur $1 + \alpha$, que dans la premiere des deux équations réfultantes (dans celle dont tous les termes ont pour facteur $f' \cos. Nz$) tous les termes finis, ou plutôt de l'ordre de f', fe détruiront, & qu'il ne reftera que des termes de l'ordre de $\mathsf{G} f'$ & de $\rho f'$. Il faudra donc avoir égard à ces termes pour déterminer α ; & on ne peut y avoir égard qu'en ne négligeant pas dans l'équation en θ, les puiffances θ^2 ni le produit $\theta dd\theta$, puifqu'à caufe de $\theta = \rho + f' \cos. Nz$, ces puiffances & ce produit donnent des termes de l'ordre de $\rho f'$. Et on ne fera pas furpris, en effet, en confidérant la chofe avec un peu d'attention, qu'une équation de cette forme $dd\theta + (1 + \alpha) \theta dz^2 + C \theta^2 dz^2$, &c. $= 0$, dans laquelle α & θ font fuppofés très-petits, donne un mouvement d'apogée qui dépende en partie du terme $C \theta^2 dz^2$, puifque ce terme $C \theta^2 dz^2$ eft du même ordre que le terme $\alpha \theta dz^2$, d'où dépend auffi en partie ce mouvement.

Dans la Théorie de la Lune $m = 3$, $B = \frac{1}{2}$ à peu près ; & la folution exacte du problême donne $N =$

$\sqrt{(1 - \frac{3n^2}{2})}$, d'où il ne résulte que la moitié du mouvement réel de l'apogée, le reste étant donné, comme on sait, par les forces proportionnelles au sinus & au cosinus de $2Z - 2nZ$. Mais si on employoit la solution fautive que nous venons d'indiquer, on trouveroit $N = \sqrt{(1 - 3n^2)}$, c'est-à-dire, le mouvement de l'apogée tel à peu près que les observations le donnent. Ainsi la vérité de ce résultat ne prouveroit rien en faveur de la méthode.

(*d*) *Remarque pour les articles* 17 & 18 *du* §. 1.

Les quantités a & μ peuvent se rencontrer dans quelques petits termes des équations qui servent à déterminer b; mais on peut supposer alors ces quantités à peu près connues, comme elles le sont en effet, & on les déterminera ensuite plus rigoureusement par le reste du calcul; voyez les *art.* 19 & 20.

On peut remarquer encore que les termes les plus sensiblement affectés de b, sont ceux qui ont pour argumens $N.Z$ & $2Z - 2nZ - N.Z$; & comme ces termes ont le même signe, il s'ensuit qu'ils seront les plus sensibles quant à leur effet, lorsque $N.Z$ sera $= 90°$ ou $270°$; & lorsque $Z - nZ$ sera $= 90°$ ou $270°$. Ainsi il seroit bon, pour déterminer b, de préférer les points où Z & $Z - nZ$ ont à peu près ces valeurs.

Au reste, comme on connoît déja à peu près par les observations les valeurs de b; a, μ, que j'appelle b',

α', μ', on pourra ſuppoſer $b = b' + \beta'$, $a = a' + \alpha'$, $\mu = \mu' + \nu'$, & ſe contenter de déterminer β', α' & ν'; ce qu'on pourra faire par le moyen de pluſieurs obſervations, en prenant un milieu entre les valeurs de β', α' & ν' qui en réſulteront.

(*e*) *Remarque ſur l'article* 21 *du* §. 1.

Il paroît encore plus ſimple & plus commode d'employer, pour déterminer le lieu moyen de la Lune, la méthode expoſée dans la troiſiéme Partie de nos Recherches ſur le Syſtême du Monde, pag. 35 & ſuiv. Celle que nous propoſons ici peut auſſi ſervir, au moins juſqu'à un certain point, pour fixer les époques des autres moyens mouvemens, entr'autres de celui de l'apogée de la Lune. Quant au moyen mouvement du nœud, la méthode qui paroît la plus ſimple pour le trouver eſt de chercher d'abord le mouvement réel du nœud par l'équation de l'*art.* 9 ci-deſſus, & d'employer enſuite un calcul analogue à celui qui a été indiqué dans nos *Recherches ſur le Syſtême du Monde*, p. 35, pour trouver le lieu moyen. C'eſt en partie pour cette raiſon qu'il ne ſeroit peut-être pas inutile, indépendamment de la formule de la latitude de la Lune, d'avoir auſſi la formule du mouvement du nœud.

(*f*) *Remarque pour l'article* 9 *du* §. 2.

On peut remarquer que les termes dont l'argument

eſt $z - nz + \pi nz$, feront d'autant plus grands, toutes choſes d'ailleurs égales, dans la valeur du rayon vecteur, & par conſéquent dans celle du lieu vrai, que le mouvement de l'apogée de la Planete ſera plus petit, & qu'ainſi, toutes choſes d'ailleurs égales, ils doivent être plus ſenſibles à proportion dans Saturne & dans Jupiter que dans la Lune, & plus ſenſibles auſſi à proportion dans les Satellites de ces Planetes que dans la Lune.

A cette Remarque nous en joindrons une autre. Nous avons fait voir dans le paragraphe préſent, que s'il ſe rencontre dans l'équation de la Lune des termes de cette forme it coſ. pz, p étant preſque $= 2$, il en peut réſulter une grande altération dans le coefficient des termes qui ont pour argument ſin. $(z - nz + \pi' nz)$. Or il me ſemble que dans la Théorie du mouvement de la Terre, cauſé par l'action de Jupiter & de Saturne, il doit ſe trouver des termes analogues à ceux-là. Car dans l'expreſſion de l'action de Jupiter & de Saturne ſur la Terre, il doit ſe trouver des termes de la forme A coſ. pz, p étant $= 2 - 2n$, comme dans la Lune, & n étant auſſi (pour Jupiter) environ $\frac{1}{12}$ comme dans la Lune, & pour Saturne environ $\frac{1}{30}$. Il faut donc avoir beaucoup d'attention à ces ſortes de termes pour s'aſſurer ſi on a calculé exactement (dans la Théorie du mouvement de la Terre, altéré par Jupiter & par Saturne) le terme dont l'argument eſt $z - nz + \pi' nz$, & qui dépend de l'action de Jupiter ou de Saturne, combinée avec l'excentricité de Saturne ou de Jupiter.

Nous avons vu aussi que ces mêmes termes de la forme $i\,t$ cosin. $p\,z$ ont une influence considérable sur le mouvement de l'apogée de la Lune. Il pourroit donc en être de même du mouvement de l'aphelie de la Terre, en tant qu'il est causé par l'action des deux Planetes. Nouvelle raison pour avoir beaucoup d'égard à ces sortes de termes dans la Théorie de l'action des deux Planetes sur la Terre. Il est vrai que les coefficiens qui en résulteront seront fort petits, l'action des deux Planetes sur la Terre étant peu considérable ; mais il est vrai aussi qu'ils pourroient être du même ordre que ceux qui auront été calculés dans la premiere approximation, & qu'ainsi ils ne doivent pas être négligés, si on veut avoir un résultat aussi exact qu'il est possible.

Cette considération n'a pas lieu dans la Théorie des perturbations réciproques de Jupiter & de Saturne, parce que dans cette Théorie, n n'est plus très-petit, étant $= \frac{11}{30}$ pour Jupiter, & $\frac{30}{11}$ pour Saturne.

(*g*) *Remarque sur l'article 7 du §. 3.*

Pour déterminer A & B, on considérera 1°. que le rayon de l'orbite terrestre étant supposé $B'(1 + \lambda \text{ cos. } \pi Z' + \lambda' \text{ cos. } \pi' Z')$, il en resulte dans l'expression du temps un terme $= \frac{\lambda \lambda'}{\pi - \pi'} \text{ sin. } (\pi - \pi') Z'$. 2°. Que dans le rayon vecteur de la Lune on aura (*Recherches sur le Syst. du Monde*, I Part. art. *66*), deux termes de cette forme $\frac{3n^2\lambda}{2}$ cof. $\pi n Z$ + $\frac{3n^2\lambda'}{2}$ cof. $\pi' n Z$, qui donneront dans l'expreffion du temps un terme égal à $\frac{27\lambda\lambda'.n^4}{4(\pi-\pi')n}$ fin. $(\pi-\pi')nZ$. Or (Tome V de nos Opufcules, page 386) le terme $\frac{\lambda\lambda'}{\pi-\pi'}$ fin. $(\pi-\pi')Z$, donne pour l'équation féculaire de la Terre $-\frac{\lambda\lambda'\delta'^2(\pi-\pi')^2}{2(\pi-\pi')}\times$ fin. $(\pi-\pi')\zeta'$; & on aura par la même raifon, pour l'équation féculaire de la Lune, $-\frac{27\lambda\lambda'.n^4.n^2\delta^2(\pi-\pi')^2}{2.4(\pi-\pi')n}\times$ fin. $(\pi-\pi')n\zeta$. Or $n\delta=\delta'$, & $n\zeta=\zeta'$. Donc l'équation féculaire de la Lune fera à celle de la Terre comme $\frac{27n^3}{4}$ à 1, c'eft-à-dire, qu'elle feroit beaucoup plus petite que celle de la Terre, fi elle venoit de termes femblables ou analogues à ceux que nous confidérons ici.

(*h*) *Remarque fur l'article 9 du §. 3.*

Comme dans le calcul dont il s'agit ici, & dans celui de la Remarque précédente, l'arc ζ commence au point où tous les argumens ont été à-la-fois = 0, il faut pour déterminer cet arc ζ, connoître le point de l'orbite & l'inftant où tous les argumens à-la-fois ont été nuls. Pour cela on remarquera qu'il y a ici cinq points mobiles à confidérer, la Lune, fon apogée, le Soleil, fon apogée, & enfin le nœud de la Lune. Soit T'

le temps que la Lune employe à faire une révolution moyenne, t le temps qui s'eſt écoulé depuis le moment où tous les argumens à-la-fois ont été $=0$, l'arc moyen parcouru par la Lune durant ce temps t, ſera évidemment $\frac{360^\circ . t}{T'}$; de même l'arc moyen parcouru par l'apogée de la Lune ſera $\frac{360^\circ . t}{T''}$, & l'arc moyen parcouru par les trois autres points ſera $\frac{360^\circ . t}{T'''}$, $\frac{360^\circ . t}{T^{IV}}$, $\frac{360^\circ . t}{T^{V}}$. Maintenant au bout du temps t, c'eſt-à-dire, dans un inſtant connu & pris à volonté, la diſtance moyenne & connue de la Lune à ſon apogée, ſera $= \alpha'$, de la Lune au Soleil α'', du Soleil à ſon apogée α'''; de la Lune à ſon nœud α^{IV}, ce qui donnera les équations ſuivantes, dans leſquelles λ', λ'', &c. ſont des nombres entiers poſitifs.

$$360^\circ\left(\frac{t}{T'} - \frac{t}{T''}\right) = \alpha' + \lambda' . 360^\circ$$

$$360^\circ\left(\frac{t}{T'} - \frac{t}{T'''}\right) = \alpha'' + \lambda'' . 360^\circ$$

$$360^\circ\left(\frac{t}{T'} - \frac{t}{T^{IV}}\right) = \alpha''' + \lambda''' . 360^\circ$$

$$360^\circ\left(\frac{t}{T'} - \frac{t}{T^{V}}\right) = \alpha^{IV} + \lambda^{IV} . 360^\circ.$$

On aura donc 1°. $\left(\frac{1}{T'} - \frac{1}{T''}\right) \times (\alpha'' + \lambda'' . 360^\circ) = \left(\frac{1}{T'} - \frac{1}{T'''}\right) \times (\alpha' + \lambda' . 360^\circ)$, équation qui pourra toujours ſe réduire à cette forme $A + B\lambda' + C\lambda'' = 0$,

λ'

λ' & λ'' étant des nombres entiers positifs. En résolvant cette équation indéterminée par les méthodes connues & élémentaires pour les problêmes de ce genre, on aura des valeurs de λ' & de λ'', dans lesquelles entrera un nouveau nombre entier indéterminé ρ.

On aura de même, en combinant la seconde & la troisiéme équation, $\left(\frac{1}{T'} - \frac{1}{T'''}\right)(\alpha''' + \lambda''' . 360°) = \left(\frac{1}{T'} - \frac{1}{T^{IV}}\right)(\alpha'' + \lambda'' . 360°)$; & mettant pour λ'' sa valeur trouvée en ρ, on aura une nouvelle équation de la forme $A' + B'\rho + C'\lambda''' = 0$, d'où l'on tirera les valeurs de ρ & de λ''', qui renfermeront un nouveau nombre entier indéterminé ρ'.

En opérant de même sur la troisiéme & la quatriéme équation, on aura les valeurs de ρ' & de λ^{IV} exprimées par une nouvelle indéterminée ρ'', qui sera un nombre entier; & prenant ce nombre le plus petit qu'il est possible, c'est-à-dire, égal à l'unité, ou même à zéro, si le cas le permet, on aura les valeurs de λ', λ'', λ''', λ^{IV}, & de-là celle de t, & par conséquent celle de $\zeta = \frac{360° . t}{T'}$.

Pour faciliter les calculs, on peut supposer $T'' = aT'$, $T''' = bT'$, $T^{IV} = cT'$, &c. $\alpha' = a' . 360°$; $\alpha'' = b' . 360°$, &c. a, b, c, &c. & a', b', c', &c. exprimant des fractions décimales. Par ce moyen les coefficiens A, B, C, dans l'équation $A + B\lambda' + C\lambda'' = 0$, & les coefficiens A', B', C', &c. dans les autres équations analogues à celle-là, feront aifément transformés en des nombres entiers; & le problême n'aura pas plus de difficulté que celui qui confifte à trouver l'année de la Période Dyonifienne qui répond à un cycle lunaire & à un cycle folaire donnés.

Ajoutons ici fur l'équation féculaire, 1°. que fi $\lambda\zeta$ étoit $=0$ ou très-petit, l'équation féculaire ne feroit plus fenfible, ou du moins ne feroit plus fenfiblement proportionnelle à δ^2, mais à δ^3 cof. $\lambda\zeta$ ou à δ^3, comme il eft aifé de le voir par les formules du Tome V de nos Opufcules, pag. 386, fin. $\lambda(\zeta+\delta)$ étant $=$ fin. $\lambda\zeta + \lambda\delta$ cof. $\lambda\zeta - \frac{\lambda^2\delta^2}{2}$ fin. $\lambda\zeta - \frac{\lambda^3\delta^3}{2.3} \times$ cof. $\lambda\zeta$.

2°. Qu'en comparant les équations féculaires de la Terre & de la Lune, produites par les termes indiqués dans l'*art.* 7, §. III, & dans la Remarque (*g*) qui y répond, le facteur fin. $\lambda\zeta$ fera le même pour les deux équations; car il fera pour la Terre (*Rem. g*) fin. $(\pi-\pi')\zeta'$, & pour la Lune fin. $(\pi-\pi')\,n\zeta =$ fin. $(\pi-\pi')\zeta'$. C'eft à quoi il eft bon de faire attention, pour s'affurer pleinement que l'équation féculaire de la Lune, dûe à ces fortes de termes ou à des termes analogues, doit être comme infiniment plus petite, que l'équation féculaire correfpondante de la Terre.

Je pourrois donner plus d'étendue à ce Mémoire en comparant avec la nouvelle méthode que je propofe pour la Théorie de la Lune, celles qui ont été données jusqu'ici, entr'autres celle qu'on peut voir dans les Tables nouvellement imprimées de M. Mayer, & qui sont d'ailleurs si estimables ; mais je m'abstiens de cette comparaison, que tout Géometre sera d'ailleurs en état de faire.

Je me contenterai de dire, qu'il me semble que les formules données par M. Mayer d'après la Théorie, ne s'accordent point avec ses Tables. C'est de quoi on peut se convaincre, ce me semble, en jettant les yeux sur la formule du lieu de la Lune, page 49 de la Théorie de cet Astronome, & en la comparant ensuite avec ses Tables. Par exemple, lorsque l'élongation $\tilde{\omega}$ de la Lune au Soleil est $= 90^\circ$, les Tables de M. Mayer donnent pour équation $1' \, 57''$, comme sa formule corrigée. Or, cela posé, je ne vois point comment il a employé dans ses Tables l'équation $- 21''$ sin. $(\omega + s)$ qu'il trouve aussi par la Théorie, & qui répond à celle dont l'argument, suivant nos dénominations, est $z - nz + \pi nz$. Il en est de même de plusieurs autres équations de la formule de M. Mayer, qu'il semble avoir ou négligées entiérement, ou fort changées dans ses Tables. Mais c'est un examen que je laisse faire en détail à d'autres Mathématiciens ; je le crois d'autant plus nécessaire que de très-grands Géometres m'ont paru aussi frappés que moi, du peu d'accord qui semble se trouver entre les Tables de M. Mayer & sa Théorie. On peut même observer encore que dans les équations que M. Mayer employe pour ses Tables, les valeurs des coefficiens ne ſont pas exactement les mêmes que celles qu'il a tirées de la Théorie ; d'où il paroîtroit réſulter que les Tables de M. Mayer ont été dreſſées en partie ſur les obſervations, par une eſpéce de tâtonnement, combiné avec les réſultats principaux que la Théorie fournit.

Pour terminer ces Remarques ſur la Théorie de la Lune, j'ajouterai encore quelques réflexions.

Une des équations les plus difficiles à déterminer dans la Théorie de la Lune eſt celle qui a pour argument $2z - 2pz - 2Nz$, (pz étant le mouvement du nœud) par la raiſon que cet argument eſt de l'ordre de $n^2 z$, c'eſt-à-dire, très-petit par rapport au mouvement moyen, enſorte que s'il ſe rencontre dans la quantité $\int \pi x^3 dz$, qui ſe trouve dans l'expreſſion du temps, des quantités de la forme $A\,dz\,\text{ſin.}(2z - 2pz - 2Nz)$, ces quantités deviendront (après la double intégration de $dz\int \pi x^3 dz$) de l'ordre de $\frac{A}{n^4}$, c'eſt-à-dire, très-conſidérablement augmentées, & à peu près en raiſon de $(180)^2$ à 1 ; c'eſt-à-dire, de 4×8100 à l'unité. Il en eſt de même des termes qui dans la valeur de π auroient pour argument $2z - 2nz - 2Nz + 2\pi nz$, & qui par l'intégration augmentent de même en raiſon de $\frac{1}{n^4}$ à 1 ; ou de $(180)^2$ à 1. Ces termes ayant pour coefficient une quantité de l'ordre de $n^2 P^2 \lambda^2$, P & λ étant les excentricités de l'orbite lunaire, & de l'orbite terreſtre, l'équation réſultante (ſi ces termes ne ſont pas détruits par d'autres) pourroit être de l'ordre de $\frac{P^2 \lambda^2}{n^2}$, c'est-à-dire, de l'ordre de P^3, parce que λ étant égal à $\frac{1}{60}$ à peu près, $\lambda^2 = \frac{1}{3600} = \frac{1}{180 \times 20}$, c'est-à-dire, à peu près de l'ordre de $n^2 P$. Il en est de même de plusieurs autres termes de cette espéce, qui augmentent beaucoup par l'intégration, soit dans l'expression du temps, soit dans celle du rayon vecteur; & c'est principalement dans l'analyse de ces termes que consiste la grande difficulté d'assigner d'une maniere exacte toutes les équations sensibles du mouvement moyen de la Lune.

Nous finirons nos Réflexions par observer, que quoiqu'il nous paroisse plus simple de chercher immédiatement le mouvement vrai de la Lune par les mouvemens moyens, comme nous l'avons proposé dans ce Mémoire; cependant si on vouloit chercher d'abord le mouvement moyen par le mouvement vrai, ainsi que nous l'avons fait dans nos *Recherches sur le Système du Monde*, on parviendroit alors à l'équation $Z = z + \varphi z$, entre le mouvement moyen & le mouvement vrai, φz étant une quantité qui n'est pas fort grande, & qui, dans sa plus grande valeur possible, ne s'étend pas au-delà de 8 à 9 degrés. Or de cette équation on peut tirer la valeur de z en Z par la méthode qu'a donnée M. de la Grange dans les Mémoires de Berlin pour l'année 1768, méthode dont on pourra encore abréger le calcul dans le cas présent, en ayant égard aux différens ordres de quantités très-petites que renferme φz, & en négligeant celles qui seroient au-dessus du quatriéme ou du cinquiéme ordre.

ARTICLE II.

Sur la Figure de la Terre.

1. FEU M. Maclaurin eſt le premier qui ait démontré rigoureuſement qu'une maſſe fluide homogene, tournant autour d'elle-même, devoit prendre la figure d'une ellipſe dans l'hypothèſe de l'attraction en raiſon inverſe du quarré des diſtances. Mais perſonne, que je ſache, n'avoit encore remarqué que dans ce cas le problême eſt ſuſceptible de deux ſolutions, c'eſt-à-dire, qu'il y a deux figures poſſibles à donner au ſpheroïde, & dans leſquelles l'équilibre aura lieu. Cette conſidération eſt l'objet des Recherches ſuivantes.

2. Soit une ſphere ſolide & homogene dont le rayon ſoit α, & ſoit c le rapport de la circonférence au rayon; la maſſe de cette ſphere ſera $\frac{2c\alpha^3}{3}$, & ſon attraction ſur un des points de ſa ſurface $= \frac{2c\alpha}{3}$.

3. Suppoſons préſentement que cette ſphere tourne autour d'un de ſes diametres, la force centrifuge à l'équateur pourra être ſuppoſée $= \frac{2\alpha c}{3} \times \omega$, ω étant un nombre connu, qui dépendra de la vîteſſe de rotation.

4. Imaginons enſuite que cette ſphere ſolide & homogene devienne fluide, elle prendra, comme on ſait,

la figure elliptique; soit a le demi-axe de cette ellipse, $m\,a$ le rayon de l'équateur; l'attraction au pole, que je nomme P, sera $= \frac{2cm^2a}{(mm-1)^{\frac{3}{2}}} \times [\overline{mm-1}^{\frac{1}{2}} - AT(\sqrt{mm-1})]$; cette expression $AT(\sqrt{mm-1})$ désigne l'angle dont la tangente est $\sqrt{mm-1}$, c'est-à-dire, l'arc qui mesure cet angle, divisé par le rayon. Cette formule se trouve démontrée dans l'Ouvrage de M. Maclaurin *sur le Flux & Reflux de la Mer*, dans la *Théorie de la Figure de la Terre de M. Clairaut*, & dans d'autres Ouvrages, & il est facile d'y parvenir par différentes voies.

5. Donc en faisant $\sqrt{(mm-1)} = k$, on aura l'attraction au pole $= \frac{2ca(kk+1)}{k^3} \times [k - ATk]$.

6. On aura de même l'attraction à l'équateur, que j'appelle $E = ca\left[\frac{(k^2+1)^{\frac{3}{2}}}{k^3} \times ATk - \frac{(k^2+1)^{\frac{1}{2}}}{k^2}\right]$. *Voyez les Ouvrages cités.*

7. Enfin la force centrifuge à l'équateur, que j'appelle F, sera évidemment $\frac{2c\alpha}{3} \times \omega \times \frac{ma}{\alpha} = \frac{2c\omega a\sqrt{(kk+1)}}{3}$.

8. Or il faut pour l'équilibre, comme M. Maclaurin l'a démontré, & après lui M. Clairaut, que P soit à $E - F :: m : 1 :: \sqrt{(kk+1)}, 1$.

9. D'où résulte la proportion suivante $\frac{2\sqrt{(1+kk)}}{k^3}$ $(k - ATk)$:

$(k - ATk) : \frac{1+kk}{k^3} \times ATk - \frac{1}{k^2} - \frac{2\omega}{3} ::$ $\surd(kk+1) : 1$. Donc $2k - 2ATk = (1+kk) \times ATk - k - \frac{2\omega k^3}{3}$, équation qui doit servir à trouver toutes les valeurs de k qui peuvent résoudre le problême.

10. On voit d'abord que si k a plus d'une valeur réelle & positive, le second membre, pour chacune de ces valeurs, sera toujours positif, puisque $2k - 2ATk$ est toujours positif, la tangente d'un angle étant toujours plus grande que ce même angle; donc l'attraction à l'équateur $\frac{(1+kk)^{\frac{3}{2}}ca}{k^3} \times ATk - \frac{(k^2+1)^{\frac{1}{2}}ca}{k^2}$ sera > que la force centrifuge $\frac{2c\omega a\surd(kk+1)}{3}$ au même équateur; ainsi la Planete ne se dissipera pas, & l'équilibre subsistera, tant que k aura des valeurs réelles & positives, en donnant à m chacune des valeurs représentées par $\surd(kk+1)$.

11. Il n'est pas même à craindre que dans l'intérieur du sphéroïde, l'attraction soit moindre à l'équateur que la force centrifuge; car soit x la distance d'un point quelconque au centre, la gravitation de ce point, supposé dans l'équateur, sera $\frac{(E-F)x}{ma}$, & par conséquent positive tant que E sera > F.

12. Il ne s'agit donc plus que d'examiner si k a en effet plusieurs valeurs réelles dans l'équation dont il s'agit.

13. L'équation de l'*art.* 9 donne $\frac{2\omega k^3}{3} = (3 + kk) \times (ATk) - 3k$, ou $2\omega = \frac{(3k^2+9)(ATk) - 9k}{k^3}$. Or lorsque k est supposée très-petite on a $ATk = k - \frac{1}{3}k^3 + \frac{1}{5}k^5 - \frac{1}{7}k^7$, &c. d'où l'on tire, en substituant & réduisant, $2\omega = \frac{4k}{5}$ &c. (tous autres termes contenant des puissances de k plus grandes que 2); ce qui fait voir que ω étant supposé une quantité finie si petite qu'on voudra, le premier membre 2ω de l'équation précédente est > que le second, si $k = 0$ ou même si k est fort petit.

14. Soit ensuite supposé $k = \infty$, & par conséquent $ATk = 90^\circ$. On aura le second membre de l'équation précédente $= \frac{3 \cdot 90^\circ}{k}$ & par conséquent $= 0$, & plus petit que le premier membre.

15. Donc le premier membre 2ω est plus grand que le second, soit lorsque $k = 0$, soit lorsque $k = \infty$.

16. De-là il est aisé de conclure que si la valeur supposée de 2ω est plus petite que la plus grande valeur du second membre de l'équation précédente, il y aura au moins deux valeurs possibles de k qui résoudront le problême; & qu'ainsi dans ce cas le sphéroïde aura deux états possibles d'équilibre.

17. Maintenant pour que la valeur du second membre de l'équation soit un *maximum*, il faut que la dif-

férence de $\frac{(k^2+3)(ATk)-3k}{k}$ soit $=0$, ou que $\frac{k^2+3}{(kk+1)k^3}+ATk\left(-\frac{1}{k^2}-\frac{9}{k^4}\right)+\frac{6}{k^3}=0$; ou enfin $ATk=\frac{7kk+9}{k^3}\times\frac{k^4}{(9+k^2)(1+k^2)}=\frac{7k^3+9k}{(1+k^2)(9+k^2)}$.

18. Dans cette équation qui donne le *maximum* de l'ordonnée $\frac{(3k^2+9)ATk-9k}{k^3}$, k aura nécessairement une valeur réelle. En effet, nous avons démontré ci-dessus qu'en prenant k pour l'abscisse de la courbe, l'ordonnée $\frac{(3k^2+9)ATk-9k}{k^3}$ est $=\frac{4k^2}{5}$ lorsque k est infiniment petit, & $=0$ lorsque $k=\infty$; d'où il est clair que la courbe touche l'axe des k à son origine, qu'elle a ce même axe pour asymptote, & que par conséquent il y a nécessairement dans cette courbe un point où la tangente est parallèle à l'axe, & où l'ordonnée est un *maximum*.

19. Cette vérité peut se prouver encore de la maniere suivante. Lorsque k est supposée fort petite, la valeur de ATk est $k-\frac{1}{3}k^3+\frac{k^5}{5}$, &c. & la valeur de $\frac{7k^3+9k}{(1+k^2)(9+k^2)}$ ou $\frac{7k^3+9k}{9\left(1+\frac{k^2}{9}\right)(1+k^2)}$ est $=$ $\left(k+\frac{7k^3}{9}\right)\times(1-k^2+k^4)\times\left(1-\frac{k^2}{9}+\frac{k^4}{81}\right)=$

(après les réductions) $k - \frac{1}{3}k^3 + \frac{7k^5}{27}$, &c. d'où il est clair (à cause de $\frac{7}{27} > \frac{1}{5}$) que quand k est fort petit, l'ordonnée $\frac{7k^3+9k}{(1+k^2)(9+k^2)}$ est plus grande que l'ordonnée ATk (l'une & l'autre ayant k pour abscisse commune). Or quand $k = \infty$, ATk est finie & $= 90°$, & $\frac{7k^3+9k}{(1+k^2)(9+k^2)}$ est $= 0$. D'où l'on voit que la courbe dont l'abscisse est k & l'ordonnée $\frac{7k^3+9k}{(1+k^2)(9+k^2)}$ est d'abord plus écartée de l'axe commun que la courbe dont l'abscisse est k & l'ordonnée ATk, & qu'ensuite elle en est plus proche. Donc la premiere de ces courbes coupe nécessairement la seconde. Donc dans l'équation $ATk = \frac{7k^3+9k}{(1+k^2)(9+k^2)}$, k aura du moins une valeur réelle & positive.

20. Il résulte de tout ce que nous avons dit ci-dessus, 1°. que la courbe dont l'ordonnée est $\frac{(3k^2+9)ATk}{k^3} - \frac{9}{k^2}$, & l'abscisse k, aura à peu près la forme représentée par la Fig. 1, AP étant l'abscisse k, & PM l'ordonnée; cette courbe touchera son axe en A, & aura ce même axe AO pour asymptote, & par conséquent elle aura évidemment un *maximum* en quelque point N; un point d'inflexion en quelqu'autre endroit M avant le point N; & un second en quelqu'endroit B au-delà de N.

21. Quant à la courbe dont l'ordonnée eſt $\frac{7k^3+9k}{(1+k^2)(9+k^2)}$ l'abſciſſe étant k, elle aura à peu près la forme repréſentée par la Fig. 2, coupant en A ſon axe AP ſous un angle de 45°, & ayant de même l'axe AO pour aſymptote ; & comme la premiere valeur de l'ordonnée eſt $k - \frac{1}{3}k^3 + \frac{7k^5}{27}$, &c. il eſt clair que la courbe tombe d'abord au-deſſous de ſa tangente AM, & qu'ainſi elle eſt d'abord concave vers ſon axe. Ainſi elle peut ne point avoir d'inflexion entre ſon origine A & ſon point de *maximum* ν, mais elle en aura néceſſairement un en quelque point ζ placé entre ce point ν, & ſon extrémité ν' infiniment éloignée.

22. A l'égard de la courbe dont l'abſciſſe eſt k & l'ordonnée ATk, elle aura à peu près la forme repréſentée par la Fig. 3, coupant d'abord ſon axe en A ſous un angle de 45°, tombant enſuite au-deſſous de ſa tangente Am à ſon origine, & ayant pour aſymptote une ligne LZ parallèle à AO, & à la diſtance $AL =$ 90°.

23. Il eſt viſible de plus par ce qui a été démontré ci-deſſus, *art.* 19, que cette courbe AnR tombe, près de ſon origine A, au-deſſous de la courbe $A\mu\nu'$ de la Figure ſeconde, c'eſt-à-dire, plus près de l'axe AO.

24. Quand on aura trouvé chacune des deux valeurs de k (*art.* 16) on remarquera pour déterminer a, que la maſſe du fluide ſuppoſée ſphérique eſt $\frac{2ca^3}{3}$, &

que la masse du sphéroïde elliptique est $\frac{cm^2 a^2}{2} \times \frac{2a}{3} \times 2 = \frac{2cm^2 a^3}{3} = \frac{2ca^3(k^2+1)}{3}$; par conséquent $a^3 = \frac{a^3}{k+1}$ = à très-peu près a^3 si k est fort petit, & $\frac{a^3}{k^2}$ si k est fort grand.

25. De plus, puisque 2ω (*art.* 13) peut être supposé $= \frac{4k^2}{5}$ lorsque 2ω est fort petit, donc $k^2 = \frac{5\omega}{2}$. Or on a dans ce cas $a = \frac{a}{(kk+1)^{\frac{1}{3}}}$; & m ou $\sqrt{(1+kk)} = 1 + \frac{k^2}{2} = 1 + \frac{5\omega}{4}$. Ce qui s'accorde avec ce qu'on sait d'ailleurs, que dans un sphéroïde homogene peu applati $\frac{5\omega}{4}$ est l'excès du rayon de l'equateur sur le demi-axe, ω étant le rapport de la force centrifuge à la pesanteur sous l'équateur.

26. Lorsque 2ω est égal à la plus grande valeur de $\frac{(3k^2+9)ATk-3k}{k^3}$, alors le problême n'a qu'une solution, les deux valeurs de k devenant égales. Et quand 2ω est plus grand que la plus grande valeur de $\frac{(3k^2+9)ATk-9k}{k^3}$, le problême est impossible. Or, puisque ATk est $= \frac{7k^3+9k}{(1+k^2)(9+k^2)}$ lorsque $\frac{(k^2+3)(ATk)-3k}{k^3}$ a la plus grande valeur, on aura pour la plus grande valeur de $\frac{(3k^2+9)ATk-9k}{k^3}$

l'expreſſion $\frac{3}{k^3} \times [k^2 + 3 \times \frac{7k^3 + 9k}{(1+k^2)(9+k^2)} - 3k]$ = (en réduiſant) $\frac{12k^2}{(1+k^2)(9+k^2)}$. Connoiſſant donc k par l'équation $ATk = \frac{7k^3+9k}{(1+k^2)(9+k^2)}$, on aura la plus grande valeur poſſible de $\omega = \frac{6k^2}{(1+k^2)(9+k^2)}$.

27. Soit que le fluide ſoit en équilibre ou non (pourvû que la figure du ſphéroïde ſoit ſuppoſée elliptique), il eſt aiſé de voir que l'excès de la peſanteur de la colomne du pole ſur celle de l'équateur ſera $\frac{Pa}{2} - \frac{(E-F)ma}{2}$; & que par conſéquent la colomne du pole ſera plus forte que celle de l'équateur, ſi $P - m(E-F)$ eſt poſitif, & plus foible s'il eſt négatif. Or $P - m(E-F) =$ (*art.* 5 & *ſuiv.*) $ca(kk+1) \times [\frac{2k-2ATk}{k^3} - \frac{(kk+1)ATk}{k^3} + \frac{1}{k^2} + \frac{2\omega}{3}]$; & cette expreſſion qui devient $= 0$ lorſque $2\omega = \frac{(3k^2+9)ATk - 9k}{k^3}$ ſera d'abord poſitive quand k ſera fort petite, puiſqu'elle ſera (*art.* 13) à très-peu près $= 2\omega - \frac{4k^2}{5}$; elle ſera donc d'abord poſitive, puis $= 0$ lorſque k aura ſa premiere valeur répondante à l'équation $2\omega = \frac{(3k^2+9)ATk - 9k}{k^3}$, puis négative, puis redeviendra $= 0$, lorſque k aura ſa ſeconde valeur, après quoi elle redeviendra poſitive.

28. De-là il s'ensuit 1°. que si on prend *k* un peu plus petit que la plus petite de deux racines de l'équation, ou des deux valeurs de *k* qui donnent l'équilibre; on aura la colomne du pole plus forte que celle de l'équateur. 2°. Que si au contraire on prend *k* un peu plus grand que cette plus petite valeur, la colomne du pole sera moins forte que celle de l'équateur.

29. Donc le fluide étant en équilibre en vertu de la plus petite valeur de *k*, si on allonge tant soit peu le spéroïde, la colomne du pole (devenue alors plus longue) l'emportera sur celle de l'équateur; elle tendra donc à la soulever, & par conséquent l'équilibre tendra à se rétablir; & si on prend *k* un peu plus grand que cette plus petite valeur, la colomne du pole, devenue alors plus courte, sera plus foible que celle de l'équateur; ainsi l'équateur tendra à se rabaisser, & l'équilibre à se rétablir.

30. Au contraire, si on prend *k* tant soit peu plus petit que la plus grande des deux valeurs dont il s'agit, la colomne du pole, devenue alors plus longue, sera plus foible que celle de l'équateur, laquelle tendra par conséquent à diminuer, & par conséquent l'équilibre troublé ne se rétablira pas. De même si on prend *k* tant soit peu plus grand que la plus grande des deux valeurs susdites, la colomne du pole, devenue alors plus courte, sera la plus forte, & tendra donc à se raccourcir encore, ainsi l'équilibre ne se rétablira pas.

31. On voit donc que la différence des deux cas d'équilibre

d'équilibre que nous avons trouvés, consiste en ce que dans l'un l'équilibre est *ferme*, & que dans l'autre il ne l'est pas.

32. Si 2ω est égal à la plus grande valeur possible de $\frac{(3k^2+9)ATk-9k}{k^3}$, alors il est aisé de voir que soit qu'on prenne k un peu plus grand ou un peu plus petit que la valeur de k qui donne $\frac{(k^2+3)ATk-3k}{k^3}$ un *maximum*, la quantité $\frac{2\omega}{3}+\frac{1}{k^2}-\frac{(kk+1)ATk}{k^3}+\frac{2k-2ATk}{k^3}$ ou $P-m(E-F)$ est toujours positive; d'où résulte cette proposition singuliere, que dans le cas présent, si l'on suppose k un peu plus petit que la valeur dont il s'agit, l'équilibre se rétablira de lui-même, & qu'au contraire il ne se rétablira pas si on prend k un peu plus grand; c'est-à-dire, que si dans ce cas on allonge tant soit peu le sphéroïde, il se rétablira, & que si on l'applatit tant soit peu, il ne se rétablira pas.

33. Au reste, que l'équilibre soit *ferme* ou ne le soit pas, les deux cas d'équilibre n'en sont pas moins réels, & n'en donnent pas moins tous deux la Figure de la Terre. Car il n'y a qu'à supposer que le fluide se durcisse, la pesanteur sera également dans les deux cas perpendiculaire à tous les points de la surface, & les corps resteront en repos sur la surface du sphéroïde; condition qui est alors la seule requise pour la Figure de la Terre.

34. Ceci me porteroit à croire, pour le dire en passant, que dans les Théories données jusqu'ici sur la Figure de la Terre, on a peut-être trop cherché à faire accorder entr'eux les deux principes, celui de la perpendicularité de la pesanteur à la surface, & celui de l'équilibre des colonnes. Car ce dernier n'est nécessaire que quand la Terre est fluide, & n'est jamais suffisant, soit que la Terre soit solide ou fluide ; au lieu que le premier est nécessaire dans les deux cas, & suffit si la Terre est solide.

35. On peut voir aisément que plus 2ω sera petit, plus les deux valeurs de k nécessaires pour l'équilibre, différeront entr'elles, ensorte que la plus petite sera d'autant moindre, & la plus grande d'autant plus grande, que 2ω sera plus petite ; c'est ce qu'il est facile de démontrer, en imaginant dans la Figure premiere une ligne droite parallèle à AO & à la distance 2ω, laquelle coupera évidemment la courbe AMN' en deux points qui donneront les deux valeurs de k, & qui seront d'autant plus distans l'un de l'autre que la distance 2ω de la sécante à sa parallèle AO sera moindre.

36. De-là s'ensuit ce singulier paradoxe, que si ω est très-petit, c'est-à-dire, si la rotation de la Terre, dans son état de sphéricité primitif, est supposée très-lente, le sphéroïde peut être ou très-peu applati, ou très-applati, & que dans les deux cas il sera également en équilibre. On pourroit cependant croire qu'alors quoique ω soit très-petit, la rotation à l'équateur pourroit être très-

rapide, dans le sphéroïde très-applati, parce que le rayon de l'équateur est très-grand. Pour nous en assurer, voyons la valeur de cette vîtesse de rotation.

37. Remarquons d'abord que si ω est supposé très-petit, ce qui donne la seconde valeur de k fort grande, on a pour cette seconde valeur $\frac{2\omega}{3} =$ à très-peu près $\frac{ATk}{k}$ ou $\frac{90^\circ}{k}$ ou $\frac{c}{4k}$, d'où $k = \frac{3c}{8\omega}$. La force centrifuge $\frac{2\omega c}{3} \times a\sqrt{(kk+1)}$ est donc à peu près $= \frac{2\omega cak}{3}$, & le quarré de la vîtesse sous l'équateur $= \frac{2\omega ca^2k^2}{3} =$ (à cause de $a^3 = \frac{\alpha^3}{k^2+1}$) $\frac{2\omega c}{3} \times \frac{9cc}{8^2\omega^2} \times \frac{\alpha^2}{k^{\frac{4}{3}}} = \frac{2\omega c\alpha^2}{3} \times \left(\frac{3c}{8\omega}\right)^{\frac{2}{3}} = \frac{2\alpha^2 c^{\frac{5}{3}}\omega^{\frac{1}{3}}}{3^{\frac{1}{3}}\cdot 4}$. Donc le quarré de la vîtesse à l'équateur du sphéroïde sera toujours très-petit; puisque ω est (*hyp.*) très-petit. Ce qui confirmeroit (s'il étoit nécessaire) ce que nous avons démontré en rigueur & généralement dans l'*art.* 10, que dans aucun cas la Planete ne se dissipera par l'excès de la force centrifuge sur la pesanteur à l'équateur. Au reste, dans le cas où ω est supposé très-petit, la force centrifuge à l'équateur du sphéroïde, quoique toujours très-petite, est cependant considérablement plus grande que la force centrifuge $\frac{2c\alpha^2\omega}{3}$ à l'équateur de la sphere, par la raison que $\omega^{\frac{1}{3}}$ est alors considérablement plus grand que ω.

38. Comme le problême dont il s'agit dans cet écrit a toujours deux ſolutions quelque petite que ſoit ω, ſolutions dont l'une donne k très-petit & l'autre k très-grand, il paroît d'abord que quand $\omega = 0$, c'eſt-à-dire, quand le fluide ne tourne pas, il y a auſſi deux Figures d'équilibre poſſibles, ſavoir $k = 0$, & $k = \infty$, dont la premiere donne une ſphere, & l'autre un ſphéroïde infiniment applati. Il ſemble en effet que l'équation de l'*art.* 13 ait lieu, en faiſant $k = \infty$, & $\omega = 0$, puiſque les deux membres deviennent $= 0$. Cependant la ſolution ſeroit illuſoire, puiſqu'on auroit pour équation $2\,\omega\,k^3 = (3\,k^2 + 9)\,ATk - 9\,k$, dont le premier membre eſt $= 0$, lorſque $\omega = 0$, même en prenant k infini, & dont le ſecond membre eſt infini, en ſuppoſant k infini. Ainſi cette équation qui a lieu tant que ω n'eſt pas abſolument $= 0$, ni $k = \infty$, ceſſe d'avoir lieu quand $\omega = 0$, & $k = \infty$. Il eſt d'ailleurs aiſé de voir que le cas où on auroit $k = \infty$ ſeroit illuſoire ; 1°. parce qu'un ſphéroïde infiniment applati, ou réduit à un ſimple cercle, eſt évidemment illuſoire. 2°. Parce que dans ce cas l'attraction au pole eſt exactement & rigoureuſement nulle, au lieu que l'attraction à l'équateur ne le ſeroit pas ; & cependant la proportion de l'*art.* 9 ſemble donner en ce cas l'attraction au pole infinie par rapport à l'attraction dans l'équateur, puiſque le rapport des deux attractions eſt $\sqrt{(kk + 1)} = \infty$.

39. Si la courbe dont l'ordonnée eſt $\frac{7k^3 + 9k}{(1 + k^2)(9 + k^2)}$

coupoit en plus d'un point la courbe dont l'ordonnée eſt ATk, alors la courbe dont l'ordonnée eſt $\frac{(9+3kk)ATk}{k^3}$ $-\frac{9}{k^2}$, auroit plus d'un point où la tangente feroit parallèle à l'axe. Cette circonſtance, que je laiſſe à diſcuter à d'autres Géometres, parce qu'elle entraîneroit dans des calculs plus longs que difficiles, & que d'ailleurs il n'eſt pas trop vraiſemblable qu'elle ait lieu, pourroit mériter d'être examinée. Car comme la courbe dont l'ordonnée eſt $\frac{7k^3+9k}{(1+k^2)(9+k^2)}$ eſt d'abord plus éloignée de ſon axe que la courbe dont l'ordonnée eſt ATk, & qu'enſuite cette premiere courbe ſe rapproche de ſon axe à l'infini, il s'enſuit que ſi elle coupoit la ſeconde courbe en plus d'un point, elle la couperoit au moins en trois. Ainſi la courbe dont l'ordonnée eſt $\frac{(9+3kk)ATk-9k}{k^3}$ auroit pour lors au moins trois points où la tangente feroit parallèle à l'axe. Elle pourroit donc alors être coupée en quatre points par la parallèle à l'axe menée à la diſtance 2ω, ce qui dépendroit de la valeur qu'on ſuppoſeroit à 2ω; & pour lors k auroit quatre valeurs, dont la premiere ou plus petite donneroit un équilibre ferme, la ſeconde un équilibre non ferme, la troiſiéme un équilibre ferme, la quatriéme un équilibre non ferme. C'eſt ce qu'il eſt aiſé de voir par la Théorie précédente. Mais encore une fois, il n'eſt guères vraiſemblable que ce cas puiſſe avoir lieu; ainſi nous ne nous y arrêterons pas.

40. Si dans l'équation du ſphéroïde $2\omega k^3 = (3k^2+9)ATk - 9k$, on fait $k=0$, quel que ſoit ω, on aura $0=0$, d'où il paroît s'enſuivre que k peut être $=0$, & $m=1$, quelle que ſoit la viteſſe de rotation, & que par conſéquent une maſſe fluide ſphérique pourroit ſubſiſter en équilibre, avec quelque viteſſe qu'elle tournât; ce qui eſt impoſſible. Pour réſoudre ce paradoxe, mettons l'équation ſous la forme ſuivante $2\omega = \frac{(3k^2+9)ATk - 9k}{k^3}$; on a vu plus haut que lorſque k eſt ſuppoſé très-petit, le numérateur du ſecond membre eſt $\frac{4k^5}{5}$; donc le ſecond membre eſt $\frac{4k^2}{5}$, d'où il eſt viſible que 2ω ne ſauroit être $=\frac{4k^2}{5}$ lorſque $k=0$, à moins que ω ne ſoit $=0$. On voit que la raiſon du paradoxe apparent qui donne $0=0$ lorſque $k=0$, vient de ce que le ſecond membre $=\frac{4k^5}{5}+\rho$, lorſque k eſt $=0$ ou infiniment petit, enſorte qu'on a $2\omega k^3 = \frac{4k^5}{5}+\rho$; ρ étant une quantité très-petite d'un ordre au-deſſous de k^5. Ainſi la vraie valeur de 2ω eſt réellement $\frac{4k^2}{5}$ à très-peu près, parce que k^3 étant un facteur des deux membres, il faut diviſer les deux membres par k^3 pour avoir la valeur de 2ω. En général ſi

on a $x = y^m$, on aura $xy^k = y^{m+k}$, & il paroît d'abord par cette derniere équation que y étant $= 0$, les deux membres doivent être zéro, & que x est égal à tout ce qu'on voudra, quoique x soit réellement $= y^m$, & par conséquent $= 0$ quand $y = 0$. J'ai cru devoir faire cette remarque, parce qu'elle peut être utile en d'autres occasions.

41. Supposons, pour généraliser les Recherches précédentes, que la masse de la Terre attire non-seulement en raison inverse du quarré de la distance, mais encore en raison directe de la distance même; l'attraction au point M, Fig. 4, suivant MO, sera augmentée de $\frac{2cm^2a^3}{3C^3} \times x$, en nommant MO ou CN, x, & C une constante donnée, qui dépend de l'intensité de la nouvelle attraction. On trouvera de même que l'attraction au point M suivant MN sera augmentée de $\frac{2cm^2a^3}{3} \times y$, en nommant MN, y; de plus l'attraction en M suivant MO & suivant MN, dans l'hypothèse de la raison inverse du quarré des distances est $= \frac{(E-F)x}{a\sqrt{(kk+1)}} = \frac{(E-F)x}{ma}$, & $\frac{Py}{a}$.

42. Supposons encore, pour plus de généralité, qu'un corps S dont la masse soit $= \frac{2cA^3}{3}$, placé dans l'axe CP, à la distance $SC = C'$ (très-grande par rapport à CP), & agissant à-la-fois en raison inverse du

quarré des distances, & en raison directe de la distance, attire la masse du sphéroïde, il en résultera 1°. une force suivant $MC = \frac{2cA^3}{3\zeta'^3} \times MC + \frac{2cA^3 . MC}{3\zeta^3}$; 2°. une force suivant $MN = \frac{2cA^3}{3} \times \left(\frac{y}{\zeta'^3} + \frac{y}{\zeta^3}\right)$; 3°. une force suivant $MO = \frac{2cA^3}{3} \times \left(\frac{x}{\zeta'^3} + \frac{x}{\zeta^3}\right)$; 4°. Enfin, une force suivant $MZ =$ à très-peu près $\frac{2cA^3}{3\zeta'^3} \times \frac{3y}{\zeta'}$. Cette derniere force vient de l'attraction en raison inverse du quarré des distances. L'autre attraction n'en produit ici aucune, parce que l'attraction en M suivant MZ est dans ce cas égale à l'attraction du centre C.

43. On aura donc la proportion suivante, nécessaire pour l'équilibre, $\frac{Py}{a} + \frac{2cA^3y}{3\zeta'^3} + \frac{2cA^3y}{3\zeta^3} + \frac{2cm^2a^3y}{3\zeta^3} - \frac{2cA^3y}{\zeta'^3} : \frac{(E-F)x}{ma} - \frac{2c\omega x}{3} + \frac{2cA^3x}{3\zeta'^3} + \frac{2cA^3x}{3\zeta^3} + \frac{2cm^2a^3x}{3\zeta^3} :: y : \frac{x}{m^2} :: m^2y : x$.

44. D'où l'on tire l'équation $\frac{2(kk+1)}{k^3} \times [k - ATk] + \frac{2A^3}{3\zeta'^3} + \frac{2A^3}{3\zeta^3} - \frac{2A^3}{\zeta'^3} + \frac{2a^3(kk+1)}{3\zeta^3} = \frac{(k^2+1)^2 ATk}{k^3} - \frac{k^2+1}{k^2} - \frac{2\omega(k^2+1)}{3} + \left[\frac{2A^3}{3\zeta'^3} + \frac{2A^3}{3\zeta^3} + \frac{2a^3(kk+1)}{3\zeta^3}\right] \times (kk+1)$.

45.

45. On aura donc $\frac{2\omega}{3} = \frac{(k^2+3)ATk - 3k}{k^3} + \frac{2A^3 + 2a^3(kk+1)}{3C^3} \times \left[1 - \frac{1}{kk+1}\right] + \frac{2A^3}{3C'^3} \times \left[1 + \frac{2}{kk+1}\right]$; équation dans laquelle on peut mettre encore au lieu de a^3 sa valeur $\frac{\alpha^3}{kk+1}$ (*art.* 24); ce qui la rendra plus simple.

46. Si k est $=$ o ou infiniment petit, le second membre se réduit à $\frac{2A^3}{C'^3}$; & si $k = \infty$, le second membre devient $\frac{c}{4k} + \frac{2\alpha^3}{3C^3} + \frac{2A^3}{3C^3} + \frac{2A^3}{3C'^3} = \frac{2\alpha^3}{3C^3} + \frac{2A^3}{3C^3} + \frac{2A^3}{3C'^3}$; d'où il est aisé de conclure, 1°. que si $\frac{2\omega}{3}$ est $< \frac{2A^3}{3C^3} + \frac{2\alpha^3}{3C^3} + \frac{2A^3}{3C'^3}$, il y aura une valeur possible de k; 2°. que si en général $\frac{2\omega}{3}$ est plus petit que la plus grande valeur du second membre de l'équation de l'*art.* 45, on aura deux valeurs possibles de k toutes deux réelles & positives; mais ces deux valeurs n'auront lieu que dans le cas où la valeur du second membre de l'équation dont il s'agit, aura réellement un *maximum*.

47. Ce second membre égalé à un *maximum*, donnera $\frac{k^2+3}{(kk+1)k^3} + ATk \times \left(\frac{-9-k^2}{k^4}\right) + \frac{6}{k^3} +$

$$\left(\frac{2\alpha^3}{3\beta^3}+\frac{2A^3}{3\beta^3}\right)\times\frac{2kdk}{(kk+1)^2}+\frac{4A^3}{3\beta'^3}\times-\frac{2kdk}{(kk+1)^2}=0;$$

d'où l'on tire $ATk = \frac{7k^3+9k}{(1+k^2)(9+k^2)} + \left(\frac{2\alpha^3}{3\beta^3} + \frac{2A^3}{3\beta^3} - \frac{4A^3}{3\beta'^3}\right) \times \frac{2k^5}{(9+k^2)(kk+1)^2}$.

48. Lorſque k eſt infiniment petit, le ſecond membre devient (*art.* 19) $k - \frac{1}{3}k^3 + \frac{7k^5}{27} + \left(\frac{2\alpha^3}{3\beta^3} + \frac{2A^3}{3\beta^3} - \frac{4A^3}{3\beta'^3}\right) \times \frac{2k^5}{9}$; & lorſque k eſt infini, le ſecond membre devient $\frac{7}{k} + \left(\frac{2\alpha^3}{3\beta^3} + \frac{2A^3}{3\beta^3} - \frac{4A^3}{3\beta'^3}\right) \times \frac{2}{k}$, c'eſt-à-dire, infiniment petit. Donc ce ſecond membre eſt $= 0$ lorſque $k = 0$, & lorſque $k = \infty$; or la valeur de ATk, lorſque k eſt infiniment petit, eſt $k - \frac{1}{3}k^3 + \frac{1}{5}k^5$, &c. $< k - \frac{1}{3}k^3 + \frac{7k^5}{27}$, &c. & lorſque k eſt infinie, elle eſt $= \frac{c}{4}$ ou 90°, c. à. d. finie. Donc ſi $\frac{2\alpha^3}{3\beta^3} + \frac{2A^3}{3\beta^3} - \frac{4A^3}{3\beta'^3}$ eſt ſuppoſé poſitif, ou même négatif, mais tel que $\frac{7}{27} + \frac{4\alpha^3}{9\cdot 3\beta^3} + \frac{4A^3}{9\cdot 3\beta^3} - \frac{8A^3}{9\cdot 3\beta'^3}$ ſoit $> \frac{1}{5}$, la courbe dont l'ordonnée eſt ATk ſe trouvera d'abord plus près de l'axe que l'autre courbe, & enſuite plus loin. Donc elle la coupera néceſ-

ſairement en quelque point; donc ce point donnera le *maximum* qu'on cherche, & par conſéquent deux valeurs de k.

Nous donnerons dans les trois Mémoires ſuivans beaucoup d'autres Recherches nouvelles ſur la matiere qui a fait l'objet de cet article.

ARTICLE III.

Eclairciſſemens ſur deux endroits de mes Ouvrages, qui ont rapport à la Figure de la Terre.

1. FEU M. Clairaut avoit avancé dans ſa *Théorie de la Figure de la Terre*, p. 225, que ſi la Terre étoit formée d'un noyau ſolide recouvert d'une lame de fluide très-mince, la Figure extérieure de la Terre pouvoit être allongée, en ſuppoſant que le noyau intérieur le fût auſſi (*a*).

2. Dans mes *Recherches ſur la cauſe générale des Vents*, pag. 42, j'ai prouvé de plus que le noyau intérieur pouvoit être applati, & le ſphéroïde extérieur allongé.

3. En effet, ſoit comme je l'ai ſuppoſé dans l'endroit cité, α' l'excès du demi-diametre de l'équateur du noyau ſur ſon demi-axe, Δ la denſité du noyau, δ celle du fluide, r le demi-axe du ſphéroïde, $r + \alpha$ le demi-diametre de ſon équateur, $\frac{\phi}{p}$ le rapport de la force centrifuge à la peſanteur ſous l'équateur, on aura, ainſi que je l'ai fait voir, $\alpha = \frac{\frac{\phi r}{2p} + \frac{3\alpha'}{5} \frac{(\Delta - \delta)}{\Delta}}{1 - \frac{3\delta}{5\Delta}}$, ou (en

(*a*) Voyez les Remarques à la fin de cet article.

suppoſant $5\Delta = 3\delta - f$) $\alpha = \frac{\frac{\phi r}{2p} - \frac{\alpha'}{5}\left(2 + \frac{f}{\Delta}\right)}{-\frac{f}{5\Delta}}$, autre formule qui ſe trouve dans le premier Volume de mes *Opuſcules*, pag. 250.

4. Maintenant j'ai remarqué dans l'endroit cité de mes *Réflexions ſur les Vents*, que ſi f eſt poſitif, c'eſt-à-dire, ſi 5Δ eſt $< 3\delta$, α pourra être négatif, quoique α' ſoit poſitif, pourvû que $\frac{\phi r}{2p} - \frac{\alpha'}{5}\left(2 + \frac{f}{\Delta}\right)$ ſoit poſitif, c'eſt-à-dire, pourvû que la vîteſſe de rotation imprimée à la Terre ſoit ſuppoſée telle que $\frac{\phi r}{2p}$ ſoit $> \frac{\alpha'}{5}\left(2 + \frac{f}{\Delta}\right)$, condition évidemment poſſible (*b*).

5. Sur quoi il faut bien remarquer que dans l'endroit cité je n'ai point du tout donné ce cas de f poſitif & de $\frac{\phi r}{2p} > \frac{\alpha'}{5}\left(2 + \frac{f}{\Delta}\right)$; comme *le ſeul cas* où il y eût équilibre, le noyau intérieur étant applati; je l'ai donné ſeulement pour *un cas* où il y auroit équilibre, & comme un exemple qui prouvoit que l'allongement du noyau intérieur n'étoit pas néceſſaire. C'eſt tout ce que je me propoſois de faire *en paſſant* dans cet endroit de mon Ouvrage ſur les Vents, où la Théorie de la Figure de la Terre n'étoit pas mon objet direct.

6. Il étoit aiſé à des Lecteurs tant ſoit peu intelligens, de ſuppléer au reſte, & de conclure de la même

(*b*) Voyez les Remarques à la fin de cet article.

formule de l'*art.* 3 ci-dessus, que f étant négatif, c'est-à-dire, 5Δ étant supposé $> 3\delta$, α pourroit encore être négatif, quoique α' fût positif. En effet, soit $5\Delta = 3\delta + f$, on aura $\alpha = \frac{\frac{\phi r}{2p} - \frac{\alpha'}{5}\left(2 - \frac{f}{\Delta}\right)}{\frac{f}{5\Delta}}$; or α' étant supposé positif, c'est-à-dire, le noyau intérieur applati, cette quantité ou valeur de α est évidemment négative si $\frac{\phi r}{2p}$ est $< \frac{\alpha'}{5}\left(2 - \frac{f}{\Delta}\right)$; condition qui est encore évidemment possible. Car soit, par exemple, dans le cas le plus simple $\phi = 0$, c'est-à-dire, le fluide en repos, & $f < 2\Delta$, c'est-à-dire, $f = 2\Delta - \omega$, ou ce qui revient au même, $3\Delta = 3\delta - \omega$, ω étant supposé $< 3\delta$; il est très-clair que $\frac{\phi r}{2p}$ sera $< \frac{\alpha'}{5}\left(2 - \frac{f}{\Delta}\right)$; & en général pourvû que f soit $< 2\Delta$ (*c*), il sera évidemment toujours possible de donner une telle vîtesse de rotation à la Terre que $\frac{\phi r}{2p}$ soit $< \frac{\alpha'}{5}\left(2 - \frac{f}{\Delta}\right)$ (*d*).

7. Il est donc très-constant & très-clair par nos formules, que α' étant supposé positif, & $5\Delta > 3\delta$, il peut y avoir équilibre, quoique α soit négatif. J'avoue que je n'ai fait mention expresse de ce dernier cas dans aucun des deux Ouvrages cités; mais encore une fois,

(*c*) Voyez les Remarques à la fin de cet article.

(*d*) Voyez *ibid.*

j'ai cru pouvoir m'en rapporter là-dessus à l'intelligence des Lecteurs tant soit peu Géometres.

8. J'ai démontré de plus dans l'endroit cité de mes *Opuscules Mathématiques* (Tom. 1, pag. 246 – 252) que 5Δ étant supposé $> 3\delta$, l'équilibre dérangé se rétabliroit de lui-même; & qu'ainsi dans le cas de l'article précédent, l'équilibre étoit non-seulement *réel*, mais encore, comme s'expriment les Géometres, un équilibre *ferme*, quoique le noyau intérieur fût applati, & le sphéroïde extérieur allongé.

9. J'avois démontré cette proposition, parce qu'un habile Mathématicien avoit prétendu contre moi que l'explication proposée par M. Clairaut, de l'allongement du sphéroïde, étoit la seule admissible, attendu que si le noyau intérieur étoit applati, & le sphéroïde extérieur allongé, il pourroit bien à la vérité y avoir équilibre dans certains cas, mais que l'équilibre ne seroit pas *ferme*.

10. Sur quoi je remarquerai d'abord que dans tout l'Ouvrage de M. Clairaut, il n'étoit pas question d'examiner les cas dans lesquels l'équilibre étoit *ferme* ou ne l'étoit pas, ce savant Géometre n'ayant fait mention de cette condition en aucun endroit; il s'agissoit seulement d'examiner les cas où l'équilibre pouvoit avoir lieu réellement & dans la simple rigueur mathématique. Ainsi, quant à ce qui regarde M. Clairaut, l'extension importante que j'avois donnée à son explication trop limitée, étoit rigoureusement exacte, puisqu'il n'étoit

pas juste d'y faire entrer une condition que ce Savant n'avoit pas exigée, & à laquelle même, selon toute apparence, il n'avoit pas pensé.

11. On a prétendu depuis que cette condition de la *fermeté de l'équilibre* étoit nécessaire; je n'examine pas en ce moment si cette condition doit être regardée comme nécessaire, physiquement parlant : j'en dirai deux mots plus bas, *art.* 17; mais il est du moins certain qu'elle n'est pas *mathématiquement* indispensable : & encore une fois, il ne s'agissoit entre M. Clairaut & moi que du cas d'un équilibre mathématiquement possible.

12. Mais il y a plus. Il est évident, ce me semble, par les *art.* 7 & 8 ci-dessus, contre l'assertion du Géometre dont il s'agit, que si 5Δ est $> 3\delta$, 1°. il pourra y avoir équilibre quoique le noyau intérieur soit applati, & le sphéroïde extérieur allongé; 2°. que dans ce cas l'équilibre sera *ferme*, & se rétablira de lui-même s'il est dérangé. Mon savant Adversaire n'avoit jusqu'ici rien répondu à ma démonstration, soit qu'elle lui parût convaincante, soit peut-être qu'il n'y crût voir qu'un paralogisme (*e*).

13. Mais un Mathématicien anonyme qui vient de traduire en françois l'Ouvrage latin du P. Boscovich sur la *Figure de la Terre*, a inséré à la page 449 de sa Traduction une longue Note, qui n'a peut-être pas été communiquée à l'Auteur, & dans laquelle il essaye de faire revivre l'assertion que j'avois réfutée.

(*e*) Voyez les Remarques à la fin de cet article.

14.

14. Il croit y avoir réussi en rapprochant l'un de l'autre les deux endroits cités, l'un de mes *Reflexions sur la cause des Vents*, pag. 42, l'autre de mes *Opuscules Mathématiques*, pag. 246 & suivantes. Par le premier, j'avance & je prouve que si $5\,\Delta$ est $< 3\,\delta$, il pourra y avoir équilibre, quoique le noyau intérieur soit applati, & le sphéroïde extérieur allongé; par le second, j'avance & je prouve que l'équilibre ne sera pas ferme si $5\,\Delta$ est $< 3\,\delta$. Donc, conclut le Traducteur, quoiqu'il puisse y avoir équilibre si $5\,\Delta$ est $< 3\,\delta$, cependant cet équilibre ne sera pas *ferme*, & par conséquent *M. d'Alembert n'a nullement prouvé ce qu'il se proposoit* (*f*).

15. Cette conséquence seroit juste, si j'avois dit que le noyau intérieur étant applati, & le sphéroïde extérieur allongé, *il ne pourroit y avoir d'équilibre que* dans le cas de $5\,\Delta < 3\,\delta$. Mais, comme je le viens d'observer plus haut (*art.* 5), je n'ai point du tout donné cette condition de $5\,\Delta < 3\,\delta$, comme *absolument nécessaire* pour l'équilibre; & je viens de faire voir évidemment (*art.* 6 ci-dessus) que $5\,\Delta$ étant supposé $> 3\,\delta$, il pouvoit encore y avoir équilibre, quoique le noyau intérieur fût *applati*, & le sphéroïde extérieur *allongé*. Le Traducteur a supposé faussement dans sa Note, non-seulement que *j'avois cru* l'équilibre possible dans le seul cas de $5\,\Delta < 3\,\delta$, mais encore que l'équilibre n'étoit possible que dans ce seul

(*f*) Voyez les Remarques à la fin de cet article.

cas (*g*) ; ainſi il s'eſt trompé doublement à cet égard, & dans *le fait* & dans *le droit*. Tout ce que j'ai avancé à ce ſujet eſt donc très-exact, & la longue Note du Traducteur contre moi tombe d'elle-même.

16. Au reſte, il y a long-temps, quoique le Traducteur ſemble avancer le contraire, que les Géometres ont diſtingué en général dans les corps deux états d'équilibre, l'un *ferme*, l'autre qui ne l'eſt pas. M. Daniel Bernoulli avoit diſtingué ces deux états dans le Tome X des Anciens Mémoires de Pétersbourg (imprimés en 1747), p. 148, à l'occaſion des oſcillations des corps flottans ; & il ne paroît pas même donner cette remarque pour nouvelle.

17. J'ajoute que la condition de la *fermeté* ou *non fermeté* de l'équilibre, n'eſt pas à beaucoup près auſſi néceſſaire dans le cas de la Figure de la Terre, que dans celui de l'équilibre des corps flottans. Il eſt bien vrai que dans l'hypothèſe de la Terre fluide, l'équilibre *troublé* ne ſe rétablira pas, ſi cet équilibre n'eſt pas ferme ; mais qu'on ſuppoſe la Terre ſolide, alors dans tous les cas qui donnent l'équilibre ferme ou non, les corps reſteront en repos ſur la ſurface de la Terre (*art. 33 & 34 de l'article précédent*) ; & aucun des cas d'équilibre n'a pour lors ni mathématiquement, ni même phyſiquement parlant, aucun avantage ſur un autre ; raiſon qui ſemble avoir diſpenſé les Mathématiciens d'examiner particuliérement les cas où l'équilibre étoit ferme.

(*g*) Voyez les Remarques à la fin de cet article.

18. Il n'y a pas plus d'exactitude dans ce que le Traducteur ajoute, que M. Clairaut avoit donné *avant moi, & avant le P. Boscovich*, dont l'Ouvrage est fort postérieur au mien, la formule de la Figure de la Terre dans le cas d'un noyau intérieur recouvert d'un fluide très-mince (*h*). Car la formule que M. Clairaut donne pour cet objet, p. 226 de son Livre, n'est point exacte, cet habile Géometre y supposant faussement (voy. pag. 225) que dans ce cas l'ellipticité du noyau & celle du fluide seront égales, ce qui n'est pas. La formule que donne M. Clairaut, pag. 226, est $10 A\delta - 2 D = 5 A\varphi$; de-là, en suivant sa supposition des deux ellipticités égales, & substituant nos dénominations aux siennes, on tirera $\frac{10 \Delta \alpha}{3} - 2 \Delta \alpha = \frac{5 \Delta \varphi'}{3}$, φ' étant le rapport de la force centrifuge à la pesanteur sous l'équateur; d'où résulte $\alpha = \frac{5 \varphi'}{4}$, formule illusoire dans le cas présent, puisqu'elle ne donne que la figure d'un sphéroïde homogene, & que la différence des densités du fluide & du noyau n'y paroît pas; & quand même au lieu de faire en cet endroit avec M. Clairaut $D = \alpha \Delta$, on feroit, suivant la valeur générale qu'il assigne à D (pag. 219), $D = \alpha' \Delta$, on auroit, d'après sa formule $10 A\delta - D = 5 A\varphi$, l'équation $\frac{10 \Delta \alpha}{3} - 2 \alpha' \Delta = \frac{5 \Delta \varphi'}{3}$, d'où l'on tireroit $\alpha = \frac{5 \varphi' + 6 \alpha'}{10}$,

(*h*) Voyez les Remarques à la fin de cet article.

valeur qui n'eſt pas encore réellement celle de α, puiſque les deux denſités n'y entrent pas (*i*).

Il eſt, ce me ſemble, auſſi ſingulier que malheureux pour le Traducteur du P. Boſcovich, de s'être trompé ſur tous les points dans les objections qu'il a jugé à propos de me faire.

(*i*) Voyez les Remarques à la fin de cet article.

REMARQUES
SUR L'ARTICLE PRÉCÉDENT.

(*a*) *Art.* 1. M. Clairaut ne dit pas expressément qu'on *ne puisse* expliquer l'allongement du sphéroïde extérieur *que* par l'allongement du noyau. Cependant il y a lieu de croire qu'il le pensoit, ou qu'il étoit du moins porté à le penser, comme on le verra plus bas, note premiere sur l'*art.* 6.

(*b*) *Art.* 4. Soit g la vîtesse sous l'équateur, on aura $gg = \varphi r$, & par conséquent il faut pour remplir la condition dont il s'agit que g soit $> \sqrt{[2p \times \frac{a'}{5} (2 + \frac{f}{\Delta})]}$, c'est-à-dire, que la vîtesse g soit plus grande que celle qu'un corps pesant acquerroit en tombant de la hauteur $\frac{a'}{5}(2 + \frac{f}{\Delta})$.

(*c*) *Art.* 6. Si Δ est $> \delta$, c'est-à-dire, si la densité du noyau est plus grande que celle du fluide, alors faisant $\delta = \Delta - k$, l'équation $5\Delta = 3\delta + f$, donnera $2\Delta = f - 3k$, k étant un nombre positif; d'où

$f > 2\Delta$. Donc ſi Δ eſt $> \delta$, on ne peut expliquer l'allongement du ſphéroïde que par celui du noyau. Or M. Clairaut ſemble ſuppoſer dans ſon Ouvrage, pages 252, 280, 291, 294, que les parties les plus denſes doivent toujours être plus près du centre, ou du moins que cette ſuppoſition eſt indiſpenſable quand le noyau eſt fluide, & plus naturelle quand il eſt ſolide. Il y a donc lieu de croire qu'il penſoit que α ne pouvoit être négatif, à moins que α' ne fût auſſi négatif. Mais cette hypothèſe, que les parties les plus denſes ſoient plus voiſines du centre, n'eſt nullement néceſſaire, même ſi le noyau intérieur eſt fluide, & encore moins s'il eſt ſolide. Auſſi M. Clairaut ſemble-t-il ailleurs ne pas exiger indiſpenſablement cette condition pour un noyau ſolide; car il demande ſimplement, pag. 220, que la denſité du noyau ne ſoit pas exprimée par une quantité négative, ce qui en effet ſeroit abſurde. M. Clairaut ſe ſert même de l'hypothèſe que le noyau intérieur ſoit moins denſe que la Planete, pour expliquer certaines ſuppoſitions qu'on peut faire ſur la figure du ſphéroïde. Parmi ces ſuppoſitions, il en eſt une (pag. 221) qui exige que la Planete ſoit creuſe intérieurement, la denſité Δ du noyau étant alors $= 0$. Cette ſuppoſition ne peut avoir lieu dans l'hypothèſe que la Planete ſoit fluide, car alors la matiere retomberoit au centre; il eſt donc néceſſaire alors que la Planete extérieure ſoit ſolide.

On peut à cette occaſion remarquer e paſſant,

que si la figure du noyau est semblable à celle de la Planete, l'applatissement de l'un & de l'autre sera sensiblement le même que dans le cas de l'homogénéité. Car soit $\alpha' = \alpha$, l'équation $\alpha = \frac{\frac{\phi r}{2p} - \frac{\alpha'}{5}\left(2 + \frac{f}{\Delta}\right)}{-\frac{f}{5\Delta}}$ deviendra $\frac{\phi r}{2p} - \frac{2\alpha}{5} = 0$ ou $\alpha = \frac{5\phi r}{4p}$.

(*d*) *Art.* 6. Il suffit pour cela que la vîtesse de rotation à l'équateur soit < que la vîtesse qu'acquerroit un corps pesant en tombant de la hauteur $\frac{\alpha'}{5}\left(2 - \frac{f}{\Delta}\right)$.

(*e*) *Art.* 12. Si le noyau intérieur est sphérique, la condition de l'équilibre *ferme* demande que 5Δ soit $> 3\delta$, & $5\Delta > 3\delta$ donne le sphéroïde extérieur *applati*. Ainsi dans ce cas la condition de l'*allongement* du sphéroïde extérieur & de l'équilibre *ferme* ne peuvent subsister ensemble. Mais il n'en sera pas de même si on suppose le noyau intérieur *applati* & non pas sphérique. Voyez l'*art.* 6 ci-dessus.

(*f*) *Art.* 14. Selon le Traducteur, pag. 452 & 453; *si* 5Δ *est* $> 3\delta$, *le rapport de l'axe au diametre de l'équateur est* PLUS PETIT *dans le fluide que dans le noyau*, ce qui n'est pas vrai; car soit $5\Delta = 3\delta + f$, on a $\alpha = \frac{\frac{\phi r}{2p} - \frac{\alpha'}{5}\left(2 - \frac{f}{\Delta}\right)}{\frac{f}{\Delta}}$; d'où il est clair que α

peut être plus petit que α' si $\frac{\phi r}{2p}$ eſt $< \frac{2\alpha'}{5}$. Ce qui arrivera évidemment ſi on a $\frac{\phi r}{2p} < \frac{\alpha'}{5}\left(2 - \frac{f}{\Delta}\right)$, c'eſt-à-dire, ſi le ſphéroïde eſt allongé. Donc dans ce cas de $\frac{\phi r}{2p} < \frac{2\alpha'}{5}$, qui eſt évidemment poſſible, le rapport du diametre de l'équateur à l'axe ſera PLUS PETIT; & le rapport de l'axe au diametre de l'équateur PLUS GRAND dans le fluide que dans le noyau, α' étant ſuppoſé poſitif.

Quoique je croye avoir pleinement ſatisfait aux objections du Traducteur du P. Boſcovich, contre la propoſition que j'ai avancée ſur l'allongement du ſphéroïde; cependant je crois devoir encore répondre ici à une difficulté qui peut ſe préſenter aſſez naturellement. Il réſulte, dira-t-on, de ma Théorie, que ſi 3δ eſt $< 5\Delta$ & que le noyau intérieur ſoit ſphérique, le ſphéroïde ne peut être allongé; or il ſemble s'enſuivre de-là, & le Traducteur l'avance en effet formellement, p. 453, qu'à *plus forte raiſon* ſi le noyau intérieur eſt applati, le ſphéroïde ne peut être allongé : car il ſemble que l'applatiſſement du noyau tende à applatir encore davantage le ſphéroïde, que dans le cas où le noyau eſt ſphérique.

Mais il eſt bien aiſé de réſoudre cette difficulté en conſidérant, que ſi le noyau intérieur eſt moins denſe que le fluide, c'eſt-à-dire, ſi Δ eſt $< \delta$, l'applatiſſement ſuppoſé du noyau tendra à allonger le ſphéroïde; par

la

la raiſon qu'il en réſultera ; comme il eſt aiſé de le voir, que la force perpendiculaire au rayon, qui dans le cas du noyau ſphérique étoit $\alpha \zeta \delta$ (ζ étant dépendante de la poſition du rayon, & α l'ellipticité du ſphéroïde) ſera, dans le cas d'un noyau applati de l'ellipticité α', $\alpha \zeta \delta + \alpha' \zeta (\Delta - \delta)$. Or ſi Δ eſt $< \delta$, cette quantité eſt $< \alpha \zeta \delta$; & par conſéquent ſi Δ eſt $< \delta$ & α' poſitif, il eſt viſible que la force $\alpha' \zeta (\Delta - \delta)$ eſt négative, & qu'ainſi le noyau elliptique, ſuppoſé applati, tend à allonger le ſphéroïde. Or c'eſt préciſément ce qui arrive dans le cas de $5 \Delta > 3 \delta$ & de $2 \Delta > 5 \Delta - 3 \delta$ ou $2 \Delta > f$; car on aura $3 \delta > 3 \Delta$ & $\Delta < \delta$.

Il eſt à remarquer que les conditions de $5 \Delta > 3 \delta$ & $2 \Delta > f$ ou $2 \Delta > 5 \Delta - 3 \delta$ s'accordent très-bien enſemble, & qu'ainſi la premiere n'exclut nullement la ſeconde.

Il eſt à remarquer encore que ſi α' eſt négatif, c'eſt-à-dire, ſi le noyau eſt allongé, toujours dans la même hypothèſe de $5 \Delta > 3 \delta$ & de $2 \Delta > 5 \Delta - 3 \delta$, α ſera poſitif, c'eſt-à-dire, le ſphéroïde applati. Ainſi dans cette hypothèſe de $5 \Delta > 3 \delta$ & de $2 \Delta > 5 \Delta - 3 \delta$, le noyau *allongé* donne toujours le ſphéroïde *applati* & l'équilibre ferme ; & au contraire le noyau applati peut donner le ſphéroïde allongé, mais toujours l'équilibre ferme. Ce qui confirme de nouveau ce que j'ai avancé dans le Tome I de mes *Opuſcules Mathématiques*, pag. 251, que ce n'eſt point la figure du noyau, mais le rapport entre 5Δ & 3δ qui rend l'équilibre ferme ou non.

(*g*) *Art.* 15. *Sans l'allongement du noyau*, dit le Traducteur, pag. 453, le fluide *allongé ne sera point* en équilibre, *à moins* que le rapport des densités ne soit moindre que $\frac{3}{5}$. Voilà ce qui est faux, & que je n'ai point dit.

(*h*) *Art.* 18. Je dois ajouter ici que *le P. Boscovich* n'a donné dans son Ouvrage (par la méthode qui lui est particuliere) la valeur de α que dans l'hypothèse de $\alpha' = 0$, ou du noyau intérieur sphérique, & que pour le cas où α' n'est pas $= 0$, il a recours aux formules de M. Clairaut. V. l'Ouvrage du P. Boscovich, art. 199 & 215, p. 441 & 449 de la Traduction. La Théorie du P. Boscovich ne donne donc qu'un cas particulier ; je n'examine pas si elle est plus simple que la mienne, comme le prétend le Traducteur ; ce qui est indifférent en soi, & d'ailleurs feroit peu surprenant, puisque le P. Boscovich se borne à un cas plus limité.

(*i*) *Art.* 18. Il est pourtant vrai que si dans la formule générale donnée par M. Clairaut, pag. 217, on ne suppose pas, comme il l'a cru faussement, les deux ellipticités égales, on retombera dans une formule exacte, & conforme à celle que nous avons donnée plus haut, $\alpha = \frac{\frac{\varphi r}{2p} + \frac{3\alpha'}{5}\left(\frac{\Delta - \delta}{\Delta}\right)}{1 - \frac{3\delta}{5\Delta}}$; mais il n'est pas moins vrai que M. Clairaut n'a pas donné cette formule pour le cas dont il s'agit, & qu'il y en a substitué une très-fautive, quoique déduite de sa formule générale.

P. S. *Du 15 Octobre* 1771. Long-temps après avoir fini cet écrit, je reçois une Lettre d'un des plus grands Géometres de l'Europe, en date du 30 Septembre 1771, & voici ce qu'il me mande à l'occasion de la Note que je viens de réfuter.

« Je crois que vous n'avez pas eu de peine à répon-
» dre à l'Auteur de la Note, pag. 450. Son paralo-
» gisme consiste, suivant moi, dans l'argumentation *a*
» *minori ad majus* qu'il emploie, pag. 453; car il n'a
» pas observé que l'expression générale de l'ellipticité
» $\frac{6f\alpha' + 5(f+1)\phi}{2(5f+2)}$, ne peut à la vérité devenir né-
» gative lorsque $\alpha' = 0$, tant que le dénominateur est
» positif, condition nécessaire pour le rétablissement de
» l'équilibre, mais qu'elle peut très-bien le devenir quand
» α' n'est pas nul; car prenant f négatif & $= -g$,
» il suffira que $g < \frac{2}{5}$ & $> \frac{5\phi}{5\phi + 6\alpha'} = \frac{1}{1 + \frac{6\alpha'}{5\phi}}$;
» de sorte qu'il n'y aura qu'à prendre α' ensorte que
» $\frac{5}{2} > 1 + \frac{6\alpha'}{5\phi}$, ou bien $\alpha' < \frac{5\phi}{4}$; d'où l'on voit
» que α' peut être aussi positif ».

Ce résultat s'accorde parfaitement avec ce que j'ai établi dans ce Mémoire. Il faut seulement remarquer que l'Auteur de la Lettre nomme φ, ce que j'ai appellé $\frac{\Phi}{\rho}$, & qu'il suppose (ce qui est permis) $\delta = 1$ & $\Delta = f + 1$. Au moyen de cette substitution, on s'assurera aisément que nous sommes parfaitement d'accord sur tous les points. Quoique l'évidence avec laquelle j'ai réfuté dans ce Mémoire l'Auteur de la Note en question n'ait besoin d'être appuyée d'aucune autorité, j'ai cru qu'il ne seroit pas inutile d'opposer celle-ci à mon Adversaire, ne fût-ce que pour le rendre à l'avenir moins décisif dans ses assertions.

ARTICLE IV.

Sur l'effet de la pesanteur au sommet & au pied des Montagnes (*a*).

1. ON trouve dans le *Journal des Beaux Arts*, (ci-devant Journal de Trévoux) mois de Juin 1769, le détail des expériences faites par un Physicien au sommet & au pied des Alpes; expériences par lesquelles il trouve qu'au sommet de ces Montagnes, à la hauteur de 1085 toises, un pendule à secondes s'est accéléré de 28′ en deux mois; d'où il résulte que la pesanteur est plus grande au haut des Alpes que dans la vallée. Je ne m'arrêterai point à réfuter les conséquences peu solides que l'Auteur tire de ces expériences contre la Figure de la Terre, & contre le systême de la gravitation. Mais je vais montrer comment on peut expliquer le fait, en supposant que les observations soient exactes.

2. Soit 2π le rapport de la circonférence au rayon; l'attraction qu'un cercle de la densité Δ' & du rayon x, exerce sur un corpuscule placé perpendiculairement au-dessus de son centre à la distance ρ, est $2\pi\Delta'\left(1-\frac{\rho}{\sqrt{(\rho\rho+xx)}}\right)$.

(*a*) Ce dernier Article a été lu à l'Académie le 10 Juin 1769.

3. Donc si on suppose que les tranches horizontales de la Montagne soient circulaires, son attraction sera $2\pi\Delta'(\delta - K)$, K étant ce que devient $\int \frac{\rho d\rho}{\sqrt{(\rho\rho + xx)}}$ lorsque $\rho = \delta$, que je suppose la hauteur de la Montagne.

4. Donc 1°. si la Montagne est un hémisphere, on aura $xx = 2\delta\rho - \rho\rho$, $\int \frac{\rho d\rho}{\sqrt{(\rho\rho + xx)}} = \int \frac{d\rho \sqrt{\rho}}{\sqrt{(2\delta)}} = \frac{2 \times \rho\sqrt{\rho}}{3\sqrt{(2\delta)}}$, & l'attraction $= 2\pi\Delta'\left(\delta - \frac{\delta\sqrt{2}}{3}\right)$.

2°. Si la Montagne est simplement une portion de sphere dont r' soit le rayon, on aura l'attraction $= 2\pi\Delta'\left(\delta - \frac{\delta\sqrt{\delta}.\sqrt{2}}{3\sqrt{r'}}\right)$.

3°. Si la Montagne est un cone & que $x = m\rho$, l'attraction sera $2\pi\Delta'\left(\delta - \frac{\delta}{\sqrt{(1 + mm)}}\right)$.

4°. Enfin, si on suppose les coupes de la Montagne *de figure quelconque*, mais d'une étendue très-grande par rapport à leur distance ρ du sommet de la Montagne, l'attraction de ces coupes sera sensiblement égale à celle d'un cercle dont le rayon x seroit infini ou très-grand par rapport à ρ. Elle sera par conséquent $2\pi\Delta'$; & l'attraction de la Montagne $2\pi\Delta'\delta$. On peut donc regarder cette quantité très-simple comme la valeur sensiblement exacte de l'attraction d'une Montagne *de figure quelconque*, dont la base sera très-grande par rapport à sa hauteur.

5. Soit maintenant r le rayon de la Terre, & Δ la densité moyenne de notre globe, c'est-à-dire, la densité d'un globe homogene & de même rayon, qui exerceroit la même attraction; il est clair que l'attraction totale au sommet de la Montagne sera $\frac{4\pi\Delta r^3}{3(r+\delta)^2} + 2\pi\Delta'\delta = \frac{4\pi\Delta r}{3} + 2\pi\left(\Delta'\delta - \frac{4\Delta\delta}{3}\right)$. D'où l'on voit que la pesanteur sera la même au sommet de la Montagne & dans la plaine, si $\Delta' = \frac{4\Delta}{3}$.

6. Supposons présentement qu'au pied de la Montagne l'attraction exercée par sa masse dans le sens horizontal soit $\alpha\Delta'$, & dans le sens vertical $6\Delta'$, la pesanteur totale qui en résultera sera $\sqrt{\left[\left(\frac{4\pi\Delta r}{3} - 6\Delta'\right)^2 + \alpha^2\Delta'^2\right]} =$ à très-peu près $\frac{4\pi\Delta r}{3} - 6\Delta'$; de plus les temps des vibrations du pendule, au sommet & au pied de la Montagne, doivent être en raison inverse des racines quarrées de leurs pésanteurs; & comme le pendule placé au sommet des Alpes à la distance de 1085 toises a accéléré son mouvement d'environ 28′ en deux mois, ces temps sont entr'eux comme $1 - \frac{28}{24.60.60}$ est à 1. Donc on aura $1 - \frac{7}{21600} : 1 :: 1 - \frac{3 6\Delta'\pi}{8\pi\Delta r} : 1 + \frac{(3\Delta'\delta - 4\Delta\delta)\pi}{4\pi\Delta r}$; d'où l'on tire $1 + \frac{7}{21600} \times \frac{r}{\delta} = \frac{\Delta'}{\Delta}\left(\frac{3}{4} + \frac{3 6}{8\delta\pi}\right)$.

7. Dans les expériences dont il s'agit, $\delta = 1085^{\text{toises}}$ & $r =$ à très-peu près 3270000 toises, d'où il s'ensuit que $\frac{7r}{21600\,\delta} =$ à peu près 1. Donc en supposant ζ très-petit ou zéro, on aura $\Delta' = \frac{8\Delta}{3}$ à peu près.

8. La supposition de $\zeta = 0$ ou très-petit, n'a rien ici que de très-naturel. En effet, puisque (*hyp.*) la Montagne a une base très-grande par rapport à sa hauteur, il est aisé de voir que l'attraction qu'elle exercera à sa partie inférieure sera presque horizontale, d'où il résulte que ζ pourra être supposé $= 0$.

9. Cependant, si à côté de cette Montagne d'une hauteur peu considérable par rapport à sa base, on en supposoit une hémisphérique, (par exemple) de la densité Δ'', & qu'on imaginât le pendule placé dans la vallée entre le pied de ces Montagnes; alors l'attraction verticale $\Delta''\zeta$ qu'exerceroit sur ce pendule la Montagne hémisphérique seroit sensible; & il seroit bon d'en tenir compte. Pour la calculer, je remarque que l'attraction qu'une demi-circonférence du rayon ρ & de la densité Δ'' exerce parallèlement à son plan sur un point placé perpendiculairement au-dessus du centre à la distance a, est $\frac{2\Delta''\rho\rho}{(aa+\rho\rho)^{\frac{3}{2}}}$; d'où il s'ensuit que l'attraction exercée sur le même corpuscule par le demi-cercle du même rayon est $\int\frac{2\rho\rho d\rho . \Delta''}{(aa+\rho\rho)^{\frac{3}{2}}} = 2\,\Delta''\int\frac{d\rho}{\sqrt{(aa+\rho\rho)}}$ —

$-\int \frac{2\Delta'' aa d\varrho}{(aa+\varrho\varrho)^{\frac{3}{2}}} = 2\Delta''\left[\log.\left(\frac{\varrho}{a} + \frac{\sqrt{(aa+\varrho\varrho)}}{a}\right) - \frac{\varrho}{\sqrt{(aa+\varrho\varrho)}}\right].$

10. Pour avoir maintenant l'attraction qu'une demi-sphere de la densité Δ'' exerce perpendiculairement à sa base sur un point placé à la circonférence de cette base, ou du moins qui en soit très-proche, soit x la distance de ce point à un des demi-cercles verticaux perpendiculaires à la base, & soit δ' le rayon de la sphere, on aura $\rho = \sqrt{(2\delta' x - xx)}$, $\sqrt{(aa+\rho\rho)} = \sqrt{(2\delta' x)}$, & l'élément de l'attraction sera $2\Delta'' dx \times \log.\left(\frac{\sqrt{(2\delta' x - xx)} + \sqrt{(2\delta' x)}}{x}\right) - \frac{2\Delta'' dx \sqrt{(2\delta' x - xx)}}{\sqrt{(2\delta' x)}}$; dont l'intégrale est $2\Delta'' x \log.\left(\frac{\sqrt{(2\delta' - x)}}{\sqrt{x}} + \frac{\sqrt{(2\delta')}}{\sqrt{x}}\right) - \int 2\Delta'' x d \log.\left(\frac{\sqrt{(2\delta' - x)}}{\sqrt{x}} + \frac{\sqrt{(2\delta')}}{\sqrt{x}}\right) + \frac{4\Delta''(2\delta' - x)^{\frac{3}{2}}}{3\sqrt{(2\delta')}} - \frac{8\Delta''\delta'}{3}$. Or $d \log.\left(\frac{\sqrt{(2\delta' - x)}}{\sqrt{x}} + \frac{\sqrt{(2\delta')}}{\sqrt{x}}\right) = d \log.\left[\frac{1}{\sqrt{x}} \times (\sqrt{(2\delta' - x)} + \sqrt{[2\delta']})\right]$ $= -\frac{dx}{2x} - \frac{dx}{2\sqrt{(2\delta' - x)}\,[\sqrt{2\delta' - x} + \sqrt{(2\delta')}]}$. Donc $-\int 2\Delta'' x d \log.\left(\frac{\sqrt{(2\delta' - x)}}{\sqrt{x}} + \frac{\sqrt{(2\delta')}}{\sqrt{x}}\right) =$ $\Delta'' dx + \Delta'' \int \frac{x dx}{\sqrt{(2\delta' - x)}\,[\sqrt{(2\delta' - x)} + \sqrt{(2\delta')}]}$. Soit $2\delta' - x = \frac{zz}{\delta'}$, & la quantité qui est sous le signe $\int$

fera $= -\frac{2\Delta'' dz(2\delta'\delta' - zz)}{\delta'(\delta'\sqrt{2} + z)} = -\frac{2\Delta' dz(\delta'\sqrt{2} - z)}{\delta'}$, dont l'intégrale complette, après les substitutions, est $\Delta'' \times [\sqrt{2\delta'} - \sqrt{(2\delta' - x)}]^2$.

11. Donc lorsque $x = 2\delta'$, l'attraction totale sera $-\frac{8\Delta''\delta'}{3} + 2\Delta''\delta' + 2\Delta''\delta' = \frac{4\Delta''\delta'}{3}$. Donc $G = \frac{4\delta'}{3}$.

12. Donc (*art.* 6) si on suppose que α soit l'accélération du pendule au haut de la Montagne, on aura $1 + \frac{\alpha r}{\delta} = \frac{\Delta'}{\Delta}\left(\frac{3}{4} + \frac{\delta'\Delta''}{2\Delta'\pi\delta}\right)$.

13. De-là il est aisé de voir qu'on peut faire une infinité d'hypothèses qui donneront $\frac{\Delta'}{\Delta}$ beaucoup plus petit que $\frac{8}{3}$. Par exemple, soit $\delta' = 4\delta$, $\Delta'' = 3\Delta'$, & comme 2π est à peu près $= 6$, on aura dans l'hypothèse de l'*art.* 7, l'équation $2 = \frac{\Delta'}{\Delta}\left(\frac{3}{4} + 2\right)$ & $\Delta' = \frac{8\Delta}{11}$ à peu près.

14. Si on supposoit $\Delta'' = \Delta$, on auroit $\Delta' = \frac{24\Delta}{17}$; & ainsi du reste; & en général si on suppose $2\pi = \frac{44}{7}$, $\delta' = m\delta$, $\Delta'' = n\Delta'$; on aura $2 = \frac{\Delta'}{\Delta}\left(\frac{3}{4} + \frac{7mn}{44}\right)$ & $\Delta' = \frac{\Delta \times 88}{33 + 7mn}$.

15. La plus grande valeur de Δ' est $\frac{8\Delta}{3}$, & cette

hypothèſe n'a rien de forcé ; puiſqu'on peut très-bien ſuppoſer que la denſité moyenne de la Terre eſt moindre que la denſité des couches qui ſont à ſa ſurface.

16. Si on ſuppoſoit un pendule placé d'abord ſur une Montagne hémiſphérique de la hauteur δ, & de la denſité Δ', & enſuite au pied de deux Montagnes hémiſphériques très-proches, dont les hauteurs fuſſent δ, δ', & les denſités Δ', Δ'', ſa peſanteur dans le premier cas feroit $\frac{4\pi\Delta r}{3} + 2\pi\left(\Delta'\delta - \frac{4\Delta\delta}{3}\right)$ & dans le ſecond $\frac{4\pi\Delta r}{3} - \frac{4\Delta'\delta'}{3} - \frac{4\Delta'\delta'}{3}$, attendu que dans ce dernier cas l'attraction *réunie* des deux Montagnes tend à diminuer la peſanteur. On aura donc pour lors $1 + \frac{\alpha r}{\delta} = \frac{\Delta'}{\Delta}\left(\frac{3}{4} + \frac{1}{2\pi} + \frac{\delta'\Delta''}{2\Delta'\pi\delta}\right)$.

17. Si la Montagne qu'on ſuppoſe attirer le pendule placé à ſon pied, étoit une moitié de cône dont les coupes verticales fuſſent des cercles, & dont la pointe fût par conſéquent à la baſe de la Montagne, on auroit dans l'*art.* 9, $a = x$, $\rho = mx$, m étant un nombre conſtant ; & l'attraction feroit (en nommant δ' la hauteur de la Montagne) $\frac{2\Delta''\delta'}{m}\log.[m + \sqrt{(1 + mm)}] - \frac{2\delta'\Delta''}{\sqrt{(1 + mm)}}$. En ſuppoſant m très-grand, cette quantité feroit $\frac{2\Delta''\delta'}{m}\log. 2m$ à très-peu près, & faiſant m très-petit, elle feroit à très-peu près $\frac{2\Delta''\delta' m^2}{2} = \Delta''\delta' m^2$.

Il n'y a donc pour lors qu'à mettre ces quantités au lieu de $\text{Є}\Delta'$, dans l'équation $1 + \frac{ar}{\delta} = \frac{\Delta'}{\Delta}\left(\frac{1}{4} + \frac{3\text{Є}}{8\delta\pi}\right)$ de l'*art.* 6.

18. On ſent aſſez qu'il eſt aiſé de pouſſer ces différentes hypothèſes plus loin, & de donner par ce moyen différentes explications, toutes également ſatisfaiſantes, du phénomene dont il s'agit. La connoiſſance topographique du local peut ſervir à indiquer l'explication qu'on pourroit adopter de préférence.

19. Au reſte, les obſervations du pendule faites dans les Alpes, en les ſuppoſant exactes, ne ſont pas les mêmes dans toutes les Montagnes. M. Bouguer a trouvé que le pendule doit être plus court au haut des Cordelieres qu'au niveau de la mer. Voyez l'Ouvrage de cet Académicien ſur la Figure de la Terre, page 357 & ſuivantes. On y trouve une Théorie de l'Attraction des Montagnes, mais beaucoup moins générale que celle qui a été l'objet de ce Mémoire.

ADDITION
A L'ARTICLE PRÉCÉDENT,
Faite en Janvier 1772.

1. LONG-TEMPS après avoir fini ce dernier Mémoire, sur l'effet de la pesanteur au sommet & au pied des Montagnes, j'ai trouvé dans le *Journal des Beaux Arts* (Décembre 1771) de nouvelles expériences, qui paroissent confirmer celles qui sont rapportées dans le même Journal en Juin 1769, & qu'on a tâché d'expliquer dans l'écrit précédent.

2. Un Physicien, qui demeure dans les Montagnes du Valais, a trouvé qu'une excellente pendule à secondes, placée à 514 toises de hauteur, s'est accélérée en 90 jours de 20′ 22″; que la même pendule, à 210 toises de hauteur, s'est accélérée en 175 jours de 15′ 4″; qu'enfin à 847 toises elle s'est accélérée en 61 jours de 21′ 5″. (*Voyez pag.* 402 *de ce Journal*). L'Auteur observe que cette quantité d'accélération est à peu près proportionnelle à l'élévation du pendule dans les trois cas; d'où il est aisé de conclure (en supposant les expériences exactes) que la pesanteur est augmentée à très-peu près en raison de l'élévation; ce qui s'accorde avec la formule de l'*art.* 5 de l'écrit précédent, puisque

l'augmentation $2\pi(\Delta'\delta - \frac{4\Delta\delta}{3})$ de la pesanteur est à peu près proportionnelle à δ, en supposant que Δ' soit la même dans les trois cas ; supposition assez naturelle dans les expériences dont il s'agit, & qui ont été faites dans des lieux peu éloignés les uns des autres.

3. Cette même loi, de l'accélération en raison de la hauteur, paroît s'accorder aussi avec les expériences rapportées dans le *Journal des Beaux Arts*, mois de Juin 1769 ; d'où il s'ensuivroit que Δ' doit être aussi à peu près la même, dans le lieu où se font faites ces premieres expériences, que dans celui où ont été faites celles qu'on vient de rapporter ; supposition qui est encore assez vraisemblable, les cantons du Faussigni & du Valais où se font faites les premieres & les secondes expériences étant tous deux situés dans les Alpes, & n'étant pas très-éloignés l'un de l'autre.

4. Ce n'est pas tout ; non-seulement ces expériences donnent l'accélération en raison de la hauteur, mais encore suivant la remarque des deux Physiciens, elles paroissent donner le nombre de battemens dans un temps déterminé, en raison directe de la distance du pendule au centre de la Terre ; d'où il résulteroit que la pesanteur seroit (dans cette partie des Alpes) en raison directe (& non inverse) du quarré de la distance au centre de la Terre ; & par conséquent (*art.* 5 de l'écrit précédent) $\frac{4\pi r\Delta}{3} \times \frac{2\delta}{r} = 2\pi(\Delta'\delta - \frac{4\Delta}{3})$

ou $4\Delta = 3\Delta' - 4\Delta$, & $\Delta' = \frac{8\Delta}{3}$ comme dans l'*art.* 7 de l'écrit précédent.

5. On sent bien au reste que cette loi de la pesanteur directement proportionnelle à la distance, ne peut avoir lieu tout au plus que dans les endroits où ces expériences ont été faites, & qu'elle ne sauroit être générale ; puisque la gravitation en raison inverse du quarré de la distance est démontrée d'ailleurs par tous les phénomenes.

6. Je ne dois pas omettre de dire 1°. que les expériences rapportées dans le Journal de Décembre 1771, paroissent faites avec soin, ainsi que celles qui ont été rapportées dans le Journal de Juin 1769 ; que cependant il ne seroit pas inutile de répéter les unes & les autres, pour s'assurer si les Observateurs n'ont omis aucune précaution essentielle, soit dans leurs expériences, soit dans l'estimation des résultats qu'elles ont donnés. 2°. Que le second de ces Observateurs ne paroît pas très-éloigné d'attribuer l'accélération au haut des Montagnes à l'excès de densité de ces Montagnes sur celle des couches placées à la surface de la Terre, mais qu'il y préfere l'hypothèse de l'attraction en raison directe des masses sans que la distance y entre pour rien, supposition trop évidemment contredite par les phénomenes pour que nous nous arrêtions à la combattre. En effet, dans cette hypothèse la force attractive du Soleil, par exemple, seroit la même sur toutes les Pla-

netes, & par conféquent les quarrés de leurs vîteffes au lieu d'être en raifon inverfe des diftances, comme le donne l'obfervation, feroient en raifon directe de ces mêmes diftances; & les quarrés des temps des révolutions feroient auffi en raifon directe des fimples diftances, au lieu d'être en raifon directe des cubes des mêmes diftances, comme le donnent la loi de Kepler, & l'obfervation.

7. J'ajouterai que le premier des Obfervateurs trouvant que les expériences de M. Bouguer fur le pendule font contraires aux fiennes (*voyez art. 19 de l'écrit précédent*), révoque en doute l'exactitude des expériences du favant Académicien, qui cependant peuvent très-bien s'accorder avec celles des Alpes, en fuppofant que la denfité des Cordelieres foit plus petite que celle des couches placées à leur bafe, & tout au contraire que cette denfité foit plus grande dans les Alpes; & fi en répétant les expériences de M. Bouguer, il fe trouvoit que la pefanteur au haut des Cordelieres fût plus grande qu'au bas de ces Montagnes, il s'enfuivroit alors que la denfité de la matiere des Cordelieres feroit plus grande que celle des couches placées au bas de ces Montagnes.

8. Si on vouloit que la pefanteur dans une chaîne de Montagnes fût en raifon de la puiffance n de la diftance au centre de la Terre, on auroit $\frac{4\pi\Delta r}{3} \times \frac{n\delta}{r} =$

$2\pi(\Delta'\delta -$

$2\pi(\Delta'\delta - \frac{4\Delta\delta}{3})$, & $2n\Delta = 3\Delta' - 4\Delta$, ou $\Delta' = \frac{\Delta(4+2n)}{3}$. D'où l'on voit que n devroit être ou un nombre positif, ou du moins un nombre négatif au-dessous de -2; car Δ' ne sauroit être négatif. On voit de plus que la pesanteur au sommet d'une Montagne doit toujours être plus grande que si Δ' étoit $= 0$; c'est-à-dire, plus grande que $\frac{4\pi\Delta r}{3} - \frac{8\pi\Delta\delta}{3}$, & qu'ainsi la pesanteur sur les Montagnes doit décroître en moindre proportion que la raison inverse du quarré de la distance; ce qui est d'ailleurs évident : car elle décroîtroit précisément en cette raison si la densité de la Montagne étoit nulle; donc elle doit moins décroître qu'en cette raison, la densité de la Montagne devant nécessairement l'augmenter.

9. Je n'ai point eu égard dans l'écrit précédent à la petite différence que doivent produire les forces centrifuges au pied & au sommet de la Montagne; 1°. parce que la force centrifuge qui sous l'équateur est $\frac{1}{289}$ de la pesanteur, ne la diminue à la latitude de 45°, c'est-à-dire, à peu près vers les Alpes, que de la moitié de $\frac{1}{289}$, (c'est-à-dire, en raison du quarré du cosinus de latitude) ensorte qu'à 1000 toises de hauteur ou à la surface de la Terre, la pesanteur est à peu près également diminuée par les forces centrifuges. 2°. Parce que la force centrifuge au sommet de la Montagne étant un peu plus grande qu'à la surface de la Terre, le mou-

vement de la pendule au haut de la Montagne devroit plutôt être accéléré que retardé par l'effet de cette force ; & qu'ainsi cette considération ne pourroit servir à expliquer l'accélération dont il s'agit.

On doit remarquer que les accélérations de 20′ 22″, 15′ 4″, & 21′ 5″ ou 1265″, rapportées ci-dessus & données pag. 402 du Journal, ne sont pas exactement les mêmes que les accélérations 21′ 8″, 15′ 6″, 20′ 10″, données aux pag. 396, 398 & 401 du même Journal. Il y a lieu de croire que cette différence vient de ce que l'Auteur, dans les résultats de la pag. 402, a eu égard à la différence du temps vrai au temps moyen, dont il dit à la pag. 396 qu'il a fait abstraction dans les premiers résultats.

J'ajouterai, en finissant ce Mémoire, que dans la Lettre très-courte que j'ai insérée sur ce sujet dans le *Journal des Beaux Arts* de Juin 1769, il s'est glissé une faute d'impression essentielle, qui paroît avoir induit quelques Physiciens en erreur, comme on peut le voir par le Journal de Janvier 1772. Suivant les expériences de M. Bouguer, la pesanteur sur Pichincha est *plus petite* qu'à Quito, & à Quito qu'au bord de la mer, & non *plus grande*, comme on l'a imprimé dans l'endroit cité du Journal de 1769; erreur qu'il est d'ailleurs facile de corriger par la phrase même qui précéde, & dans laquelle on dit que l'augmentation de la pesanteur au sommet des Alpes, en la supposant vraie, *n'est pas générale* pour toutes les Montagnes.

XLVI. MÉMOIRE.

Suite des Recherches sur la Figure de la Terre.

1. J'AI donné à la fin de la premiere partie de ces *Recherches*, art. 45 (*), l'équation d'un sphéroïde fluide homogene qui tourneroit sur son axe, & qui en même-temps seroit attiré par un corps éloigné, placé dans ce même axe. J'ai même, pour plus de généralité, supposé la loi d'attraction tout-à-la-fois proportionnelle à la distance simple, & à l'inverse du quarré de la distance; & de cette hypothèse il a résulté qu'il pouvoit y avoir dans le sphéroïde fluide deux cas d'équilibre, au moins dans certaines suppositions. Je vais maintenant supposer les choses telles qu'elles sont, c'est-à-dire, l'attraction simplement en raison inverse du quarré de la distance, & le corps attirant placé où l'on voudra; mais avant d'en venir à ce dernier cas, je supposerai d'abord placé dans l'axe de rotation le corps attirant; cette considération donne lieu à des remarques curieuses.

(*) Voyez le Mémoire précédent, §. II, pag. 65.

2. Reprenant donc l'équation de l'*art.* 45 du premier Mémoire §. II, & ſuppoſant l'attraction ſimplement proportionnelle à la raiſon inverſe du quarré de la diſtance, on fera $\frac{1}{\zeta^3} = 0$ dans cette équation, & on aura $\frac{2\omega}{3}$ $= \frac{(k^2+3)ATk - 3k}{k^3} + \frac{2A^3}{3\zeta^3}\left(1 + \frac{2}{kk+1}\right)$.

3. Je remarquerai d'abord que ſi on appelle m le rapport du diametre de l'équateur à l'axe, comme dans l'*art.* 3 du premier Mémoire §. II, on aura $k = \sqrt{(mm-1)}$; quantité qui n'eſt réelle que quand m n'eſt pas < 1; & comme m peut être ici plus petit que 1, puiſque l'action du corps étranger placé dans l'axe (*hyp.*) peut allonger le ſphéroïde, il s'enſuit que pour avoir une formule générale ſans embarras d'imaginaires, il faut d'abord ſubſtituer à k ſa valeur $\sqrt{(mm-1)}$ & mettre enſuite au lieu de ATk ſa valeur connue $\frac{1}{2\sqrt{-1}} \times \log.\left(\frac{1+\sqrt{(mm-1)}.\sqrt{-1}}{1-\sqrt{(mm-1)}.\sqrt{-1}}\right)$; enſorte que quand m ſera < 1, la quantité $\frac{ATk}{k}$ deviendra réelle & $= \frac{1}{2\sqrt{-1}.\sqrt{(mm-1)}}\log.\left(\frac{1+\sqrt{(1-mm)}}{1-\sqrt{(1-mm)}}\right)$ (*a*) $= \frac{1}{2\sqrt{(1-mm)}}\log.\left(\frac{1+\sqrt{(1-mm)}}{1-\sqrt{(1-mm)}}\right)$.

4. Ainſi quand m ſera > 1, le ſecond membre de l'équation deviendra $\frac{(m^2+2)AT.\sqrt{(mm-1)}}{(mm-1)^{\frac{3}{2}}}$ —

(*a*) Voyez les Remarques à la fin de ce Mémoire.

$\frac{3}{m^2-1} + \frac{2A^3}{3C'^3}\left(1+\frac{2}{m^2}\right)$; & quand m sera < 1, il sera $\frac{(m^2+2)}{2(mm-1)\sqrt{(1-mm)}} \log. \left(\frac{1+\sqrt{(1-mm)}}{1-\sqrt{(1-mm)}}\right) - \frac{3}{mm-1} + \frac{2A^3}{3C'^3}\left(1+\frac{2}{m^2}\right)$.

5. Nous avons vu que lorsque k^2 est infiniment petit, la quantité $\frac{(k^2+3)ATk-3k}{k^3} = \frac{4k^2}{3\cdot 5}$; d'où il s'ensuit 1°. que quand k^2 est infiniment petite & négative, cette quantité sera infiniment petite & négative, & qu'elle sera positive & infiniment petite, si k^2 est infiniment petite & positive; donc $\frac{4k^2}{3\cdot 5}$ sera négatif & infiniment petit, si m est < 1; & positif, mais toujours infiniment petit, si $m > 1$. 2°. Que la différence de $\frac{4k^2}{3\cdot 5}$ sera $\frac{8kdk}{3\cdot 5} = \frac{8mdm}{3\cdot 5}$; donc, prenant $AP = m$ pour abscisse, (Fig. 5) l'angle que fait la courbe avec son axe au point S ou $m = 1$, a pour tangente $\frac{8}{3\cdot 5}$.

6. De plus, lorsque $m = 0$, ce qui donne $k^2 = -1$, la quantité $\frac{m^2+2}{2(m^2-1)\sqrt{(1-mm)}} \times \log. \left(\frac{1+\sqrt{(1-mm)}}{1-\sqrt{(1-mm)}}\right) - \frac{3}{mm-1}$ devient $-\log. \frac{2}{0} + 3 = -\infty$, & par conséquent infinie & négative. Enfin nous avons vu dans le Mémoire précédent que quand k est infini, ce qui donne m infini, puisqu'alors $k = m - \frac{1}{2m}$, la quan-

tité $\frac{(k^2+3)ATk-3k}{k^3}$ eſt infiniment petite.

7. D'où il s'enſuit que ſi on fait les abſciſſes $AP=m$, & les ordonnées égales à $\frac{(k^2+3)ATk-3k}{k^3}$, k étant réel ou imaginaire, la courbe aura à peu près la forme indiquée dans la figure cinquiéme, coupant ſon axe au point S, ou $AS=1$, & ayant AT & AQ pour aſymptotes.

8. Nous remarquerons encore que lorſque m eſt infiniment petit, $\log.\left(\frac{1+\sqrt{(1-mm)}}{1-\sqrt{(1-mm)}}\right)$ devient $\log.\frac{4}{mm}$ $=2\log.\frac{2}{m}$; or on ſait que le logarithme d'une quantité infinie $\frac{2}{m}$ eſt infiniment petit par rapport à cette quantité $\frac{2}{m}$; d'où il s'enſuit que $\frac{\log.\frac{2}{m}}{\frac{2}{m}}=0$. Cette remarque nous ſera très-utile dans la ſuite (*b*).

9. Il n'eſt pas difficile de prouver que tant que k^2 eſt poſitif, & que par conſéquent ATk eſt réel, la quantité $\frac{(k^2+3)ATk-3k}{k^3}$ eſt toujours poſitive; pour le démontrer, il ſuffit de faire voir que ATk eſt toujours $>\frac{k}{1+\frac{kk}{3}}$. Or lorſque k eſt infiniment petit, $ATk=k-\frac{1}{3}k^3+\frac{k^5}{5}$, &c. & $\frac{k}{1+\frac{k^2}{3}}=k-\frac{k^3}{3}+\frac{k^5}{9}$;

(*b*) Voyez les Remarques à la fin de ce Mémoire.

&c. donc alors ATk eſt $> \frac{k}{1+\frac{kk}{3}}$, 2°. lorſque k eſt infini, on a $ATk = 90°$, & $\frac{k}{1+\frac{k^2}{3}} = 0$. 3°. La plus grande valeur de $\frac{k}{1+\frac{kk}{3}}$ arrive lorſque $\frac{dk}{k} - \frac{2kdk}{3(1+\frac{kk}{3})} =$, c'eſt-à-dire, lorſque $3 - kk = 0$, ou $k = \sqrt{3}$, & par conſéquent la plus grande valeur de la quantité $\frac{k}{1+\frac{kk}{3}}$ eſt $\frac{\sqrt{3}}{2}$. Or l'angle dont la tangente eſt ATk, eſt toujours plus grand que ſon ſinus $\frac{k}{\sqrt{(kk+1)}}$, & lorſque $k = \sqrt{3}$, ce ſinus devient $\frac{\sqrt{3}}{2}$. Donc lorſque $\frac{k}{1+\frac{kk}{3}}$ a ſa plus grande valeur, cette quantité eſt encore plus petite que l'angle correſpondant ATk. Donc dans tous les cas ATk eſt $> \frac{k}{1+\frac{kk}{3}}$.

10. Je dis maintenant que lorſque k^2 eſt négatif, $\frac{(k^2+3)ATk}{k^3} - \frac{3}{k^2}$ ſera négatif. Car alors cette quantité ſe réduira à $\frac{m^2+2}{2(mm-1)\sqrt{(1-m^2)}}$ log. $\left(\frac{1+\sqrt{(1-mm)}}{1-\sqrt{(1-mm)}}\right) - \frac{3}{mm-1}$. Donc puiſque $m^2 - 1$ eſt ici négatif, la queſtion ſe réduit à prouver que

$\frac{m^2+2}{2\sqrt{(1-mm)}}$ log. $\left(\frac{1+\sqrt{(1-mm)}}{1-\sqrt{(1-mm)}}\right) - 3$ eſt poſitif, ou ce qui eſt la même choſe, que $\frac{1}{2}$ log. $\left(\frac{1+\sqrt{(1-mm)}}{1-\sqrt{(1-mm)}}\right) - \frac{3\sqrt{(1-m^2)}}{m^2+2}$ eſt poſitif. Or 1°. lorſque $m = 0$, cette quantité eſt infinie & poſitive, & elle eſt nulle lorſque $m = 1$; il ſuffira donc de prouver que cette quantité, qui eſt poſitive & infinie quand $m = 0$, & $= 0$ quand $m = 1$, a pour différence une quantité qui eſt toujours négative tant que m ſera < 1; car de-là il réſultera évidemment que la quantité dont il s'agit va en décroiſſant depuis $m = 0$ juſqu'à $m = 1$, & comme elle ne devient $= 0$ que quand $m = 1$, elle ſera donc poſitive tant que m ſera < 1. Or la différence de la quantité dont il s'agit eſt $-\frac{dm}{m\sqrt{(1-mm)}} + \frac{mdm(12-3m^2)}{(m^2+2)^2\sqrt{(1-mm)}} = -\frac{dm}{m(m^2+2)\sqrt{(1-mm)}} \times [(m^2+2)^2 - m^2(12-3m^2)] = -\frac{dm\times(4m^4-8m^2+4)}{m(m^2+2)^2\sqrt{(1-mm)}} = -\frac{dm(2m^2-2)^2}{m(m^2+2)^2\sqrt{(1-mm)}}$; donc puiſque le facteur quarré $(2m^2-2)^2$ eſt toujours poſitif, il s'enſuit que la différence dont il s'agit eſt négative. Donc, &c. On voit donc que nous avons bien tracé dans la Fig. 5 la courbe *RSMO*, en lui donnant des ordonnées toujours poſitives depuis le point *S* ou $m = 1$ juſqu'en *T* ou $m = \infty$; & des ordonnées toujours négatives depuis le point *S* juſqu'en *A* ou $m = 0$ (*c*).

(c) Voyez les Remarques à la fin de ce Mémoire.

11. Cela posé, ajoutons maintenant aux ordonnées $\frac{(k^2+3)ATk-3k}{k^3}$ de cette courbe, la quantité $\frac{2A^3}{3C^3}\left(1+\frac{2}{m^2}\right)$; & voyons quelle courbe en résultera. En premier lieu, puisque $\frac{2}{m}$, & à plus forte raison $\frac{4}{m^2}$ ou $\frac{4}{kk+1}$ est infini par rapport à log. $\left(\frac{1+\sqrt{(1-mm)}}{1-\sqrt{(1-mm)}}\right)$ lorsque m est infiniment petit, il est visible que pour peu que $\frac{A^3}{3C^3}$ ne soit pas $=0$, la premiere ordonnée $\frac{m^2+2}{2(mm-1)\sqrt{(1-mm)}}\times$ log. $\left(\frac{1+\sqrt{(1-mm)}}{1-\sqrt{(1-mm)}}\right)+\frac{3}{1-mm}+\frac{2A^3}{3C^3}+\frac{4A^3}{3C^3m^2}$ qui répond à $m=0$, sera nécessairement réelle & positive, & même infinie; & que quand m sera $=\infty$, ce qui donne $\frac{(k^2+3)ATk-3k}{k^3}=0$, cette ordonnée sera $\frac{2A^3}{3C^3}$, c'est-à-dire, finie & positive. Donc α étant nécessairement positif, & la premiere ordonnée étant infinie & positive, il s'ensuit que quelque grandeur qu'on suppose à α, il y aura toujours une solution possible du problême; pourvû néanmoins que la valeur de k résultante de cette solution soit telle que l'attraction au pole ne soit pas négative. Car en ce cas l'attraction à l'équateur ne le sera pas non plus, puisqu'elle est

toujours à l'attraction au pole, comme 1 est à m. Or l'attraction au pole est $\frac{2ca(kk+1)}{k^3}(k - ATk) - \frac{4cA^3a}{3C'^3}$, comme il est très-aisé de le voir; il faut donc que $k - ATk$ ne soit pas moindre que $\frac{2A^3k^3}{m^2C'^3}$ (*d*).

Il faut remarquer encore que si $\frac{2\omega}{3}$ étoit $< \frac{2A^3}{3C'^3}$, & que la courbe n'eût point d'ordonnées négatives, alors il pourroit se faire que la parallèle à l'axe, menée à la distance $\frac{2\omega}{3}$, ne rencontrât point la courbe, & que par conséquent la solution ne fût pas possible.

12. Si la force centrifuge est nulle, c'est-à-dire, si $\omega = 0$, l'attraction à l'équateur sera évidemment positive, car elle l'est déja évidemment par elle-même, abstraction faite de la force centrifuge qui est ici nulle, & de l'attraction du corps S; & en ayant égard à cette derniere attraction, si le corps S est supposé au pole, la quantité $\frac{2A^3a}{3C'^3}$ doit s'ajouter à l'attraction à l'équateur; donc cette attraction sera positive; donc (*article précédent*) l'attraction au pole sera aussi positive, dans les cas où le problême sera possible; c'est-à-dire, dans les cas où il sera possible d'égaler la pesanteur des deux colomnes de l'équateur & du pole, & de trouver une

(*d*) Voyez les Remarques à la fin de ce Mémoire.

ou plusieurs valeurs réelles de m qui satisfassent à cette condition.

13. Donc toutes les fois qu'on trouvera plusieurs valeurs réelles de m, en supposant $\omega = o$, il n'est point à craindre que les parties de la Terre se dissipent dans aucun des cas donnés par ces différentes valeurs. C'est un point sur lequel nous reviendrons plus bas, après avoir donné auparavant la construction générale de la courbe.

14. Si on trace la courbe dont les ordonnées sont $\frac{m^2+2}{2(mm-1)\sqrt{(1-mm)}} \log. \left(\frac{1+\sqrt{(1-mm)}}{1-\sqrt{(1-mm)}}\right) + \frac{3}{1-mm}$ ou plutôt $\frac{(k^2+3) A T k - 3k}{k^3}$ comme dans la figure cinquiéme, & qu'on y ajoute $\frac{4A^3}{3\mathcal{C}^3 m^2}$, on aura une nouvelle courbe $R'KNQ$ (Fig. 6) dont j'appelle les ordonnées q, & qui donnera $\frac{2\omega}{3} - \frac{2A^3}{3\mathcal{C}^3} = q$.

15. Or la quantité $\frac{4A^3}{3\mathcal{C}^3 m^2}$ ajoutée aux ordonnées de la courbe $RSMO$ (Fig. 5) va toujours en diminuant. D'où il est aisé de conclure que si la valeur $\frac{4A^3}{3\mathcal{C}^3}$ de $\frac{4A^3}{3\mathcal{C}^3 m^2}$ lorsque $m = 1$, & que je suppose $= R'S$, est $=$ ou $<$ que la plus grande ordonnée PM de la courbe SMO, la courbe $R'KNQ$ dont les ordonnées sont q, aura à peu près la forme représentée dans la Fig. 6, ayant un point N', où la tan-

gente sera parallèle à l'axe. Car les ordonnées q étant toujours plus grandes que les ordonnées correspondantes de la courbe SMO, puisqu'elles les surpassent de la quantité $\frac{4A^3}{3C^3 m^2}$, il est clair que la courbe $R'KN'NQ$ sera toute entiere au-dessus de la courbe SMO; donc l'ordonnée PN répondante au point P sera $> PM$, & à plus forte raison $> SR'$, puisque (*hyp.*) $SR' =$ ou $< PM$. De plus, $\frac{4A^3}{3C^3 m^2}$ étant $= 0$ quand $m = \infty$, & $\frac{(k^2+3)ATk - 3k}{k^3}$ étant $= 0$ dans le même cas, l'ordonnée de la courbe $R'KNQ$ est $= 0$ quand $m = \infty$. Donc la courbe $R'KNQ$ est plus proche de son axe en R' & en Q qu'en N. Donc il y a nécessairement quelque point N' où la tangente est parallèle à l'axe.

16. Comme la différence de $\frac{4A^3}{3C^3 m^2}$ ou de MN est négative, il est clair qu'au point P, où $d(PM) = 0$, la différence de PN est négative. Donc le point N' qui donne le *maximum* doit se trouver entre R' & N (*e*).

17. Si on continue la courbe $R'KN'$ de l'autre côté de R, on verra 1°. (*art.* 11) que lorsque $m = 0$, l'ordonnée est positive & infinie, & qu'ainsi la courbe a pour asymptote AL perpendiculaire à AT. 2°. Que

(*e*) Voyez les Remarques à la fin de ce Mémoire.

ſi $\frac{4A^3}{3C'^3m^2}$ eſt en quelque point, ou en pluſieurs points, moindre que l'ordonnée négative correſpondante de la courbe SR (Fig. 5), la courbe $R'ZL$ (Fig. 6), qui n'eſt autre choſe que la courbe $R'KN'$ continuée, aura des ordonnées négatives, & que par conſéquent elle coupera ſon axe au moins en deux points M', H.

18. Donc ſi $\frac{4A^3}{3C'^3m^2}$ eſt plus petit que l'ordonnée négative correſpondante de la courbe SR, & qu'en même-temps $\frac{4A^3}{3C'^3}$ ſoit moindre que la plus grande des ordonnées PM de la courbe SMO, il y aura au moins deux points N', Z, de la courbe, où la tangente ſera parallèle à l'axe, un à droite de SR' & au-deſſous de l'axe AT dans notre figure; & l'autre à gauche de SR' & au-deſſus de ce même axe.

19. Lorſque $\frac{2\omega}{3} = 0$, c'eſt-à-dire, lorſqu'il n'y a point de rotation, l'équation eſt $\frac{2c(1+kk)}{k^3}(k - ATk) - \frac{4cA^3}{3C'^3}$ (attraction au pole) multipliée par $\frac{1}{\sqrt{(1+kk)}} = c(kk+1)^{\frac{1}{2}} \times \left[\frac{(k^2+1).ATk}{k^3} - \frac{1}{k^2}\right] + \frac{2cA^3\sqrt{(k^2+1)}}{3C'^3}$, attraction à l'équateur; & nous avons vu plus haut (*art.* 12) que ces deux quantités ſont toujours poſitives, lorſque le problême eſt poſſible; c'eſt-à-dire, lorſque l'on trouve pour m une ou

plusieurs valeurs réelles, soit plus grandes, soit moindres que l'unité.

20. On aura par conséquent, dans ce cas de $\omega = 0$,

$$-\frac{2A^3}{3C'^3} = \frac{(k^2+3)ATk - 3k}{k^3} + \frac{4A^3}{3C'^3(kk+1)};$$

& il résulte de l'*art.* 11 ci-dessus, que si le second membre est toujours positif, c'est-à-dire, si la courbe $R'ZL$ ne coupe point son axe, la solution ne sera pas possible; mais qu'elle le sera si la courbe coupe son axe, & si $\frac{2A^3}{3C'^3}$ n'est pas plus grand que la plus grande des ordonnées négatives.

21. Il n'est pas difficile de prouver qu'on peut supposer à $\frac{A^3}{C'^3}$ des valeurs qui rendent le problême possible. Car supposons d'abord $\frac{A^3}{C'^3}$ très-petit (ω étant toujours $= 0$) il est clair que m différera très-peu de l'unité, ensorte que k^2 sera très-petit, & on aura (*art.* 5) l'équation $-\frac{2A^3}{3C'^3} = \frac{4k^2}{3\cdot5} + \frac{4A^3}{3C'^3} - \frac{4A^3k^2}{3C'^3}$, qui donne à très-peu près $\frac{4k^2}{3\cdot5} = -\frac{2A^3}{C'^3}$; & $k^2 = -\frac{15A^3}{2C'^3}$; donc $m = \sqrt{(1+k^2)} = 1 - \frac{15A^3}{4C'^3}$ & le problême est évidemment possible.

22. Donc on peut toujours supposer à $\frac{A^3}{C'^3}$ une valeur qui rende le problême possible: car puisque ce pro-

blême est possible en supposant $\frac{A^3}{C'^3}$ très-petit, il doit l'être encore en supposant $\frac{A^3}{C'^3}$ fini, au moins jusqu'à une certaine limite.

23. Pour déterminer cette limite, on considérera qu'il est nécessaire pour la possibilité de la solution dans le cas présent, que $\frac{4A^3}{3C'^3m^2} + \frac{(k^2+3)ATk-3k}{k^3}$ soit négatif, afin de pouvoir être égal à la quantité négative $-\frac{2A^3}{3C'^3}$; or pour cela il faut que $\frac{4A^3}{3C'^3} + \frac{m^2[(k^2+3)ATk-3k]}{k^3}$ soit négatif. Prenons donc la plus grande valeur du second terme de cette quantité, laquelle sera nécessairement négative, puisque m^2 est toujours positif, & $\frac{(k^2+3)ATk-3k}{k^3}$ toujours négatif (*art.* 10) lorsque k^2 est négatif; soit cette valeur $= -R$; il est clair 1°. que si $\frac{4A^3}{3C'^3}$ est $< R$, la courbe $R'ZL$ coupera son axe. 2°. Que si on prend le *maximum* de $\frac{4A^3}{3C'^3mm} + \frac{(k^2+3)ATk-3k}{k^3}$, que j'appelle $-R'$, & que $-\frac{2A^3}{3C'^3} = -R'$, la valeur de m qui répond à R' résoudra le problême. 3°. Que si $\frac{2A^3}{3C'^3}$ est plus petit que R', le problême sera encore

possible, & aura deux solutions. 4°. Enfin, qu'il sera impossible si $\frac{2A^3}{3C^2}$ est > R' (f).

24. Donc dans le troisiéme cas si on fait $AK' = \frac{2A^3}{3C^2}$ (Fig. 6) & qu'on tire $K'N''O'$ parallèle à AS, on aura $m = KN''$ & $= KO'$.

25. Il s'agit maintenant de savoir si ces deux valeurs donneront un équilibre ferme.

26. Soit cQ l'attraction au pole; & cP l'attraction à l'équateur; il est aisé de voir 1°. que la pesanteur totale de la colomne du pole sera $\frac{cQa}{2}$, ou simplement $\frac{cQ}{2}$, en supposant $a = 1$; & celle de la colomne de l'équateur $\frac{cP\sqrt{(kk+1)}}{2}$; 2°. que les ordonnées de la courbe, rapportées à l'axe KN'', seront $= \frac{P}{\sqrt{(k^2+1)}} - \frac{Q}{k^2+1} = \frac{P\sqrt{(kk+1)}-Q}{k^2+1} = \frac{P\sqrt{(kk+1)}-Q}{m^2}$. 3°. Que l'ordonnée sera $= 0$ lorsque $m = KN''$ & KO'. 4°. Que si on prend m infiniment peu moindre que KN'', l'ordonnée sera positive, & qu'elle sera négative si on prend m infiniment peu plus grande que KN''; ce sera le contraire si on prend successivement m infiniment peu moindre & infiniment peu plus grande que KO'.

27. Donc en prenant m tant soit peu plus petit que

(f) Voyez les Remarques à la fin de ce Mémoire.

la

la moindre KN'' des deux valeurs de m, c'est-à-dire, en supposant que la Planete s'allonge dans le sens de son axe, $P\sqrt{(kk+1)}-Q$ sera positif, & par conséquent la colomne de l'équateur plus pesante que celle du pole ; ce sera le contraire si on prend m tant soit peu plus grand que KN'' ; donc la Planete tendra dans le premier cas à s'allonger encore davantage, & au contraire dans le second à s'allonger moins ; donc l'équilibre ne sera pas ferme, si on prend pour m la plus petite KN'' des deux valeurs de m.

28. Au contraire il est aisé de voir par les mêmes raisons, que l'équilibre sera ferme si on prend pour m la plus grande KO' des deux valeurs de m.

29. Donc il n'y a qu'une seule valeur de m qui donne un équilibre ferme lorsque $\frac{2\omega}{3}=0$, & que le problême est possible ; c'est-à-dire, lorsque $\frac{2A^3}{3C'^3}$ est $<R'$.

30. Si $\frac{2A^3}{3C'^3}=R'$, les points N'', O' se confondront en Z, il n'y aura qu'une valeur possible de m ; & cette valeur sera telle, qu'en la diminuant un peu, l'équilibre ne se rétabliroit pas, & qu'au contraire, en l'augmentant un peu, il se rétabliroit ; cas singulier & analogue à celui que nous avons déja remarqué dans le Mém. préc. p. 57 (*art.* 32) lorsque $\frac{2\omega}{3}$ est égal à la plus grande des ordonnées de la courbe $AMNBN'$. (Fig. 1).

31. Soit maintenant l'équation générale de la courbe $\frac{2\omega}{3} - \frac{2A^3}{3\epsilon'^3} = \frac{(k + 3)ATk - 3k}{k^3} + \frac{4A^3}{3\epsilon'^3(kk+1)}$, k^2 étant positif ou négatif; il résulte des *art.* 15 & 17 que si on suppose $\frac{4A^3}{3\epsilon'^3}$ égal ou $< PM$ (Fig. 6) & $\frac{4A^3}{3\epsilon'^3 m^2}$ plus petit que quelqu'une des ordonnées correspondantes de la courbe SR, (Fig. 5) la courbe $QN'R'ZL$ à laquelle appartient le second membre de l'équation précédente, pris pour ordonnée, coupera son axe AS en deux points M', H, & aura de plus au moins deux points Z, N', où la tangente sera parallèle à l'axe.

32. Donc si $\frac{A^3}{\epsilon'^3}$ est assujetti aux conditions énoncées dans l'article précédent, & qu'outre cela on suppose $\frac{2\omega}{3}$ tel que $\frac{2\omega}{3} - \frac{2A^3}{3\epsilon'^3}$ soit négatif & égal ou plus petit que la plus grande ordonnée négative de la courbe $QN'R'ZL$, la parallèle $K'O'$ à l'axe AS, menée au-dessus de cet axe du côté de K', & à la distance $-\frac{2\omega}{3} + \frac{2A^3}{3\epsilon'^3}$, coupera la courbe en deux points qui donneront deux solutions; & il n'est pas difficile de voir par un raisonnement semblable à celui de l'*art.* 26, que de ces deux valeurs de m, la premiere ou plus petite donnera un équilibre non ferme, la seconde un équilibre ferme.

33. Il ne reste plus qu'à savoir si la force centrifuge à l'équateur ne sera pas plus grande que l'attraction ; car en ce cas les parties de la Planete se dissiperoient. Or il est aisé de voir que l'attraction à l'équateur étant toujours positive, lorsque la force centrifuge est $= 0$, & lorsque $\frac{2A^3}{3\zeta'^3} = 0$, elle demeurera positive si $\frac{2\omega}{3} - \frac{2A^3}{3\zeta'^3}$ est négatif comme on le suppose ; car en ce cas $\frac{2A^3}{3\zeta'^3} - \frac{2\omega}{3}$ sera positif, & la quantité $\left(\frac{2cA^3}{3\zeta'^3} - \frac{2c\omega}{3}\right) \times \sqrt{(kk+1)}$ dont l'attraction à l'équateur sera augmentée, demeurera positive.

34. Si $\frac{2A^3}{3\zeta'^3} - \frac{2\omega}{3} = 0$, il est clair que la solution est encore possible, & qu'on aura deux valeurs finies de m qui y satisferont, & toutes deux moindres que l'unité ; ces deux valeurs seront AH & AM', dont la premiere donnera un équilibre non ferme, la seconde un équilibre ferme.

35. Si $-\frac{2A^3}{3\zeta'^3} + \frac{2\omega}{3}$ est positif, le problême sera encore possible, au moins jusqu'à de certaines limites. Car en supposant cette quantité très-petite, la valeur de m qui en résultera sera évidemment très-peu différente de celle qui résulte de $\frac{2A^3}{3\zeta'^3} - \frac{2\omega}{3} = 0$; donc l'attraction à l'équateur qui est finie & positive

dans ce dernier cas, ne sera diminuée que d'une quantité très-petite, & restera par conséquent encore positive. Donc, &c.

36. Comme la premiere ordonnée répondante à $m = 0$ est infinie & positive, & que la derniere, répondante à $m = \infty$, est $= 0$, il est clair que si on suppose $\frac{2\omega}{3} - \frac{2A^3}{3\beta'^3}$ positif, il y aura toujours quelque valeur de k qui résoudra le problême.

37. Mais cette valeur ne sera légitime que dans le cas où l'attraction à l'équateur sera positive, condition nécessaire (*art.* 11) pour que l'attraction au pole le soit aussi. Or pour que l'attraction à l'équateur soit positive, il est aisé de voir (*art.* 19) que $c(kk+1)^{\frac{1}{2}} \times \left[\frac{(k^2+1)ATk}{k^3} - \frac{1}{k^2}\right] + \frac{2cA^3}{3\beta'^3}\sqrt{(kk+1)} - \frac{2\omega c}{3}\sqrt{(kk+1)}$ doit être positif, c'est-à-dire, qu'il faut que $\frac{(k^2+1)ATk}{k^3} - \frac{1}{k^2}$ soit $>$ ou $= \frac{2\omega}{3} - \frac{2A^3}{3\beta'^3}$. Or la premiere de ces deux quantités est $= \frac{2}{3}$ lorsque $k = 0$, puisqu'elle est égale à l'attraction $\frac{2c}{3}$ de la sphere divisée par $c\sqrt{(kk+1)} = c$; & lorsque $k = \infty$, cette même quantité devient $\frac{90^\circ}{k}$, c'est-à-dire, infiniment petite ou zéro. Donc si $m > 1$, & que $\frac{2\omega}{3}$

$-\frac{2A^3}{3C'^3}$ ſoit $> \frac{2}{3}$, ou en général ſi m eſt $>$ ou < 1, & que $\frac{2\omega}{3} - \frac{2A^3}{3C'^3}$ ſoit plus grand que la plus grande valeur de $\frac{(k^2+1)ATk-k}{k^3}$, l'attraction à l'équateur ſera négative, & la ſolution ſera illuſoire (*g*).

38. Il faut maintenant examiner, avant que d'aller plus loin, s'il peut y avoir des valeurs de $\frac{A^3}{C'^3}$ telles que la courbe $R'KN'Q$ ceſſe d'avoir une ordonnée égale à un *maximum*, ou pour parler plus exactement, ceſſe d'avoir des tangentes parallèles à l'axe. Pour cela il ſuffit que la différence de cette ordonnée ſoit toujours négative. Or en mettant pour m^2 ſa valeur k^2+1, on trouvera que cette différence eſt $-\frac{2.4A^3kdk}{3C'^3(k^2+1)^2} + \frac{(k^2+3)dk}{(kk+1)k^3} + ATk \times \left(\frac{-9-k^2}{k^4}\right) \times dk + \frac{6dk}{k^3}$; d'où il réſulte, en mettant $\frac{kdk}{k}$ ou $\frac{mdm}{k}$ au lieu de dk, que ſi $(k^2+1)^2 \times \left[\frac{(k^2+3)}{(k^2+1)k^4} + ATk \times \left(\frac{-9-k^2}{k^5}\right) + \frac{6}{k^4}\right] - \frac{2.4A^3}{3C'^3}$ eſt négatif, la différentielle précédente ſera par-tout négative. Or il eſt aiſé de voir que la quantité dont il s'agit peut être toujours négative. Car ſi la ſomme des termes affectés de k eſt négative, le tout ſera négatif; ſi elle eſt poſitive,

(*g*) Voyez les Remarques à la fin de ce Mémoire.

pourvû qu'elle ne soit pas infinie, on pourra toujours supposer $-\frac{2.4A^3}{3C^3}$ assez grand pour que le tout soit négatif. Or cette quantité est $=(k^2+1)^2 \times \frac{9+k^2}{ks} \times \left[-ATk + \frac{7k^3+9k}{(1+k^2)(9+k)}\right]$, comme il est aisé de le conclure des calculs du Mém. précéd. p. 51, *art.* 17; de plus, cette derniere quantité, lorsque k est $=0$ ou infiniment petite est $=$ (*Mém. précéd.* p. 51, *art.* 19) $\frac{9}{ks} \times \left(-\frac{ks}{5} + \frac{7ks}{27}\right)$, c'est-à-dire, positive & finie, & lorsque $k = \infty$, elle est $= k \times \left[-90° + \frac{7}{k}\right]$ $= -90°.k$, c'est-à-dire, infinie & négative. Donc puisqu'elle est positive & finie quand k est infiniment petite, & infinie & négative quand k est infinie, elle n'est nulle part infinie & positive, & elle passe par zéro, en allant du positif au négatif, ensorte qu'il n'y a point de quantité finie & positive, telle qu'elle soit, qui ne puisse être supposée égale ou plus grande que quelqu'une de ses valeurs positives.

39. Soit en général la quantité de l'article précédent $=(k^2+1)^2 \times \sigma = \rho$, s' sa plus grande valeur positive (h) qui répond à quelque valeur finie de k; si $\frac{4A^3.2}{3C^3}$ est plus grand que s', il est clair que $-\frac{4A^3.2}{3C^3}+\rho$ sera

(h) Voyez les Remarques à la fin de ce Mémoire.

négatif, & qu'ainsi $-\frac{4A^3 \cdot 2}{3(kk+1)^2} + \frac{\rho}{(k^2+1)^2}$ le sera, donc $-\frac{2 \cdot 4A^3}{3C'^3(k^2+1)^2} + \frac{(k^2+3)}{(k^2+1)k^4} + ATk \times \left(\frac{-9-k^2}{k^5}\right) + \frac{6}{k^4}$ sera négatif, puisque les trois derniers termes ne sont autre chose que $\frac{\rho}{(k^2+1)^2}$ ou σ.

40. Il est clair encore que si $\frac{2 \cdot 4A^3}{3C'^3}$ est égal ou $< s'$, il y aura quelque valeur de k, qui donnera $\frac{2 \cdot 4A^3}{3C'^3}$ égale à quelqu'une des valeurs de ρ; d'où il résultera que $-\frac{2 \cdot 4A^3}{3C'^3} + (k^2+1)^2 \times \sigma = 0$; & par conséquent $-\frac{2 \cdot 4A^3}{3C'^3(k^2+1)^2} + \sigma = 0$. Donc en ce dernier cas la différence de l'ordonnée de la courbe $R'KNQ$ pourra être $= 0$. Donc en ce cas il y aura au moins un point où la tangente sera parallèle à l'axe, en allant depuis le point R' jusqu'à l'infini vers Q.

41. Donc si $\frac{4A^3}{3C'^3} =$ ou $< \frac{s'}{2}$, la courbe aura au moins un point entre R' & Q, où la tangente sera parallèle à l'axe; au contraire & par la même raison si $\frac{4A^3}{3C'^3} > \frac{s'}{2}$, il n'y en aura point, au moins entre R' & Q.

42. Si donc $\frac{4A^3}{3C'^3}$ est $> \frac{s'}{2}$, les ordonnées iront toujours en diminuant depuis R' jusqu'en Q à l'infini.

43. Voyons maintenant ce qui arrivera depuis R' jusqu'en L, c'est-à-dire, dans quel cas les ordonnées iront toujours en augmentant depuis R' jusqu'en L.

44. Il faut d'abord pour cela que $\frac{4A^3}{3C'^3 m^2} + \frac{(k^2+3)ATk-3k}{k^3}$ soit positif, c'est-à-dire, que $\frac{4A^3}{3C'^3}$ soit $> R$ (*art.* 23). Il faut en second lieu que la différence de cette quantité soit toujours négative, c'est-à-dire, que $-\frac{4A^3 \cdot 2mdm}{3C'^3 m^4} + d\left[\frac{(k^2+3)ATk-3k}{k^3}\right]$ soit négatif, & par conséquent (*art.* 38) que $\frac{2\cdot 4A^3}{3C'^3}$ soit $>$ que $(k^2+1)^2 \times \frac{9+k^2}{k^5} \times \left[-ATk + \frac{7k^3+9k}{(1+k^2)(9+k^2)}\right]$; c'est-à-dire, en mettant pour $\frac{ATk}{k}$ sa valeur $\frac{1}{2k\sqrt{-1}}$ log. $\left(\frac{1+k\sqrt{-1}}{1-k\sqrt{-1}}\right)$ ou $\frac{1}{2\sqrt{(1-mm)}}$ $\times$ log. $\left(\frac{1+\sqrt{(1-mm)}}{1-\sqrt{(1-mm)}}\right)$, que $\frac{2\cdot 4A^3}{3C'^3}$ doit être $> m^4 \times \frac{8+m^2}{(m^2-1)^2} \times \left[-\frac{1}{2\sqrt{(1-mm)}} \times \log.\left(\frac{1+\sqrt{(1-mm)}}{1-\sqrt{(1-mm)}}\right) + \frac{7m^2+2}{m^2\times(8+m^2)}\right]$. Or 1°. lorsque $m=1$, cette quantité devient $\frac{8}{3\cdot 5}$, c'est-à-dire, réelle & positive; car lorsque $m=1$, l'ordonnée $= \frac{4k^2}{3\cdot 5}$, & sa différence $= \frac{8kdk}{3\cdot 5} = \frac{8mdm}{3\cdot 5}$, quantité qui étant divisée, com-

me

me elle le doit être ici, par $\frac{(k^2+1)^2}{kdk}$, devient $\frac{8}{3 \cdot 5}$ lorsque $m=1$ ou $k=0$. C'est d'ailleurs ce qu'on peut voir aisément par les calculs de l'*art.* 38, puisque la quantité $\frac{9}{k^5} \times \left(-\frac{k^5}{5}+\frac{7k^5}{27}\right)$ qui est la valeur de celle dont il s'agit ici, lorsque $k=0$ ou $m=1$, est $=\frac{8}{3 \cdot 5}$; 2°. quand $m=0$, la quantité dont il s'agit devient $8 \times \left[-\frac{m^4}{2} \log. \frac{4}{mm} + \frac{2m^2}{8}\right]$ laquelle est $=0$; car puisque (*art.* 8) $m \log. \frac{4}{mm}$ ou $2m \log. \frac{2}{m}$ est une quantité infiniment petite lorsque $m=0$, donc à plus forte raison $m^4 \log. \frac{4}{mm}$ est aussi $=0$, lorsque $m=0$. Donc la premiere valeur de la quantité dont il s'agit, c'est-à-dire, la valeur qui répond à $m=1$, sera positive & finie, & la derniere, celle qui répond à $m=0$, sera $=0$. Donc toutes les valeurs de cette quantité seront finies, soit positives, soit négatives. Donc (*art.* 39) nommant ρ cette quantité variable, il sera toujours possible de supposer à $\frac{A^3}{C^3}$ une valeur telle que $-\frac{2 \cdot 4 A^3}{3 C^3} + \rho$ soit négatif, quelque valeur qu'on donne à ρ. Donc en ce cas les ordonnées de la courbe $R'M'HL$ de la Fig. 6, iront en augmentant depuis R' jusqu'en L, comme on le voit dans la Fig. 7.

45. Donc si dans ce cas on suppose $\frac{2\omega}{3} - \frac{2A^3}{3C^3}$

positif, le problême n'aura qu'une solution ; & cette solution sera même illusoire, si $\frac{2\omega}{3} - \frac{2A^3}{3\mathcal{C}'^3}$ est tel que l'attraction à l'équateur soit négative, c'est-à-dire, (*art.* 37) si $\frac{2\omega}{3} - \frac{2A^3}{3\mathcal{C}'^3}$ est > que la plus grande valeur de $\frac{(k^2+1)ATk}{k^3} - \frac{1}{k^2}$ (*i*).

46. Donc si $\frac{A^3}{\mathcal{C}'^3}$ est tel que les ordonnées de la courbe *LR'Q* (Fig. 7) aillent toujours en diminuant de *L* vers *Q* & soient toujours positives, & qu'en même-temps $\frac{2\omega}{3} - \frac{2A^3}{3\mathcal{C}'^3}$ soit positif, il n'y aura de vraie solution possible que dans le cas où $\frac{2\omega}{3} - \frac{2A^3}{3\mathcal{C}'^3}$ ne sera pas plus grand que l'unité, qui est (*Note g*) la plus grande valeur de $\frac{(k^2+1)ATk - k}{k^3}$; ce qui donne la limite de ω, $\frac{A^3}{\mathcal{C}'^3}$ étant supposé donné, & tel que les ordonnées de la courbe *LR'Q* aillent toujours en diminuant depuis ∞ jusqu'à zéro.

47. On vient de voir qu'il faut que $\frac{2\omega}{3} - \frac{2A^3}{3\mathcal{C}'^3}$ ne soit pas plus grand que $\frac{(k^2+1)ATk}{k^3} - \frac{1}{k^2}$, k étant la valeur qui donne la solution du problême. Or

(*i*) Voyez les Remarques à la fin de ce Mémoire.

$$\frac{2\omega}{3} - \frac{2A^3}{3\varsigma'^3} = \frac{(k^2+3)ATk}{k^3} - \frac{3}{k^2} + \frac{4A^3}{3\varsigma'^3(k^2+1)}.$$

Donc il faut que $\frac{2ATk - 2k}{k^3} + \frac{4A^3}{3\varsigma'^3(k^2+1)}$ soit $= 0$ ou négatif; ce qui donnera (comme il est aisé de le voir) l'attraction à l'équateur positive. Il faut donc que $\frac{(kk+1)(k - ATk)}{k^3}$ soit égal ou plus grand que $\frac{2A^3}{3\varsigma'^3}$; or lorsque $k = 0$, la premiere de ces quantités $= \frac{1}{3}$, & $= 1$ lorsque $k = \infty$, & enfin, lorsque $k^2 = -1$, ou $m = 0$, elle est $= \frac{m^2}{-1} \times \left(1 - \frac{1}{2}\log. \frac{4}{mm}\right)$, quantité qui est $= 0$. De plus, il n'est pas difficile de voir que cette quantité va toujours en augmentant depuis $m = 0$ jusqu'à $m = \infty$; car sa différence $= \frac{2dk}{k^3} - \frac{dk}{k^3} + ATk \times \left(\frac{dk}{k^2} + \frac{3dk}{k^4}\right)$, ou ce qui revient au même, $\frac{mdm}{k} \times \left(-\frac{3}{k^3} + \frac{ATk}{k^4} \times [3 + k^2]\right)$ est positive (*Note g*), soit que k^2 soit négatif ou non (*k*). Donc si $\frac{2A^3}{3\varsigma'^3}$ est > 1, qui est la plus grande valeur possible de $\frac{(k^2+1)}{k^3} \times (k - ATk)$, la solution sera illusoire; & en effet, il est visible que l'attraction au pole sera pour lors négative, puisque

(*k*) Voyez les Remarques à la fin de ce Mémoire.

(*hyp.*) quelque valeur qu'on donne à k, $\frac{(k^2+1)(k-ATk)}{k^3}$ sera $< \frac{2A^3}{3C'^3}$.

48. Donc il faut, dans les hypothèses précédentes, que $\frac{2A^3}{3C'^3}$ soit $=$ ou < 1, pour que la solution ne soit pas illusoire; & il faut de plus (*art.* 46) que $\frac{2\omega}{3} - \frac{2A^3}{3C'^3}$, supposé positif, soit $<$ que l'unité.

49. Il est donc visible que si on suppose $\frac{2A^3}{3C'^3} > 1$; la solution sera illusoire; & on peut observer qu'indépendamment de cette raison purement mathématique, le problême seroit encore impossible par une raison physique; car la solution (envisagée quant au simple côté physique) demande même que A soit $< C'$, autrement la Planete attirée se trouveroit enfermée dans la Planete attirante. Il faut même que A ne soit pas plus grand que $C' - a$ ou $C' - \frac{\alpha}{(kk+1)^{\frac{1}{3}}}$, a étant le demi-axe du sphéroïde, & α le rayon d'une sphere égale; rayon qui doit être tel que $\frac{\alpha}{(kk+1)^{\frac{1}{3}}} = a$ (*Mémoire précédent*, §. II, pag. 54, *art.* 24).

50. Donc si $\frac{2A^3}{3C'^3}$ est > 1, la solution sera illusoire quand même la parallèle à l'axe AT menée à la dis-

tance $\frac{2\omega}{3} - \frac{2A^3}{3C'^3}$ couperoit la courbe qui a pour ordonnée $\frac{2A^3}{3C'^3mm} + \frac{(k^3+3)ATk - 3k}{k^3}$; les valeurs de k données par cette ſolution ne produiſant alors que des attractions négatives au pole & à l'équateur.

51. Ce n'eſt pas tout encore. Lorſque $\frac{2A^3}{3C'^3}$ ſera < 1, il faudra de plus que la valeur trouvée de k ſoit telle que $\frac{(k^2+1)(k-ATk)}{k^3}$ ſoit $> \frac{2A^3}{3C'^3}$; il faudra donc que la valeur de $\frac{2\omega}{3} - \frac{2A^3}{3C'^3}$ ſoit telle, que la valeur de k qui en réſultera, ſoit aſſujettie à cette condition.

52. Si $\frac{2\omega}{3} - \frac{2A^3}{3C'^3} = \frac{4A^3}{3C'^3}$; c'eſt-à-dire, ſi $\frac{2\omega}{3}$ eſt $= \frac{2A^3}{C'^3}$ ou $\omega = \frac{3A^3}{C'^3}$; on aura $k = 0$, ou $m = 1$. En effet, il eſt aiſé de voir par ce qui précéde, qu'en ſuppoſant k^2 infiniment petit, les quantités affectées ſeulement de k dans le ſecond membre de l'équation de l'*art.* 31, ſont $= \frac{4k^2}{3 \cdot 5}$, c'eſt-à-dire, nulles lorſque $k = 0$, ou $m = 1$. D'où il s'enſuit que ce ſecond membre ſe réduit à $\frac{4A^3}{3C'^3}$. Donc puiſque le premier membre $\frac{2\omega}{3} - \frac{2A^3}{3C'^3}$ eſt ſuppoſé $= \frac{4A^3}{3C'^3}$, il s'enſuit que la valeur de $k = 0$, ou de $m = 1$, ſatisfait au problême. Donc en ce cas la figure reſte ſphérique, ou du moins

on peut la ſuppoſer telle, quoique le problême puiſſe avoir encore d'autres ſolutions, comme on le va voir dans l'article ſuivant.

53. En effet, il réſulte de l'*art.* 32, que ſi $\frac{2\omega}{3} - \frac{2A^3}{3C'^3} = \frac{4A^3}{3C'^3}$, c'eſt-à-dire, $\frac{2\omega}{3} = \frac{2A^3}{C'^3}$, & que de plus $\frac{4A^3}{3C'^3} < PM$ (Fig. 6) & $\frac{2A^3}{3C'^3} < R'$ (*art.* 29), il y aura outre $m = 1$, deux valeurs de m, dont l'une ſera < 1, & l'autre plus grande que 1. Mais ni l'une ni l'autre de ces deux valeurs ne donnera un équilibre ferme.

54. Mais ſi dans cette même hypothèſe de $\frac{2\omega}{3} - \frac{2A^3}{3C'^3} = \frac{4A^3}{3C'^3}$, la valeur de $\frac{A^3}{C'^3}$ étoit telle que les ordonnées depuis R' (Fig. 7) juſqu'en L allaſſent en augmentant, & au contraire en diminuant depuis R' juſqu'en Q; le problême n'auroit alors abſolument qu'une ſolution poſſible, celle de $m = 1$.

55. Quoique dans les ſolutions précédentes, on ait ſuppoſé que m puiſſe avoir indifféremment toutes ſortes de valeurs, cependant il faut remarquer qu'on ne doit pas ſuppoſer le ſphéroïde infiniment allongé, c'eſt-à-dire, $m = 0$, parce qu'alors la ſolution ſeroit illuſoire; car la ſolution générale (*Mém. précéd.* §. II) eſt appuyée ſur l'hypothèſe que a ſoit très-petit par rapport à C', ainſi que le rayon de l'équateur ma; & que par

conséquent le sphéroïde n'ait qu'un allongement ou un applatissement fini (*l*).

56. On remarquera de plus que la plus grande valeur de PM (Fig. 6) & la plus grande valeur de R' (*art.* 53) étant finies, puisque leur expression ne renferme que des quantités finies, il faudroit pour que $\frac{4A^3}{3\mathfrak{C}'^3}$ fût = ou > PM, & $\frac{2A^3}{3\mathfrak{C}'^3} > R'$, que $\frac{A}{\mathfrak{C}'}$ fût fini, c'est-à-dire, que le rayon du corps attirant S fût comparable à sa distance $\mathfrak{C}'$ du centre de la Planete attirée.

57. Or, comme dans toutes les solutions du problême, qui peuvent être applicables aux usages astronomiques, ω & $\frac{A^3}{\mathfrak{C}'^3}$ sont fort petits, il est clair que la théorie précédente sera très-simplifiée ; c'est-à-dire, que $\frac{4A^3}{3\mathfrak{C}'^3}$ sera toujours $< PM$; que $\frac{2A^3}{3\mathfrak{C}'^3}$ sera toujours $< R'$; & qu'enfin $\frac{2\omega}{3} - \frac{2A^3}{3\mathfrak{C}'^3}$ sera < que l'unité. Ainsi la solution sera toujours possible. Il y a plus. On aura toujours plus d'une solution, savoir 1°. deux solutions si $\frac{2\omega}{3} - \frac{2A^3}{3\mathfrak{C}'^3}$ est négatif ; & ces deux solutions donneront $m < 1$; 2°. trois solutions si $\frac{2\omega}{3} - \frac{2A^3}{3\mathfrak{C}'^3}$ est positif ; desquelles la troisiéme donnera $m > 1$.

(*l*) Voyez les Remarques à la fin de ce Mémoire.

3°. Enfin, deux solutions si $\frac{2\omega}{3} - \frac{2A^3}{3C'^3} = 0$. De ces différentes solutions, il n'y aura dans tous les cas que celle qui donne m presque égale à l'unité, d'où il résultera un équilibre ferme.

58. On peut aussi résoudre le problême qui fait l'objet de ce Mémoire, par une autre méthode qui pourra jetter encore plus de jour sur certains points de la solution. On a (*art.* 19) $\frac{2(k - ATk)}{k^3} - \frac{4A^3}{3C'^3 mm}$, qui n'est autre chose que l'attraction au pole, divisée par la quantité toujours réelle mm ou $kk + 1$, égale à $\frac{(kk+1)ATk}{k^3} - \frac{1}{k^2} + \frac{2A^3}{3C'^3} - \frac{2\omega}{3}$, qui n'est autre chose que l'attraction à l'équateur, divisée par m ou $\sqrt{(kk+1)}$. Il faut donc, en prenant m pour abscisse, construire les deux courbes dont ces deux quantités sont les ordonnées; les points où ces courbes se couperont, donneront les valeurs de m qui résoudront le problême. Mais il faut remarquer qu'afin que la solution ne soit point illusoire, les points de section des deux courbes doivent être au-dessous de l'axe; c'est-à-dire, du côté des ordonnées positives, & non pas au-dessus, puisqu'autrement l'ordonnée commune étant négative à l'endroit de la section, l'attraction, tant au pole qu'à l'équateur, seroit négative, & la Planete se dissiperoit.

59. De-là il s'ensuit 1°. que si $\frac{4A^3}{3C'^3}$ est plus grand que

que la plus grande valeur de $\frac{2(k^2+1)(k-ATk)}{k^3}$, c'est-à-dire, si $\frac{2A^3}{3C'^3} > 1$, alors l'ordonnée de la premiere courbe étant toujours négative, la solution sera illusoire. 2°. Que si $\frac{2\omega}{3} - \frac{2A^3}{3C'^3}$ est $>$ que la plus grande valeur de $\frac{(k^2+1)ATk}{k^3} - \frac{1}{k^2}$, l'ordonnée de la seconde courbe sera aussi toujours négative, & que par conséquent la solution sera encore illusoire; ce qui s'accorde avec ce que nous avons trouvé ci-dessus (*art.* 45, 46 & 47). 3°. La quantité $\frac{(k^2+1)ATk}{k^3} - \frac{1}{k^2}$ est $= 1$ lorsque $m = 0$, $= \frac{2}{3}$ lorsque $m = 1$ (*Note g*), & $= 0$ lorsque $m = \infty$; & la quantité $\frac{2(kk+1)}{k^3} \times (k - ATk)$ est $=$ (*Note k* & *art.* 47) à zéro lorsque $m = 0$, à $\frac{2}{3}$ lorsque $m = 1$, & à 2 lorsque $m = \infty$; de plus, la différence de la quantité $\frac{(k^2+1)ATk}{k^3} - \frac{1}{k^2}$ est toujours négative, de sorte que cette quantité va toujours en diminuant (*Note g*). C'est pourquoi si on construit la courbe NMQ, Fig. 8, dont les ordonnées soient $\frac{(k^2+1)ATk}{k^3} - \frac{1}{k^2}$, cette courbe aura pour premiere ordonnée $AN = 1$, répondante à $m = 0$, & elle ira toujours en s'approchant de son axe AT;

qui sera son asymptote. Donc si on fait $NL = \frac{2\omega}{3} - \frac{2A^3}{3C'^3}$, & qu'on trace la courbe LFR parallèle à la courbe NMQ, ensorte que RM soit par-tout égale & parallèle à LN, les ordonnées de cette nouvelle courbe seront égales à $\frac{(kk+1)ATk}{k^3} - \frac{1}{k^2} + \frac{2A^3}{3C'^3} - \frac{2\omega}{3}$. Par la même raison, si l'on construit la courbe qui a pour ordonnée $\frac{2(k-ATk)}{k^3}$, cette courbe aura d'abord son ordonnée au point A (Fig. 9) où $m = 0$, égale à $\frac{2}{k^2} - \frac{2}{2k^2\sqrt{(1-mm)}} \log. \frac{4}{mm} = -2 + \log. \frac{4}{mm}$; c'est-à-dire, infinie & positive; & lorsque $m = \infty$, l'ordonnée sera $\frac{2}{k^2} = 0$; d'où il s'ensuit que la courbe a pour asymptotes les deux lignes AZ & AT, perpendiculaires l'une à l'autre. Donc si on retranche des ordonnées de cette courbe la quantité $\frac{4A^3}{3C'^3 mm}$ ou $\frac{4A^3}{3C'^3(k^2+1)}$ laquelle est évidemment plus grande que $\log. \frac{4}{mm}$ lorsque $m = 0$, & $< \frac{2}{k^2}$ lorsque $m = \infty$, pourvû que $\frac{2A^3}{3C'^3}$ soit < 1, la nouvelle courbe $O'P'X'$ ainsi formée (Fig. 10) aura pour asymptotes l'ordonnée négative & infinie AZ', & l'axe AT, & coupera son axe AT en quelque point V, pour s'en éloigner ensuite jusqu'en C, & de-là s'en rapprocher à l'infini vers T.

60. Si donc on construit sur un même axe AT (Fig. 11), les courbes LFR de la Fig. 8, & $O'P'X'$ de la Fig. 10, & que dans le cas même où chacune de ces deux courbes auroit des ordonnées positives, l'intersection P' (Fig. 11) se fasse du côté des ordonnées négatives, la solution sera illusoire.

61. Or c'est ce qui arrivera évidemment dans plusieurs cas. Par exemple, si la différence AL (Fig. 8) de l'unité & de $\frac{2\omega}{3} - \frac{2A^3}{3C'^3}$ est extrêmement petite; & qu'en même-temps $\frac{2A^3}{3C'^3}$ soit presque $= 1$, quoiqu'un peu plus petit, le point F sera très-près de A, & au contraire dans la Fig. 10, le point V qui donne $\frac{2(k - ATk)(kk+1)}{k^3} = \frac{4A^3}{3C'^3}$, sera très-éloigné de A; ensorte que l'intersection des deux courbes se fera du côté négatif.

62. Supposant donc $\frac{2A^3}{3C'^3} < 1$, ensorte que la courbe $O'P'X'$ (Fig. 11) coupe son axe AT en quelque point V; si la valeur de $\frac{2\omega}{3} - \frac{2A^3}{3C'^3}$ est plus grande que la valeur de $\frac{(k^2+1)ATk}{k^3} - \frac{1}{k^2}$ qui répond à $m = AV$, la solution sera illusoire.

63. Il eſt à remarquer encore que ſi $\frac{2\omega}{3} - \frac{2A^3}{3\mathcal{C}'^3}$ eſt négatif, le point *L* dans la Figure 8 ſera vers *L'* de l'autre côté de *N* par rapport à *A*, & la courbe *LFR* ne coupera point ſon axe, toutes les ordonnées étant poſitives. Donc en ce cas s'il y a interſection des deux courbes, elle ſera du côté des ordonnées poſitives, & il y aura une ou pluſieurs ſolutions poſſibles. Je dis *s'il y a interſection des deux courbes;* car il eſt évident qu'il n'y auroit point d'interſection, ſi la plus grande des ordonnées poſitives de la courbe *O' P' X'* (Fig. 10 & 11) étoit $< \frac{2A^3}{3\mathcal{C}'^3} - \frac{2\omega}{3}$ (*m*). Ce qui s'accorde avec l'*art.* 32.

64. Si pour plus de généralité on ſuppoſoit comme dans l'*art.* 41 du §. II du Mém. préc. p. 63, l'attraction en partie proportionnelle à la raiſon inverſe du quarré de la diſtance, & en partie à la raiſon directe ſimple de la diſtance, il eſt aiſé de voir (*art.* 44 & 45 *du Mémoire cité*) que l'équation propre à cette hypothèſe ne différeroit de celle qui a été diſcutée dans ce Mémoire-ci, qu'en ce qu'on auroit au lieu de $\frac{4A^3}{3\mathcal{C}'^3}$, $\frac{4A^3}{3\mathcal{C}'^3} - \frac{2A^3}{3\mathcal{C}^3} - \frac{2\alpha^3}{3\mathcal{C}^3}$, & au lieu de $\frac{2A^3}{3\mathcal{C}'^3}$, $\frac{2A^3}{3\mathcal{C}'^3} + \frac{2A^3}{3\mathcal{C}^3} + \frac{2\alpha^3}{3\mathcal{C}^3}$. Ainſi en mettant la premiere de ces

(*m*) Voyez les Remarques à la fin de ce Mémoire.

quantités au lieu de $\frac{4A^3}{3C'^3}$, & la seconde au lieu de $\frac{2A^3}{3C'^3}$ dans les propositions précédentes, on en tirera des conclusions analogues pour le cas dont il s'agit ici. Il est inutile d'entrer sur cela dans un plus grand détail, ainsi que de développer plusieurs autres conséquences qui résultent de la Théorie précédente, & que les Géometres pourront en déduire aisément.

REMARQUES
SUR LE MÉMOIRE PRÉCÉDENT.

(*a*) *Art.* 3. ON pourroit croire d'abord qu'il est permis aussi d'écrire $-\frac{1}{\sqrt{(1-mm)}}$ au lieu de $\frac{1}{\sqrt{-1}.\sqrt{(mm-1)}}$; parce que $\frac{1}{\sqrt{-1}} = -\sqrt{-1}$, & qu'ainsi $\frac{1}{\sqrt{-1}.\sqrt{(mm-1)}} = -\frac{\sqrt{-1}}{\sqrt{(mm-1)}} = -\frac{\sqrt{-1}}{\sqrt{-1}.\sqrt{(1-mm)}} = -\frac{1}{\sqrt{(1-mm)}}$; ce qui donneroit une valeur de $\frac{ATk}{k}$, de signe différent de celle que nous avons trouvée. Mais il est aisé de s'assurer que cette valeur seroit fautive; car en cherchant directement l'attraction, tant à l'équateur qu'au pole, on trouve que cette quantité $\frac{ATk}{k}$ vient de l'intégrale d'une quantité de cette forme $\frac{kdu}{k(1+kkuu)}$, ou plus simplement $\frac{du}{1+kkuu}$. Supposons maintenant k^2 négatif & $= -k'^2$, enſorte que $k^2 = mm - 1$ lorſque m eſt < 1, & $k'^2 = 1 - mm$, on aura $\frac{du}{1+kkuu} = \frac{du}{1-k'k'uu} = \frac{k'du}{k'(1-k'k'uu)}$, dont l'intégrale eſt $\frac{1}{2k'} \times \log.\left(\frac{1+k'u}{1-k'u}\right)$, laquelle devient, lorſque $u = 1$, $\frac{1}{2k'} \times \log.\left(\frac{1+k'}{1-k'}\right) = \frac{1}{2\sqrt{(1-mm)}} \log.\left(\frac{1+\sqrt{(1-mm)}}{1-\sqrt{(1-mm)}}\right)$. En conſéquence de cette remarque, l'attraction au pole étant $\frac{2ca(kk+1)}{k^3}(k - ATk)$ (*), & l'attraction à l'équateur $\frac{ca(kk+1)^{\frac{3}{2}}}{k^3} \times ATk - \frac{ca\sqrt{(kk+1)}}{k^2}$, dans un ſphéroïde applati, elles ſeront dans un ſphéroïde allongé $\frac{2ca(kk+1)}{k^2} - \frac{2ca}{2k^3\sqrt{(1-mm)}} \log.\left(\frac{1+\sqrt{(1-mm)}}{1-\sqrt{(1-mm)}}\right)$ pour le pole, & $cam^3 \times \frac{1}{2k^2\sqrt{(1-mm)}} \times \log.\left(\frac{1+\sqrt{(1-mm)}}{1-\sqrt{(1-mm)}}\right) - \frac{cam}{k^2}$ pour l'équateur, k^2 étant toujours $= mm - 1$, ſoit que m ſoit $>$ ou < 1.

Ces deux valeurs que nous venons de donner de l'attraction au pole & à l'équateur dans un ſphéroïde allongé dont le demi-axe $= 1$, & le rayon de l'équateur $= m$, s'accordent parfaitement avec celles que M. Maclaurin a trouvées dans ſa Diſſertation ſur le Flux & Reflux de

(*) Voyez le Mémoire précédent, §. II, art. 5.

la Mer, ce qu'il n'eſt pas inutile de remarquer. Car il trouve (*Prop.* 2) que l'attraction du ſphéroïde au pole eſt à l'attraction d'une ſphere décrite du rayon 1, c'eſt-à-dire, à $\frac{2c}{3}$, comme $3m^2 \times [\frac{1}{2}\log.\left(\frac{1+\sqrt{(1-mm)}}{1-\sqrt{(1-mm)}}\right) - \sqrt{(1-mm)}]$ eſt à $(1-mm)^{\frac{3}{2}}$, en mettant dans les formules de M. Maclaurin 1 pour a, m pour b, & $\sqrt{(1-mm)}$ pour c; d'où il s'enſuit que cette attraction eſt $\frac{2cm^2}{(1-mm)^{\frac{3}{2}}} \times \frac{1}{2}\log.\left(\frac{1+\sqrt{(1-mm)}}{1-\sqrt{(1-m^2)}}\right) - \frac{2cm^2}{1-m^2}$, comme il réſulte de nos calculs.

A l'égard de l'attraction à l'équateur, M. Maclaurin trouve (*Prop.* 3) qu'elle eſt à l'attraction d'une ſphere du rayon m (c. à. d. à $\frac{2cm}{3}$), comme $\sqrt{(1-mm)} - \frac{m^2}{2}\log.\left(\frac{1+\sqrt{(1-mm)}}{1-\sqrt{(1-mm)}}\right)$ eſt à $\frac{2}{3}(1-mm)^{\frac{3}{2}}$; d'où il s'enſuit que cette attraction eſt égale à $\frac{cm}{(1-mm)^{\frac{3}{2}}} \times [\sqrt{(1-mm)} - \frac{m^2}{2}\log.\left(\frac{1+\sqrt{(1-mm)}}{1-\sqrt{(1-mm)}}\right)] = \frac{cm}{1-mm} - \frac{cm^3}{(1-mm)^{\frac{3}{2}}} \times \frac{1}{2}\log.\left(\frac{1+\sqrt{(1-mm)}}{1-\sqrt{(1-mm)}}\right)$; ce qui s'accorde avec notre formule, en faiſant $a=1$.

J'ai déja remarqué ailleurs (*Recherches ſur le Syſtême du Monde*, art. 268) l'équivoque qui peut réſulter de l'emploi de la quantité imaginaire $\sqrt{-1}$ dans des quantités intégrables par logarithmes ou par exponentielles imaginaires;

imaginaires; le seul moyen de lever cette équivoque, est de se rendre attentif au résultat que doivent donner les signes.

Par exemple, qu'on propose à intégrer $\frac{du}{1+uu}$, on aura par transformation $\frac{du}{1+uu} = \frac{du}{(1+u\sqrt{-1})(1-u\sqrt{-1})}$ $= \frac{Adu\sqrt{-1}}{1+u\sqrt{-1}} + \frac{Adu\sqrt{-1}}{1-u\sqrt{-1}}$, A étant une indéterminée, & on trouvera facilement $2A\sqrt{-1} = 1$, ou $A = \frac{1}{2\sqrt{-1}}$; d'où $\int\frac{du}{1+uu} = \frac{1}{2\sqrt{-1}}$ log. $\left(\frac{1+u\sqrt{-1}}{1-u\sqrt{-1}}\right)$, comme tout le monde sait.

Supposons maintenant $u^2 = -u'^2$, ensorte que $u'\sqrt{-1} = u$, on aura $\int\frac{du}{1+uu} = \int\frac{du'\sqrt{-1}}{1-u'^2} = \sqrt{-1}$ $\times\int\frac{du'}{1-u'^2} = \sqrt{-1} \times \frac{1}{2}$ log. $\left(\frac{1+u'}{1-u'}\right)$. Or à cause de $u'\sqrt{-1} = u$, on aura $u' = \frac{u}{\sqrt{-1}} = -u\sqrt{-1}$; donc on aura $\sqrt{-1} \times \frac{1}{2}$ log. $\left(\frac{1+u'}{1-u'}\right) = \sqrt{-1} \times \frac{1}{2}$ log. $\left(\frac{1-u\sqrt{-1}}{1+u\sqrt{-1}}\right) = -\frac{\sqrt{-1}}{2}$ log. $\left(\frac{1+u\sqrt{-1}}{1-u\sqrt{-1}}\right) =$ $\frac{1}{2\sqrt{-1}}$ log. $\left(\frac{1+u\sqrt{-1}}{1-u\sqrt{-1}}\right)$ comme dans la premiere formule. On remarquera de plus que l'équation $u^2 = -u'^2$ donne encore $u'^2 = -u^2$, & par conséquent aussi $u' = u\sqrt{-1}$, & $u = \frac{u'}{\sqrt{-1}}$; ce qui donneroit encore $\int \frac{du}{1+uu} = \int \frac{du'}{(1-u'^2)\sqrt{-1}} = \frac{1}{2\sqrt{-1}} \log. \left(\frac{1+u'}{1-u'}\right) = \frac{1}{2\sqrt{-1}} \log. \left(\frac{1+u\sqrt{-1}}{1-u\sqrt{-1}}\right)$.

On voit par ce double calcul, dans l'hypothèſe de $u'\sqrt{-1} = u$, & dans celle de $u' = u\sqrt{-1}$, qui réſultent également de $u^2 = -u'^2$, ou $u'^2 = -u^2$, que le réſultat de la valeur de $\int \frac{du}{1+uu}$ eſt le même de part & d'autre, & conforme à celui que donne la premiere méthode. Il faut ſeulement obſerver que quand on aura ſuppoſé $u'\sqrt{-1} = u$, il faudra mettre pour u' dans l'intégrale ſa valeur $\frac{u}{\sqrt{-1}}$ ou $-u\sqrt{-1}$, & non pas ſon autre valeur $u\sqrt{-1}$; & réciproquement quand on aura ſuppoſé $u' = u\sqrt{-1}$, ou $u = \frac{u'}{\sqrt{-1}}$, il faudra mettre à la place de u' dans l'intégrale, ſa valeur $u\sqrt{-1}$, & non pas ſon autre valeur $-u\sqrt{-1}$.

Par une raiſon ſemblable, puiſque $k = \sqrt{(mm-1)}$ & qu'au lieu de $\sqrt{(mm-1)}.\sqrt{-1}$ on écrit $\sqrt{(1-mm)}$ dans l'expreſſion de la valeur ATk affectée de logarithmes imaginaires, il s'enſuit que dans le dénominateur $\frac{1}{\sqrt{-1}.\sqrt{(mm-1)}}$ de la valeur de $\frac{ATk}{k}$, il faudra écrire $\frac{1}{\sqrt{(1-mm)}}$ au lieu de $\frac{1}{\sqrt{-1}.\sqrt{(n^2-1)}}$; & non pas $-\frac{\sqrt{-1}}{\sqrt{(mm-1)}} = -\frac{1}{\sqrt{(1-mm)}}$. Car soit $mm - 1 = -m'^2$, on aura $\sqrt{(mm-1)} . \sqrt{-1} = \sqrt{(-m'^2)} . \sqrt{-1} =$ indifféremment $m'\sqrt{-1} \times \sqrt{-1}$, ou $-m'\sqrt{-1} \times \sqrt{-1}$, c'est-à-dire, indifféremment $-m'$ ou $+m'$. Or puisque de ces deux valeurs on prend la derniere pour l'expression de $\sqrt{(m^2-1)} . \sqrt{-1}$, il s'ensuit qu'on suppose donc ici $\sqrt{(m^2-1)} = -m'\sqrt{-1}$ & non pas $+m'\sqrt{-1}$, & que par conséquent $\frac{1}{\sqrt{-1} . \sqrt{(m^2-1)}}$ doit être supposé $= \frac{1}{\sqrt{-1} \times -m'\sqrt{-1}} = \frac{1}{m'} = \frac{1}{\sqrt{(1-m^2)}}$; en regardant $\sqrt{(1-m^2)}$ comme positif. Si on avoit supposé $\sqrt{(m^2-1)} = m'\sqrt{-1}$, on auroit eu log. $\left(\frac{1+\sqrt{(m^2-1)} . \sqrt{-1}}{1-\sqrt{(m^2-1)} . \sqrt{-1}}\right) = \log . \left(\frac{1-m'}{1+m'}\right)$, & $\frac{1}{\sqrt{-1} . \sqrt{(m^2-1)}} = \frac{1}{\sqrt{-1} \times m'\sqrt{-1}} = \frac{1}{-m'} = -\frac{1}{m'}$; & la valeur de $\frac{ATk}{k}$ auroit été $-\frac{1}{2m'} \log . \left(\frac{1-m'}{1+m'}\right)$ qui revient au même que la précédente $\frac{1}{2m'} \log . \left(\frac{1+m'}{1-m'}\right)$. On voit donc que tous les résultats s'accordent parfaitement, pourvû qu'on fasse beaucoup d'attention aux signes des quantités imaginaires, & qu'après avoir supposé ces signes positifs par exemple, on ne les suppose pas ensuite négatifs dans la même quantité, ou réciproquement; supposition qui peut être tacite, sans qu'on s'en apperçoive, comme on vient de le voir dans le calcul précédent, où $\sqrt{(m^2-1)}$ est supposé réellement

$= - m' \sqrt{-1}$ dans un des cas, & $+ m' \sqrt{-1}$ dans l'autre; ainsi il faut toujours retenir la valeur $- m' \sqrt{-1}$ pour celle de $\sqrt{(m^2 - 1)}$ dans le premier cas, & $m' \sqrt{-1}$ dans le second, & non substituer d'abord $- m' \sqrt{-1}$ à $\sqrt{(m^2 - 1)}$ dans la quantité logarithmique, & ensuite $m' \sqrt{-1}$ à $\sqrt{(m^2 - 1)}$ dans celle qui est au dénominateur.

J'ai cru devoir m'étendre sur l'objet de cette remarque, parce qu'il m'a paru propre à embarrasser quelquefois, ou à faire commettre des fautes d'inadvertence dans les calculs.

On peut trouver par ce qui précéde le dénouement du paradoxe dont j'ai parlé ci-dessus, & que j'ai exposé dans l'*art.* 268 de mes *Recherc. sur le Syst. du Monde*; savoir que $\frac{dx}{\sqrt{(1-xx)}}$, lorsque x est > 1, doit être supposé $= \frac{dx\sqrt{-1}}{\sqrt{(xx-1)}}$ & non pas $\frac{dx}{\sqrt{-1}.\sqrt{(xx-1)}}$. En effet, $\sqrt{(xx-1)}$ pris positivement $= \sqrt{(1-xx)}$ pris positivement multiplié par $\sqrt{-1}$; donc $\sqrt{(1-xx)} = \frac{\sqrt{(xx-1)}}{\sqrt{-1}}$; donc $\frac{dx}{\sqrt{(1-xx)}} = \frac{dx\sqrt{-1}}{\sqrt{(xx-1)}}$. On pourroit cependant supposer aussi, à la rigueur, $\sqrt{(xx-1)} = \sqrt{(1-xx)} \times - \sqrt{-1} = \frac{\sqrt{(1-xx)}}{\sqrt{-1}}$; ou $\frac{dx}{\sqrt{(1-xx)}} = \frac{dx}{\sqrt{-1}.\sqrt{(1-xx)}}$; mais alors il faut remarquer que l'intégrale $\int \frac{dx}{\sqrt{(xx-1)}} =$ log.

$\left(\frac{x+\sqrt{(xx-1)}}{\sqrt{-1}}\right)$ sera $=$ log. $\left(\frac{x+\frac{\sqrt{(1-xx)}}{\sqrt{-1}}}{\sqrt{-1}}\right)$, ensorte que l'intégrale totale est $\frac{1}{\sqrt{-1}}$ log. $\left(\frac{x+\frac{\sqrt{(1-xx)}}{\sqrt{-1}}}{\sqrt{-1}}\right)$ $= -\sqrt{-1}$ log. $\left(\frac{x+\frac{\sqrt{(1-xx)}}{\sqrt{-1}}}{\sqrt{-1}}\right) = \sqrt{-1}$ log. $\left(\frac{-1}{x\sqrt{-1}+\sqrt{(1-xx)}}\right) = \sqrt{-1}$ log. $\left(\frac{x+\sqrt{-1}.\sqrt{(1-xx)}}{\sqrt{-1}}\right)$. Or cette derniere valeur résulte de l'intégrale de $\frac{dx\sqrt{-1}}{\sqrt{xx-1}} = \sqrt{-1}$ log. $\left(\frac{x+\sqrt{(xx-1)}}{\sqrt{-1}}\right) = \sqrt{-1} \times$ log. $\left(\frac{x+\sqrt{(1-xx)}}{\sqrt{-1}}\right)$. Donc, &c.

Je ne voudrois donc pas avancer en général, & sans aucune restriction, avec quelques Mathématiciens, que $\sqrt{-a} \times \sqrt{-b} =$ en général $-\sqrt{(ab)}$, & non pas $+\sqrt{(ab)}$; mais je dirai seulement que dès qu'on aura supposé dans un calcul $\sqrt{-a} \times \sqrt{-b} = -\sqrt{(ab)}$ ou ce qui revient au même $\sqrt{-a} = \sqrt{a} \times \sqrt{-1}$, & $\sqrt{-b} = \sqrt{b} \times \sqrt{-1}$, il faudra dans toute la suite du calcul faire la même supposition, sans quoi on tomberoit dans de faux résultats. Quoique la supposition de $\sqrt{-a} = \sqrt{a} \times \sqrt{-1}$ soit assez naturelle, $\sqrt{a}$ étant supposé positif, cependant cette supposition ne suit pas nécessairement de la valeur de $\sqrt{-a}$, & on peut à la rigueur supposer aussi $\sqrt{-a} = \sqrt{a} \times -\sqrt{-1}$, parce que cette supposition donne $-a = -a$, & que d'ailleurs tout signe radical est censé avoir toujours $\pm$ au-devant de lui, ensorte que $\sqrt{-a}$ représente également, à la rigueur, les deux quantités $+\sqrt{-a} = +\sqrt{a} \times +\sqrt{-1}$, & $-\sqrt{-a} = -\sqrt{a} \times \sqrt{-1}$. Pour le voir bien clairement, soit $a = cc$, on aura $\sqrt{a} = \sqrt{cc} = \pm c$, & par conséquent $\sqrt{a} \times \sqrt{-1} = \pm c\sqrt{-1}$. De même $\sqrt{b} \times \sqrt{-1} = \pm e\sqrt{-1}$, en faisant $b = ee$; donc $\sqrt{a} \times \sqrt{b} = \pm ec$. On peut considérer encore 1°. que $\sqrt{-a} \times \sqrt{-b}$ peut être supposé $= \sqrt{(-a \times -b)} = \sqrt{ab} = \pm \sqrt{(ab)}$. 2°. Que $-a$ étant $= a \times -1$ ou $\frac{a}{-1}$, on peut supposer que $\sqrt{-a} = \sqrt{a} \times \frac{1}{\sqrt{-1}} = -\sqrt{a} \times \sqrt{-1}$, & qu'on peut au contraire supposer $\sqrt{-b} = \sqrt{b} \times \sqrt{-1}$; d'où il résulteroit $\sqrt{-a} \times \sqrt{-b} = +\sqrt{(ab)}$ aussi bien que $-\sqrt{(ab)}$. On voit donc que tout dépend ici de la supposition primitive qu'on a faite sur le signe des quantités radicales. Ceci n'empêche pas que le produit de $+\sqrt{-aa}$ par $-\sqrt{(-aa)}$ ne soit toujours & dans tous les cas $+aa$; ou plutôt cette vérité est la conséquence nécessaire de ce que nous venons de remarquer; parce que les deux radicaux étant supposés avoir des signes différens, si on fait $+\sqrt{-aa} = c\sqrt{-1}$, c étant positif ou négatif, on aura $-\sqrt{(-aa)} = -c\sqrt{-1}$, & par conséquent $+\sqrt{-aa} \times -\sqrt{(-aa)} = c\sqrt{-1} \times -e\sqrt{-1} = cc = aa$.

(b) *Art.* 8. Si on doute que $\frac{\log. x}{x}$ soit $= 0$ lorfque x est infini, il n'y a qu'à supposer dans la logarithmique AD, Fig. 12, l'ordonnée $CD = \frac{1}{x}$, & infiniment petite; on aura (en prenant AB pour l'unité) $BC =$ log. $\frac{1}{x}$ ou log. x, abstraction faite du signe; donc $\frac{\log. x}{x} = CD \times CB$, quantité infiniment petite, puisque l'aire entiere & indéfiniment prolongée $ADCB$ n'est que finie, comme les Géometres le savent.

C'est ce qu'on peut d'ailleurs prouver d'une autre maniere, en considérant que si x est infiniment petit, ou simplement < 1, $\frac{dx}{x}$ est $< \frac{dx}{x^{1+\lambda}}$, λ étant une quantité positive, puisque $x^{1+\lambda}$ est $< x$ dans cette hypothèse; d'où il est clair que $\int \frac{-dx}{x}$ ou log. $\frac{1}{x}$ est $< \frac{1}{\lambda x^{\lambda}} - \frac{1}{\lambda}$ & à plus forte raison $< \frac{1}{\lambda x^{\lambda}}$; donc λx log. $\frac{1}{x} < x^{1-\lambda}$, & par conséquent x log. $\frac{1}{x}$ est infiniment petit, puisqu'on peut supposer $\lambda < 1$.

De-là il s'ensuit que log. $\frac{1}{x}$ (x étant infiniment petit) est nécessairement $< \frac{1}{x}$, & même infiniment plus petit, & que par conséquent on peut supposer log. $\frac{1}{x} = \frac{1}{x^{\lambda}}$, λ étant une quantité < 1, mais qui sera différente suivant la valeur de x.

On peut considérer encore 1°. que la logarithmique, à son extrémité infiniment éloignée, est perpendiculaire à son axe ou asymptote, puisque la soutangente est finie, & l'ordonnée infinie ; d'où il est clair qu'en supposant les ordonnées y parallèles à l'asymptote, on peut, lorsque l'abscisse x' est devenue infinie, supposer y égale à une suite de termes de cette forme $a x^m$, &c. m étant un nombre plus petit que l'unité, afin que $dy = a m x'^{m-1} dx'$, &c. soit infiniment petit par rapport à dx', x' étant infinie. Donc puisque y est ici $=$ log. $\frac{1}{x} =$ log. x', ce qui donne $x = \frac{1}{x'}$, on aura x log. $\frac{1}{x} = \frac{a x'^m}{x'}$, &c. $= a x'^{m-1}$, &c. quantité infiniment petite, puisque $x' = \infty$ & que $m < 1$.

On doit remarquer que non-seulement m log. $\frac{a}{m}$; mais en général m^p log. $\frac{a}{m^q}$ est une quantité infiniment petite lorsque m est infiniment petit, pourvû que p & q soient des nombres positifs & finis, entiers d'ailleurs ou rompus ; car si p est $> q$, ensorte que $p = q + r$, r étant un nombre positif, on aura m^p log. $\frac{a}{m^q} = m^{q+r}$ log. $\frac{a}{m^q} = m^r \times m^q$ log. $\frac{a}{m^q}$. Or m^q log. $\frac{a}{m^q}$ est infiniment petit, comme il est aisé de le voir en faisant $m^q = \frac{1}{x}$, donc à plus forte raison $m^r \times m^q$ log.

log. $\frac{a}{m^q}$ sera infiniment petit. Si p est $< q$, on fera log. $\frac{a}{m^q} = \log. a - q \log. m = \log. a - p \times \frac{q}{p} \log. m =$ log. $a - \frac{q}{p} \log. m^p = \log. a + \frac{q}{p} \times \log. \frac{1}{m^p} =$ $\frac{q}{p} \log. a^{\frac{p}{q}} + \frac{q}{p} \log. \frac{1}{m^p}$, donc on aura $m^p \log. \frac{a}{m^q}$ $= m^p \times \frac{q}{p} \log. \left(\frac{a^{\frac{p}{q}}}{m^p}\right)$ & par conséquent infiniment petit, au moins tant que p & q sont finis.

De-là il s'ensuit (en supposant x infiniment petit) que $x \log. \frac{1}{x}$ est $= x^\omega$, ω étant une quantité qui n'est point $= 1$, mais qui en approche aussi près qu'on voudra, en demeurant toujours plus petit. C'est ce qu'on peut prouver en considérant 1°. que puisque log. $\frac{1}{x}$ est infini, $x \log. \frac{1}{x}$, est infiniment plus grand que x. 2°. Que néanmoins puisque $x \log. \frac{1}{x}$ est infiniment petit, $x \log. \frac{1}{x}$ doit être égal à une quantité x^ω, dans laquelle ω est < 1. 3°. Qu'enfin puisque $\frac{x \log. x}{x^\rho}$ ou $\frac{x \log. \frac{1}{x}}{x^\rho}$ est toujours infiniment petit, ρ étant positif & < 1, on aura $x^{\omega - \rho}$ infiniment petit, & par conféquent $\omega - \rho$ pofitif. Donc puifque ω eft < 1, & $\rho < 1$, ω peut être fuppofé auffi près de l'unité qu'on voudra, pourvû qu'il ne foit pas égal ni plus grand.

(*c*) *Art.* 10. Si on prenoit k & non pas m pour l'abfciffe, la courbe SMO (Fig. 5) toucheroit fon axe en S où $k = 0$; au lieu qu'elle le coupe fous un angle fini (*art.* 5, pag. 101) fi les abfciffes font m. La raifon de cette différence eft facile à voir, en confidérant que l'abfciffe k étant infiniment petite, l'ordonnée correfpondante $\frac{4k^2}{3 \cdot 5}$ eft infiniment petite du fecond ordre; mais que fi on prend pour abfciffe $m = \sqrt{(1 + kk)} = 1 + \frac{kk}{2}$ lorfque k eft infiniment petite, la différence de l'abfciffe, & l'ordonnée, font entr'elles dans le rapport fini de $\frac{1}{2}$ à $\frac{4}{3 \cdot 5}$, ou de 1 à $\frac{8}{3 \cdot 5}$; ce qui s'accorde avec l'*art.* 5 déja cité.

Dans le Mémoire précédent, §. II, nous avons pris k pour l'abfciffe de la courbe SMO, parce que k eft $= \sqrt{(mm - 1)}$, & que nous fuppofions $m > 1$. Mais ici, où m peut être < 1, il eft néceffaire de prendre m & non pas k pour l'abfciffe, parce que les valeurs de k feroient imaginaires, m étant < 1, quoique m fût réelle.

(*d*) *Art.* 11. Lorfqu'on fait abftraction du corps attirant S, & qu'on fuppofe l'attraction tout-à-la-fois en raifon inverfe du quarré de la diftance, & directe de la diſtance, on a (*Mém. préc.* §. II, p. 64, *art.* 44) pour l'attraction au pole, la quantité $\frac{2m^2c}{k^3}(k - ATk) + \frac{2a^3m^2c}{3\,\mathfrak{C}^3}$, qui eſt évidemment toujours poſitive, ſoit que k ſoit réel ou imaginaire, puiſque cette attraction eſt déja évidemment poſitive, indépendamment du terme tout poſitif $\frac{2a^3m^2c}{3\,\mathfrak{C}^3}$; d'où il réſulte de même que l'attraction à l'équateur, moins la force centrifuge, ſera toujours une quantité poſitive, puiſqu'elle eſt à l'attraction au pole en raiſon de 1 à m; donc lorſque la ſolution ſera poſſible, le problême en aura pluſieurs, comme dans le cas où $\frac{1}{\mathfrak{C}^3} = 0$, c'eſt-à-dire, où l'attraction eſt ſimplement en raiſon inverſe du quarré de la diſtance.

On pourroit tirer de-là pluſieurs conſéquences relatives à la Figure de la Terre dans le cas métaphyſique dont il s'agit ici; mais nous nous bornons dans ce Mémoire, pour plus de ſimplicité, au cas donné par la nature, à celui ſeul de l'attraction en raiſon inverſe du quarré de la diſtance.

(*e*) *Art.* 16. Il eſt aiſé de voir ſans aucun calcul que $\frac{4A^3}{3\,\mathfrak{C}'^3}$ peut être même $> PM$, (Fig. 6) ſans que la courbe ceſſe d'avoir des tangentes parallèles à l'axe entre R' & ſon extrémité Q infiniment éloignée. En effet, il eſt clair, comme on l'a vu p. 107, *art.* 15, qu'elle a de telles tangentes entre les points R' & Q, lorſque $\frac{4A^3}{3C'^3} = PM$. Donc elle aura encore néceſſairement en faiſant $\frac{4A^3}{3C'^3}$ un peu plus grand que PM; ce qui doit au moins durer juſqu'à une certaine limite. Il eſt évident, par exemple, que ſi AP eſt la valeur de m qui répond au *maximum* de PM, & ſi $\frac{4A^3}{3C'^3}$ eſt $< PN = PM + \frac{4A^3}{3C'^3 AP^2}$, il y aura un point où la tangente ſera parallèle à l'axe. Cela ſe prouve par un raiſonnement analogue à celui de l'*art.* 15 ci-deſſus, pag. 107.

(*f*) *Art.* 23. Nous avons ſuppoſé deux choſes dans les calculs de cet article 23.

La premiere, que $\frac{m^2[(k^2+3)ATk-3k]}{k^3}$ aura un *maximum* toujours poſſible, tant que m ne ſurpaſſera pas 1. C'eſt ce qu'il eſt aiſé de voir, en conſidérant 1°. que quand $m = 1$, ou $k = 0$, $\frac{(k^2+3)ATk-3k}{k^3}$ $=$ (*art.* 5, p. 101) $\frac{4k^2}{3 \cdot 5} = 0$; 2°. que quand $m = 0$, $\frac{(k^2+3)ATk-3k}{k^3} =$ (*art.* 6 & 8) $- 2 \log. \frac{2}{m} + 3$. Or comme $\frac{\log. \frac{2}{m}}{\frac{2}{m}}$ ou $\frac{m}{4} \times 2 \log. \frac{2}{m}$ eſt $= 0$

(*art.* 8), lorsque m est infiniment petit ou zéro, donc à plus forte raison $m^2 \times -2.\log.\frac{2}{m} + 3m^2$ est $= 0$, lorsque $m = 0$; donc lorsque $m = 1$, & lorsque $m = 0$, la quantité $\frac{m^2(k^2+3)ATk}{k^3} - \frac{3m^2}{k^2}$ est $= 0$; donc il y a nécessairement entre $m = 1$, & $m = 0$, une valeur de m, qui donne la quantité $\frac{m^2(k^2+3)ATk - 3km^2}{k^3}$ égale à un *maximum*.

Une seconde supposition que nous avons faite, c'est que quand $\frac{4A^3}{3C'^3}$ est $< R$, $\frac{4A^3}{3C'^3 mm} + \frac{(k^2+3)ATk - 3k}{k^3}$ a toujours un *maximum* possible.

Pour le démontrer, soit AVS (Fig. 13) la courbe dont les ordonnées sont $= \frac{m^2[(k^2+3)ATk - 3k]}{k^3}$, m n'étant pas supposé > 1, & soit tracée la courbe NKR parallèle à AVS, ensorte que AN, VK, SR soient par-tout égales à $\frac{4A^3}{3C'^3}$; il est aisé de voir, en faisant pour abréger $\frac{(k^2+3)ATk - 3k}{k^3} = -\rho$, que les ordonnées de cette courbe NKR, rapportées à l'axe AT, seront $\frac{4A^3}{3C'^3} - m^2\rho$, & que par conséquent si VK ou $\frac{4A^3}{3C'^3}$ est $<$ que la plus grande VB des ordonnées $m^2\rho$, la courbe NKQ coupera son axe en deux points O, Q. Soient maintenant z les ordonnées de cette courbe NKR ; il faut donc prouver que $\frac{4A^3}{3C^3m^2} - \rho$, ou, ce qui eſt la même choſe, $\frac{z}{m^2}$ aura un *maximum*. Or cela eſt évident ; car z ayant des valeurs négatives, & étant $= 0$ aux points O, Q, il eſt évident que $\frac{z}{m^2}$ ſera $= 0$ aux mêmes points O & Q, & que $\frac{z}{m^2}$ aura des valeurs négatives. Donc la courbe qui auroit pour ordonnées les valeurs de $\frac{z}{m^2}$, coupera auſſi ſon axe en O & en Q, & aura des ordonnées négatives ; donc $\frac{z}{m^2}$ aura un *maximum* négatif, qui répondra à quelque point placé entre O & Q ; c'eſt ce *maximum* négatif que nous avons appellé $- R'$.

Il eſt aiſé de voir que la courbe AVS tracée (Fig. 13) & dont les ordonnées ſont $= \frac{m^2[(k^2+3)ATk - 3k]}{k^3}$ coupe ſon axe en S ſous un angle dont la tangente $= \frac{8}{3 \cdot 5}$; car l'ordonnée en S eſt $= m^2 \times \frac{4k^2}{3 \cdot 5} = \frac{2 \times 4k^2}{3 \cdot 5}$ & l'abſciſſe eſt $\sqrt{(1 + kk)} = 1 + \frac{kk}{2}$; donc, &c. Voyez ci-deſſus la note (c). De plus au point A l'ordonnée ſera $= m^2 \left[\frac{m^2+2}{m^2-1} \times \frac{1}{2\sqrt{(1-mm)}} \times \log. \left(\frac{1+\sqrt{(1-mm)}}{1-\sqrt{(1-mm)}}\right) - \frac{3}{m^2-1}\right] = m^2 \times [-2 \times \frac{1}{2} \times \log. \frac{4}{mm} + 3] = m^2 [-2 \log. \frac{2}{m} + 3]$ dont la différence $6\,m\,dm - 4\,m\,dm \log. \frac{2}{m} + 2\,m\,dm$ est $= 0$ lorsque $m = 0$, puisque $m \log. \frac{2}{m} = 0$ (*art.* 8, pag. 102); ainsi la courbe touche son axe en *A*.

(*g*) *Art.* 37. On peut aisément trouver quelle est la plus grande valeur de $\frac{(k^2+1)\,ATk - k}{k^3}$. Car 1°. la différence de cette quantité est $\frac{dk}{k^3} + \frac{ATk}{k^4} \times dk\,(-k^2 - 3) + \frac{2\,k\,dk}{k^4} = \frac{dk\,[3k - ATk \times (k^2+3)]}{k^4} =$ (à cause de $k\,dk = m\,dm$) $\frac{m\,dm}{k^5} \times [+3\,k - ATk\,(k^2+3)]$; or ATk (*art.* 9, p. 103) est toujours $> \frac{3\,k}{kk+3}$. Donc tant que k^2 n'est pas négatif, la différence est négative; donc la quantité dont il s'agit va en diminuant depuis $k = 0$ jusqu'à $k = \infty$. 2°. Maintenant lorsque k est imaginaire, la différence est égale à $\frac{m\,dm}{k^4} \times [3 - \frac{(m^2+2)}{2\sqrt{(1-mm)}} \times \log. \left(\frac{1+\sqrt{(1-m^2)}}{1-\sqrt{(1-mm)}}\right)$, quantité négative (*art.* 10, pag. 103). Donc la valeur de $\frac{(k^2+1)\,ATk - k}{k^3}$ va en diminuant depuis $k^2 = -1$ ou $m = 0$, jusqu'à $k = \infty$ qui donne cette quantité $= 0$. D'où il s'ensuit que la plus grande valeur de $\frac{(k^2+1)\,ATk - k}{k^3}$, est celle qui répond à $k^2 = -1$, c'est-à-dire, à $m = 0$.

De plus, lorſque k^2 eſt négatif, la quantité $\frac{(k^2+1)ATk}{k^3} - \frac{1}{k^2}$, devient $\frac{m^2}{(m^2-1)\sqrt{(1-m^2)}} \times \frac{1}{2}$ logarith. $\left(\frac{1+\sqrt{(1-mm)}}{1-\sqrt{(1-mm)}}\right) + \frac{1}{1-m^2}$; & lorſque m eſt infiniment petit, cette quantité eſt $= -\frac{m^2}{2}$ log. $\frac{4}{mm} + 1 = 1$, le premier terme étant nul (*Note f*). Donc puiſque la valeur de cette quantité eſt $\frac{2}{3}$ lorſque $k = 0$, & $= 1$ lorſque $k^2 = -1$ ou $m = 0$, il s'enſuit que la ſolution ſera illuſoire ſi $\frac{2\omega}{3} - \frac{2A^3}{3\mathfrak{C}^3}$ eſt plus grande que l'unité.

(*h*) *Art.* 39. On a vu dans l'*art.* 38, p. 110, que la valeur de ρ ou $(k^2+1)^2\sigma$ eſt d'abord poſitive & finie quand $k = 0$, & qu'elle eſt négative infinie quand $k = \infty$. Donc cette quantité ρ aura une valeur poſitive égale à un *maximum*, ou du moins qui ſera plus grande que toutes les autres valeurs poſitives de ρ.

(*i*) *Art.* 45. Lorſque $m = 1$, la valeur de l'ordonnée a une différence négative ſi $-\frac{2 \cdot 4 A^3}{3\mathfrak{C}^3} + \frac{8}{3 \cdot 5}$ eſt négatif; car la différence de l'ordonnée lorſque $m = 1$ ou k infiniment petit, eſt évidemment $-\frac{2 \cdot 4 A^3 m\,dm}{m^4} + d\left(\frac{4k^2}{3 \cdot 5}\right) = m\,dm \times \left[-\frac{2 \cdot 4 A^3}{3\mathfrak{C}^3} + \frac{8}{3 \cdot 5}\right]$. Or ſi si dans cette supposition la valeur de $\frac{4A^3}{3C'^3}$ étoit encore telle qu'elle fût plus petite que la plus grande ordonnée PM (Fig. 6) ou la correspondante PN', alors la courbe $R'KN'NQ$ auroit la forme qu'on lui a donnée dans la Fig. 14, s'approchant d'abord de son axe depuis R' jusqu'en quelque point K, puis s'en éloignant jusqu'en N', & s'en rapprochant ensuite jusqu'à ce qu'elle se confonde en Q avec son axe, devenu asymptote.

Si dans cette même hypothèse il étoit possible que $\frac{A^3}{3C'^3}$ fût encore assujetti aux conditions énoncées dans l'*art.* 23, p. 111, la courbe totale auroit à peu près la forme tracée dans la Fig. 14; enfin, si dans cette hypothèse $\frac{2\omega}{3} - \frac{2A^3}{3C'^3}$ étoit positif & $< SR'$, le problême auroit cinq solutions, dont la premiere donneroit un équilibre non ferme, la seconde un équilibre ferme, la troisiéme un équilibre non ferme, la quatriéme un équilibre ferme, la cinquiéme un équilibre non ferme.

Mais comme l'assujettissement à ces différentes conditions exige dans $\frac{A^3}{3C'^3}$ des valeurs qui pourroient bien ne pas s'accorder entr'elles, j'abandonne à d'autres Géometres cette discussion, plus laborieuse par les calculs qu'elle peut demander, qu'utile & curieuse en elle-même.

(*k*) *Art.* 47. Il n'est pas difficile de voir que la quantité $\frac{(kk+1)(k-ATk)}{k^3}$ eſt $= 1 - \left[\frac{(k^2+1)ATk}{k^3} - \frac{1}{k^2}\right]$; ainſi il n'eſt pas ſurprenant que la différence de la premiere de ces quantités ſoit égale à la différence (priſe négativement) de la quantité $\frac{(k^2+1)ATk}{k^3} - \frac{1}{k^2}$, que nous avons conſidérée dans la Note (g) ci-deſſus. De plus, cette derniere quantité eſt égale, comme on l'a vu dans la même Note, à 1 lorſque $m = 0$, à $\frac{2}{3}$ lorſque $m = 1$, & à zéro lorſque $m = \infty$, ainſi la quantité $\frac{(kk+1)(k-ATk)}{k^3}$ doit être égale, dans les mêmes circonſtances, à zéro, à $\frac{1}{3}$ & à l'unité. Ce qui s'accorde avec ce que nous avons trouvé dans le préſent article 47, pag. 123, par un calcul direct.

Nous ajouterons à cette Remarque le calcul ſuivant de l'attraction au pole & à l'équateur d'un ſphéroïde elliptique, attraction qui ſera exprimée par le rayon α de la ſphere égale au ſphéroïde, & d'où nous tirerons quelques conſéquences qui peuvent être utiles.

L'attraction au pole étant $\frac{2ca(kk+1)}{k^3} \times (k - ATk)$ ſera (en mettant pour a ſa valeur $\frac{\alpha}{(kk+1)^{\frac{1}{3}}}$) égale à $\frac{2c\alpha(kk+1)^{\frac{2}{3}}}{k^3} \times (k - ATk)$.

Lorſque k eſt infiniment petit, ou $= 0$, cette quantité eſt $= \frac{2c\alpha}{3}$, comme il eſt aiſé de le voir d'ailleurs, puiſque le ſphéroïde eſt alors une ſphere dont le rayon $= \alpha$.

Lorſque k eſt infini, l'attraction au pole devient $\frac{2c\alpha . k^{\frac{4}{3}+1}}{k^3} = \frac{2c\alpha}{k^{\frac{2}{3}}}$, c'eſt-à-dire, infiniment petite.

De même l'attraction à l'équateur ſera $\frac{c\alpha \times (kk+1)^{\frac{1}{2}}}{(kk+1)^{\frac{2}{3}}} \times \left[\frac{(k^2+1) A T k}{k^3} - \frac{1}{k^2}\right]$. Cette quantité, lorſque k eſt infiniment petit ou $= 0$, devient $\frac{2c\alpha}{3}$, attraction de la ſphere du rayon α; & lorſque k eſt infini, elle devient $\frac{c\alpha . k}{k^{\frac{1}{3}}} \times \frac{90^\circ}{k} = \frac{c\alpha . 90^\circ}{k^{\frac{1}{3}}}$, c'eſt-à-dire, infiniment petite.

Suppoſons préſentement k^2 négatif, & nous trouverons l'attraction au pole $= 2c\alpha m^{\frac{4}{3}} \times \frac{1}{m^2 - 1} \times \left[1 - \frac{1}{2\sqrt{(1-mm)}} \log. \left(\frac{1+\sqrt{(1-mm)}}{1-\sqrt{(1-mm)}}\right)\right]$, quantité qui eſt $= \frac{2c\alpha}{3}$ lorſque $m = 1$; & lorſque $m = 0$, ou infiniment petit, elle eſt égale à $c\alpha m^{\frac{4}{3}} \log. \frac{4}{m^2}$, quantité infiniment petite, puiſque $m \log. \frac{4}{m^2}$ eſt déja infiniment petit (*art.* 8, p. 102), & à plus forte raiſon le ſera encore étant multiplié par $m^{\frac{1}{3}}$.

L'attraction à l'équateur sera dans la même hypothèse $\frac{cam}{m^{\frac{2}{3}}} \times \left[\frac{m^2}{mm-1} \times \frac{1}{2\sqrt{(1-mm)}} \log. \left(\frac{1+\sqrt{(1-mm)}}{1-\sqrt{(1-mm)}}\right) - \frac{1}{mm-1}\right]$, laquelle est $\frac{2ca}{3}$ lorsque $m = 1$, & $m^{\frac{1}{3}} \times ca \times \left[-\frac{m^2}{2} \log. \frac{4}{mm} + 1\right]$ lorsque m est infiniment petit ; or $\log. \frac{4}{mm}$ est $= 2 \log. \frac{2}{m}$, & nous avons vu ci-dessus que $\frac{\log. \frac{2}{m}}{\frac{2}{m}}$ ou $\frac{m \log. \frac{2}{m}}{2}$ est une quantité infiniment petite ; donc $\frac{m^2}{2} \log. \frac{4}{mm}$ ou $\frac{m^2}{2} \times 2 \log. \frac{2}{m}$ ou $2m \times \frac{m}{2} \log. \frac{2}{m}$ est à plus forte raison une quantité infiniment petite ; donc l'attraction à l'équateur, lorsque m est infiniment petit, est égale à $cam^{\frac{1}{3}}$, c'est-à-dire, infiniment petite.

Ainsi l'attraction à l'équateur & au pole est infiniment petite, soit dans un sphéroïde infiniment applati, soit dans un sphéroïde infiniment allongé.

(*l*) *Art.* 55. Nous ajouterons encore que dans le cas même où ζ est supposé très-grand par rapport à l'axe $2a$, & au rayon de l'équateur $2ma$, la solution n'est qu'approchée, & non pas absolument rigoureuse, parce qu'on a négligé dans le calcul de la force attractive du corps attirant S, les quantités de l'ordre de $\frac{a^2}{\zeta^4}$. Ainsi le ſphéroïde, qui eſt rigoureuſement elliptique lorſque le corps attirant S eſt nul, c'eſt-à-dire, lorſque $\frac{A^3}{\mathfrak{C}'^3} = 0$, quelle que ſoit d'ailleurs la quantité ω ou la force centrifuge, ne ſera plus rigoureuſement elliptique; mais, en ſuppoſant toujours $\mathfrak{C}$ très-grand par rapport à a & $m a$, le ſphéroïde ſera toujours à très-peu près elliptique, & aura à très-peu près les axes que donnera la ſolution, quand même $\frac{A^3}{\mathfrak{C}'^3}$ & ω ne feroient pas des quantités très-petites, pourvû qu'elles ſoient aſſujetties aux conditions énoncées dans ce Mémoire pour la poſſibilité de la ſolution.

(*m*) *Art.* 63. Lorſque $\omega = 0$ & $\frac{A^3}{\mathfrak{C}'^3} = 0$, les quantités $\frac{(k^2+1)ATk}{k^3} - \frac{1}{k^2}$ & $\frac{2(k-ATk)}{k^3}$ deviennent chacune $= \frac{2}{3}$ quand $m = 1$; ainſi l'interſection des deux courbes, qui ſont pour lors NMQ (Fig. 8) & OPX (Fig. 9) ſe fait alors en un point qui répond à $m = 1$. C'eſt-là, pour ainſi dire, le cas extrême, le premier cas de notre problême, comme celui de $\frac{2\omega}{3} - \frac{2A^3}{3\mathfrak{C}'^3}$ poſitif & plus grand que l'unité, ou celui de $\frac{2A^3}{3\mathfrak{C}'^3} > 1$ en ſont les autres cas extrêmes, qui donnent une ſolution illuſoire, ainſi que $\frac{2\omega}{3} - \frac{2A^3}{3\mathfrak{C}'^3}$ plus grand que la valeur de $\frac{(k^2+1)ATk}{k^3} -$

$\frac{1}{k^4}$ qui répond à $m = AV$ (Fig. 10). Ayant ainsi considéré & fixé ces cas extrêmes, & celui de $\omega = 0$ & $\frac{A^3}{C'^3} = 0$, qui donne $m = 1$, on supposera que les quantités $- \frac{2\omega}{3} + \frac{2A^3}{3C'^3}$ d'une part, & $- \frac{4A^3}{3C'^3 mm}$ de l'autre, croissent insensiblement, la premiere étant supposée successivement négative & positive, & on aura toutes les solutions possibles dans les différens cas. C'est un détail que j'abandonne à d'autres Géometres, ayant suffisamment développé les principes qui peuvent les guider dans cette recherche.

Au lieu de prendre pour les ordonnées des deux courbes $\frac{2(k - ATk)}{k^3} - \frac{4A^3}{3C'^3 mm}$ & $\frac{(k^2+1)ATk}{k^3} - \frac{1}{k^4} + \frac{2A^3}{3C'^3} - \frac{2\omega}{3}$, on pourroit prendre (*art.* 19, p. 109) $\frac{2(kk+1)(k - ATk)}{k^3} - \frac{4A^3}{3C'^3}$, & $[k^2+1] \times \left[\frac{(k^2+1)ATk}{k^3} - \frac{1}{k^2} + \frac{2A^3}{3C'^3} - \frac{2\omega}{3}\right]$. La quantité $\frac{2(kk+1)(k - ATk)}{k^3}$ sera $= 0$ lorsque $m = 0$, $= \frac{2}{3}$ lorsque $m = 1$, & $= 2$ lorsque $m = \infty$, & de plus sa différence sera toujours positive (*art.* 47), ensorte que cette quantité ira toujours en augmentant depuis $m = 0$ jusqu'à $m = \infty$. Ainsi la courbe AOM (Fig. 15) qui auroit pour ordonnée $\frac{2(kk+1)(k - ATk)}{k^3}$

auroit à peu près la forme qu'on lui a donnée dans cette Figure, touchant son axe AT en A, où $m = 0$, & où l'ordonnée $= \frac{2mm}{3}$, & ayant pour asymptote la ligne LM parallèle à AT, & distante de AT de la quantité 2 ou $2a$. Faisant ensuite $Aa = \frac{4A^3}{3C'^3}$, & décrivant la courbe aom parallèle à AOM, elle aura pour ordonnée $\frac{2(kk+1)}{k^3} \times (k - ATk) - \frac{4A^3}{3C'^3}$. Maintenant si on imagine la courbe FLR (Fig. 8) dont les ordonnées rapportées à l'axe AT sont $\frac{(k^2+1)ATk}{k^3} - \frac{1}{k^2} + \frac{2A^3}{3C'^3} - \frac{2\omega}{3}$, & qu'on multiplie ces ordonnées par $k^2 + 1$ ou m^2, on formera une nouvelle courbe $AKFV$ (Fig. 16) qui aura pour ordonnée $[k^2+1] \times \left[\frac{(k^2+1)ATk}{k^3} - \frac{1}{k^2} + \frac{2A^3}{3C'^3} - \frac{2\omega}{3}\right]$; cette courbe touchera d'abord son axe en A, ensuite elle le coupera au même point F où l'ordonnée de la courbe LFR (Fig. 8) est $= 0$, enfin elle s'en éloignera à l'infini vers V. L'intersection des deux courbes aom (Fig. 15) & $AKFV$ (Fig. 16) donnera la solution du problême, & fournira des remarques analogues à celles des articles précédens. Ces deux courbes aom, AFV, seront telles 1°. que la courbe aom aura nécessairement des ordonnées négatives d'abord, & positives ensuite, coupant son axe en quelque point i, & ayant pour aſymptote parallèle à AT ou LM une ligne diſtante de AT, de la quantité $2 - \frac{4A^3}{3C'^3}$. 2°. A l'égard de la courbe $AKFV$, elle aura toutes ſes ordonnées négatives ſi $1 + \frac{2A^3}{3C'^3} - \frac{2\omega}{3}$ eſt $= 0$ ou négatif. 3°. Pour que la ſolution ne ſoit pas illuſoire, il eſt néceſſaire que l'interſection des deux courbes ſe faſſe du côté des ordonnées poſitives (*art.* 58, p. 128).

XLVII. MÉMOIRE.

Suite des Recherches ſur la Figure de la Terre.

CE Mémoire étant une ſuite du précédent, que j'ai ſimplement ſéparé en deux, pour ne pas le rendre trop long, je conſerverai l'ordre des Numeros des Articles, & celui des Remarques.

65. J'ai ſuppoſé juſqu'ici que le ſolide elliptique qui repréſente la Terre, étoit un ſolide de révolution; & c'eſt pour cette raiſon que le corps attirant à été placé dans l'axe de rotation. Si ce corps étoit placé par-tout ailleurs, alors la Terre ne pourroit plus être un ſolide de révolution; mais il faut examiner ſi elle ne pourroit pas être un ſolide elliptique, c'eſt-à-dire, un ſolide dont toutes les coupes fuſſent des ellipſes. Pour procéder avec ordre dans cette recherche, je commencerai par les conſidérations ſuivantes. Je ſuppoſerai un ſphéroïde tel que toutes les coupes par l'axe AC (Fig. 17) ſoient des ellipſes qui ayent cette même ligne AC pour axe, & tel encore que la coupe par un plan KCR perpendiculaire à AC, ſoit auſſi une

ellipse dont les axes soient *CK*, *CR*; & je chercherai si un tel solide supposé fluide, peut être en équilibre en vertu de sa rotation autour du centre *C* & d'un axe quelconque, & de l'attraction d'un corps éloigné placé où l'on voudra.

66. Soit *A* (Fig. 18) un point de la surface d'un sphéroïde, ou en général d'un solide quelconque, & imaginons par le point *A*, les lignes *AB*, *AC*, *AD* qui fassent entr'elles des angles droits, & qui soient telles que les plans *BAD*, *BAC*, *DAC*, soient perpendiculaires l'un à l'autre; soit *AH* le petit côté de la coupe curviligne formée dans la surface du sphéroïde par le plan *ABC*. Je dis que si on suppose une ligne perpendiculaire à la surface du sphéroïde, & que par cette ligne & par la ligne *AD* perpendiculaire (*hyp.*) au plan *BAC*, on fasse passer un plan, ce plan formera, par sa section avec le plan *ABC*, une ligne *AG* perpendiculaire au petit côté *AH*. Car la ligne qu'on a imaginée perpendiculaire à la surface du sphéroïde, est évidemment perpendiculaire à la ligne *AH*, puisque cette ligne *AH* (*hyp.*) est sur la surface du sphéroïde; donc *AH* est aussi perpendiculaire à cette ligne. De plus, *AH* se trouvant dans le plan *ABC* auquel (*hyp.*) *AD* est perpendiculaire, il est clair que *AH* sera perpendiculaire à *AD*; donc *AH* sera perpendiculaire au plan mené par *AD* & par la perpendiculaire à la surface du sphéroïde; donc elle sera perpendiculaire à *AG* qui se trouve (*hyp.*) dans ce plan.

67. Si on suppose deux forces qui agissent suivant *AB* & *AC*, & dont la résultante *AG* soit perpendiculaire à *AH*, je dis que la force résultante de *AG* & d'une troisiéme force suivant *AD* sera perpendiculaire à *AH*. En effet le petit côté *AH* étant perpendiculaire à *AG* & à *AD*, sera perpendiculaire au plan *GAD*, & par conséquent à toutes les lignes tirées dans ce plan, parmi lesquelles se trouve nécessairement la résultante des forces suivant *AG* & *AD*.

68. Donc la force résultante des trois forces suivant *AB*, *AC*, *AD* sera perpendiculaire au côté *AH*, si la force résultante des forces suivant *AB* & *AC* est perpendiculaire à *AH*.

69. Par la même raison si *AL* est le petit côté de la coupe formée dans la surface du solide par le plan *BAD*, & que la résultante des forces suivant *AB* & *AD* soit perpendiculaire à *AL*, la résultante des trois forces suivant *AB*, *AD*, *AC* sera perpendiculaire à *AL*.

70. Donc puisque cette force résultante est déja perpendiculaire à *AH*, elle le sera au plan passant par *AH* & par *AL*, c'est-à-dire, à la surface du sphéroïde.

71. De plus, si *AZ* est le petit côté de la coupe formée dans le sphéroïde par le plan *DAC*, & que par la direction de cette force perpendiculaire à la surface du sphéroïde, & par la ligne *AB* perpendiculaire au plan *DAC*, on fasse passer un plan, la section *AO* de ce plan avec le plan *DAC* sera perpendiculaire à *AZ*; comme on a vu ci-dessus, que *AG* étoit per-

pendiculaire à *AH*. En effet, *AZ* eſt perpendiculaire à *AB*, puiſqu'elle ſe trouve (*hyp.*) dans le plan *DAC* auquel *AB* eſt perpendiculaire. De plus, cette ligne *AZ* ſe trouvant encore (*hyp.*) ſur la ſurface du ſphéroïde, ſera perpendiculaire à la ligne qu'on ſuppoſe perpendiculaire à la ſurface du ſphéroïde en *A*. Donc *AZ* ſera perpendiculaire au plan mené par *AB*, & par cette perpendiculaire à la ſurface du ſphéroïde; donc elle ſera perpendiculaire à *AO* qui ſe trouve dans ce dernier plan (*hyp.*), puiſqu'elle eſt la commune ſection de ce plan & du plan *DAC*.

72. De toutes ces propoſitions il s'enſuit, que pour que la force réſultante des trois forces ſuivant *AB*, *AC*, *AD* ſoit perpendiculaire à la ſurface du ſphéroïde, il faut que la force réſultante de deux forces quelconques ſuivant *AB*, *AC*, ſoit perpendiculaire en *A* à la coupe ou courbe formée ſur la ſurface du ſphéroïde par le plan *ABC*; & que ſi cette condition a lieu pour deux quelconques des trois plans, elle aura lieu pour le troiſiéme; & qu'ainſi il ſuffit qu'elle ait lieu dans deux de ces plans.

73. Soit maintenant (Fig. 17) un ſolide renfermé par des ellipſes *AOK*, *ALR*, *KK'R*, dont les axes *AC*, *CK*, *CR*, ſoient perpendiculaires entr'eux; ſoit imaginée une ellipſe *AO'K'* dont les axes ſoient *AC* & *CK'*, & ſoit menée par un point *O'* de l'ellipſe quelconque *AO'K'* une ligne *O'P* parallèle au plan *CKR*, laquelle rencontre en *P* le plan de l'ellipſe *ALRC*,

& par ce point *P*, dans le plan *ALRC*, une ligne *PQ* perpendiculaire à *AC*, & par conféquent parallèle à *CR*; il eft clair que le plan *O'PQ* fera parallèle au plan *KCR*, enforte que la perpendiculaire *O'N* à ce plan *KCR*, fera égale à *CQ*.

74. De plus, il eft très-aifé de prouver par la méthode de M. Maclaurin (*Traité du Flux & Reflux*, fect. 3, lem. 4), 1°. que l'attraction exercée en *O'* fuivant *O'N* par le fphéroïde entier, fera égale à l'attraction qu'exerceroit fur le point *P*, parallèlement à *O'N* ou *AC*, un fphéroïde paffant par *P*, femblable au grand fphéroïde, & ayant le même centre *C* & fes trois axes dans la même direction que les axes *AC*, *CK*, *CR*. 2°. Que l'attraction exercée en *P* par ce dernier fphéroïde parallèlement à *AC*, fera égale à l'attraction qu'exerceroit fur le point *Q* fuivant *QC* un fphéroïde paffant par *Q*, femblable au grand fphéroïde, & ayant le même centre & les axes dirigés de la même maniere.

75. Donc l'attraction en *O'* exercée par le fphéroïde entier fuivant *O'N* parallèlement à l'axe *AC*, fera égale à l'attraction exercée fur le point *Q* fuivant *QC* par un fphéroïde femblable au grand, & paffant par *Q*.

76. Donc en général l'attraction exercée en un point quelconque de la furface du fphéroïde, parallèlement à l'un des axes quelconques, fera égale à l'attraction qu'exerceroit un fphéroïde femblable fur un point placé dans l'axe en queftion, à la même hauteur que le point fuppofé de la furface.

77. De plus, l'attraction en Q suivant QC étant à l'attraction en A suivant AC, comme QC est à AC, il s'ensuit que l'attraction d'un point quelconque O' suivant $O'N$ parallèle à un des axes quelconque AC, sera à l'attraction du point A suivant AC, comme $O'N$ est à AC; & qu'il en sera de même des autres axes; c'est-à-dire, que l'attraction de O' parallèlement à KC sera à celle de K suivant KC, comme la distance $O'P$ du point O' au plan ALR est à KC; & que l'attraction de O' suivant une ligne parallèle à CR sera à celle de R suivant RC, comme la distance du point O' au plan ACK est à CR.

78. Soient AC, KC, RC (Fig. 19) les trois axes du sphéroïde perpendiculaires l'un à l'autre, & soit M la projection d'un point quelconque de la surface du sphéroïde, sur le plan KCR, ensorte qu'ayant mené MP perpendiculaire à CK, on ait $CP = x$, $PM = y$; soit aussi z la distance du point supposé de la surface au point M ou au plan KCR. Imaginons présentement un corps attirant S ou $\frac{2cA^3}{3}$ placé à la distance δ du centre C, distance dont la projection sur le plan KCR soit CS', ensorte que la ligne δ fasse avec CS un angle $= \alpha$, & la ligne CS' un angle $= \beta$ avec CK prolongée vers G; il est aisé de voir que CS' sera $= \delta$ cos. α; que la distance du corps attirant au plan KCR sera $= \delta$ sin. α, & qu'en menant $S'G$ perpendiculaire à CK prolongée, on aura $S'G = \delta$ cos. α sin. β; & $CG =$

δ cos. α cos. ζ. Donc la distance absolue du corps attirant au point de la surface dont M est la projection, distance que j'appelle δ', sera $= \sqrt{[(\delta \sin. \alpha - z)^2 + (\delta \cos. \alpha \cos. \zeta - x)^2 + (\delta \cos. \alpha \sin. \zeta - y)^2]} = \sqrt{(\delta^2 - 2 \delta x \cos. \alpha \cos. \zeta - 2 \delta z \sin. \alpha - 2 \delta y \times \cos. \alpha \sin. \zeta)}$; donc $\frac{1}{\delta'^3} =$ à très-peu près $\frac{1}{\delta^3} + \frac{3 x \cos. \alpha \cos. \zeta}{\delta^4} + \frac{3 y \cos. \alpha \sin. \zeta}{\delta^4} + \frac{3 z \sin. \alpha}{\delta^4}$.

79. De-là il est aisé de voir que de l'attraction du corps S sur le point dont M est la projection, il résultera

1°. Une force parallèle à MQ ou PC, & $= \frac{Sx}{\delta^3} = \frac{2 c A^3 x}{3 \delta^3}$; une force parallèle à MP ou QC, & égale à $\frac{Sy}{\delta^3} = \frac{2 c A^3 y}{3 \delta^3}$; enfin, une force perpendiculaire au plan KCR, ou parallèle à AC, & $= \frac{Sz}{\delta^3} = \frac{2 c A^3 z}{3 \delta^3}$.

2°. Une force parallèle à PG & $= \frac{2 c A^3}{3} \times \left(\frac{CG}{\delta'^3} - \frac{CG}{\delta^3}\right) =$ (à cause de $CG = \delta \cos. \alpha \cos. \zeta$) $\left(+ \frac{3 x \cos. \zeta^2 \cos. \alpha^2}{\delta^3} + \frac{3 y \cos. \alpha^2 \sin. \zeta \cos. \zeta}{\delta^3} + \frac{3 z \sin. \alpha}{\delta^3} \times \cos. \alpha \cos. \zeta\right) \times \frac{2 c A^3}{3}$.

3°. Une force parallèle à $S'G$, & égale à $\frac{2cA^3}{3}\times$ $\left(\frac{S'G}{\delta'^3}-\frac{S'G}{\delta^3}\right)=$ (à cause de $S'G=\delta$ cos. α sin. β) $\frac{2cA^3}{3}\times\left(\frac{3x \text{ cos. } \alpha^2 \text{ cos. } \beta \text{ sin. } \beta}{\delta^3}+\frac{3y \text{ cos. } \alpha^2 \text{ sin. } \beta^2}{\delta^3}+\frac{3z \text{ sin. } \alpha \text{ cos. } \alpha \text{ sin. } \beta}{\delta^3}\right)$.

4°. Enfin, une force parallèle à AC, & égale à $\frac{2cA^3}{3}\times\left(\frac{\delta \text{ sin. } \alpha}{\delta'^3}-\frac{\delta \text{ sin. } \alpha}{\delta^3}\right)=\frac{2cA^3}{3\delta^3}\times(3x$ cos. α cos. β sin. $\alpha+3y$ cos. α sin. β sin. $\alpha+3z$ sin. α^2).

80. Il est de plus aisé de voir que quelle que soit l'expression de l'attraction en A, K, R, elle ne pourra être qu'une fonction des axes AC, CK, CR.

81. Soient donc $AC=r$, $CK=r'$, $CR=r''$; & supposons que l'attraction en A exercée par la masse du sphéroïde soit $\frac{2crA'}{3}$ ou $\frac{2cr'A'm}{3}$, en supposant $\frac{r}{r'}=m$; l'attraction en K, $\frac{2cr'A''}{3}$; l'attraction en R, $\frac{2cr''A'''}{3}$ ou $\frac{2cr'A'''m'}{3}$, en supposant $\frac{r''}{r'}=m'$; A', A'', A''' étant des fonctions de dimension nulle de r, r', r''. Il est aisé de voir par les propositions précédentes, que l'attraction sur le point donné de la surface, parallèlement à MQ, sera $\frac{2cA''x}{3}$; parallèlement à MP, $\frac{2cA'''y}{3}$, & parallèlement à AC, $\frac{2cA'z}{3}$.

82.

82. Donc la force parallèle à *MQ* ou *KC*, & résultante de l'attraction du sphéroïde & de celle du corps *S*, sera

$$\frac{2cA''x}{3} + \frac{2cA^3x}{3\delta^3} - \frac{2cA^3}{3\delta^3}(3x \text{ cos. } \epsilon^2 \text{ cos. } \alpha^2 + 3y \text{ cos. } \alpha^2 \text{ sin. } \epsilon \text{ cos. } \epsilon + 3z \text{ sin. } \alpha \text{ cos. } \alpha \text{ cos. } \epsilon).$$

La force parallèle à *MP* ou *RC*, sera

$$\frac{2cA'''y}{3} + \frac{2cA^3y}{3\delta^3} - \frac{2cA^3}{3\delta^3}(3x \text{ cos. } \alpha^2 \text{ cos. } \epsilon \times \text{sin. } \epsilon + 3y \text{ cos. } \alpha^2 \text{ sin. } \epsilon^2 + 3z \text{ sin. } \alpha \text{ cos. } \alpha \text{ sin. } \epsilon).$$

Enfin, la force parallèle à *AC* sera

$$\frac{2cA'z}{3} + \frac{2cA^3z}{3\delta^3} - \frac{2cA^3}{3\delta^3} \times (3x \text{ cos. } \alpha \text{ cos. } \epsilon \times \text{sin. } \alpha + 3y \text{ cos. } \alpha \text{ sin. } \epsilon \text{ sin. } \alpha + 3z \text{ sin. } \alpha^2).$$

83. Imaginons présentement (Fig. 20) que le sphéroïde tourne autour d'un axe quelconque, dont la projection sur le plan *KCR* soit *CZ*, & qui fasse avec *CZ* un angle $= \alpha'$; & nommons ϵ' l'angle *ZCK*; en menant par le point *M* (projection du point pris sur la surface du sphéroïde) la ligne *MX* perpendiculaire à *CZ*; il est aisé de voir que $CX = x \text{ cos. } \epsilon' + y \times \text{sin. } \epsilon'$.

84. Soit maintenant *CV* (Fig. 21) l'axe de rotation, dont la projection, par l'hypothèse, est *CXZ*; & soit dans le plan *CVZ*, *X'* le point dont la projection est *X*, & qui est lui-même la projection du point donné de la surface du sphéroïde sur le plan *CVZ*; soit enfin *X'Y* perpendiculaire à *CV*; il est clair que ce

point Y fera le centre de rotation du point de la furface du fphéroïde, dont M eft la projection ; de plus, $CY = CX$ cof. $\alpha' + XX'$ fin. $\alpha' = CX$ cof. $\alpha' + z$ fin. α'; $CO = CY$ cof. $\alpha' = CX$ cof. $\alpha'^2 + z$ fin α' cof. α'; $YO = CY$ fin. $\alpha' = CX$ cof. α' fin. $\alpha' + z$ fin. α'^2; enfin $XX' - YO$, diftance du point fuppofé de la furface au plan paffant par Y & parallèle au plan KCR de la Fig. 20, fera $z - CX$ cof. α' fin. $\alpha' - z$ fin. $\alpha'^2 = z$ cof. $\alpha'^2 - CX$ cof. α' fin. α'. On aura encore OB (même Fig. 20) $= CO$ fin. $6'$, & $CB = CO$ cof. $6'$.

85. Donc achevant le calcul, on a (Fig. 21) $CY = x$ cof. $6'$ cof. $\alpha' + y$ fin. $6'$ cof. $\alpha' + z$ fin. α'; $YO = x$ cof. $6'$ cof. α' fin. $\alpha' + y$ fin. $6'$ cof. α' fin. $\alpha' + z$ fin. α'^2; $XX' - YO = z$ cof. $\alpha'^2 - x$ cof. $6'$ cof. α' fin. $\alpha' - y$ fin. $6'$ cof. α' fin. α'; $CO = x$ cof. $6'$ cof. $\alpha'^2 + y$ fin. $6'$ cof. $\alpha'^2 + z$ fin. α' cof. α'; CB ou CO cof. $6' = x$ cof. $6'^2$ cof. $\alpha'^2 + y$ fin. $6'$ cof. $6'$ cof. $\alpha'^2 + z$ fin. α' cof. α' cof. $6'$; & enfin OB ou CO fin. $6' = x$ cof. $6'$ fin. $6'$ cof. $\alpha'^2 + y$ fin. $6'^2$ cof. $\alpha'^2 + z$ fin. α' cof. α' fin. $6'$.

86. Soit maintenant $\frac{2c\rho\omega}{3}$ la force centrifuge à la diftance quelconque donnée ρ; le point O (Fig. 20) étant (*hyp.*) la projection du centre de rotation du point de la furface dont M eft la projection, il eft facile de prouver qu'en vertu de la rotation, ce point de la furface fera tiré parallèlement à MQ par une force $= \frac{2c\omega}{3}$

$\times (CB - CP) = \frac{2c\omega}{3} [x(-1 + \text{cof.}\, \beta'^2\, \text{cof.}\, \alpha'^2) + y\, \text{fin.}\, \beta'\, \text{cof.}\, \beta'\, \text{cof.}\, \alpha'^2 + z\, \text{fin.}\, \alpha'\, \text{cof.}\, \alpha'\, \text{cof.}\, \beta']$; parallèlement à MP par une force $= \frac{2c\omega}{3}(BO - PM) = \frac{2c\omega}{3}[y(-1 + \text{fin.}\, \beta'^2\, \text{cof.}\, \alpha'^2) + x\, \text{cof.}\, \beta'\, \text{fin.}\, \beta'\, \text{cof.}\, \alpha'^2 + z\, \text{fin.}\, \alpha'\, \text{cof.}\, \alpha'\, \text{fin.}\, \beta']$; & enfin parallèlement à CA, c'eft-à-dire, dans un fens contraire à AC, par une force $= \frac{2c\omega}{3} \times (XX' - YO) = \frac{2c\omega}{3} \times [z\, \text{cof.}\, \alpha'^2 - x\, \text{cof.}\, \beta'\, \text{cof.}\, \alpha'\, \text{fin.}\, \alpha' - y\, \text{fin.}\, \beta'\, \text{cof.}\, \alpha'\, \text{fin.}\, \alpha']$.

87. D'où il s'enfuit qu'il faudra ajouter ces trois forces aux forces trouvées ci-deffus (*art.* 82), & réfultantes de l'attraction du fphéroïde & du corps S; de maniere que les deux premieres de ces trois forces ajoutées, le foient avec leur figne, & la troifiéme avec un figne contraire ; parce que cette troifiéme force agit dans un fens parallèle à CA, c'eft-à-dire, contraire à celui de la troifiéme force de l'*art.* 82 qui agit dans un fens parallèle à AC.

88. Pour fimplifier les calculs, fuppofons fin. $\beta = 0$, fin. $\beta' = 0$, & par conféquent cof. $\beta = 1$, cof. $\beta' = 1$. Cette fuppofition eft permife; car il n'eft pas difficile de voir que les axes AC, KC doivent être dans le plan qui paffe par la ligne δ qui joint les deux Planetes, & par l'axe de rotation CV (Fig. 21) (*n*). Par-là nous

(*n*) Voyez les Remarques à la fin de ce Mémoire.

simplifierons nos formules. Nous aurons de plus, la force parallèle à CK (Fig. 17), à la force parallèle à CR, comme $m'm'x$ est à y; par la raison 1°. que la force résultante de ces deux forces doit être (*art.* 72) perpendiculaire à l'ellipse menée par le point donné de la surface parallèlement au plan KCR, & semblable à l'ellipse qui passe par ce dernier plan; 2°. que CK est à CR (*art.* 81) comme 1 est à m'. Par la même raison la force parallèle à AC doit être à la force parallèle à $CR :: \frac{z}{mm} : y$, AC étant à CR comme m est à 1 (*art.* 81).

89. On aura donc $\frac{2cA''x}{3} + \frac{2cA^3x}{3\delta^3} - \frac{2cA^3}{3\delta^3} \times (3x \text{ cos. } \alpha^2 + 3z \text{ sin. } \alpha \text{ cos. } \alpha) + \frac{2c\omega}{3} (x \text{ cos. } \alpha'^2 - x + z \text{ sin. } \alpha' \text{ cos. } \alpha') : \frac{2cA''y}{3} + \frac{2cA^3y}{3\delta^3} - \frac{2c\omega}{3} \times y :: m'm'x : y$. D'où l'on tire les deux équations suivantes, 1°. $- \frac{2cA^3}{3\delta^3} \times 3z \text{ sin. } \alpha \text{ cos. } \alpha + \frac{2c\omega}{3} \times z \text{ sin. } \alpha' \text{ cos. } \alpha' = 0$; & par conséquent $\frac{\text{sin. } 2\alpha'}{\text{sin. } 2\alpha} = \frac{3A^3}{\omega\delta^3}$.

2° $A'' + \frac{A^3}{\delta^3} - \frac{3A^3}{\delta^3} \text{ cos. } \alpha^2 + \omega (\text{cos. } \alpha'^2 - 1) = A''' m'm' + \frac{A^3 m'm'}{\delta^3} - \omega m'm'$.

90. On aura de même $\frac{2cA'z}{3} + \frac{2cA^3z}{3\delta^3} -$

$\frac{2cA^3}{3\delta^3} \times (3z \text{ fin. } \alpha^2 + 3x \text{ cof. } \alpha \text{ fin. } \alpha) - \frac{2c\omega}{3} \times z \text{ cof. } \alpha'^2 + \frac{2c\omega}{3} x \text{ cof. } \alpha' \text{ fin } \alpha' : \frac{2cA'''y}{3} + \frac{2cA^3y}{3\delta^3} - \frac{2c\omega y}{3} :: \frac{z}{mm} : y$; d'où l'on tire

1°. $- \frac{2cA^3}{3\delta^3} \times 3x \text{ fin. } \alpha \text{ cof. } \alpha + \frac{2c\omega}{3} x \text{ cof. } \alpha' \text{ fin. } \alpha' = 0$, & par conféquent $\frac{\text{fin. } 2\alpha'}{\text{fin. } 2\alpha} = \frac{3A^3}{\omega\delta^3}$, comme dans l'article précédent.

2°. $A' + \frac{A^3}{3\delta^3} - \frac{3A^3}{\delta^3} \text{ fin. } \alpha^2 - \omega \text{ cof. } \alpha'^2 = \frac{A'''}{mm} + \frac{A^3}{\delta^3 mm} - \frac{\omega}{mm}$.

91. Soit ϵ l'angle que la diftance δ des deux Planetes fait avec l'axe de rotation; on aura ou l'on pourra fuppofer $\alpha' = \alpha + \epsilon$ (ϵ étant pofitif ou négatif); & par conféquent on aura $\frac{\text{fin. }(2\alpha + 2\epsilon)}{\text{fin. } 2\alpha} = \frac{3A^3}{\omega\delta^3}$; d'où l'on tirera aifément α; car on aura cof. $2\epsilon + \frac{\text{fin. } 2\epsilon \text{ cof. } 2\alpha}{\text{fin. } 2\alpha} = \frac{3A^3}{\omega\delta^3}$; d'où $\frac{3A^3}{\omega\delta^3 \text{ fin. } 2\epsilon} - \text{cot. } 2\epsilon = \text{cot. } 2\alpha$. On connoîtra donc α, & par conféquent $\alpha' = \alpha + \epsilon$, & on fubftituera les valeurs de fin. α, cof. α, fin α', cof. α' dans les deux dernieres équations des deux articles précédens, lefquelles renferment A', A'', A''' & m, m'.

92. Donc puifque A', A'', A''' font des fonctions

connues de m & de m', il eſt clair qu'il ne reſtera plus que deux équations qui ſerviront à déterminer m & m'. Il s'agit maintenant de déterminer ces quantités A', A'', A''', ou d'une maniere générale, ou du moins dans certains cas particuliers, ſi la ſolution générale ſe refuſe à l'analyſe.

93. Soit $AC = r$, $CK = r(1 + \alpha)$, $CR = r(1 + \epsilon)$; ſi le ſphéroïde étoit une ſphere, l'attraction en A ſeroit $= \frac{2cr}{3}$, c étant le rapport de la circonférence au rayon; & ſi le ſphéroïde eſt infiniment peu différent d'une ſphere, l'attraction ſera évidemment & à très-peu près $= \frac{2cr}{3} \times (1 + A\alpha + B\epsilon)$, en négligeant les puiſſances de α & de ϵ; A & B étant des quantités conſtantes.

94. Or il eſt évident 1°. que dans cette formule ſi on met α à la place de ϵ, & ϵ à la place de α, elle doit demeurer la même, puiſqu'il n'y a point de raiſon pour que l'axe CK entre dans la formule d'une autre maniere que l'axe CR; d'où il s'enſuit que $B = A$. 2°. Que ſi CK (Fig. 17) $= CA$, c'eſt-à-dire, ſi $\alpha = 0$, on aura l'attraction du ſphéroïde à l'équateur ſuppoſé circulaire. 3°. Que ſi $CK = CR$, c'eſt-à-dire, ſi $\alpha = \epsilon$, on aura l'attraction qu'un ſphéroïde de révolution exerce ſur le pole A.

95. Donc ſi l'attraction d'un ſphéroïde de révolution au pole eſt $= \frac{2cr}{3}(1 + M\alpha')$, $r(1 + \alpha')$ étant le

rayon de l'équateur, l'attraction du sphéroïde de l'*art.* 93 sera $= \frac{2cr}{3}\left(1 + \frac{M\alpha}{2} + \frac{M\epsilon}{2}\right)$; & l'attraction d'un sphéroïde à l'équateur, sera $\frac{2cr}{3}\left(1 + \frac{M\alpha}{2}\right)$, r étant le rayon de l'équateur, & $r(1 + \alpha)$ le demi-axe.

96. Par les mêmes raisons, si on suppose que l'attraction du sphéroïde soit en général $\frac{2cr}{3}(1 + A\alpha + B\epsilon + C\alpha\alpha + D\epsilon\alpha + F\epsilon\epsilon + G\alpha^3 + H\alpha^2\epsilon + L\alpha\epsilon^2 + M\epsilon^3$, &c.) On aura $B = A$, $F = C$, $M = G$, $H = L$; ensorte que l'attraction en A sera $\frac{2cr}{3}(1 + A\alpha + A\epsilon + C\alpha\alpha + D\epsilon\alpha + C\epsilon^2 + G\alpha^3 + H\alpha^2\epsilon + H\alpha\epsilon^2 + G\epsilon^3$, &c.); l'attraction d'un sphéroïde à l'équateur, le rayon de l'équateur étant r, & le demi-axe $r(1 + \alpha)$, sera (à cause de $\epsilon = 0$) $\frac{2cr}{3}(1 + A\alpha + C\alpha^2 + G\alpha^3)$; & l'attraction au pole, le demi-axe étant r, & le rayon de l'équateur $r(1 + \alpha) = r(1 + \epsilon)$ sera $\frac{2cr}{3}(1 + 2A)\alpha + (2C + D)\alpha^2 + (2G + 2H)\alpha^3$. De maniere que connoissant l'attraction au pole & l'attraction à l'équateur dans un sphéroïde de révolution, on connoîtra facilement les trois premiers termes de l'attraction dans un sphéroïde quelconque, puisque l'attraction connue du sphéroïde de révolution à l'équateur & au pole, donnera les valeurs de A, de C,

de G, de $2C+D$, de $2G+2H$, d'où l'on tire celles de D & de H; & ces formules de l'attraction d'un sphéroïde quelconque seront suffisamment convergentes, si α & ϵ ne sont pas fort grands.

97. Si on nomme CK, r', CR, r'', ensorte que $r = r' + \alpha' r'$, $r'' = r' + \epsilon' r'$, l'attraction en K sera $\frac{2cr'}{3}$ $(1 + A\alpha' + A\epsilon')$ en supposant le sphéroïde peu différent d'une sphere, c'est-à-dire, α' & ϵ' fort petits; & l'attraction en R sera de même $\frac{2cr''}{3}$ $(1 + A\alpha'' + A\epsilon'')$, en supposant $r = r'' + \epsilon'' r''$, & $r' = r'' + \alpha'' r''$. Or (*art.* 93) $r' = r + \alpha r = r - \alpha' r'$; donc (à cause que r & r' sont presque égaux) on aura $\alpha' = -\alpha$; de même $r'' = r + \epsilon r = r' + \alpha' r' + \epsilon r = r' - \alpha r' + \epsilon r = r' + \epsilon' r'$; donc $\epsilon' = \epsilon - \alpha$. Donc si on veut exprimer l'attraction $\frac{2cr'}{3}$ $(1 + A\alpha' + A\epsilon')$ au point K, en r, α, ϵ, on mettra pour r', $r + \alpha r$, $-\alpha$ pour α', & $\epsilon - \alpha$ pour ϵ', ce qui donnera $\frac{2c}{3}$ $(r + \alpha r) \times$ $1 - A\alpha + A\epsilon - A\alpha = \frac{2cr}{3}$ $(1 + \alpha - 2A\alpha + A\epsilon)$.

98. De même on aura $r'' = r + \epsilon r$; & par conséquent à cause de $r = r'' + \epsilon'' r''$, on aura $\epsilon'' = -\epsilon$, & à cause de $r' = r'' + \alpha'' r'' = r + \alpha r = r'' - \epsilon r'' + \alpha r''$, on aura $\alpha'' = \alpha - \epsilon$. Donc l'attraction en R ou $\frac{2cr''}{3}$ $(1 + A\alpha'' + A\epsilon'')$ sera $= \frac{2cr}{3}(1 + \epsilon -$

$A\epsilon +$

$A\iota + A\alpha - A\iota) = \frac{2cr}{3}(1 + \iota + A\alpha - 2A\iota)$ (o).

99. Il faut maintenant déterminer, s'il est possible, les quantités A, A' & A'' des *art.* 89 & 90, pour arriver à une solution complette; car dans les deux articles précédens nous nous sommes contentés de supposer α & ι fort petits. Pour tenter cette solution générale, nous avons besoin des propositions suivantes.

100. Soit une ellipse $ALOK$ (Fig. 22) dans laquelle le demi-axe $AC = c$, le demi-axe CK conjugué à celui-là $= b$, une corde quelconque AL tirée du point $A = x$, l'angle $LAM = z$, on aura LM^2 ou xx fin. $z^2 : AM \times MO$ ou $(x$ cof. $z)(2c - x$ cof. $z) :: CK^2 (bb) : CA^2 (cc)$; d'où l'on tire $x =$

$$\frac{2bb \text{ cof. } z}{c(\text{fin. } z^2 + \frac{bb}{cc} \text{ cof. } z^2)} = \frac{2bb \text{ cof. } z}{c[1 + (\frac{bb}{cc} - 1) \text{ cof. } z^2]}.$$

101. Si on tire CV parallèle à AL, & qu'on nomme CV, r, on aura de même rr fin. $z^2 = \frac{bb}{cc} \times (cc - rr$ cof. $z^2)$; d'où $rr = \frac{bb}{\text{fin. } z^2 + \frac{b^2}{c^2} \text{ cof. } z^2} =$

$$\frac{bb}{1 + (\frac{bb}{cc} - 1) \text{ cof. } z^2}.$$

102. Si on éleve perpendiculairement à l'ellipse $ALOK$ (Fig. 23) une autre ellipse ARO qui ait le même axe $AO = 2c$, & le demi-axe conjugué $CR = a$,

(o) Voyez les Remarques à la fin de ce Mémoire.

& qu'on imagine un solide elliptique *AROKVA*, renfermé par les ellipses *AKO*, *ARO*, *KR*; on sait qu'en coupant ce solide par un plan perpendiculaire au plan *AVKO*, & qui passe par *CV*, on y formera une ellipse *VR*, dont les demi-axes seront *CV*, *CR*; & il est clair (*article précédent*) qu'on aura $\frac{CV^2}{CR^2} = \frac{bb}{aa\left[1+\left(\frac{bb}{cc}-1\right)\text{cos. }z^2\right]}$.

103. Or on sait encore que si on coupoit le même solide par un plan parallèle au plan *CVR*, & passant par *AL*, on y formeroit une ellipse semblable à l'ellipse *CVR*; donc si on nomme ν le rapport de l'axe *AL* à son conjugué dans cette ellipse, on aura $\nu^2 = \frac{bb}{aa\left[1+\left(\frac{bb}{cc}-1\right)\text{cos. }z^2\right]}$.

104. Imaginons maintenant que l'ellipse dont l'un des axes est *AL* (Fig. 24) & l'autre $GR = \frac{AG}{\nu}$, tourne autour de sa tangente *ZAP*, en décrivant un petit angle dz, l'attraction qu'exercera sur le point *A* suivant *AL* le solide infiniment petit formé par cette révolution, sera $4GR\left[\frac{\nu^3}{(\nu^2-1)^{\frac{3}{2}}}\,AT.\sqrt{(\nu^2-1)} - \frac{\nu}{\nu^2-1}\right]\times dz$; $AT.\sqrt{(\nu\nu-1)}$ désignant l'angle dont la tangente est $\sqrt{(\nu\nu-1)}$. C'est ce qui résulte de la Théorie donnée par M. Maclaurin, & après lui

par M. Clairaut sur la *Figure de la Terre*. Voyez l'Ouvrage de ce dernier, pag. 185.

105. On peut mettre dans l'expression précédente, au lieu de GR sa valeur $\frac{AG}{v}$ = (*article* 100) $\frac{bb \operatorname{cof.} z}{vc\left[1+\left(\frac{bb}{cc}-1\right)\operatorname{cof.} z^2\right]}$; ce qui la changera en celle-ci $\frac{4bbdz \operatorname{cof.} z}{c\left[1+\left(\frac{bb}{cc}-1\right)\operatorname{cof.} z^2\right]} \times \left[\frac{v^2 AT.\sqrt{(v^2-1)}}{(v^2-1)^{\frac{3}{2}}} - \frac{1}{v^2-1}\right]$.

106. Or l'attraction suivant AL (Fig. 22) en produira une suivant AO, qui sera égale à la précédente multipliée par cof. z ; & cette attraction étant intégrée, & doublée (à cause de l'autre moitié du solide elliptique qui est de l'autre côté de AO) on aura l'attraction totale du solide elliptique & complet, tel qu'on l'a supposé formé dans l'*art.* 102 ci-dessus.

107. Il faudra de plus que cette intégrale soit = 0 quand cof. z = 1, & complette quand cof. z = 0.

108. Il faudra donc intégrer d'après ces conditions la quantité $\frac{8bbdz \operatorname{cof.} z^2}{c\left[1+\left(\frac{bb}{cc}-1\right)\operatorname{cof.} z^2\right]} \times \left[\frac{v^2 AT.\sqrt{(v^2-1)}}{(v^2-1)^{\frac{3}{2}}} - \frac{1}{v^2-1}\right]$, quantité dans laquelle on a la valeur de v en cof. z, & celle de cof. z en v ; en effet, $v^2 = \frac{b^2}{a^2} \times \frac{1}{1+\left(\frac{bb}{cc}-1\right)\operatorname{cof.} z^2}$ (*art.* 103) ; d'où, en fai-

sant $v^2 = \frac{1}{v'^2}$, $\frac{1}{\zeta} = \frac{b^2}{a^2}$, $\frac{bb}{cc} - 1 = \alpha^2$, on aura $v'^2 = \zeta^2 (1 + \alpha^2 \text{cos}. z^2)$; & la quantité à intégrer deviendra (en mettant à part le coefficient constant $\frac{8bb}{c}$) égale à $dz \text{ cos}. z^2 \times v^2 \zeta^2 \times \left[\frac{v^2 AT. \sqrt{(v^2-1)}}{(v^2-1)^{\frac{3}{2}}} - \frac{1}{v^2-1}\right]$ ou (en mettant pour v sa valeur $\frac{1}{v'}$) $dz \text{ cos}. z^2 \times \frac{\zeta^2}{v'} \times \left[\frac{1}{(1-v'^2)^{\frac{3}{2}}} \times AT. \frac{\sqrt{(1-v'^2)}}{v'}\right] - dz \text{ cos}. z^2 . \zeta^2 \times \frac{1}{1-v'^2}$.

109. Donc puisque $\text{cos}. z^2 = \frac{v'^2 - \zeta^2}{\zeta^2 \alpha^2}$, on aura $\text{cos}. z = \frac{\sqrt{(v'^2 - \zeta^2)}}{\zeta \alpha}$; $\text{sin}. z = \frac{\sqrt{(\zeta^2 \alpha^2 - v'^2 + \zeta^2)}}{\zeta \alpha}$; & $dz \text{ cos}. z^2 = \text{cos}. z \times d \text{ sin}. z = \frac{\sqrt{(v'^2 - \zeta^2)}}{\zeta \alpha} \times - \frac{v' dv'}{\zeta \alpha \sqrt{(\zeta^2 \alpha^2 + \zeta^2 - v'^2)}}$. De-là il est aisé de voir, en faisant $v'v' = u$, que la seconde partie $- dz \text{ cos}. z^2 \times \frac{\zeta^2}{1-v'^2}$ de la différentielle précédente s'intégrera par des arcs de cercle ou des logarithmes; à l'égard de la premiere, elle se réduira à l'intégration de la différentielle $\frac{dv'}{\alpha(1-v'^2)^{\frac{3}{2}}} \times \frac{\sqrt{(v'^2 - \zeta^2)}}{\sqrt{(\zeta^2 \alpha^2 + \zeta^2 - v'^2)}} \times AT. \frac{\sqrt{(1-v'^2)}}{v'}$.

110. Cette différentielle peut se simplifier, si $\alpha^2 + 1 = 1$, c'est-à-dire, $\alpha = 0$, ou si $\zeta^2 + \alpha^2 \zeta^2 = 1$; car dans le premier cas, la difficulté se réduit à intégrer

$\frac{d\nu'}{(1-\nu'^2)^{\frac{3}{2}}} \times AT. \frac{\sqrt{(1-\nu'^2)}}{\nu'}$; & dans le fecond à intégrer $\frac{d\nu'.\sqrt{(\nu'^2-\mathcal{C}^2)}}{(1-\nu'^2)^2} \times AT. \frac{\sqrt{(1-\nu'^2)}}{\nu'}$. Mais il eft aifé de voir (*art.* 108) que la premiere de ces conditions donne $b = c$, & la feconde $c = a$; ainfi le folide elliptique fuppofé auroit alors un cercle pour une de fes coupes *ACK* ou *ACR* (Fig. 23) par l'axe *AO*, enforte que *AKO* ou *ARO* feroit un cercle. C'eft le cas que MM. Maclaurin & Clairaut ont traité, & fur lequel nous ne reviendrons pas (*p*).

111. Dans les autres cas l'intégration de la différentielle dépendra en partie de la rectification des fections coniques. Pour le voir aifément, on fera $\frac{\nu'}{\sqrt{(1-\nu'^2)}} = \mu$, & on aura $\nu' = \frac{\mu}{\sqrt{(1+\mu^2)}}$; & la différentielle dont il s'agit fe réduira à $\frac{d\mu\sqrt{[\mu^2(1-\mathcal{C}^2)-\mathcal{C}^2]}}{\sqrt{[(\mathcal{C}^2\alpha^2+\mathcal{C}^2-1)\mu^2+\mathcal{C}^2\alpha^2+\mathcal{C}^2]}} \times AT. \frac{1}{\mu}$; or il eft aifé de voir que l'intégration du premier facteur dépend de la rectification des fections coniques. Voyez Mem. de Berlin 1746. Mais de plus, comme ce facteur différentiel multiplie l'angle dont la tangente eft $\frac{1}{\mu}$, on voit que la différentielle totale eft d'un tel degré de complication, que l'intégration paroît échapper à toutes les méthodes connues (*q*).

(*p*) Voyez les Remarques à la fin de ce Mémoire.
(*q*) Voyez *ibid.*

112. On peut employer d'autres méthodes pour trouver l'attraction du sphéroïde dont il s'agit. Pour y parvenir, soit CKR (Fig. 25) l'ellipse dont les demi-axes sont $CK = b$, & $CR = a$; soit $CS = \rho$ un demi-diametre quelconque de cette ellipse, & l'angle $SCR = u$, on aura $\rho\rho$ sin. $u^2 = (aa - \rho\rho$ cos. $u^2) \times \frac{bb}{aa}$, d'où $\rho\rho = \frac{bb}{1 + \left(\frac{bb}{aa} - 1\right) \text{cos. } u^2}$. Donc si on fait passer par AO & CS une ellipse dans le solide elliptique supposé, on aura $\frac{CS^2}{AC^2} = \frac{bb}{cc} \times \frac{1}{1 + \left(\frac{bb}{aa} - 1\right) \text{cos. } u^2}$. Maintenant si on tire dans l'ellipse ASO une corde AZ (Fig. 26), on aura, en nommant l'angle ZAO, y, $AZ =$ (*art.* 100) $\frac{2\rho\rho \text{ cos. } y}{c\left[1 + \left(\frac{\rho\rho}{cc} - 1\right) \text{cos. } y^2\right]}$, & YZ ou AZ sin. $y = \frac{2\rho\rho \text{ sin. } y \text{ cos. } y}{c\left[1 + \left(\frac{\rho\rho}{cc} - 1\right) \text{cos. } y^2\right]}$; imaginons présentement que le plan de l'ellipse ASO décrive autour de AO un petit angle du, on trouvera facilement que l'élément du solide infiniment petit ainsi formé, exercera suivant AO une attraction égale à $AZ\,dy \times YZ\,du \times \frac{1}{AZ} \times$ cos. $y = du \times dy \times YZ$ cos. y; cette quantité étant doublée & intégrée, en faisant du constant & y variable, donnera l'attraction totale du petit solide dont il s'agit; cette différentielle

intégrée fera donc $2\,du \times \int \frac{2\varrho\varrho dy \text{ fin. } y \text{ cof. } y}{c\left[1+\left(\frac{\varrho\varrho}{cc}-1\right)\text{cof.} y^2\right]}$, laquelle doit être $=0$ quand cof. $y=1$, & complette quand cof. $y=0$.

113. Soit $-\frac{\varrho\varrho}{cc}+1=\sigma^2$, & cof. $y=x$, il faudra d'abord intégrer $-\frac{dx.x^2}{1-\sigma^2x^2}$, dont l'intégrale eft $\int\frac{dx}{\sigma^2(1-\sigma^2x^2)}-\int\frac{dx}{\sigma\sigma}=-\frac{x}{\sigma\sigma}+\frac{1}{\sigma^2}\int\frac{dx}{2(1+\sigma x)}$ $+\frac{1}{\sigma^2}\int\frac{dx}{2(1-\sigma x)}=-\frac{x}{\sigma^2}+\frac{1}{2\sigma^3}\text{log.}(1+\sigma x)$ $-\frac{1}{2\sigma^3}\text{log.}(1-\sigma x)$; laquelle étant complettée, après avoir mis cof. y à la place de x, fera $+\frac{1}{\sigma\sigma}-\frac{1}{2\sigma^3}\text{log.}\left(\frac{1+\sigma}{1-\sigma}\right)$; quantité qui fe changera aifément (*art.* 3 & 4, pag. 100) en des arcs de cercle, fi σ eft imaginaire.

114. Maintenant, on mettra dans cette quantité à la place de σ fa valeur en u réfultante de l'équation $\sigma\sigma= 1-\frac{\varrho^2}{c^2}=1-\frac{bb}{cc\left[1+\left(\frac{bb}{aa}-1\right)\text{cof. } u^2\right]}$; ou fi l'on veut on mettra au lieu de u fa valeur en σ dans la différentielle $\frac{4\varrho\varrho du}{c}\times\left[+\frac{1}{\sigma\sigma}-\frac{1}{2\sigma^3}\text{log.}\left(\frac{1+\sigma}{1-\sigma}\right)\right]$ $=4c\,du\times(1-\sigma\sigma)\times\left[+\frac{1}{\sigma\sigma}-\frac{1}{2\sigma^3}\text{log.}\right.$

$\left(\frac{1+\sigma}{1-\sigma}\right)]$; or puisque $\frac{bb}{cc\left[1+\left(\frac{bb}{aa}-1\right)\text{cos}.\, u^2\right]} = 1-\sigma\sigma$, soit $\frac{bb}{cc} = \epsilon^2$, & $\frac{bb}{aa} - 1 = \delta^2$, on aura $\frac{\epsilon^2}{1+\delta^2 \text{cos}.\, u^2} = 1-\sigma^2$, & $\delta^2 \text{cos}.\, u^2 = \frac{\epsilon^2}{1-\sigma\sigma} - 1 = \frac{\epsilon^2 - 1 + \sigma^2}{1-\sigma\sigma}$; d'où cos. $u = \frac{\sqrt{(\epsilon^2 - 1 + \sigma^2)}}{\delta\sqrt{(1-\sigma\sigma)}}$; & sin. $u = \frac{\sqrt{(\delta^2 - \delta^2\sigma^2 - \epsilon^2 + 1 - \sigma^2)}}{\delta\sqrt{(1-\sigma\sigma)}}$; ou en faisant $\frac{1}{1-\sigma\sigma} = \pi^2$, cos. $u = \frac{\sqrt{(\epsilon^2\pi^2 - 1)}}{\delta}$, & sin. $u = \frac{\sqrt{(\delta^2 - \epsilon^2\pi^2 + 1)}}{\delta}$; donc $du = \frac{-\epsilon^2 \pi d\pi}{\sqrt{(\delta^2 - \epsilon^2\pi^2 + 1)}.\sqrt{(\epsilon^2\pi^2 - 1)}}$; de plus $\sigma = \frac{\sqrt{(\pi^2 - 1)}}{\pi}$; donc substituant ces valeurs dans la différentielle, il en résultera un terme de cette forme $\frac{A\pi^2 d\pi}{(\pi^2-1)^{\frac{1}{2}}\sqrt{[(\delta^2 - \epsilon^2\pi^2 + 1)(\epsilon^2\pi^2 - 1)]}} \times$ log. $\left(\frac{1+\sigma}{1-\sigma}\right)$, dont l'intégration ne dépend pas simplement des logarithmes & des arcs de cercle, & même est plus compliquée que celle de l'*art.* 111, qu'il faut par conséquent préférer à celle-ci (*r*).

115. On peut employer une troisiéme méthode pour déterminer l'attraction du solide proposé. Elle consiste à couper ce solide par des tranches elliptiques *PCR* (Fig. 27) perpendiculaires à l'axe *AC*, à chercher l'at-

(*r*) Voyez les Remarques à la fin de ce Mémoire.

traction

traction de chacune de ces tranches sur le point A, & ensuite à sommer ces attractions. Mais comme cette méthode ne donne pas un résultat plus simple que la précédente, je la renverrai aux Notes (f); & je me contenterai de dire ici 1°. que l'attraction du point A est en général $\frac{4\pi c}{3} \times \varphi$, 2π étant le rapport de la circonférence au rayon, c le demi-axe AC, & φ une quantité ou fonction dépendante des rapports $\frac{a}{c}$, $\frac{b}{c}$, que j'appelle m & n. 2°. Que cette fonction doit être telle que m & n y entrent de la même maniere (*art.* 94). 3°. Qu'elle devienne $= 1$ lorsque m & n sont $= 1$. 4°. Qu'en faisant $m = n$, la quantité $\frac{4\pi c}{3} \times \varphi$ devienne l'attraction au pole d'un solide elliptique de révolution dont l'axe $= 2c$, c'est-à-dire, $4\pi c \left(\frac{m^2}{m^2 - 1} - \frac{m^2}{(m^2 - 1)^{\frac{3}{2}}} \times AT\sqrt{(m^2 - 1)}\right)$. 5°. Qu'en faisant $m = 1$ ou $n = 1$, la quantité $\frac{4\pi c}{3} \times \varphi$ devienne égale à l'attraction à l'équateur d'un solide elliptique de révolution, c'est-à-dire, à $2\pi nc \left(\frac{n^2}{(n^2 - 1)^{\frac{3}{2}}} AT\sqrt{(nn - 1)} - \frac{1}{n^2 - 1}\right)$ ou $2\pi mc \left(\frac{m^2}{(m^2 - 1)^{\frac{3}{2}}} AT\sqrt{(m^2 - 1)} - \frac{1}{m^2 - 1}\right)$; d'où il s'ensuit que lorsque $m = n$, la

(f) Voyez les Remarques à la fin de ce Mémoire.

quantité φ devient $= \frac{3m^2}{m^2 - 1} - \frac{3m^2}{(m^2-1)^{\frac{3}{2}}} \times$ $AT\sqrt{(m^2 - 1)}$; que quand $m = 1$, elle devient $\frac{3n^3}{2(n^2-1)^{\frac{3}{2}}} AT\sqrt{(nn - 1)} - \frac{3n}{2(n^2-1)}$; & que quand $n = 1$, elle devient une quantité pareille en mettant m pour n.

116. Mais comme ces conditions ne suffisent pas pour déterminer par une formule générale l'attraction du solide proposé, nous allons la chercher dans quelques cas particuliers, en supposant qu'à la vérité les trois axes soient inégaux, mais que l'un des axes b ou a differe très-peu de l'axe $AC = c$. Voici de quelle maniere nous procéderons dans cette recherche.

117. On sait qu'un sphéroïde elliptique de révolution, dont l'axe $= 2r$, & le diametre de l'équateur $2rm$, a pour attraction au pole $4\pi r \left(\frac{m^2}{m^2 - 1} - \frac{m^2 AT\sqrt{(m^2-1)}}{(m^2-1)^{\frac{3}{2}}}\right)$, ou $4\pi r \left(\frac{m^2}{k^2} - \frac{m^2 ATk}{k^3}\right)$, en supposant $k^2 = mm - 1$, & prenant toujours 2π pour le rapport de la circonférence au rayon. Donc si on imagine un solide infiniment petit renfermé entre deux demi-ellipses infiniment proches, qui aient l'axe commun $2r$, qui fassent entr'elles l'angle du, & dont le rayon de l'équateur soit $r(m + \alpha)$, α étant supposé très-petit, on aura pour l'attraction que ce solide exerce à l'extrémité de son axe, $2rdu \times$

$\left(\frac{m^2}{k^2} - \frac{m^2}{k^3} ATk\right) + 2rdu.\alpha \times \frac{d\left(\frac{m^2}{k^2} - \frac{m^2}{k^3} ATk\right)}{dm}$; quantité dont il faudra doubler l'intégrale pour avoir l'attraction totale. Or $d\left(\frac{m^2}{k^2}\right) = \frac{2mdm}{k^2} - \frac{2kdk.m^2}{k^4}$ = (à cause de $kdk = mdm$) $2mdm \times \left(\frac{1}{k^2} - \frac{m^2}{k^4}\right)$; & la différence de $\frac{m^2}{k^3} ATk$ est $\left(\frac{2mdm}{k^3} - \frac{3kdk.m^2}{k^5}\right) \times ATk + \frac{m^2 dk}{k^3.(k^2+1)}$ = (à cause de $kdk = mdm$ & $kk + 1 = mm$) $mdm \times ATk\left(\frac{2}{k^3} - \frac{3m^2}{k^5}\right) + \frac{mdm}{k^4}$. Donc on aura $\frac{\alpha d\left(\frac{m^2}{k^2} - \frac{m^2}{k^3} ATk\right)}{dm}$, ou $\frac{m\alpha d\left(\frac{m^2}{k^2} - \frac{m^2}{k^3} ATk\right)}{mdm} = m\alpha \times \left[\frac{2}{k^2} - \frac{2m^2}{k^4} - ATk\left(\frac{2}{k^3} - \frac{3m^2}{k^5}\right) - \frac{1}{k^4}\right] = m\alpha\left[\frac{2k^2 - 2m^2 - 1}{k^4} - \frac{ATk}{k^5}(2k^2 - 3m^2)\right]$ = (à cause de $m^2 = k^2 + 1$) $\frac{m\alpha \times -3}{k^4} + m\alpha \times \frac{ATk}{k^5} \times (3 + k^2)$, qu'on peut transformer encore en $m\alpha \times -\frac{3}{k^4} + \frac{ATk}{k^5}(2 + m^2) \times m\alpha$.

118. Maintenant puisque CR^2 ou ρ^2 (*art.* 112) $= \frac{bb}{1 + \left(\frac{bb}{aa} - 1\right)\cos u^2}$, soit $\frac{b}{a} = 1 + \epsilon$, ϵ étant une quantité très-petite, & on aura $\rho^2 = bb(1 - 2\epsilon \cos u^2)$.

Donc si on suppose $bb = mmrr$, & qu'on fasse $\frac{\varrho^{\pi}}{rr} = (m+\alpha)^2 = m^2 + 2m\alpha$, on aura $m\alpha = -\,\varepsilon\, m^2 \times$ cos. u^2. Or $2\,du$ cos. $u^2 = du + du$ cos. $2u$, dont l'intégrale lorsque $u = 90°$ est $\frac{2\pi}{4}$; & le double de cette intégrale est π.

119. Il résulte de tous ces calculs que l'attraction au pole dans un sphéroïde elliptique dont l'axe $= 2r$, & les rayons de l'équateur $b = mr$, & $a = \frac{mr}{1+\varepsilon}$, ou $mr(1-\varepsilon)$, ε étant fort petit, sera égale à la quantité suivante $4\pi r\left(\frac{m^2}{k^2} - \frac{m^2}{k^3} ATk\right) - \pi\varepsilon m^2 r \times \left[\frac{-3}{k^4} + \frac{ATk}{k^5}(2+m^2)\right]$ (*t*).

120. Supposons maintenant dans l'*art.* 100, que b & c different peu l'un de l'autre, ensorte que $\frac{b}{c} = 1 + \varepsilon'$, on aura (*art.* 103) $\nu\nu = \frac{b^2}{a^2}(1 - 2\varepsilon'$ cos. $z^2)$. Supposons ensuite $\frac{c}{a} = m$, on aura $\frac{b^2}{a^2} = \frac{c^2(1+2\varepsilon')}{a^2} = m^2(1+2\varepsilon')$; & $\nu^2 = \frac{c^2}{a^2}(1 + 2\varepsilon' - 2\varepsilon'$ cos. $z^2) = m^2(1 + 2\varepsilon'$ sin. $z^2)$. On aura de même $\frac{bb}{c} = c(1+2\varepsilon')$; & $\frac{bb \text{ cos. } z^2}{c} \times \frac{1}{1+\left(\frac{bb}{cc}-1\right)\text{cos. } z^2} =$

(*t*) Voyez les Remarques à la fin de ce Mémoire.

c cof. $z^2 (1 + 2\zeta' - 2\zeta' \text{ cof. } z^2) = c$ cof. $z^2 (1 + 2\zeta' \text{ fin. } z^2)$. Enfin, fi au lieu de ν, on met $\nu + \alpha'$ (α étant une quantité très-petite), ce qui donne au lieu de ν^2, $\nu^2 + 2\nu\alpha'$, on aura évidemment $\nu\alpha' = m^2 \zeta' \text{ fin. } z^2$.

121. Maintenant il n'eft pas difficile de voir (en fuppofant $\nu^2 - 1 = k^2$) que la différence de $\frac{\nu^2 ATk}{(\nu^2 - 1)^{\frac{3}{2}}} - \frac{1}{\nu^2 - 1}$ eft la même, avec des fignes contraires, que celle de $\frac{\nu^2}{\nu^2 - 1} - \frac{\nu^2 ATk}{(\nu^2 - 1)^{\frac{3}{2}}}$, à caufe de $\frac{\nu^2}{\nu^2 - 1} = 1 + \frac{1}{\nu^2 - 1}$. D'où il s'enfuit (*art.* 117) que la différence de $\frac{\nu^2 ATk}{k^3} - \frac{1}{k^2}$ eft $= \nu d\nu \times \left[\frac{3}{k^4} - \frac{ATk}{k^5} \times (2 + \nu^2)\right]$, ce qu'on peut d'ailleurs trouver directement par une méthode analogue à celle de cet *art.* 117.

122. Donc au lieu de $\frac{\nu^2 AT\sqrt{(\nu^2 - 1)}}{(\nu^2 - 1)^{\frac{3}{2}}} - \frac{1}{\nu^2 - 1}$, on aura la quantité fuivante $\frac{\nu^2 AT\sqrt{(\nu^2 - 1)}}{(\nu^2 - 1)^{\frac{3}{2}}} - \frac{1}{\nu^2 - 1} + m^2 \zeta' \text{ fin. } z^2 \times \left[\frac{3}{k^4} - \frac{ATk}{k^5} (2 + \nu^2)\right]$, ou (en mettant m pour ν) $\frac{m^2 ATk}{k^3} - \frac{1}{k^2} + m^2 \zeta' \text{ fin. } z^2 \times \left[\frac{3}{k^4} - \frac{ATk}{k^5} (2 + m^2)\right]$.

123. Donc enfin, au lieu de la quantité..........

$$\frac{8bbdz \text{ cof. } z^2}{c\left[1 + \left(\frac{bb}{cc} - 1\right) \text{cof. } z\right]} \times \left(\frac{\nu^2 AT\sqrt{(\nu\nu - 1)}}{(\nu\nu - 1)^{\frac{3}{2}}} - \right.$$

$\frac{1}{v^2-1}$) de l'*art.* 108, qui eſt la différentielle de l'attraction d'un ſphéroïde à coupes elliptiques en tout ſens, on aura $8\,c\,dz$ coſ. z^2 ($1 + 2\,\mathcal{C}'$ ſin. z^2) $\times$ $\left(\frac{m^2 ATk}{k^3} - \frac{1}{k^2} + m^2\,\mathcal{C}' \text{ ſin. } z^2 \times \left[\frac{3}{k^4} - \frac{ATk}{k^5} \times (2+m^2)\right]\right) = 8\,c\,dz$ coſ. $z^2 \times \left[\frac{m^2 ATk}{k^3} - \frac{1}{k^2}\right] +$ $8\,c\,\mathcal{C}'\,dz$ ſin. z^2 coſ. $z^2 \times \left[\frac{2m^2 ATk}{k^3} - \frac{2}{k^2} + \frac{3m^2}{k^4} - \frac{2m^2 ATk}{k^5} - \frac{m^4 ATk}{k^5}\right]$.

124. L'intégrale de la premiere partie, (c'eſt-à-dire, de celle qui ne contient point $\mathcal{C}'$) eſt évidemment l'attraction à l'équateur dans un ſphéroïde où $\mathcal{C}'$ ſeroit $= 0$, c'eſt-à-dire, dans un ſphéroïde dont le demi-axe ſeroit $= a$, & le rayon de l'équateur c ou $m\,a$. Donc puiſque cette intégrale eſt comme l'on ſait $2\,\pi\,a\left(\frac{m^3}{k^3} \times ATk - \frac{m}{k^2}\right)$ elle ſera (à cauſe de $c = m\,a$) $2\,\pi\,c \times \left(\frac{m^2 ATk}{k^3} - \frac{1}{k^2}\right)$.

125. Enfin comme ſin. z^2 coſ. $z^2 = \frac{1}{8} - \frac{1}{8}$ coſ. $4\,z$, & par conſéquent dz ſin. z^2 coſ. $z^2 = dz\,(\frac{1}{8} - \frac{1}{8}$ coſ. $4\,z$); il eſt clair que ſi on prend 8 fois l'intégrale de cette quantité, en ſuppoſant cette intégrale $= 0$ quand $z = 0$, & complette quand $z = 90^\circ$ ou $\frac{2\pi}{4}$, on aura pour l'intégrale de la ſeconde partie $\frac{\pi\,c\,\mathcal{C}'}{2}\left[\frac{2m^2 ATk}{k^3}\right.$

$-\frac{2}{k^2}+\frac{3m^2}{k^4}-\frac{2m^2ATk}{k^5}-\frac{m^4ATk}{k^5}\Big]$.

126. Il résulte de la formule précédente, qu'un ellipsoïde dont les demi-axes sont, r ou a, ou $\frac{c}{m}$, c, & b ou $c(1+\zeta')$, exerce à l'extrémité du demi-axe $2c$ une attraction $=2\pi c\left(\frac{m^2ATk}{k^3}-\frac{1}{k^2}\right)+\frac{\pi c\zeta'}{2}$ $\times\Big[\frac{2m^2ATk}{k^3}-\frac{2}{k^2}+\frac{3m^2}{k^4}-\frac{2m^2ATk}{k^5}-\frac{m^4ATk}{k^5}\Big]$.

127. Donc si on suppose un autre ellipsoïde, dont les demi-axes soient, r ou $\frac{c'}{m'}$, c', & $c'(1+\zeta'')$, on aura l'attraction à l'extrémité de l'axe $2c'$, en mettant dans la formule précédente c' & m' pour c & pour m, & ζ'' pour ζ'. Or si on suppose $c'=c(1+\zeta')$, & $c'(1+\zeta'')=c$, on aura le même ellipsoïde que celui de l'*art.* 120, avec cette différence que la formule donnera ici l'attraction, non à l'extrémité de l'axe $2c$, mais à l'extrémité de l'axe $2c'=2c(1+\zeta')=2b$ (*art.* 120), c'est-à-dire, à l'extrémité de $2b$. Maintenant les équations $\frac{c'}{c}=1+\zeta'=\frac{1}{1+\zeta''}$ donnent $\zeta''=-\zeta'$; & puisque r ou $\frac{c}{m}$ est la même chose que $\frac{c'}{m'}=\frac{c(1+\zeta')}{m'}$; donc $m'=m(1+\zeta')$.

128. Il faudra donc, pour avoir l'attraction à l'extré-

mité de l'axe $2b$, mettre dans la formule précédente $c(1+\epsilon')=c'$ au lieu de c, $m(1+\epsilon')=m'$ au lieu de m, & ϵ'' ou $-\epsilon'$ à la place de ϵ'.

129. Donc l'attraction à l'extrémité de l'axe $2b$ sera $2\pi c\left(\frac{m^2 ATk}{k^3}-\frac{1}{k^2}\right)+2\pi c\epsilon'\left(\frac{m^2 ATk}{k^3}-\frac{1}{k^2}\right)$ $+2\pi c m^2\epsilon'\left[\frac{3}{k^4}-\frac{ATk}{k^5}(2+m^2)\right]-\frac{\pi c\epsilon'}{2}\times$ $\left[\frac{2m^2 ATk}{k^3}-\frac{2}{k^2}+\frac{3m^2}{k^4}-\frac{2m^2 ATk}{k^5}-\right.$ $\left.\frac{m^4 ATk}{k^5}\right]=2\pi c\left(\frac{m^2 ATk}{k^3}-\frac{1}{k^2}\right)+\pi c\epsilon'\times$ $\left(\frac{m^2 ATk}{k^3}-\frac{1}{k^2}\right)+\frac{3\pi c m^2\epsilon'}{2}\left[\frac{3}{k^4}-\frac{ATk}{k^5}\times\right.$ $\left.(2+m^2)\right]$. Et comme on a fait voir (*Note* (*t*) sur l'*art.* 119) que $\epsilon'=-\epsilon$, on mettra encore $-\epsilon$ pour ϵ' dans cette formule.

130. Donc les trois axes de l'ellipsoïde étant supposés $2r$, $2rm$ & $2rm(1-\epsilon)$, les attractions aux extrémités de ces trois axes seront (*art.* 119) 1°. à l'extrémité de l'axe $2r$ ou $2CA$, $4\pi r\left(\frac{m^2}{k^2}-\frac{m^2}{k^3}ATk\right)$ $-\pi\epsilon m^2 r\left[-\frac{3}{k^4}+ATk(2+m^2)\right]$. 2°. A l'extrémite de l'axe $2rm$ (*art.* 126) ou $2CR$, $2\pi mr\times$ $\left(\frac{m^2 ATk}{k^3}-\frac{1}{k^2}\right)-\frac{\pi mr\epsilon}{2}\left(\frac{2m^2 ATk}{k^3}-\frac{2}{k^2}\right.$ $\left.+\frac{3m^2}{k^4}-\frac{2m^2 ATk}{k^5}-\frac{m^4 ATk}{k^5}\right)$. 3°. Enfin à l'extrémité du troisiéme axe $2rm(1-\epsilon)$ (*art.* 129) ou

ou $2CK$, $2\pi mr\left(\frac{m^2 ATk}{k^3} - \frac{1}{k^2}\right) - \pi\zeta mr \times \left(\frac{m^2 ATk}{k^3} - \frac{1}{k^2}\right) - \frac{3\pi\zeta m^3 r}{2}\left[\frac{3}{k^4} - \frac{ATk}{k^5} \times (2 + m^2)\right]$, ou, en supposant $2b = 2mr(1 - \zeta)$, $2\pi b\left[\frac{m^2 ATk}{k^3} - \frac{1}{k^2}\right] + \pi\zeta b\left(\frac{m^2 ATk}{k^3} - \frac{1}{k^2}\right) - \frac{3\pi\zeta b m^2}{2}\left(\frac{3}{k^4} - \frac{ATk}{k^5}[2 + m^2]\right)$.

131. Puisque l'attraction au pole dans un sphéroïde de révolution est $4\pi r\left(\frac{m^2}{k^2} - \frac{m^2}{k^3} ATk\right) = 4\pi r \times \left(1 + \frac{1}{k^2} - \frac{m^2}{k^3} ATk\right)$, & que l'attraction à l'équateur est $2\pi mr\left(\frac{m^2}{k^3} ATk - \frac{1}{k^2}\right)$; il s'ensuit que si on suppose $\frac{m^2}{k^3} ATk - \frac{1}{k^2} = N$, l'attraction à l'équateur, en supposant le rayon de ce cercle $= r'$, sera $= 2\pi r'N$, & l'attraction au pole $4\pi r(1 - N)$. Il est de plus évident que ces deux quantités seront positives, c'est-à-dire, que N sera positif & < 1. D'où l'on voit en passant que si m est > 1, il s'ensuit que $m^2 ATk - k$ sera positif & $< k^3$; & si m est < 1, il s'ensuit que $\frac{1}{1 - mm} - \frac{m^2}{2(1 - mm)^{\frac{3}{2}}} \times \log.\left(\frac{1 + \sqrt{(1 - mm)}}{1 - \sqrt{(1 - mm)}}\right)$ sera positif & < 1.

122. Supposant donc maintenant $\frac{3}{k^4} - \frac{ATk}{k^5}$

$(2+m^2)=M$, & $c=2\pi$, on aura (*art.* 81 & 130)

$$A'=3(1-N)+\frac{3\,6\,m^2}{4}\times M.$$

$$A''=\tfrac{1}{2}N-\frac{3\,6}{8}(2N+Mm^2).$$

$$A'''=\tfrac{1}{2}N+\frac{3\,6\,N}{4}-\frac{9\,m^2\,M\,6}{8}.$$

133. Enfin, puisque (*art.* 81) $\frac{CR}{CK}=\frac{r''}{r'}=m'$; & qu'ici on a supposé $\frac{CR}{CK}=$ (*art.* 130) $\frac{m\,r}{m\,r(1-6)}=1+6$, on aura $m'=1+6$ dans cet *art.* 81.

134. Substituant donc les valeurs de A', A'', A''', dans les équations trouvées *art.* 89 & 90, on aura 1°. $-\frac{3\,6}{8}(2N+Mm^2)+\frac{A^3}{\delta^3}-\frac{3\,A^3\,\text{cos}.\,\alpha^2}{\delta^3}-\omega\,\text{sin}.\,\alpha'^2=3\,6\,N+\frac{3\,6\,N}{4}-\frac{9\,m^2\,M\,6}{8}+\frac{A^3}{\delta^3}-\omega+\frac{2\,A^3\,6}{\delta^3}-2\,\omega\,6$; ou, en réduisant & transposant, $\frac{3\,A^3}{\delta^3}\,\text{cos}.\,\alpha^2-\omega\,\text{cos}.\,\alpha'^2+\frac{9\,N\,6}{2}+\frac{2\,A^3\,6}{\delta^3}-2\,\omega\,6-\frac{3\,M\,m^2\,6}{4}=0.$

2°. Dans l'équation de l'*art.* 90, on mettra mm pour $\frac{1}{mm}$, en faisant attention que les quantités que nous avons nommées dans l'*art.* 81, r, r'', r', c'est-à-dire, AC, CR, CK, sont ici (*art.* 130) r, $m\,r$, & $m\,r\times(1-6)$, de sorte qu'au lieu de l'équation $\frac{r}{r''}=m$, de l'*art.* 81, on aura ici $\frac{r}{mr} = \frac{1}{m}$, & par conséquent $\frac{1}{m}$ au lieu de m dans l'équation de l'*art.* 90. On aura donc $\frac{3(1-N)}{m^2} + \frac{A^3}{\delta^3 m^2} - \frac{3A^3 \sin. \alpha^2}{\delta^3 m^2} - \frac{\omega \cos. \alpha'^2}{m^2} + \frac{3 \mathfrak{C} M}{4} = \frac{3N}{2} + \frac{3 \mathfrak{C} N}{4} - \frac{9 M m^2 \mathfrak{C}}{8} + \frac{A^3}{\delta^3} - \omega$.

135. En faisant $\mathfrak{C} = 0$, $\alpha' = 90°$ & $\alpha = 90°$, la premiere de ces formules s'évanouit, & la seconde devient la formule de l'*art.* 2 du Mém. XLVI, laquelle représente le cas où en effet α & $\alpha' = 90°$; c'est-à-dire, où le corps attirant S est dans l'axe même de révolution AC ou r (u).

136. En faisant évanouir $\mathfrak{C}$, on aura l'équation, ou plutôt les deux équations qui donneront la valeur de m & celle de $\mathfrak{C}$. Pour faire ce calcul plus facilement & plus simplement, on considérera que $\mathfrak{C}$ étant très-petit (*hyp.*), les termes $+ \frac{2A^3 \mathfrak{C}}{\delta^3} - 2\omega\mathfrak{C}$ dans la premiere équation (*art.* 134) sont nuls devant les termes $\frac{3A^3 \cos. \alpha^2}{\delta^3} - \omega \cos. \alpha'^2$, ce qui donne $\frac{3A^3 \cos. \alpha^2}{\delta^3} - \omega \cos. \alpha'^2 + \frac{9N\mathfrak{C}}{2} - \frac{3Mm^2\mathfrak{C}}{4} = 0$, & par conséquent $\mathfrak{C} = \left(\omega \cos. \alpha'^2 - \frac{3A^3 \cos. \alpha^2}{\delta^3}\right) : \left(\frac{9N}{2} - \frac{3Mm^2}{4}\right)$.

(u) Voyez les Remarques à la fin de ce Mémoire.

137. Maintenant on aura par la seconde équation (*art* 134), en mettant au lieu de $1 - N$ sa valeur $\frac{m^2}{k^2} - \frac{m^2}{k^5} ATk$ (*art.* 131), l'équation $\frac{2\omega}{3} - \frac{2A^3}{3\delta^3} = \frac{2\omega \cos.\alpha'^2}{3m^2} + \frac{(k^2+3)ATk - 3k}{k^5} - \frac{2A^3}{3m^2\delta^3} \times (1 - 3\sin.\alpha^2) + \frac{\beta N}{2} - \frac{3Mm^2\beta}{4} - \frac{\beta M}{2}$; équation dans laquelle on substituera au lieu des trois derniers termes du second membre qui contiennent β, la quantité $\frac{\left(\frac{N}{2} - \frac{3Mm^2}{4} - \frac{M}{2}\right)\left(\omega \cos.\alpha'^2 - \frac{3A^3 \cos.\alpha^2}{\delta^3}\right)}{\frac{9N}{2} - \frac{3Mm^2}{4}}$.

138. Si l'on suppose m fort peu différent de l'unité, ensorte que k^2 soit fort petit, on aura 1°. $N =$ à peu près $\frac{2}{3}$, (l'attraction à l'équateur dans une sphere étant $= \frac{2cr}{3} = cN$). 2°. $M = \frac{3}{k^4} - \frac{ATk}{k^5}(2 + m^2) = \frac{3}{k^4} - \frac{(k^2+3)}{k^5} \times \left(k - \frac{1}{3}k^3 + \frac{k^5}{5} \text{ \&c.}\right) = -\frac{4}{3 \cdot 5}$ à très-peu près; donc 1°. (*art.* 136) on aura $\beta = \frac{\omega \cos.\alpha'^2 - \frac{3A^3 \cos.\alpha^2}{\delta^3}}{3 + \frac{1}{5}}$; 2°. (*art.* 137) on aura, à cause de $\frac{(k^2+3)ATk - 3k}{k^5} = \frac{4k^2}{3 \cdot 5}$, l'équation $\frac{2\omega}{3} - \frac{2A^3}{3\delta^3} - \frac{2\omega \cos.\alpha'^2}{3}$ ou $\frac{2\omega \sin.\alpha'^2}{3} - \frac{2A^3}{3\delta^3} = \frac{4k^2}{3 \cdot 5} - \frac{2A^3}{3\delta^3}(1 - 3\sin.\alpha^2) + \frac{\left(\frac{1}{3} + \frac{1}{5} + \frac{2}{3 \cdot 5}\right)}{3 + \frac{1}{5}} \times$

$(\omega \text{ cos. } \alpha'^2 - \frac{3 A^3 \text{ cos. } \alpha^2}{\delta^3})$; équation dans laquelle on mettra à la place de $\frac{\frac{1}{3} + \frac{1}{5} + \frac{2}{3 \cdot 5}}{3 + \frac{1}{5}}$ sa valeur $\frac{5}{24}$.

139. On aura donc, en réduisant à l'expression la plus simple les valeurs de k^2 & de ϵ, les équations $\epsilon = \frac{5 (\omega \text{ cos. } \alpha'^2 - \frac{3 A^3 \text{ cos. } \alpha^2}{\delta^3})}{16}$, & $k^2 = \frac{3 \cdot 5}{4} \times (\frac{2 \omega \text{ sin. } \alpha'^2}{3} - \frac{5}{24} \omega \text{ cos. } \alpha'^2 - \frac{2 A^3 \text{ sin. } \alpha^2}{\delta^3} + \frac{5 \cdot 3 A^3 \text{ cos. } \alpha^2}{24 \delta^3})$.

140. Si on suppose m finie, & ϵ très-petite, il est clair qu'on pourra aisément, par des constructions & des calculs analogues à ceux du précédent Mémoire, trouver la valeur de m par le moyen de l'équation de l'*art.* 137. Je ne doute point que cette nouvelle Recherche ne donnât lieu à plusieurs remarques curieuses; mais je les abandonne à d'autres Géometres, la matiere n'ayant plus aucune difficulté.

REMARQUES

SUR LE MÉMOIRE PRÉCÉDENT.

(*n*) *Art.* 88. SI on révoquoit en doute la légitimité de la ſuppoſition que nous faiſons ici de ſin. $\zeta = 0$ & ſin. $\zeta' = 0$, on pourroit s'en aſſurer de deux manieres. 1°. Par le moyen des deux proportions des *art.* 89 & 90, en mettant au lieu des forces parallèles à x, y, z, leurs valeurs générales; car les équations déduites de ces propoſitions donneront des valeurs de $\frac{3A^3}{\omega\delta^3}$ qui ne pourront être égales qu'en ſuppoſant $\zeta = 0$, & $\zeta' = 0$. 2°. On peut conſidérer encore que ſi on fait d'abord abſtraction du mouvement de rotation, le ſphéroïde ſera un ſolide de révolution dont l'axe ſera dans la ligne δ qui joint les deux Planetes, & dont toutes les coupes paſſant par cette ligne δ ſeront ſemblables & égales. Imaginant donc maintenant la coupe qui paſſe par δ & par l'axe autour duquel doit ſe faire la rotation, on verra facilement que les deux parties du ſolide des deux côtés de cette coupe ſeront néceſſairement semblables & égales ; d'où il est aisé de conclure qu'elles demeureront encore semblables & égales nonobstant la rotation, puisqu'il n'y a point de raison pour que l'une differe de l'autre ; donc, &c.

Nous venons de dire qu'en calculant d'une maniere générale les deux proportions des *art.* 89 & 90, il en résulte sin. $\beta = 0$, & sin. $\beta' = 0$. Nous donnerons ici ce calcul, parce qu'il nous servira dans la suite de ces Recherches. On aura d'abord (*art.* 82, 86, 89), en prenant les valeurs générales des forces, & ne supposant point β & $\beta' = 0$, la proportion $\frac{2cA''x}{3} + \frac{2cA^3x}{3\delta^3} - \frac{2cA^3}{3\delta^3}(3x \cos.\beta^2 \times \cos.\alpha^2 + 3y \cos.\alpha^2 \sin.\beta \cos.\beta + 3z \sin.\alpha \cos.\alpha \cos.\beta) + \frac{2c\omega}{3}(-x + x \cos.\beta'^2 \cos.\alpha'^2 + y \cos.\alpha'^2 \sin.\beta' \cos.\beta' + z \sin.\alpha' \cos.\alpha' \cos.\beta') : \frac{2cA'''y}{3} + \frac{2cA^3y}{3\delta^3} - \frac{2cA^3}{3\delta^3} \times (3x \cos.\alpha^2 \cos.\beta \sin.\beta + 3y \cos.\alpha^2 \sin.\beta^2 + 3z \cos.\alpha \sin.\alpha \sin.\beta) + \frac{2c\omega}{3} \times (-y + y \sin.\beta'^2 \cos.\alpha'^2 + x \cos.\beta' \sin.\beta' \cos.\alpha'^2 + z \sin.\alpha' \cos.\alpha' \sin.\beta') :: m'm'x : y$; d'où l'on tire les équations suivantes,

1°. $-\frac{A^3}{\delta^3} \times 3yy \cos.\alpha^2 \sin.\beta \cos.\beta + \omega \times yy \sin.\beta' \cos.\beta' \cos.\alpha'^2 = 0$, ou ce qui est la même chose $\frac{A^3}{\delta^3\omega} = \frac{\sin.\beta' \cos.\beta' \cos.\alpha'^2}{3 \sin.\beta \cos.\beta \cos.\alpha^2}$.

2°. $-\frac{A^3}{\delta^3}\times 3zy$ sin. α cos. α cos. $\beta + \omega \times zy$ sin. α' cos. α' cos. $\beta' = 0$, ou $\frac{A^3}{\delta^3\omega} = \frac{\text{sin. }\alpha'\text{ cos. }\alpha'\text{ cos. }\beta'}{3\text{ sin. }\alpha\text{ cos. }\alpha\text{ cos. }\beta}$.

3°. $-\frac{A^3 m'm'}{\delta^3}\times 3xx$ cos. α^2 cos. β sin. β + $\omega m'm' \times xx$ cos. α'^2 cos. β' sin. $\beta' = 0$, ce qui donne le même résultat que la premiere équation.

4°. $-\frac{A^3 m'm'}{\delta^3}\times 3zx$ cos. α sin. α sin. β + $\omega m'm' \times zx$ cos. α' sin. α' sin. $\beta' = 0$, ou bien $\frac{A^3}{\delta^3\omega} = \frac{\text{sin. }\alpha'\text{ cos. }\alpha'\text{ sin. }\beta'}{3\text{ sin. }\alpha\text{ cos. }\alpha\text{ sin. }\beta}$, comme dans la seconde équation.

La quatriéme & la seconde équation donnent $\frac{\text{sin. }\beta'}{\text{sin. }\beta} = \frac{\text{cos. }\beta'}{\text{cos. }\beta}$ ou tang. β' = tang. β, & $\beta' = \beta$; la premiere & la seconde équation donnent $\frac{\text{sin. }\beta'\text{ cos. }\alpha'}{\text{sin. }\beta\text{ cos. }\alpha} = \frac{\text{sin. }\alpha'}{\text{sin. }\alpha}$, d'où résulte, ou sin. β & sin. $\beta' = 0$, ou à cause de $\beta = \beta'$, tang. α' = tang. α, & $\alpha' = \alpha$. Mais ce dernier résultat ne sauroit être vrai, 1°. parce que l'axe de rotation & la ligne qui joint le centre de la Planete attirée à la Planete attirante, ne sont pas supposées la même ligne. 2°. Parce qu'on a d'ailleurs, en supposant $\beta' = \beta$, l'équation $\frac{3A^3}{\omega\delta^3} = \frac{\text{sin. }\alpha'\text{ cos. }\alpha'}{\text{sin. }\alpha\text{ cos. }\alpha} = \frac{\text{sin. }2\alpha'}{\text{sin. }2\alpha}$, & qu'ainsi le rapport de α' & de α dépend de celui de $\frac{A^3}{\delta^3}$ & ω. Donc β & $\beta' = 0$.

Si

Si on vient maintenant à la proportion de l'*art.* 90, en prenant les expreſſions générales des forces, on trouvera

$\frac{2cA'z}{3} + \frac{2cA^3z}{3\delta^3} - \frac{2cA^3}{3\delta^3} \times (3z$ ſin. $\alpha^2 +$ $3x$ coſ. β ſin. α coſ. $\alpha + 3y$ ſin. β coſ. α ſin. $\alpha) -$ $\frac{2c\omega}{3}$ (z coſ. $\alpha'^2 - x$ coſ. β' coſ. α' ſin. $\alpha' - y$ ſin. β' coſ. α' ſin. α') : $\frac{2cA'''y}{3} + \frac{2cA^3y}{3\delta^3} - \frac{2cA^3}{3\delta^3} \times$ ($3x$ coſ. α^2 coſ. β ſin. $\beta + 3y$ coſ. α^2 ſin. $\beta^2 +$ $3z$ ſin. α coſ. α ſin. β) $+ \frac{2c\omega}{3} \times (-y + y$ ſin. β^2 $\times$ coſ. $\alpha'^2 + x$ coſ. β' ſin. β' coſ. $\alpha'^2 + z$ ſin. α' coſ. α' ſin. β') :: $z : mmy$; d'où l'on tire

1°. $-\frac{A^3mm}{\delta^3} \times 3xy$ coſ. α ſin. α coſ. $\beta + \omega mmxy$ $\times$ coſ. α' ſin. α' coſ. $\beta' = 0$, équation qui donne le même réſultat que la ſeconde des équations tirées de la premiere proportion.

2°. $-\frac{A^3mm}{\delta^3} \times 3yy$ coſ. α ſin. α ſin. $\beta + \omega mm$ $\times yy$ coſ α' ſin. α' ſin. $\beta' = 0$, équation qui donne le même réſultat que la quatriéme des précédentes.

3°. $-\frac{A^3}{\delta^3} \times 3xz$ coſ. α^2 ſin. β coſ. $\beta + \omega xz \times$ coſ. α'^2 ſin. β' coſ. $\beta' = 0$, ce qui donne le même réſultat que la premiere des équations précédentes.

4°. Enfin $-\frac{A^3}{\delta^3} zz$ coſ. α ſin. α ſin. $\beta + \omega zz$ ſin.

α' cof. α' fin. $\zeta' = 0$, ce qui donne encore le même réſultat que la quatriéme des précédentes. Ainſi la ſeconde proportion ne donne aucune équation nouvelle; & toutes deux s'accordent à donner le même réſultat de $\zeta = 0$ & $\zeta' = 0$.

Je n'ai point fait mention dans cette Remarque des équations dont tous les membres auroient xy pour facteur dans le cas de l'*art.* 89, & zy dans celui de l'*art.* 90, parce que ces équations, en ſuppoſant (comme on vient de prouver qu'on le peut) $\zeta = 0$, $\zeta' = 0$, ne ſont autre choſe que les ſecondes équations des *art.* 89 & 90.

(*o*) *Art.* 98. Si dans les formules de la page 152 de nos *Recherches ſur la cauſe des Vents*, on met α pour $-\alpha$, & ϵ pour $-\alpha-\zeta$, (c'eſt-à-dire, $\alpha-\zeta$), parce que les quantités que nous nommons ici α & ϵ, ſont dans l'endroit cité $-\alpha$, & $-\alpha-\zeta$; on aura à ſubſtituer $\epsilon-\alpha$ pour $-\zeta$; & enfin, ſubſtituant encore $2e$ pour $4n$, on aura au lieu des trois formules d'attraction données dans l'endroit cité,

$$\frac{2cr}{3}\left(1+\frac{2\alpha}{5}+\frac{2\epsilon}{5}\right)$$
$$\frac{2cr}{3}\left(1+\frac{\alpha}{5}+\frac{2\epsilon}{5}\right)$$
$$\frac{2cr}{3}\left(1+\frac{\epsilon}{5}+\frac{2\alpha}{5}\right).$$

Or il eſt aiſé de voir que ces trois formules s'accordent avec celles des *art.* 97 & 98, en mettant $\frac{2}{5}$ pour A, (*p*) *Art.* 110. Si ν eſt conſtant, c'eſt-à-dire, ſi $\alpha = 0$, alors $d\nu = 0$, & le numérateur ainſi que le dénominateur de la différentielle deviennent $= 0$, ce qui ne fait rien connoître; mais en reprenant pour lors la différentielle de l'*art.* 108, on voit aiſément qu'elle ſe réduit à une quantité de cette forme $A dz$ coſ. z^2, dont l'intégration n'a aucune difficulté.

(*q*) *Article* 111. Si l'on veut que la différentielle $\frac{d\mu \sqrt{[\mu^2(1-\beta^2)-\beta^2]}}{\sqrt{[(\beta^2\alpha^2+\beta^2-1)\mu^2+\beta^2\alpha^2+\beta^2]}}$ ſe réduiſe à un ſimple arc d'ellipſe, il faut qu'on puiſſe lui donner cette forme $\frac{d\mu \sqrt{(\omega+\gamma\mu^2)}}{k\sqrt{(-\mu^2+\omega)}}$, ω étant un nombre poſitif, γ étant un nombre poſitif ou négatif, & k une quantité conſtante quelconque, mais réelle; ce qui donnera $\omega\mu^2 k^2(1-\beta^2) - \beta^2 k^2 \omega - \mu^4 k^2 (1-\beta^2) + \mu^2 \beta^2 k^2 = \omega(\beta^2\alpha^2+\beta^2-1)\mu^2 + \beta^2\alpha^2\omega + \beta^2\omega + \gamma\mu^4 \times (\beta^2\alpha^2+\beta^2-1) + \gamma\mu^2(\beta^2\alpha^2+\beta^2)$; équation qui doit avoir lieu quelle que ſoit μ, & d'où l'on tire $\omega k^2 - \omega k^2\beta^2 + \beta^2 k^2 = \omega(\beta^2\alpha^2+\beta^2-1) + \gamma(\beta^2\alpha^2+\beta^2)$; $-k^2(1-\beta^2) = \gamma(\beta^2\alpha^2+\beta^2-1)$; & enfin $-\beta^2 k^2 = \beta^2\alpha^2+\beta^2$, & par conſéquent $k^2 = -\alpha^2-1$; $\frac{\alpha^2+1}{\gamma} = \frac{\beta^2\alpha^2+\beta^2-1}{1-\beta^2}$ ou $\gamma = \frac{(\alpha^2+1)(1-\beta^2)}{\beta^2\alpha^2+\beta^2-1}$; & ces valeurs de k^2 & de γ ſubſtituées dans la premiere des trois équations donneront la valeur de ω qui doit être poſitive.

Mais il eſt aiſé de voir que les conditions ne peuvent être remplies ; car k^2 devant être poſitive ne ſauroit être $= - a^2 - 1 = - \frac{bb}{cc}$; ainſi la différentielle ne peut ſe réduire à un arc d'ellipſe.

Pour que la différentielle $\frac{d\mu \sqrt{[\mu^2 (1 - \beta^2) - \beta^2]}}{\sqrt{[(\beta^2 a^2 + \beta^2 - 1)\mu^2 + \beta^2 a^2 + \beta^2]}}$ ſe réduisît à la rectification d'un ſimple arc d'hyperbole, il faudroit qu'on pût lui donner cette forme $\frac{d\mu \sqrt{(\gamma\mu^2 \pm \omega)}}{k\sqrt{(\mu^2 \pm \omega)}}$, ω étant une quantité poſitive, γ une quantité poſitive $> \omega$, & $= \omega + \sigma$, & k une quantité réelle & conſtante quelconque ; ce qui donneroit $\gamma\mu^4 \times (\beta^2 a^2 + \beta^2 - 1) \pm (\beta^2 a^2 + \beta^2 - 1)\,\omega\mu^2 + \gamma\mu^2 \times (\beta^2 a^2 + \beta^2) \pm \omega(\beta^2 a^2 + \beta^2) = k^2\mu^4(1 - \beta^2) \pm \omega k^2 \mu^2 (1 - \beta^2) - k^2\beta^2\mu^2 \mp \omega k^2 \beta^2$. En comparant terme à terme, & commençant par ceux qui ne contiennent point μ, on trouve, comme dans le calcul précédent, $-k^2 = a^2 + 1$, ce qui eſt impoſſible. Donc la différentielle ne peut ſe réduire ni à un ſimple arc d'ellipſe ni à un ſimple arc d'hyperbole.

(r) *Art.* 114. Si $b = c$, ce qui donne $\varepsilon = 1$, le ſphéroïde devient un ſolide de révolution autour de l'axe CR, (Fig. 25) ; & la différentielle qui multiplie log. $\left(\frac{1+\sigma}{1-\sigma}\right)$ dépend alors des logarithmes ou des arcs de cercle.

Il en ſera de même ſi $b = c$, ce qui donne $\delta = 0$,

π constant & par conséquent $d\pi = 0$, & un solide de révolution autour de AC.

Enfin si $a = c$, ce qui donne un nouveau solide de révolution autour de CK, on aura $1 + \delta^2 = \varepsilon^2$, & la différentielle se réduit encore aux logarithmes ou aux arcs de cercle.

Dans le second de ces trois cas, le numérateur & le dénominateur de la différentielle étant égaux à zéro, il faut avoir recours à la différentielle non transformée, affectée de du & d'une fonction de la constante σ, & l'intégration se réduira à celle de Adu, A étant constant.

Dans le premier & le troisiéme cas, l'intégration pourroit être assez compliquée, si on opéroit sur la formule du présent article. Mais elle deviendra plus simple par la méthode de M. Maclaurin, à laquelle il faut alors avoir recours; & on peut remarquer 1°. que l'intégrale totale & complette de notre formule, en faisant $\rho = b$ ou $\rho = a$, doit être la même dans les deux cas pour le point A, placé pour lors dans l'équateur. 2°. Que cette intégrale doit être la même que celle qui résulte de la méthode plus simple de M. Maclaurin.

(*f*) *Art.* 115. Pour trouver ces attractions, je considere d'abord que l'attraction qu'une ligne MN (Fig. 28), coupée en deux parties égales au point L par la perpendiculaire LC, exerce sur un point élevé perpendiculairement en C au-dessus du plan MCN à la distance α, est (en nommant LP, x, & CL, ζ) égale à $2\int\frac{\alpha\,dx}{(\alpha^2+\zeta^2+x^2)^{\frac{3}{2}}} = \frac{2\alpha.LM}{(\alpha^2+\zeta^2)\sqrt{(\alpha^2+\zeta^2+LM^2)}}$.

Imaginant donc l'ellipse *PMRNQ* (Fig. 29), & nommant le demi-axe CR, δ, le demi-axe CQ, ϵ, & $CL=y$, on aura $LM=\sqrt{(\delta^2-y^2)}\times\frac{\epsilon}{\delta}$, & l'attraction de l'ellipse totale sur le point dont il s'agit sera égale à l'intégrale complette de $\left(4\alpha\,dy\times\frac{\epsilon}{\delta}\right)\times\frac{\sqrt{(\delta^2-y^2)}}{(\alpha^2+y^2)\sqrt{\left(\alpha^2+y^2+\epsilon^2-\frac{\epsilon^2y^2}{\delta^2}\right)}}$, cette intégrale étant prise de maniere qu'elle soit $=0$ quand $y=0$, & complette quand $y=\delta$.

Cette quantité différentielle se réduit à deux de cette forme $\frac{A\,dy}{\alpha^2+y^2}\times\frac{1}{\sqrt{(\delta^2-y^2)}.\sqrt{\left[\alpha^2+\epsilon^2+\left(1-\frac{\epsilon^2}{\delta^2}\right)y^2\right]}}$ $+\frac{B\,dy}{\sqrt{(\delta^2-y^2)}.\sqrt{\left[\alpha^2+\epsilon^2+\left(1-\frac{\epsilon^2}{\delta^2}\right)y^2\right]}}$; le second membre s'intégre aisément par des arcs de sections coniques; mais le premier dépend de la quadrature d'une ligne du troisiéme ordre. Voyez *Mém. de Berlin* 1748.

On peut trouver d'une autre maniere l'attraction de cette ellipse, en considérant que l'attraction de la ligne *CM* sur le point dont il s'agit est (en nommant CP', z) $\alpha\int\frac{dz}{(\alpha^2+z^2)^{\frac{3}{2}}} = \frac{\alpha.CM}{\alpha^2(\alpha^2+CM^2)^{\frac{1}{2}}}$. Donc si on fait l'angle $RCM=\epsilon$, l'attraction du secteur infiniment petit CMm fera $a\,dt\int\frac{z\,dz}{(a^2+z^2)^{\frac{3}{2}}} = a\,dt\left[\frac{-1}{(a^2+z^2)^{\frac{1}{2}}} + \frac{1}{a}\right] = a\,dt\left[\frac{-1}{(a^2+CM^2)^{\frac{1}{2}}} + \frac{1}{a}\right]$; donc (à cause de $CM^2 = \frac{\epsilon^2}{1+\left(\frac{\epsilon^2}{\delta^2}-1\right)\text{cof. }t^2}$), l'attraction de l'ellipse totale fera égale à l'intégrale de $+4dt - 4a \times \int\frac{dt}{\left(a^2+\frac{\epsilon^2}{1+\left(\frac{\epsilon^2}{\delta^2}-1\right)\text{cof. }t^2}\right)^{\frac{1}{2}}}$. Cette intégrale doit être $= 0$ quand $t = 0$, & complette quand $t = 90°$ ou $\frac{2c}{4}$.

En faifant cof. $t = x$, $\frac{\epsilon^2}{\delta^2} - 1 = \gamma^2$; on verra que la quantité qui eft fous le figne $\int$ dépend de l'intégration de $\frac{dx}{\sqrt{(1-xx)}} \times \frac{\sqrt{(1+\gamma^2 x^2)}}{\sqrt{(a^2+a^2\gamma^2x^2+\epsilon^2)}}$, qui étant multipliée haut & bas par $\frac{\sqrt{(1+\gamma^2x^2)}}{\sqrt{(1+\gamma^2x^2)}}$ fe trouvera (en faifant $x^2 = z$) dépendre en partie de la rectification des fections coniques, & en partie de la quadrature d'une ligne du troifiéme ordre.

On voit par ce calcul que la formule de l'attraction du folide elliptique fera encore plus compliquée que celle de la furface plane elliptique PQR, & qu'ainfi il eft inutile de donner ici la formule de cette attraction, celle de l'*art.* 111 étant la plus fimple de toutes, quoique déja très-compliquée elle-même.

(*t*) *Art.* 119. Si donc on a un ſphéroïde elliptique dont les axes ſoient $2r$, $2rm'$, $2rm'(1 - \beta')$, (β' étant toujours ſuppoſé fort petit); l'attraction à l'extrémité de l'axe $2r$ ſera $4\pi r\left(\frac{m'^2}{k'^2} - \frac{m'^2}{k'^3} ATk'\right) - 2\pi\beta' m'^2 \times \left[- \frac{3}{k'^4} + \frac{ATk'}{k'^5}(2 + m'^2)\right]$. Or ſuppoſons préſentement que le demi-axe rm' ſoit le même que le demi-axe $rm(1 - \beta)$, & le demi-axe $rm'(1 - \beta')$ le même que le demi-axe rm, on aura $m' = m(1 - \beta)$, & $1 - \beta' = \frac{m}{m'} = \frac{1}{1 - \beta} = 1 + \beta$; donc $\beta' = -\beta$, & $\frac{m'^2}{k'^2} - \frac{m'^2}{k'^3} ATk' =$ (*art.* 117) $\frac{m^2}{k^2} - \frac{m^2}{k^3} ATk - m^2\beta \times \left[- \frac{3}{k^4} + \frac{ATk}{k^5}(2 + m^2)\right]$; faiſant donc les ſubſtitutions, on trouvera pour l'attraction du ſphéroïde à l'extrémité de l'axe $2r$, la même valeur trouvée dans l'*art.* 119; ce qui doit être, puiſque c'eſt le même ſphéroïde, dans lequel on a ſeulement transformé l'un dans l'autre les axes *CR* & *CK*, ce qui ne change rien à l'attraction en *A*, & prouve la bonté de nos calculs. Voyez dans l'*Appendice* à la fin de ce Vol. l'Addition à la p. 187.

(*u*) *Art.* 135. On remarquera de plus 1°. que dans la premiere formule (*art.* 134) β eſt $= 0$, non-ſeulement quand α & $\alpha' = 90°$, mais en général quand

$\frac{3A^2}{\delta^2}$

$\frac{3A^3}{\delta^3}$ cos. α^2 — ω cos. $\alpha'^2 = 0$, c'est-à-dire, quand $\frac{A^3}{\omega\delta^3} = \frac{\text{cos.}\,\alpha'^2}{3\,\text{cos.}\,\alpha^2}$. 2°. Que dans la seconde formule si on fait $\zeta = 0$, & $m = 1$, on aura $1 - N = \frac{N}{2}$ (parce que le solide est alors une sphere, & que l'attraction au pole est la même que l'attraction à l'équateur) & $-\frac{3A^3\,\text{sin.}\,\alpha^2}{\delta^3} - \omega\,\text{cos.}\,\alpha'^2 + \omega = 0$, ce qui donne encore $\frac{A^3}{\omega\delta^3} = \frac{\text{sin.}\,\alpha'^2}{3\,\text{sin.}\,\alpha^2}$. On aura donc en même-temps $m = 1$ & $\zeta = 0$, si $\frac{\text{cos.}\,\alpha'^2}{3\,\text{cos.}\,\alpha^2} = \frac{\text{sin.}\,\alpha'^2}{3\,\text{sin.}\,\alpha^2}$, & si $\frac{A^3}{\omega\delta^3} = \frac{\text{cos.}\,\alpha'^2}{3\,\text{cos.}\,\alpha^2}$; la premiere condition donne tang. α^2 = tang. α'^2, ou tang. $\alpha = \pm$ tang. α & par conséquent $\alpha' = \pm\,\alpha$.

Il semble donc qu'on aura à-la-fois $m = 1$, & $\zeta = 0$, si $\frac{A^3}{\omega\delta^3} = \frac{1}{3}$ & si $\alpha' = \pm$. Mais il faut considérer qu'on a de plus (*art.* 89 & 90) $\frac{\text{sin.}\,2\alpha'}{\text{sin.}\,2\alpha} = \frac{3A^3}{\omega\delta^3} = 1$, ce qui donne $\alpha' = \alpha$, & non pas $\alpha' = -\alpha$. Ainsi il n'y a que la condition de $\alpha' = \alpha$, & de $\frac{A^3}{\omega\delta^3} = \frac{1}{3}$ qui donne une figure sphérique au sphéroïde; si on a simplement $\frac{A^3}{\omega\delta^3} = \frac{1}{3}$, & que α ne soit pas $= \alpha'$, c'est-à-dire, que la ligne δ, qui joint les centres des deux aſtres, ne tombe point ſur l'axe de rotation, la figure du ſphéroïde ne pourra être ſphérique.

Au reſte il eſt bon de remarquer encore que le ſolide, dans le cas même de $\frac{A^3}{\omega\delta^3} = \frac{1}{3}$, & de $\alpha' = \alpha$, ne ſera pas rigoureuſement ſphérique; il ne le pourroit être que dans le cas où les forces provenantes de l'attraction du corps S ſeroient exactement telles que nous les avons ſuppoſées. Or il eſt aiſé de voir qu'elles ne le ſont pas. Voyez ci-deſſus l'*art.* 55 du *Mém. préc*, pag. 126, & la Note (*l*), pag. 156.

XLVIII. MÉMOIRE.

Suite des Recherches sur la Figure de la Terre.

1. J'AI fait voir dans les Recherches qui ont précédé celles-ci, que si un fluide homogene tourne autour de son axe, & qu'en même-temps il soit attiré par un autre corps, il prendra la forme d'un sphéroïde dont toutes les coupes par l'axe seront des ellipses ; & j'ai fait voir de plus que ce sphéroïde avoit trois axes perpendiculaires l'un à l'autre, dont la position est déterminée par celle de l'axe de rotation & celle du corps attirant. Je vais présentement supposer qu'il y ait tant de corps attirans qu'on voudra, & déterminer la figure du sphéroïde dans cette hypothèse. Mais pour y parvenir, j'ai besoin des lemmes suivans.

2. Soit un triangle sphérique ABC (Fig. 30), rectangle en C, on aura, comme il est aisé de le prouver, $\cos. AB = \cos. AC \times \cos. BC$.

3. Donc si on a les trois côtés $FE = \gamma$, $FD = \varkappa$, $DE = \vartheta$ (Fig. 31) d'un triangle sphérique, on aura,

en imaginant l'arc *FG* perpendiculaire à *DE*, & nommant *EG*, x, les équations cos. *FE* ou cos. $\gamma =$ cos. *FG* $\times$ cos. x; & cos. *FD* ou cos. $n =$ cos. *FG* $\times$ cos. *DG* $=$ cos. *FG* $\times$ cos. $(\vartheta - x) =$ cos. *FG* cos. ϑ cos. $x +$ cos. *FG* sin. ϑ sin. x; donc en divisant cette seconde équation par la précédente, on aura $\frac{\text{cos. } n}{\text{cos. } \gamma} = \text{cos. } \vartheta + \text{sin. } \vartheta \text{ tang. } x$; donc on aura l'angle ou arc x.

4. Donc on aura *FG*, puisque cos. $FG = \frac{\text{cos. } \gamma}{\text{cos. } x}$; on aura aussi l'angle en *E*, puisque $\frac{\text{sin. } E}{\text{sin. } FG} = \frac{\text{sin. tot.}}{\text{sin. } EF} = \frac{1}{\text{sin. } \gamma}$. On aura de même l'angle en *D*, puisque $\frac{\text{sin. } D}{\text{sin. } FG} = \frac{\text{sin. tot.}}{\text{sin. } DF} = \frac{1}{\text{sin. } n}$ (*a*).

5. Donc si on a un triangle sphérique *EGH* (Fig. 32) rectangle en *H*, dans lequel $GH = 6'$, & $EH = \alpha'$, & qu'ayant continué l'arc *HE* jusqu'au point *D*, de maniere que *HED* $= 90°$ (& que *D* soit par conséquent le pole de l'arc *GHL*) on suppose que l'arc $DF = \mu$ soit connu, ainsi que l'arc $EF = \gamma$, on aura un triangle sphérique *DEF*, dans lequel on connoîtra les trois côtés, *DE* étant $= 90° - \alpha'$; on aura donc (par l'*art. précéd.*) l'angle *D* & l'angle *E*. Donc on aura l'arc *HL*, mesure de l'angle *D*. Donc on aura, en nommant *HL*, ρ, la valeur de sin. &

(*a*) Voyez les Remarques à la fin de ce Mémoire.

cos. ρ exprimée par des sinus & cosinus de α', μ, & γ, ou de α', σ, & γ (*b*), en nommant FL, $\alpha' + \sigma$.

6. Soit maintenant un autre triangle EFD' (Fig. 33), dont les trois côtés, supposés connus, soient $EF = \gamma$, $FD' = \varkappa$, & $D'E = \vartheta$, tout le reste demeurant le même que dans l'article précédent ; on connoîtra par les articles précédens les trois angles des triangles $D'EF$, DEF ; donc on connoîtra l'angle DFD' & l'angle DED'. Donc imaginant l'arc $D'P$ perpendiculaire à DE, on connoîtra $D'P$, puisque $\frac{\text{sin. } DED'}{\text{sin. } D'P} = \frac{\text{sin. tot.}}{\text{sin. } D'E}$; donc on connoîtra EP, puisque cos. EP × cos. $D'P$ = cos. $D'E$; donc on connoîtra $DP = DE - EP$; donc on connoîtra enfin DD', puisque cos. DD' = cos. DP × cos. $D'P$.

7. Donc connoissant $EH = \alpha'$, $FL = \alpha' + \sigma$, (& par conséquent ED que j'appelle ici ϑ', & FD que j'appelle $\varkappa'$), $EF = \gamma$, $FD' = \varkappa$, & $ED' = \vartheta$, on aura HL, ou ρ, LO, & $D'O$; & les sinus & cosinus de ces arcs se trouveront par des équations linéaires ou du premier degré, en suivant le procédé qu'on vient d'indiquer dans les articles précédens (*c*).

8. Donc si on a tant de triangles sphériques qu'on voudra $D'EF$, $D''EF$ (Fig. 34), dont la base EF soit donnée, ainsi que les arcs EH, FL qui concourent au pole D de l'arc HLO, on connoîtra les arcs

(*b*) Voyez les Remarques à la fin de ce Mémoire.
(*c*) Voyez *ibid.*

correspondans HL, LO, HM, ML, & les distances des points D', D'' à l'arc HLO.

9. Il est à remarquer de plus qu'on connoîtra la distance des points D', D'', puisque tout est connu dans les triangles $D'EF$, $D''EF$.

10. Donc puisque connoissant les sinus & cosinus de ζ & ρ, α & σ, on connoîtra aussi les sinus & cosinus de $\zeta + \rho$, $\alpha + \sigma$, il est visible que connoissant α', ζ', σ, (& par conséquent $\varkappa'$, ϑ') & de plus $EF = \gamma$, FD' & $D'E$, que j'appelle ici $\varkappa$, ϑ, on aura les sinus & cosinus de $\zeta' + \rho$, $\alpha' + \sigma$, $\zeta' + \rho'$, $\alpha' + \sigma'$, &c. & ainsi du reste (*d*).

11. Reprenons présentement les équations de la Note (*n*) du Mém. XLVII, p. 198, & celles des *art.* 89 & 90 auxquels cette Note se rapporte, & mettons dans ces équations $\alpha' + \sigma$ au lieu de α, & $\zeta' + \rho$ au lieu de ζ, la quantité ρ ou HL, ou plutôt son sinus & son cosinus étant exprimé en sinus & cosinus de γ, α', $\alpha' + \sigma$; on aura trois équations & trois inconnues, α', σ, & ζ', qu'on déterminera par le moyen de ces trois équations; dans ce calcul, γ marque l'angle ou arc EF compris entre l'axe de rotation & la ligne qui joint le centre de la Planete attirée, & celui de la Planete attirante (*e*).

12. S'il y a une seconde Planete attirante, dont la masse soit $\frac{2cA'^3}{3}$, & la distance δ', & qui soit tel-

(*d*) Voyez les Remarques à la fin de ce Mémoire.

(*e*) Voyez *ibid.*

lement placée que les angles α' & β' qui se rapportent à la premiere Planete attirante, deviennent pour la seconde Planete attirante, $\alpha' + \sigma'$, $\beta' + \rho'$, EF étant toujours γ & donné, ainsi que $FD' = \varkappa$, & $ED' = \vartheta$, (car ces trois quantités sont connues par la position donnée des deux Planetes & de l'axe de rotation); on aura par les articles précédens les valeurs des sinus & des cosinus de $\alpha' + \sigma'$, & $\beta' + \rho'$, en α', β', γ, $\varkappa$, ϑ; les équations de la Note (n) seront augmentées de termes analogues à ceux qui renferment $\frac{A^3}{\delta^3}$, & il n'y aura jamais que trois inconnues à déterminer, savoir α', β' & σ (f).

13. Donc quel que soit le nombre des corps attirans, on aura toujours trois équations d'où l'on tirera les valeurs de α', β', $\alpha' + \sigma$, & $\beta' + \rho$, c'est-à-dire, les positions des trois axes du sphéroïde; après quoi on déterminera le rapport de ces axes par deux autres équations que fournissent encore les deux proportions de la Note (n) du Mém. XLVII, p. 199, & qui seront analogues à la seconde des deux équations trouvées dans chacun des *art.* 89 & 90 du même Mém. p. 172 (g).

14. M. Maclaurin, dans sa Piéce sur le *Flux & Reflux de la Mer*, est le premier qui ait fait voir que si un fluide sphérique homogene tourne autour de son centre, ou si étant sans rotation, il est attiré par un

(f) Voyez les Remarques à la fin de ce Mémoire.

(g) Voyez *ibid.*

corps éloigné, il prendra la figure d'un ſphéroïde elliptique. Mais il n'a guères pouſſé plus loin cette Recherche. Il ſe propoſe à la vérité, dans le Cor. 5 de la Propoſ. 1, de chercher la Figure de la Terre, en ſuppoſant le Soleil & la Lune en quadrature; mais il ne paroît pas en ceten droit faire aſſez d'attention à la figure elliptique que doivent prendre les coupes du ſphéroïde dans le plan deſquelles ſe trouvent le Soleil & la Lune. J'avoue que dans la Propoſ. VIII du même Ouvrage, il ſuppoſe que toutes les coupes du ſphéroïde paſſant par l'axe où le fluide eſt le plus élevé ſeront des ellipſes; mais il le ſuppoſe, ce me ſemble, ſans le démontrer, ce qui en avoit pourtant beſoin; & c'eſt ce que nous avons fait dans notre XLVII Mémoire. Nous avons de plus démontré dans celui-ci que la figure du ſphéroïde eſt elliptique, ſi le fluide eſt homogene, s'il tourne autour d'un axe fixe, & s'il eſt en même-temps attiré par tant de corps qu'on voudra, diſpoſés entre eux & par rapport à l'axe de rotation, d'une maniere quelconque. D'ailleurs M. Maclaurin ne paroît pas donner les moyens d'aſſigner la poſition des trois axes du ſphéroïde; autre problême dont nous venons encore de donner la ſolution. Nous croyons donc que cette queſtion n'avoit point encore été réſolue dans toute la généralité & la complication dont elle eſt ſuſceptible.

15. Ce n'eſt pas tout. Nous avons encore fait voir dans le XLV & le XLVI Mémoire, que dans ces différentes hypothèſes, & même en n'ayant égard qu'à la ſeule

ſeule rotation du fluide autour de ſon axe, il y a au moins deux figures poſſibles qui donnent l'équilibre. Il eſt vrai que l'une de ces deux figures ne donne pas un équilibre ferme : mais l'équilibre n'en a pas moins lieu, & il eſt même également ferme dans les deux cas, ſi le ſphéroïde eſt ſuppoſé ſolide, comme je l'ai remarqué dans le XLV Mémoire, pag. 57, art. 33.

16. Je terminerai ces Recherches par quelques autres réflexions détachées, mais qui toutes ont rapport à la Figure de la Terre. De toutes les ſolutions qui ont été données juſqu'ici de ce problême, il n'y a de rigoureuſement exacte que celle qui ſuppoſe le ſphéroïde fluide & homogene. Toutes les autres ne ſont qu'approchées ; de maniere que dans toutes ces autres figures l'équilibre n'a lieu qu'aux quantités près de l'ordre de α^2, α étant l'excès d'un des axes du ſphéroïde ſur l'autre. Il faut donc ſuppoſer, pour rendre la ſolution complette, qu'en altérant ces figures d'une quantité de l'ordre de α^2, l'équilibre ſera rigoureux & exact. Cette ſuppoſition paroît en effet très-naturelle & très-vraiſemblable ; mais cependant il faut convenir qu'elle n'eſt pas rigoureuſement démontrée, & qu'il ſeroit d'ailleurs très-difficile d'aſſigner analytiquement la quantité dont il faut altérer la figure du ſphéroïde, cette quantité n'étant pas (au moins dans tous les cas) celle qui conviendroit à une figure rigoureuſement elliptique, comme nous l'avons prouvé Tom. V de nos Opuſc. p. 37, art. 83, pour le cas particulier d'un noyau ſphérique recouvert de fluide.

17. Par la même raison, quand nous avons dit (*) que si la force centrifuge $\varphi = 0$, & que $5\Delta = 3\delta$, Δ étant la densité du noyau, & δ celle du fluide, α sera tout ce qu'on voudra, en le supposant néanmoins toujours très-petit, cela veut dire seulement en rigueur que si α est très-petit & tout ce qu'on voudra, le sphéroïde sera en équilibre à une quantité près de l'ordre de α^2.

18. Si 5Δ n'est pas $= 3\delta$, alors $\varphi = 0$ donne $\alpha = 0$; & il peut paroître singulier que α soit $= 0$ absolu & rigoureux tant que 5Δ n'est pas $= 3\delta$, mais qu'il devienne tout ce qu'on voudra (quoique toujours très-petit) dès que $5\Delta = 3\delta$. Néanmoins ce paradoxe, si c'en est un, n'est pas plus surprenant que celui de l'équation $xy = 0$, qui donne $x = 0$, tant que y n'est pas $= 0$, & qui donne x égale à tout ce qu'on voudra dès que $y = 0$. On peut encore se rappeller à cette occasion le paradoxe de l'attraction d'une surface sphérique, qui est rigoureusement nulle quand le point attiré est placé au-dedans de la surface, quelque près qu'il en soit, mais qui ne l'est plus lorsque le point est placé sur cette surface même, & qui change encore très-considérablement de valeur si le point est placé hors de la surface, & aussi près qu'on voudra. Voyez le Tome I de nos Opuscules, pag. 257 & suiv. Il n'est pas plus surprenant d'ailleurs qu'il y ait une infinité de figures

(*) Voyez les *Recherches sur la cause des Vents*, pag. 43, & le Tome I des Opuscules, pag. 255.

pour l'équilibre d'un sphéroïde en certains cas, qu'il ne l'est qu'il y ait une infinité de positions de levier qui donnent l'équilibre; & nous avons vu de plus, dans les Mémoires précédens, que même dans le sphéroïde homogene, il y a plus d'un cas possible d'équilibre.

19. Au reste, pour traiter cette question d'une maniere plus rigoureuse & plus analytique, soit en général Z la force dirigée vers le centre du sphéroïde, Z' la force perpendiculaire à celle-là, r le rayon du sphéroïde, & z l'angle compris entre le rayon r & l'axe, on aura rigoureusement $\frac{dr}{r\,dz} = \frac{Z'}{Z}$.

20. Si le sphéroïde est elliptique & homogene, & que b soit le demi-axe, & c le demi-diametre de l'équateur, E l'attraction à l'équateur, P l'attraction au pole, & F la force centrifuge à l'équateur, on trouvera facilement que $Z' = -\frac{(E-F)\,\text{sin.}\,2z \times r}{2c} + \frac{Pr\,\text{sin.}\,2z}{2b}$; & que $Z = \frac{(E-F)\,\text{sin.}\,z^2 \times r}{c} + \frac{Pr\,\text{cos.}\,z^2}{b}$. De plus $rr = \frac{bb}{1 + \left(\frac{bb}{cc} - 1\right)\text{sin.}\,z^2}$; ainsi dans le cas présent l'équation $\frac{dr}{r\,dz} = \frac{Z'}{Z}$ devient

$$\frac{\left(1 - \frac{bb}{cc}\right)\frac{\text{sin.}\,2z}{2}}{1 + \left(\frac{bb}{cc} - 1\right)\text{sin.}\,z^2} = \frac{\text{sin.}\,2z}{2} \times \frac{\frac{P}{b} - \frac{(E-F)}{c}}{\frac{P}{b} + \left(\frac{E-F}{c} - \frac{P}{b}\right)\text{sin.}\,z^2},$$

équation qui sera identique, pourvû qu'on ait 1 —

$\frac{bb}{cc} = 1 - \frac{(E-F)b}{cP}$, ou $\frac{E-F}{P} = \frac{b}{c}$; ce qui s'accorde avec ce qu'on sait d'ailleurs par la Théorie de M. Maclaurin.

21. Supposons maintenant que le rayon r devienne $r + r'$, la force Z', $Z' + \zeta'$, & la force Z, $Z + \zeta$, on aura $\frac{dr + dr'}{(r+r')dz} = \frac{Z' + \zeta'}{Z + \zeta}$, ou $\frac{dr}{rdz} - \frac{r'dr}{rdz(r+r')} + \frac{dr'}{(r+r')dz} = \frac{Z'}{Z} - \frac{Z'\zeta}{Z(Z+\zeta)} + \frac{\zeta'}{Z+\zeta}$, ou (à cause de $\frac{dr}{rdz} = \frac{Z'}{Z}$) $- \frac{r'dr}{rdz(r+r')} + \frac{dr'}{(r+r')dz} = - \frac{Z'\zeta}{Z(Z+\zeta)} + \frac{\zeta'}{Z+\zeta}$.

22. Qu'on imagine au centre du sphéroïde, supposé d'abord homogene & en équilibre, un noyau sphérique de la densité Δ & du rayon ρ, la densité du fluide étant δ; il est aisé de voir que la partie de l'attraction du sphéroïde dirigée vers le centre sera augmentée de $\frac{4\pi\rho^3(\Delta - \delta)}{3r}$ (2π étant le rapport de la circonférence au rayon) & que l'attraction perpendiculaire au rayon r demeurera la même, le sphéroïde étant supposé ne point changer de figure. Mais il est clair en même-temps que le sphéroïde changera de figure en effet, puisque l'attraction verticale est altérée par le noyau, l'attraction horizontale restant la même.

23. Cela posé, lorsque le sphéroïde est elliptique, & α très-petit, b étant le demi-axe, le rayon est rigoureu-

sement égal, non pas à $b(1 + \alpha \text{ sin. } z^2)$, mais à $b[1 + \alpha \text{ sin. } z^2 + \alpha \Delta'(\alpha, z)]$, $\Delta'(\alpha, z)$ étant une fonction de α & de sinus & cosinus de l'angle z, laquelle doit être $= 0$ quand $\alpha = 0$; l'attraction horizontale, le noyau étant toujours supposé sphérique, sera $\frac{4\pi\delta\alpha b}{5} \times \text{sin. } 2z + \frac{4\delta\pi\alpha\Delta''(\alpha, z)}{5}$; la force centrifuge dans ce même sens sera $\frac{p\varphi \text{ sin. } 2z}{2} + p\varphi\alpha \times \Gamma(\alpha, z)$, p étant la pesanteur à l'équateur, & $p\varphi$ la force centrifuge. L'attraction verticale, c'est-à-dire, l'attraction dirigée vers le centre, sera, en supposant la lame de fluide très-petite, $\frac{4\pi\Delta b}{3} + \frac{4\pi\alpha\Delta'''(\alpha, z, \Delta, \delta)}{3}$, & la force centrifuge $p\varphi$ sin. $z^2 + p\varphi\alpha\Gamma'(\alpha, z)$; enfin on aura $\frac{dr}{rdz} = (\alpha + \alpha\varphi'\alpha) \text{ sin. } 2z + \alpha\varphi''(\alpha, z)$; $\varphi'\alpha$, & $\varphi''(\alpha, z)$ étant des fonctions de α, & de α, z, & devant être $= 0$ lorsque $\alpha = 0$; de sorte que l'équation $\frac{dr}{rdz} = \frac{Z'}{Z}$ deviendra en ce cas $(\alpha + \alpha\varphi'\alpha)$ sin. $2z + \alpha\varphi''(\alpha, z) = [3\delta\alpha b . 4\pi \text{ sin. } 2z + 3 . 4\pi\delta\alpha \times \Delta''(\alpha, z) + \frac{3\varphi p . 5 \text{ sin. } 2z}{2} + 5 . 3\varphi p\alpha\Gamma(\alpha, z)] : [5\Delta b \times 4\pi + 5\alpha . 4\pi\Delta'''(\alpha, z, \Delta, \delta) + 5 . 3\varphi p \text{ sin. } z^2 + 5 . 3\varphi p\alpha\Gamma'(\alpha, z)]$; tous les termes de cette équation devront être séparément égaux à zéro, & devront tous donner une même valeur de α; cette même équation, réduite & simplifiée, donnera par le moyen de ses premiers termes, de ceux qui contiennent ſin. $2z$, la condition $\alpha\left(1-\frac{3\delta}{5\Delta}\right)=\frac{\phi}{2}$, ou en faiſant $\delta=\Delta+f\Delta$, $\alpha\left(\frac{2}{5}-\frac{3f}{5}\right)=\frac{\phi}{2}$. Mais cette équation, comme nous venons de le dire (*art.* 16 *& ſuiv.*), ne donne l'équilibre qu'à très-peu près. Imaginons préſentement que le rayon du ſphéroïde elliptique ſoit augmenté de la quantité σ, comme il le doit être pour l'équilibre exact & rigoureux; l'équation de l'équilibre donnera $\alpha\left(\frac{2}{5}-\frac{3f}{5}\right)\times$ ſin. $2z+\alpha\Pi(\alpha, z)+\frac{d\sigma'}{dz}=\frac{\phi \text{ ſin. } 2z}{2}+\phi.\sigma''$; ſoit $\phi=0$ & il faudra, pour que $2-3f=0$ donne α égal à tout ce qu'on voudra, que $\alpha\Pi(\alpha, z)+\frac{d\sigma'}{dz}=0$; & comme la quantité ou le terme $\alpha\Pi(\alpha, z)$, qui vient du ſphéroïde elliptique, peut renfermer un terme de cette forme $\alpha\Xi\alpha\times$ ſin. $2z$, $\Xi\alpha$ étant une fonction de α, laquelle devient $=0$ lorſque $\alpha=0$, il faudra que la quantité σ ſoit telle que le terme $\frac{d\sigma'}{dz}$ renferme une quantité de cette forme α ſin. $2z\times\Pi'(\alpha, f)$, & qu'en faiſant $2-3f=0$ ou $f=\frac{2}{3}$, la quantité $\Xi\alpha+\Pi'(\alpha, f)$ ſoit $=0$.

24. Voilà, ce me ſemble, à quoi ſe réduit le peu de lumieres que l'analyſe peut nous donner ſur ce ſujet. Il n'en réſultera pas ſans doute en rigueur géométrique que $2=3f$ donne α égal à tout ce qu'on voudra, quand $\phi=0$; mais puiſque le ſphéroïde eſt alors en

équilibre à une quantité près de l'ordre de α^2, il me ſemble qu'on eſt en droit de conclure de-là, qu'en donnant à cette figure un changement infiniment petit du ſecond ordre, on aura un equilibre parfait; & qu'ainſi puiſqu'il y a une infinité de figures, où il ne s'en faut que d'une quantité infiniment petite du ſecond ordre que l'équilibre ne ſoit rigoureux, il y en aura une infinité où l'équilibre pourra ſubſiſter rigoureuſement. J'avoue qu'il n'eſt peut-être pas facile de démontrer rigoureuſement que quand une figure eſt en équilibre à un infiniment petit du ſecond ordre près, on peut toujours ſuppoſer une figure qui ne différera de celle-là que d'un infiniment petit du ſecond ordre, & qui donnera l'équilibre rigoureux. Mais il me ſemble que cette ſuppoſition eſt bien plauſible. 1°. Parce que les changemens infiniment petits du ſecond ordre, qu'on peut ſuppoſer à la figure, pouvant être différens à l'infini, & même n'être pas ſuppoſés elliptiques, il eſt naturel de penſer qu'il y aura enfin un de ces changemens d'où réſultera l'équilibre parfait; quoique la figure réſultante de ce changement ſoit très-difficile & peut-être impoſſible à aſſigner par l'analyſe connue. 2°. Parce que tous ceux qui ont traité juſqu'à préſent le problême de la Figure de la Terre, dans l'hypothèſe de l'hétérogénéité & de la fluidité de ſes parties, & qui ont encore trouvé dans ce cas la figure elliptique, ne l'ont trouvée qu'à peu près, enſorte que pour la légitimité de leur ſolution, il faut néceſſairement admettre le principe que nous ſupposons ici. Quoi qu'il en soit, j'abandonne cette question à l'examen & à la décision des Géometres.

25. Nous avons trouvé dans le XLV Mémoire, §. II, *art.* 13, p. 50, $\frac{2\omega}{3} = \frac{(k^2+3)ATk - 3k}{k^3}$. Lorsque ω est fort petit, on a k tout-à-la-fois fort petit & fort grand; pour avoir k fort petit, on prendra $2\omega = \frac{4k^2}{5}$, comme on l'a vu ci-dessus p. 50; & pour avoir k fort grand, on supposera ATk égal à près de 90°, c'est-à-dire, en nommant $4\pi'$ le rapport de la circonférence au rayon, qu'on aura $ATk = \pi' - \delta$, δ étant fort petit. Or il n'est pas difficile de voir que δ est à très-peu près la cotangente de l'angle ATk ou $\pi' - \delta$, ensorte que k est à très-peu près $= \frac{1}{\delta}$; on aura donc à très-peu près $\frac{2\omega}{3} = \frac{(1+3\delta\delta)(\pi'-\delta) - 3\delta}{\delta\delta} : \left(\frac{1}{\delta^3}\right)$ ou $\frac{2\omega}{3} = \pi'\delta$, & par conséquent k ou $\frac{1}{\delta} = \frac{3\pi'}{2\omega}$.

26. De-là il résulte que quand ω est très-petit, & k fort grand, si on augmente ou qu'on diminue ω d'une quantité très-petite, mais cependant comparable à ω, la grande valeur de k diminuera ou augmentera considérablement.

27. Il n'en sera pas de même quand les deux valeurs de k seront finies, & d'une grandeur médiocre, ou, ce qui revient au même, quand ω ne sera pas très-petite; car ω croissant de ρ & très-peu, k croîtra d'une quantité

tité ρ' qui sera telle qu'on aura $\frac{2\varrho}{3} = \rho' \left[\frac{k^2 + 3}{(kk+1)k^3} + ATk\left(-\frac{1}{k^2} - \frac{9}{k^4}\right) + \frac{6}{k^3} \right] = \frac{\varrho'}{(kk+1)k^4}$ $\times [7k^3 + 9k - ATk(1+kk)(9+k^2)]$. Ce qui donnera la valeur de ρ' répondante à chacune des deux valeurs de k.

28. De-là il s'ensuit que lorsqu'un fluide homogene & tournant sur lui-même est en équilibre, si on n'altere que très-peu la force centrifuge, la figure du solide en sera peu altérée, à moins que la force centrifuge ne soit très-petite, & l'applatissement fort grand, auquel cas une petite altération dans la force centrifuge altérera considérablement la figure du sphéroïde.

29. Dans l'équation $\alpha = \frac{\frac{\phi r}{2p} + \frac{3\alpha'}{5}\left(\frac{\Delta - \delta}{\Delta}\right)}{1 - \frac{3\delta}{5\Delta}}$ qu'on a donnée ci-dessus (XLV Mém. §. III, p. 68), il est aisé de voir que si $\alpha' = \frac{5\phi r}{4p}$, c'est-à-dire, si le noyau a la figure nécessaire pour l'équilibre d'un solide homogene, on aura aussi $\alpha = \frac{5\phi r}{4p}$, quel que soit le rapport de δ à Δ; d'où il s'ensuit, comme nous l'avons déja remarqué plus haut pag. 79, que si un noyau solide & homogene, déja en équilibre par lui-même, est recouvert d'une lame de fluide infiniment mince, de densité quelconque, cette lame de fluide sera en équilibre, pourvû que sa figure soit semblable à la surface du

noyau. Et en effet il eſt aiſé de voir *à priori*, que dans cette hypothèſe de la ſimilitude des deux figures, l'attraction verticale ſera ſenſiblement la même à la ſurface du fluide qu'à la ſurface du noyau, puiſque l'épaiſſeur de la lame de fluide (quelle que ſoit d'ailleurs ſa denſité) eſt ſuppoſée infiniment mince; de plus il eſt aiſé de voir encore que l'attraction horizontale (c'eſt-à-dire, perpendiculaire au rayon) produite par le fluide, eſt nulle ou comme nulle, à cauſe du peu d'épaiſſeur du fluide, & de la ſimilitude des deux ſurfaces. Donc l'attraction horizontale à la ſurface du fluide ſera ſenſiblement la même que l'attraction horizontale à la ſurface du noyau. Donc les attractions étant les mêmes de part & d'autre, & le noyau étant déja par lui-même en équilibre, il s'enſuit que le fluide y ſera auſſi. Ce raiſonnement, au reſte, prouve bien la poſſibilité de l'équilibre dans le cas de $\alpha = \alpha'$, & de $\alpha' = \frac{5\Phi r}{4p}$; mais il ne prouve pas qu'il n'y en a point d'autre poſſible; au lieu que le calcul précédent fait voir que ſi $\alpha' = \frac{5\Phi r}{4p}$, il n'y a d'équilibre poſſible que dans le cas de $\alpha = \frac{5\Phi r}{4p} = \alpha'$.

30. Il en faut cependant excepter le cas de $5\Delta = 3\delta$, qui donne $\alpha = \frac{0}{0}$, c'eſt-à-dire, égal à tout ce qu'on voudra, mais toujours très-petit. D'où il s'enſuit que ſi $\alpha' = \frac{5\Phi r}{4p}$, & que $3\delta = 5\Delta$, la lame de fluide

qui recouvre le noyau pourra avoir telle figure qu'on voudra. C'est ce que nous avons déja remarqué page 190 du Tome III de nos *Recherches sur le Système du Monde* (*h*). Voyez aussi l'*art.* 16 ci-dessus & les suivans.

31. Nous avons aussi remarqué dans le troisiéme Volume de nos *Recherches sur le Système du Monde*, pag. 187, que la proposition énoncée par M. Clairaut, pag. 249 de sa *Théorie de la Figure de la Terre*, quoique vraie, n'est cependant pas rigoureusement démontrée. Il sera facile de s'en assurer au moyen de ce qui a été dit ci-dessus (§. III du XLV Mém. p. 75), que l'équation $10 A\delta - 2D = 5 A\varphi$, donnée par M. Clairaut pour la figure d'un sphéroïde fluide infiniment mince qui recouvre un noyau solide, n'est pas exacte. Or M. Clairaut emploie cette formule pour la démonstration de la proposition énoncée à la page 249 de son Ouvrage. Ainsi cette démonstration est insuffisante.

32. Je remarquerai encore à cette occasion que les formules de la page 247 du même Ouvrage, & sur lesquelles est fondé le théorême de la page 249, ou du moins la démonstration de ce théorême, ne sont pas non plus assez exactes, ou du moins assez générales. Car en conservant les dénominations de M. Clairaut, dont je suppose qu'on ait ici l'Ouvrage sous les yeux, il faut, pour rendre complette la formule de la p. 247, ajouter à $2cA$, $\frac{2c}{3}(1 - a^3)$, a étant le demi-axe

(*h*) Voyez les Remarques à la fin de ce Mémoire.

du noyau, comme M. Clairaut l'a fait lui-même à la page 215 du même Ouvrage ; il faut de plus & par la même raison, ajouter à D, $\delta - \alpha^5 \alpha$, comme M. Clairaut l'a fait encore à la même page 215, & pour lors la formule $4cA\delta + 2cA\phi - \frac{6cD}{5}$ de la pag. 249 deviendra $4cA\delta + \frac{4c\delta - 4ca^3\delta}{3} + 2cA\phi + \frac{2c\phi}{3} - \frac{2ca^3\phi}{3} - \frac{6c}{5}(D + \delta - \alpha^5\alpha)$; il faudra ensuite, en suivant toujours le procédé de M. Clairaut, diviser cette quantité, non par $2cA$ simplement, mais par $2cA + \frac{2c\delta}{3} - \frac{2ca^3\delta}{3}$, que je suppose pour abréger $= 2cM$, ce qui donnera pour quotient $2\delta + \phi - \frac{3D}{5M} - \frac{3}{5}\left(\frac{\delta - \alpha a^5}{M}\right)$, rapport entre la différence de pesanteur au pole & à l'équateur, & la pesanteur à l'équateur, ou ce qui revient ici à peu près au même, la pesanteur au pole. Or (page 217 de M. Clairaut) on a $2cM : \frac{4c}{5}\left(\frac{D + \delta - \alpha a^5}{M}\right) + 2cM\phi :: 1 : 2\delta$; d'où l'on tire $\frac{2}{5}\left(\frac{D + \delta - \alpha a^5}{M}\right) = 3\delta - \frac{3\phi}{2}$; donc $\frac{5\phi}{2} - \delta = \phi + 2\delta - \frac{3}{5}\left(\frac{D + \delta - \alpha a^5}{M}\right)$, c'est-à-dire, égal au rapport qu'on vient de trouver entre la différence de pesanteur au pole & à l'équateur, & la pesanteur à l'équateur.

33. Ainsi la proposition énoncée par M. Clairaut

(p. 249) eſt généralement vraie, quoique la démonſtration qu'il en donne ne ſoit pas ſuffiſante : & ce qui empêche qu'elle ne le ſoit, c'eſt que M. Clairaut y ſuppoſe tacitement que la différence d'ellipticité eſt ſenſiblement la même dans deux couches très-proches l'une de l'autre; ce qui n'eſt pas vrai en général, & dans le cas, par exemple, où un noyau ſolide de figure donnée eſt couvert d'un fluide homogene, & d'une denſité quelconque différente de celle du noyau.

34. En général, & quelle que ſoit la loi des denſités, des ellipticités & des épaiſſeurs des couches dans le noyau & dans le fluide, ſi on appelle $2cA'$ l'attraction du ſphéroïde régardé comme ſphérique, & $\frac{4cD'}{5}$ le coefficient conſtant de l'attraction horizontale, proportionnelle d'ailleurs à ſin. z coſ. z (z étant la diſtance au pole) on aura, au lieu de $4cA\delta + 2cA\varphi - \frac{6cD}{5}$, $4cA'\delta + 2cA'\varphi - \frac{6cD'}{5}$, qui diviſée par $2cA'$, valeur très-approchée de l'attraction au pole ou à l'équateur, donnera $2\delta + \varphi - \frac{3D'}{5A'}$; on aura de plus en général $2cA' : \frac{4cD'}{5} + 2cA'\varphi :: 1 : 2\delta$, d'où $\frac{3D'}{5A'} = 3\delta - \frac{3\varphi}{2}$, & en général $\frac{5\varphi}{2} - \delta = \varphi + 2\delta - \frac{3D'}{5A'}$.

35. Il paroît par ce théorême (comme l'a déja re-

marqué M. Clairaut, quoiqu'en s'appuyant ſur des formules inſuffiſantes) qu'en général ſi δ eſt $> \frac{1}{230}$, la diminution de peſanteur du pole à l'équateur ſera $< \frac{1}{230}$ & réciproquement, ce qui ſemble contraire aux obſervations. Voyez la *Figure de la Terre* de M. Clairaut, pag. 299. Ce grand Géometre cherche à réſoudre cette difficulté, en ſuppoſant quelques erreurs légeres dans la meſure du degré du Nord. Mais la ſolution qu'il propoſe, ne paroît plus pouvoir être admiſe depuis que les meſures du Pérou ont donné $\delta > \frac{1}{230}$. Comme ces dernieres meſures, comparées aux autres, ſemblent ne pas donner un ſphéroïde elliptique, il ſeroit peut-être bon de chercher, par les méthodes que j'ai indiquées dans le Tome III de mes *Recherches ſur le Syſtême du Monde*, la diminution de la peſanteur dans un ſphéroïde non elliptique, & l'ellipticité d'un pareil ſphéroïde, dans différentes hypothèſes, & de voir ſi on trouveroit à-la-fois cet excès $> \frac{1}{230}$, & $\delta > \frac{1}{230}$, comme les obſervations ſemblent le donner.

36. Je remarquerai encore à cette occaſion, 1°. qu'à la pag. 181 du Tome III de mes *Recherches ſur le Syſtême du Monde*, il faut au lieu de $B = \frac{3 \cdot 16 D}{25}$, lire $B = -\frac{3 D}{5}$; légere mépriſe de calcul que le Lecteur peut corriger aiſément. 2°. Que par conſéquent on aura, dans l'endroit cité, $\alpha A - \frac{3 \alpha D}{5} +$

$\alpha D + \frac{5N}{4} = 0$, de ſorte qu'en faiſant, par exemple, $A = 0$, pour ſimplifier le réſultat, on aura $\frac{2\alpha D}{5} = -\frac{5N}{4}$ & $D = -\frac{25N}{8}$.

37. J'ai démontré Tome V de mes *Opuſcules*, pag. 25 *& ſuiv.* qu'un ſphéroïde homogene dont le rayon ſeroit $A + B$ coſ. $z + C$ coſ. $z^2 + D$ coſ. z^3, &c. ne ſauroit être en équilibre, à moins que le coefficient D & les ſuivans ne ſoient $= 0$. Cette démonſtration ſuppoſe que ce coefficient D & les ſuivans ne ſoient pas très-petits par rapport à C, mais y ſoient comparables. En effet on ſait qu'un ſphéroïde elliptique homogene eſt rigoureuſement en équilibre ; or un tel ſphéroïde auroit pour rayon une quantité de la forme $A + B$ coſ. $z + C$ coſ. $z^2 + D$ coſ. $z^3 + E$ coſ. z^4, &c. dans laquelle les coefficiens qui ſuivent C ne ſeroient pas tous $= 0$ à la rigueur, mais ſeroient très-petits par rapport à C, en ſuppoſant que C lui-même eſt très-petit ainſi que B.

38. Je dois obſerver auſſi que la démonſtration n'auroit pas lieu pour le cas où le rayon ſeroit exprimé par des quantités radicales. Il eſt vrai qu'en faiſant diſparoître ces quantités par les méthodes connues des ſeries, on auroit une expreſſion du rayon qui ne contiendroit plus de radicaux, & à laquelle la démonſtration ſembleroit pouvoir s'appliquer ; mais peut-être tous les Géometres ne ſeroient-ils pas ſatisfaits de cette maniere

de démontrer, la transformation d'un radical en ſerie, pouvant donner une expreſſion très-fautive de ce même radical. Ce qui m'a engagé à ſupprimer les radicaux de l'expreſſion du rayon, c'eſt afin que cette expreſſion demeure la même en faiſant z poſitif ou négatif, & qu'ainſi les deux moitiés du Méridien ſoient aſſujetties à la même équation. Si on ne jugeoit pas cette condition néceſſaire, la démonſtration que j'ai donnée n'auroit pas lieu pour le cas où la condition dont il s'agit ne ſeroit pas obſervée.

39. Les mêmes choſes étant ſuppoſées que dans l'*art.* 100 du XLVI Mém. p. 177, ſi on prolonge CA en A' (Fig. 35), & que du point A' on tire une corde AaL; on aura, en appellant $A'C$, δ, LA', x, & l'angle $LA'M$, z', l'équation $\frac{xx \text{ ſin. } z'^2 . cc}{bb} = cc - (\delta - x \text{ coſ. } z')^2$; d'où l'on tire $x = \frac{bb\delta \text{ coſ. } z'}{(cc-bb) \text{ ſin. } z'^2 + bb} \pm \frac{b^2 c}{(cc-bb) \text{ ſin. } z'^2 + bb} \sqrt{\left[1 + \text{ſin. } z'^2 \left(\frac{cc - bb - \delta\delta}{bb}\right)\right]}$; & comme les deux valeurs de x ſont repréſentées par $A'a$ & $A'L$, il s'enſuit que ſi G eſt le point de milieu de aL, on aura $A'G = \frac{bb\delta \text{ coſ. } z'}{(cc-bb) \text{ ſin. } z'^2 + b^2} = \frac{\delta \text{ coſ. } z'}{\frac{cc-bb}{bb} \text{ ſin. } z' + 1}$, & aL ou $2Ga = \frac{2c\sqrt{\left[1 + \text{ſin. } z'^2 \left(\frac{cc-bb-\delta\delta}{bb}\right)\right]}}{\frac{cc-bb}{bb} \text{ ſin. } z'^2 + 1}$.

40. Si on fait tourner la demi-ellipſe ALO autour de

de $A'O$, enforte que l'angle qu'elle décrit soit dZ, il n'est pas difficile de voir que l'élément de l'attraction de ce solide sur le point A' sera $= aL \times dZ \times dz' \times$ sin. z' cos. z', dont l'intégrale est $dZ\int dz'$ sin. z' cos. $z' . aL$. Soit $\frac{cc - bb}{bb} = \omega^2$, $\frac{\delta\delta}{bb} = \gamma^2$, on aura $aL = \frac{2c\sqrt{[1 + \text{fin.}\, z'^2 (\omega^2 - \gamma^2)]}}{\omega^2 \text{fin.}\, z'^2 + 1}$.

41. Soit maintenant ω^2 sin. $z'^2 = \omega'^2$ sin. z^2, on aura dz' sin. z' cos. $z' = \frac{\omega\omega \text{ fin.}\, z' d (\text{fin.}\, z')}{\omega\omega} = \frac{\omega'\omega' \text{ fin.}\, z d \text{ fin.}\, z}{\omega\omega}$, & $aL = \frac{2c\sqrt{[1 + \text{fin.}\, z^2 (\omega'^2 - \frac{\omega'^2 \gamma^2}{\omega^2})]}}{\omega'^2 \text{ fin.}\, z^2 + 1}$, quantité qui devient $= \frac{2c \text{ cof.}\, z}{\omega'^2 \text{ fin.}\, z^2 + 1}$, en supposant $\omega'^2 (1 - \frac{\gamma^2}{\omega^2}) = -1$; au moyen de cette transformation, la différentielle $aL . dz'$ sin. z' cos. z' sera de cette forme $\frac{Adz \text{ fin.}\, z \text{ cof.}\, z^2}{\omega'^2 \text{ fin.}\, z^2 + 1}$, dont l'intégration n'a aucune difficulté.

42. La méthode de M. Maclaurin (*Traité des Fluxions*, art 649) pour réduire l'attraction du sphéroïde sur le point A' placé hors de lui (dans le prolongement de son axe, & à la distance $A'C = \delta$ du centre) à l'attraction d'un autre sphéroïde sur le même point A' placé à l'extrémité de son axe, supposé égal à 2δ, peut se déduire aisément de la proposition précédente; il suffit pour cela de remarquer que l'attraction du dernier de ces sphéroïdes, à l'extrémité de son axe, dé-

pendroit de l'intégration d'une quantité de cette forme $\frac{dz \text{ fin. } z \text{ cof. } z^2}{\frac{CC-BB}{BB} \text{ fin. } z^2 + 1}$; d'où il eſt aiſé de conclure qu'il ſuffira de faire avec M. Maclaurin 1°. $CC - BB = cc - bb$, c'eſt-à-dire, les excentricités égales dans les deux ſphéroïdes; 2°. $\frac{\text{fin. } z^2}{B^2} = \frac{\text{fin. } z'^2}{b^2}$, ce qui donnera $\omega'^2 \left(1 - \frac{\gamma^2}{\omega^2}\right) = $ (en prenant $\omega'^2 = \frac{CC - BB}{BB}$), $\left(\frac{CC-BB}{BB}\right)\left(1 - \frac{\delta\delta}{bb} \times \frac{bb}{cc - bb}\right) = -1$, à cauſe de $\delta = C$, comme le ſuppoſe M. Maclaurin.

43. Il n'eſt pas même néceſſaire, ce qui rendra le théorême de M. Maclaurin plus général, de ſuppoſer $CC - BB = cc - bb$, ni $C = \delta$, il ſuffit de ſuppoſer $\frac{CC-BB}{BB}$ fin. $z^2 = \frac{cc-bb}{bb}$ fin. z'^2, & de comparer l'attraction dont il s'agit à celle d'un ſphéroïde elliptique, dans lequel le corps attiré eſt placé au pole, & dont l'axe $2C$, ou plutôt le rapport $\frac{C}{B}$ des deux axes, eſt tel que $\left(\frac{CC-BB}{BB}\right)\left(1 - \frac{\delta\delta}{cc - bb}\right) = -1$; d'où l'on tire $\frac{CC}{BB}\left(1 - \frac{\delta\delta}{cc-bb}\right) + \frac{\delta\delta}{cc-bb} = 0$, ce qui donne $\frac{CC}{BB} = \frac{\delta\delta}{\delta\delta - cc + bb}$; formule qui, en faiſant $\delta = C$, donne $BB = CC - cc + bb$, & $CC - BB = cc - bb$.

44. Au reste la transformation dont nous nous sommes servis pour trouver l'attraction d'un sphéroïde elliptique sur un corps placé dans son axe prolongé, n'est nécessaire que pour démontrer & généraliser le théorême cité de M. Maclaurin; car il est d'ailleurs évident qu'une quantité de la forme dont il s'agit ici, savoir $\frac{A\,dz \text{ fin. } z \text{ cof. } z \sqrt{(B \text{ fin. } z^2 + C)}}{G \text{ fin. } z^2 + D}$ est intégrable par logarithmes réels ou imaginaires, en supposant fin. $z = x$ (ce qui donne dz cof. $z = dx$) & en faisant ensuite disparoître par les méthodes connues le radical $\sqrt{(Bx^2 + D)}$.

45. Si le solide elliptique attirant n'est pas un sphéroïde de révolution, tout le reste demeurant d'ailleurs le même, alors b n'est plus constant, mais variable, & il n'est pas difficile de voir qu'au lieu de b^2, il faut mettre $\frac{b^2}{1 + \text{fin. } Z^2 \left(\frac{bb}{aa} - 1\right)}$, en nommant (Fig. 23 & art. 102 du XLVII Mém. p. 177) CK, b, CR, a, & Z l'angle décrit par l'ellipse ALO autour de AO; donc en écrivant $b'b'$ au lieu de cette derniere quantité, on supposera $CC - B'B' = cc - b'b'$; $\frac{\text{fin. } z^2}{B'B'} = \frac{\text{fin. } z'^2}{b'b'}$, & d'après cette supposition & celle de $C = \delta$, il est aisé de voir que les deux attractions élémentaires seront comme $c\,dZ \times dz'$ fin. z' cof. z' à $C\,dZ' \times dz$ fin. $z \times$ cof. z, c'est-à-dire, comme dZ fin. z'^2 à dZ' fin. z^2, ou comme $c\,b'b'\,dZ$ à $CB'B'\,dZ'$. Or $CC - B'B' =$

$cc - b'b'$, donne $CC - \frac{BB}{1 + \text{fin. } Z'^2 \left(\frac{B^2 - A^2}{A^2}\right)} = cc - \frac{bb}{1 + \text{fin. } Z^2 \left(\frac{b^2 - a^2}{a^2}\right)}$. Cela posé,

46. Soit $cc - bb = 0 = CC - BB$, on aura $\frac{cc \text{ fin. } Z^2 \left(\frac{bb - aa}{aa}\right)}{1 + \text{fin. } Z^2 \left(\frac{b^2 - a^2}{a^2}\right)} = \frac{CC \text{ fin. } Z'^2 \left(\frac{B^2 - A^2}{A^2}\right)}{1 + \text{fin. } Z'^2 \left(\frac{B^2 - A^2}{A^2}\right)}$; d'où il est aisé de conclure que $\frac{\text{fin. } Z}{\sqrt{[1 + \text{fin. } Z^2 \left(\frac{b^2 - a^2}{a^2}\right)]}}$ est à $\frac{\text{fin. } Z'}{\sqrt{[1 + \text{fin. } Z'^2 \left(\frac{B^2 - A^2}{A^2}\right)]}}$ en raison donnée.

47. Soit de plus $\frac{(BB - AA).CC}{BB} = \frac{(bb - aa).cc}{bb}$, ou (à cause de $CC = BB$ & $cc = bb$) $BB - AA = bb - aa$, on aura $\frac{b^2 \text{ fin. } Z^2}{a^2 [1 + \text{fin. } Z^2 \left(\frac{b^2 - a^2}{a^2}\right)]} = \frac{B^2 \text{ fin. } Z'^2}{A^2 [1 + \text{fin. } Z'^2 \left(\frac{B^2 - A^2}{A^2}\right)]}$; d'où l'on tire, en retranchant l'unité de part & d'autre, $\frac{\text{cof. } Z^2}{1 + \text{fin. } Z^2 \left(\frac{b^2 - a^2}{a^2}\right)} = \frac{\text{cof. } Z'^2}{1 + \text{fin. } Z'^2 \left(\frac{B^2 - A^2}{A^2}\right)}$; & par conséquent cof. Z est à $\sqrt{[1 + \text{fin. } Z^2 \left(\frac{b^2 - a^2}{a^2}\right)]}$ en raison donnée; donc en prenant les différences, $\frac{dZ \text{ fin. } Z}{\left(1 + \text{fin. } Z^2 \left(\frac{b^2 - a^2}{a^2}\right)\right)^{\frac{3}{2}}}$ est à

$\frac{dZ' \text{ fin. } Z'}{[1 + \text{fin. } Z'^2 (\frac{B^2 - A^2}{A^2})]^{\frac{3}{2}}}$ en raifon donnée, c'eft-à-dire, (à caufe que $\frac{\text{fin. } Z}{\sqrt{[1 + \text{fin. } Z^2 (\frac{b^2 - a^2}{a^2})]}}$ eft à $\frac{\text{fin. } Z'}{\sqrt{[1 + \text{fin. } Z'^2 (\frac{B^2 - A^2}{A^2})]}}$ en raifon donnée) que $\frac{dZ}{1 + \text{fin. } Z^2 (\frac{b^2 - a^2}{a^2})}$ eft à $\frac{dZ'}{1 + \text{fin. } Z'^2 (\frac{B^2 - A^2}{A^2})}$ en raifon donnée, & par conféquent $b'b'dZ$ eft à $B'B'dZ'$ en raifon donnée, puifque $B'B'$ eft à $b'b'$ comme $\frac{1}{1 + \text{fin. } Z'^2 (\frac{B^2 - A^2}{A^2})}$ eft à $\frac{1}{1 + \text{fin. } Z^2 (\frac{b^2 - a^2}{a^2})}$. Donc les attractions élémentaires font en raifon donnée, donc les attractions totales font auffi en raifon donnée.

48. Si on veut avoir cette raifon donnée qui exprime celle des deux attractions, il eft clair que l'équation $\frac{B \text{ fin. } Z'}{A\sqrt{[1 + \text{fin. } Z'^2 (\frac{B^2 - A^2}{A^2})]}} = \frac{b \text{ fin. } Z}{a\sqrt{[1 + \text{fin. } Z^2 (\frac{b^2 - a^2}{a^2})]}}$, donne $\frac{\text{fin. } Z'}{\sqrt{[1 + \text{fin. } Z'^2 (\frac{B^2 - A^2}{A^2})]}} : \frac{\text{fin. } Z}{\sqrt{[1 + \text{fin. } Z^2 (\frac{b^2 - a^2}{a^2})]}} :: \frac{A}{B} : \frac{a}{b}$; que de même à caufe de $\frac{\text{cof. } Z}{\sqrt{[1 + \text{fin. } Z^2 (\frac{b^2 - a^2}{a^2})]}} = \frac{\text{cof. } Z'}{\sqrt{[1 + \text{fin. } Z'^2 (\frac{B^2 - A^2}{A^2})]}}$, on aura en prenant les différences, $- \frac{bb\,dZ \text{ fin. } Z}{aa[1 + \text{fin. } Z^2 (\frac{b^2 - a^2}{a^2})]^{\frac{3}{2}}}$ égal à

$- \frac{BBdZ' \text{ fin. } Z'}{AA[1 + \text{fin. } Z'^2 (\frac{B^2 - A^2}{A^2})]^{\frac{1}{2}}}$ ou (en mettant pour

$\frac{\text{fin. } Z}{\sqrt{[1 + \text{fin. } Z^2 (\frac{b^2 - a^2}{a^2})]}}$ & $\frac{\text{fin. } Z'}{\sqrt{[1 + \text{fin. } Z'^2 (\frac{B^2 - A^2}{A^2})]}}$ leurs proportionnelles $\frac{a}{b}$, $\frac{A}{B}$,) $- \frac{bdZ}{a[1 + \text{fin. } Z^2 (\frac{b^2 - a^2}{a^2})]}$ $= - \frac{BdZ'}{A[1 + \text{fin. } Z'^2 (\frac{B^2 - A^2}{A^2})]}$, c'est-à-dire, à cause des valeurs de $b'b'$ & de $B'B'$ déja trouvées, $\frac{bb'b'dZ}{bba} = \frac{BB'B'dZ'}{BBA}$; donc, à cause de $c = b$ & $C = B$, on aura $cb'b'dZ$ est à $CB'B'aZ'$ :: abb est à $AB'B'$, c'est-à-dire, comme les solidités des deux sphéroïdes.

49. De-là il s'ensuit que si le solide est un sphéroïde de révolution autour de l'axe $2CR = 2a$ (Fig. 23 & p. 177 ci-dessus), ensorte que $c = b$, ou $CK = CA$, & que $ALOK$ soit le plan de l'équateur, on trouvera l'attraction exercée sur le point A, placé à telle distance δ qu'on voudra.

50. Mais si b n'est pas $= c$, (b & a étant supposés différens) alors les équations entre fin. Z & fin. Z' seront beaucoup plus compliquées, & il ne paroît pas facile d'en tirer des conclusions analogues aux précédentes. En effet, supposant $CC - B'B' = cc - b'b'$, on a pour lors $[cc - bb + cc \text{ fin. } Z^2 (\frac{b^2 - a^2}{a^2})]$:

$\left[1 + \text{fin.}\, Z^2 \left(\frac{b^2 - a^2}{a^2}\right)\right] = [CC - BB + CC \times$ $\text{fin.}\, Z'^2 \times \left(\frac{B^2 - A^2}{A^2}\right)] : \left[1 + \text{fin.}\, Z^2 \times \frac{B^2 - A^2}{A^2}\right]$, & quand on feroit $CC - BB = cc - bb$, il n'eft pas facile de tirer de-là une équation commode entre fin. Z & fin. Z'.

51. On trouveroit une difficulté femblable, & même encore plus grande, fi au lieu de faire $CC - B'B' = cc - b'b'$, on faifoit fimplement (*art.* 43) $\frac{CC - B'B'}{B'B'} \times \left(1 - \frac{\delta\delta}{cc - b'b'}\right) = -1$, ou $\frac{CC}{B'B'} = \frac{\delta\delta}{\delta\delta - cc + b'b'}$, ce qui donneroit $\frac{CC}{BB}\left[1 + \text{fin.}\, Z'^2 \left(\frac{B^2 - A^2}{B^2}\right)\right] = \delta\delta \left[1 + \text{fin.}\, Z^2 \left(\frac{b^2 - a^2}{a^2}\right)\right] : \left[(\delta\delta - cc)\left[1 + \text{fin.}\, Z^2 \times \left(\frac{b^2 - a^2}{a^2}\right)\right] + bb\right]$; équation d'où il eft encore plus difficile de tirer une relation entre fin. Z & fin. Z', telle que les deux attractions foient en raifon donnée. Au refte, cette fuppofition de $\frac{CC}{B'B'} = \frac{\delta\delta}{\delta\delta - cc + b'b'}$, en faifant avec M. Maclaurin $C = \delta$, fe réduiroit à celle de l'*art.* 45, c'eft-à-dire, à $CC - B'B' = cc - b'b'$.

52. En général, fans s'aftreindre à la fuppofition de $CC - B'B' = cc - b'b'$, & fe bornant à celle de $\frac{CC - B'B'}{B'B'}$ fin. $z^2 = \frac{cc - b'b'}{b'b'}$ fin. z'^2, & de $\frac{CC}{B'B'}$

$= \frac{\delta\delta}{\delta\delta - cc + b'b'}$, il eſt aiſé de voir que les élémens des deux attractions ſeront entr'eux comme $cdZ \times$ ſin. z'^2 à $CdZ' \times$ ſin. z'^2, ou comme $\frac{cdZ \times b'b'}{cc - b'b'}$ à $\frac{CdZ' \times B'B'}{CC - B'B'}$, ou enfin comme $\frac{cdZ.bb}{cc - bb + cc\,\text{ſin.}\,Z^2 \left(\frac{b^2}{a^2} - 1\right)}$ à $\frac{CdZ'.BB}{CC - BB + CC\,\text{ſin.}\,Z'^2 \left(\frac{B^2}{A^2} - 1\right)}$; ſuppoſons maintenant $CC - B'B' = cc - b'b'$, on aura, en faiſant $cc - bb = \delta'\delta'$, $CC - BB = \Delta'\Delta'$, $b^2 - a^2 = \Omega^2$, $B^2 - A^2 = \Omega'^2$, l'équation $\frac{\delta'\delta' + \frac{\Omega\Omega cc\,\text{ſin.}\,Z^2}{a^2}}{1 + \frac{\Omega^2\,\text{ſin.}\,Z^2}{a^2}} = \frac{\Delta'\Delta' + \frac{\Omega'\Omega'.CC\,\text{ſin.}\,Z'^2}{A^2}}{1 + \frac{\Omega'^2\,\text{ſin.}\,Z'^2}{a^2}}$; d'où l'on tire en différentiant;

$$\frac{dZ\,\text{ſin.}\,Z\,\text{coſ.}\,Z}{\left(1 + \frac{\Omega^2\,\text{ſin.}\,Z^2}{a^2}\right)^2} \times \left(\frac{cc\Omega\Omega}{a^2} - \frac{\delta'\delta'\Omega\Omega}{a^2}\right) = \frac{dZ'\,\text{ſin.}\,Z'\,\text{coſ.}\,Z'}{\left(1 + \frac{\Omega'^2\,\text{ſin.}\,Z'^2}{A^2}\right)^2} \times (cc - \Delta'\Delta')\,\frac{\Omega'^2}{A^2};$$

donc les deux attractions élémentaires ſeront entr'elles comme $cbb \times (1 + \frac{\Omega^2}{a^2}\,\text{ſin.}\,Z^2)^2$ diviſé par $\left(\frac{cc\Omega\Omega}{aa} - \frac{\delta'\delta'\Omega\Omega}{aa}\right) \times$ ſin. Z coſ. $Z \times (\delta'\delta' + \frac{cc\Omega\Omega}{aa}\,\text{ſin.}\,Z^2)$, à $CBB \times (1 + \frac{\Omega'^2}{A^2}\,\text{ſin.}\,Z'^2)^2$ diviſé par $\left(\frac{CC\Omega'\Omega'}{AA} - \frac{\Delta'\Delta'\Omega'\Omega'}{AA}\right)$ ſin.

$\text{fin. } Z' \text{ cof. } Z' \times \left(\Delta' \Delta' + \frac{cc\,\Omega'\Omega' \text{ fin. } Z'^2}{A^2} \right)$, ou (à cauſe de $cc - b'b' = CC - B'B'$, ce qui donne $\frac{1 + \frac{\Omega^2 \text{ fin. } Z^2}{a^2}}{\delta'\delta' + \frac{cc\,\Omega\,\Omega \text{ fin. } Z^2}{aa}} = \frac{1 + \frac{\Omega'^2 \text{ fin. } Z'^2}{A^2}}{\Delta'^2 + \frac{CC\,\Omega'\Omega' \text{ fin. } Z'^2}{A^2}}$,) comme $\frac{\lambda \left(1 + \frac{\Omega^2 \text{ fin. } Z^2}{a^2}\right)}{\text{fin. } Z \text{ cof. } Z}$ à $\frac{\Lambda \left(1 + \frac{\Omega'^2 \text{ fin. } Z'^2}{A^2}\right)}{\text{fin. } Z' \text{ cof. } Z'}$; λ & Λ déſignant des quantités conſtantes. Or ſi on ſe contente de faire $\delta'^2 = \Delta'^2$, & $\Omega^2 = \Omega'^2$ (ſans ſuppoſer $cc = bb$ & $CC = BB$, c'eſt-à-dire, $\delta' = 0$ & $\Delta' = 0$), il ne paroît pas que cette derniere proportion, ſuppoſée conſtante, puiſſe avoir lieu en même-temps que $CC - B'B' = cc - b'b'$, c'eſt-à-dire, que $\frac{\text{fin. } Z \text{ cof. } Z}{1 + \frac{\Omega^2 \text{ fin. } Z^2}{a^2}}$ puiſſe être à $\frac{\text{fin. } Z' \text{ cof. } Z'}{1 + \frac{\Omega'^2 \text{ fin. } Z'^2}{A}}$ en raiſon conſtante.

53. On peut conſidérer encore, que ſi on nomme ζ la tangente de l'angle Z, ce qui donne $dZ = \frac{d\zeta}{1 + \zeta\zeta}$, & ſin. $Z^2 = \frac{\zeta^2}{1 + \zeta\zeta}$, le rapport des élémens des deux attractions dépendra de celui de $\frac{d\zeta}{cc - bb + bb\zeta\zeta\left(\frac{cc}{aa} - 1\right)}$ à $\frac{d\zeta'}{CC - BB + BB\zeta'\zeta'\left(\frac{CC}{A^2} - 1\right)}$; d'où il s'enſuit que pour que ce rapport ſoit conſtant, il faut que les angles

$$\frac{d\zeta}{1+\frac{bb\zeta\zeta}{cc-bb}\left(\frac{cc}{aa}-1\right)} \quad \& \quad \frac{b\zeta'}{1+\frac{BB\zeta'\zeta'}{CC-BB}\left(\frac{CC}{A^2}-1\right)}$$

ſoient en rapport conſtant. D'où l'on tire ou $\frac{d\zeta}{\sqrt{(cc-bb)}} \times \sqrt{\frac{cc}{a^2}-1} = \frac{B\zeta'}{\sqrt{(CC-BB)}} \times \sqrt{\frac{C^2}{A^2}-1}$, (ce qui eſt le cas le plus ſimple) ou en faiſant $\frac{BB}{CC-BB} \times \left(\frac{CC}{A^2}-1\right) = \Gamma^2$, & $\frac{bb}{cc-bb} \times \left(\frac{c^2}{a^2}-1\right) = \gamma^2$, l'équation plus compliquée $\frac{\mu d\zeta'}{1+\Gamma\Gamma\zeta'\zeta'} = \frac{d\zeta}{1+\gamma\gamma\zeta\zeta}$, μ étant une conſtante ; ce qui donnera, par les régles connues, une équation entre ζ & ζ', ou $\frac{\text{ſin.}\, Z}{\sqrt{(1+ZZ)}}$ & $\frac{\text{ſin.}\, Z'}{\sqrt{(1+Z'Z')}}$. Or ces différentes équations ne feront pas la même que celle qui eſt déduite de la ſuppoſition de $CC - B'B' = cc - b'b'$, & encore moins que celle qui eſt déduite de la ſuppoſition de $\frac{CC}{B'B'} = \frac{\delta\delta}{\delta\delta - cc + b'b'}$; d'autant plus que la quantité δ (ſuppoſée ici différente de C) ne ſe trouveroit pas dans l'équation entre ζ & ζ'.

54. Je ſoupçonne donc que M. Maclaurin s'eſt trompé dans l'*art.* 653 de ſon *Traité des Fluxions*, quand il a dit que ſa méthode pour trouver l'attraction d'un ſphéroïde de révolution dans le plan de l'équateur, ou dans l'axe, pouvoit s'appliquer à un ſolide qui ne ſe-

roit pas de révolution ; car en faisant comme il le prescrit $cc - bb = CC - BB$, & $BB - AA = bb - aa$, on ne parviendra point, ce me semble, à la conclusion qu'il en tire, que $B'B'dZ'$ & $b'b'dZ$ sont en raison constante. Au reste, ce n'est ici qu'un doute que je propose, n'ayant pas suffisamment examiné la proposition de M. Maclaurin, qu'il se contente d'énoncer sans la démontrer.

55. Soit d (Fig. 36) un point hors d'un solide elliptique de révolution, dont je suppose que l'axe est AK, $a\,l\,Q$ une ellipse formée dans ce solide par un plan passant par la ligne DdQ, H le point de milieu de aQ, $AG = c$, le demi-axe aH de l'ellipse $aVQ = c'$, $Hd = \delta'$, duV une corde quelconque de cette ellipse aVQ, g le point de milieu de uV, on aura, en appellant b' le demi-axe conjugué de l'ellipse aVQ, & z' l'angle VdQ, $gV = \dfrac{c'\sqrt{\left[1 + \text{fin. } z'^2 \left(\frac{c'c' - \delta'\delta' - b'b'}{b'b'}\right)\right]}}{\frac{c'c' - b'b'}{b'b'}\,\text{fin. } z'^2 + 1}$, & $dg = \dfrac{\delta' \text{ cof. } z'}{\frac{c'c' - b'b'}{b'b'}\,\text{fin. } z'^2 + 1}$. Maintenant soit l'angle $GDQ = Z$, il n'est pas difficile de voir, 1°. que $b'b' : c'c' :: GP^2$ que j'appelle bb est à $\dfrac{cc}{\frac{cc - bb}{bb}\,\text{fin. } Z^2 + 1}$, AG étant $= c$, & GP le rayon de l'équateur. 2°. Que si on nomme la donnée Gd, $\mathfrak{C}$, & l'angle donné DGd, ϵ, on aura $Dd = \dfrac{\mathfrak{C} \text{ fin. } \epsilon}{\text{fin. } Z}$; & comme DH & Da

peuvent être exprimés aiſément en Z par l'*art.* 39, il eſt clair que $Hd = \delta'$ & $aH = c'$, le feront auſſi en Z & en conſtantes. De plus, on verra encore aiſément en faiſant tourner le plan dVQ autour d'un axe paſſant par le point d, & perpendiculaire au plan APK, que l'élément de l'attraction ſuivant dQ (l'angle GDQ étant toujours Z) eſt dZ coſ. $z'^2 \times dz' \times uV$; c'eſt-à-dire, $\frac{2\,dZ \text{ coſ. } z'^2 \times c' \sqrt{\left[1 + \text{ſin. } z'^2 \left(\frac{c'c' - \delta'\delta' - b'b'}{b'b'}\right)\right]}}{\frac{c'c' - b'b'}{b'b'} \text{ ſin. } z'^2 + 1} \times dz'$.

Or comme on a ici au numérateur coſ. z'^2 au lieu de coſ. z' ſin. z', on ne peut employer ici les méthodes ci-deſſus (*art.* 40 *& ſuiv.*) pour ſimplifier cette expreſſion & pour la réduire à l'attraction d'un point placé ſur la ſurface du ſphéroïde.

56. On éprouveroit à peu près la même difficulté quand même on ſuppoſeroit que le point d tombât en D; enſorte que la méthode employée par M. Maclaurin, & depuis par d'autres Géometres, pour trouver l'attraction d'un ſphéroïde elliptique ſur un point placé à l'équateur, ne s'appliqueroit pas ſi aiſément à l'attraction d'un point placé dans le plan de ce même équateur. Mais nous avons donné ci-deſſus un autre moyen d'en venir à bout, par la conſidération des tranches elliptiques qui paſſent par l'axe AK; & c'eſt auſſi ce que M. Maclaurin a remarqué & prouvé à ſa maniere.

57. Nous ajouterons qu'il ne ſeroit pas même fort facile, le point d tombant en D, de trouver par le

moyen des coupes aVQ, l'attraction d'un solide sphérique sur le point D, attraction qui, comme l'on sait, est si aisée à trouver par d'autres méthodes. En effet, il n'est pas difficile de voir que cette recherche dépendroit (pour un corps sphérique) de l'intégration d'une quantité de cette forme $dz' \text{ cos. } z'^2 \sqrt{(a + b \text{ sin. } z'^2)}$, intégration qui dépend de la rectification des sections coniques. On voit par-là combien le choix des inconnues est important dans ces problêmes, comme dans beaucoup d'autres.

58. Si les axes CA, CK (Fig. 37) étoient deux diametres conjugués, faisant entr'eux un angle $ACK = a$, on auroit (*art.* 39) la proportion $\frac{xx \text{ sin. } z'^2}{\text{sin. } a^2} :: cc - \left(\delta - \frac{x \text{ sin. } (a - z')}{\text{sin. } a}\right)^2 :: bb : cc$; d'où l'on tireroit la double valeur de x; & si δ étoit $= c$, c'est-à-dire, si le point A' attiré tomboit en A, on auroit $x = \frac{2\delta \text{ sin. } (a - z')}{\text{sin. } a \left[\frac{\text{sin } z'^2}{\text{sin. } a^2}\left(\frac{cc}{bb}\right) + \frac{\text{sin. } (a - z'^2)}{\text{sin. } a^2}\right]}$. De-là il n'est pas difficile de trouver l'attraction qu'exerceroit sur le point A le solide formé par la révolution de la demi-ellipse ALO autour de AO. Car la difficulté se réduira à intégrer une quantité de la forme $dz' \text{ sin. } z' \text{ cos. } z' \times x$. Or faisant sin. $z' = u$, on trouvera aisément qu'il n'y aura dans la transformée d'autre radical que $\sqrt{(1 - uu)}$, qu'il est aisé de faire disparoître par les méthodes connues, & qui réduit l'intégration aux fractions rationnelles.

59. On peut même remarquer encore que si x est égal à une fonction de constantes & de l'angle z', telle qu'en faisant sin. $z' = u$, il n'y ait dans cette fonction d'autre radical que $\sqrt{(1 - uu)}$, l'attraction qu'exerceroit sur le point *A* le solide formé par la révolution de la courbe non elliptique *ALO* autour de *AO*, se trouveroit de même par l'intégration d'une fraction rationnelle.

REMARQUES

SUR LE MÉMOIRE PRÉCÉDENT.

(*a*) ART. 4. PUISQUE tang. $x =$ (*art.* 3) $\left(\frac{\text{cos. } n}{\text{cos. } \gamma} - \text{cos. } \vartheta\right) : \text{sin. } \vartheta = \frac{\text{cos. } n}{\text{sin. } \vartheta \text{ cos. } \gamma} - \frac{\text{cos. } \vartheta}{\text{sin. } \vartheta} = \frac{\text{cos. } n - \text{cos. } \vartheta \text{ cos. } \gamma}{\text{cos. } \gamma \text{ sin. } \vartheta}$; donc sin. x ou $\frac{\text{tang. } x}{\sqrt{(1 + \text{tang. } x^2)}} =$ à une quantité que j'appelle pour abréger $\varphi(\gamma, n, \vartheta)$, & cos. $x =$ de même à une autre quantité que j'appelle pour abréger $\Psi(\gamma, n, \vartheta)$. Si on veut avoir les expressions des sinus & cosinus qui ne sont ici qu'indiquées, on nommera (Fig. 33) *FD* & *DE*, n' & ϑ' au lieu de n & ϑ, afin de conserver les dénominations de n & de ϑ pour *FD'* & *D'E*, & on aura tang. $x = \frac{\text{cos. } n' - \text{cos. } \vartheta' \text{ cos. } \gamma}{\text{sin. } \vartheta' \text{ cos. } \gamma}$; d'où $\sqrt{(1 + \text{tang. } x^2)} = \frac{\sqrt{(\text{cos. } n'^2 - 2 \text{ cos. } n' \text{ cos. } \vartheta' \text{ cos. } \gamma + \text{cos. } \gamma^2)}}{\text{sin. } \vartheta' \text{ cos. } \gamma}$; donc sin. $x = \frac{\text{cos. } n' - \text{cos. } \vartheta' \text{ cos. } \gamma}{\sqrt{(\text{cos. } n'^2 - 2 \text{ cos. } n' \text{ cos. } \vartheta' \text{ cos. } \gamma + \text{cos. } \gamma^2)}}$; & cos. $x =$

$\frac{\text{cos}.\gamma\ \text{sin}.\vartheta'}{\sqrt{(\text{cos}.n'^2 - 2\,\text{cos}.n'\,\text{cos}.\vartheta'\,\text{cos}.\gamma + \text{cos}.\gamma^2)}}$; donc cosin. $FG = \frac{\sqrt{(\text{cos}.n'^2 - 2\,\text{cos}.n'\,\text{cos}.\vartheta'\,\text{cos}.\gamma + \text{cos}.\gamma^2)}}{\text{sin}.\vartheta'}$, & sin. $FG = \frac{\sqrt{(\text{sin}.\vartheta'^2 - \text{cos}.n'^2 + 2\,\text{cos}.n'\,\text{cos}.\vartheta'\,\text{cos}.\gamma - \text{cos}.\gamma^2)}}{\text{sin}.\vartheta'}$; de-là on tirera la valeur de sin. E ou $\frac{\text{sin}.FG}{\text{sin}.\gamma} = \frac{\sqrt{(\text{sin}.\vartheta'^2 - \text{cos}.n'^2 + 2\,\text{cos}.n'\,\text{cos}.\vartheta'\,\text{cos}.\gamma - \text{cos}.\gamma^2)}}{\text{sin}.\vartheta'\,\text{sin}.\gamma}$; & cos. $E = \frac{\text{cos}.n' - \text{cos}.\vartheta'\,\text{cos}.\gamma}{\text{sin}.\vartheta'\,\text{sin}.\gamma}$.

(*b*) *Art.* 5. On aura, de même que dans la Note précédente, la valeur de sin. D ou sin. $\rho = \frac{\text{sin}.FG}{\text{sin}.n'} = \frac{\sqrt{(\text{sin}.\vartheta'^2 - \text{cos}.n'^2 + 2\,\text{cos}.n'\,\text{cos}.\vartheta'\,\text{cos}.\gamma - \text{cos}.\gamma^2)}}{\text{sin}.\vartheta'\,\text{sin}\,n'}$; & cos. D ou cos. $\rho = \frac{\text{cos}.\gamma - \text{cos}.n'\,\text{cos}.\vartheta'}{\text{sin}.\vartheta'\,\text{sin}.n'}$.

(*c*) *Art.* 7. Nommant l'angle $D'EF$, E', on aura facilement l'angle E', puisque les trois côtés ϑ, n, γ, du triangle $D'EF$ sont connus, & on trouvera, comme dans la Note (*a*) précédente, & par analogie, sin. $E' = \frac{\sqrt{(\text{sin}.\vartheta^2 - \text{cos}.n^2 + 2\,\text{cos}.n\,\text{cos}.\vartheta\,\text{cos}.\gamma - \text{cos}.\gamma^2)}}{\text{sin}.\vartheta\,\text{sin}.\gamma}$; & cos. $E' = \frac{\text{cos}.n - \text{cos}.\vartheta\,\text{cos}.\gamma}{\text{sin}.\vartheta\,\text{sin}.\gamma}$; de-là, & des valeurs de sin. E & cos. E, on tirera aisément la valeur de sin. DED' ou sin. $(E - E') =$ sin. E cos. $E' -$ cos.

cof. E fin. E', & celle de cof. $DED' =$ cof. E cof. $E' +$ fin. E' fin. E.

(*d*) *Art.* 10. On a $\frac{\text{fin.} D'P}{\text{fin.}(E - E')} = \frac{\text{fin.} \vartheta}{\text{fin. tot.}}$; d'où fin. $D'P =$ fin. ϑ fin. $(E - E')$; cofin. $D'P = \sqrt{[1 - \text{fin.} \vartheta^2 \text{fin.} (E - E')^2]}$; cof. $EP = \frac{\text{cof.} \vartheta}{\text{cof.} D'P} = \frac{\text{cof.} \vartheta}{\sqrt{[1 - \text{fin.} \vartheta^2 \text{fin.} (E - E')^2]}}$; donc fin. $EP = \frac{\text{fin.} \vartheta \text{ cof.} (E - E')}{\sqrt{[1 - \text{fin.} \vartheta^2 \text{fin.} (E - E')^2]}}$; fin. $DP =$ fin. $(\vartheta' - EP)$ $=$ fin. ϑ' cof. EP — fin. EP cof. ϑ'; cof. $DP =$ cof. ϑ' cof. $EP +$ fin. ϑ' fin. EP; & enfin cof. DD' ou cof. $DP \times$ cof. $D'P =$ cof. ϑ' cof. $\vartheta +$ fin. ϑ' fin. ϑ cof. $(E - E')$, laquelle quantité eft la même que le finus de $\alpha' + \sigma'$. Donc on aura fin. $D'D =$ cof. $(\alpha' + \sigma') = \sqrt{[1 - (\text{cof.} \vartheta' \text{ cof.} \vartheta + \text{fin.} \vartheta \text{ cof.} (E - E') \text{ fin.} \vartheta')^2]}$. Enfin pour avoir fin. ρ' & cof. ρ', c'eft-à-dire, fin. LO & cof. LO, il faudra, dans les expreffions trouvées ci-deffus de fin. ρ & cof. ρ, mettre $\varkappa = FD'$ au lieu de $\gamma = EF$, $\varkappa' = FD$ au lieu de $\vartheta' = DE$, & au lieu de cof. $\varkappa'$ & fin. $\varkappa'$ mettre les cofinus & finus de $D'D$ qu'on vient de trouver.

Il faudra enfin fe fouvenir que fin. $\varkappa' =$ cof. $(\alpha' + \sigma)$; cof. $\varkappa' =$ fin. $(\alpha' + \sigma)$; que fin. $\vartheta' =$ cof. α', & cof. $\vartheta' =$ fin. α'.

On remarquera de plus que les valeurs de fin. E' & de cof. E' trouvées pag. 248 (*Note c*), ne renferment que des ſinus & coſinus d'angles connus γ, $\varkappa$, ϑ, ces angles étant les élongations des Planetes attirantes, tant entr'elles qu'à l'axe de rotation de la Planete attirée. Ainſi on pourra laiſſer dans les calculs les quantités ſin. E' & coſ. E' ſans y ſubſtituer leur valeur; ce qui donnera des expreſſions moins compliquées.

(*e*) *Art.* 11. Quand il n'y a qu'une Planete attirante, il n'eſt pas néceſſaire de faire un calcul ſi compliqué, comme nous l'avons vu dans le Mém. précéd. p. 198, (*Note n*). Il a été prouvé que pour lors $\beta = 0$, c'eſt-à-dire, que l'axe de rotation & la ligne qui joint les centres des deux Planetes ſont dans le plan d'un des axes; on peut de plus remarquer que ſi on nomme ϖ la diſtance EG (Fig. 32) de l'axe de rotation au point G par où paſſe un des axes du ſphéroïde, on aura coſ. $\varpi =$ coſ. α' coſ. β'; & que ſi on fait $DE = \nu$, diſtance du même axe de rotation à un des autres axes du ſphéroïde, on aura ſin. $\nu =$ coſ. α', & coſ. $\nu =$ ſin. α'.

(*f*) *Art.* 12. Soit pour abréger $\frac{A^3}{\delta^3} = \mu$, $\frac{A'^3}{\delta'^3} = \mu'$, & ainſi du reſte, autant qu'il y aura de corps attirans, on aura les équations ſuivantes (*Note n* du précédent Mémoire, pag. 198).

1°. $+ \omega$ ſin. β' coſ. β' coſ. $\alpha'^2 - 3\mu$ coſ. $(\alpha' + \sigma)^2 \times$ ſin. $(\beta' + \rho)$ coſ. $(\beta' + \rho) - 3\mu'$ coſ. $(\alpha' + \sigma')^2$ ſin. $(\beta + \rho')$ coſ. $(\beta' + \rho') - 3\mu''$ coſ. $(\alpha' + \sigma'')^2$ ſin.

$(\beta' + \rho'')$ cos. $(\beta' + \rho'')$ &c. $= 0$, dans laquelle il n'y a d'inconnues que α', β', & σ, les autres quantités étant exprimées, par les Notes précédentes, en γ, η, ϑ, η', ϑ', α', σ, σ', &c.

2°. $+ \omega$ sin. α' cos. α' cos. $\beta' - 3\mu$ sin. $(\alpha' + \sigma) \times$ cos. $(\alpha' + \sigma)$ cos. $(\beta' + \rho) - 3\mu'$ (sin. $\alpha' + \sigma'$) cos. $(\alpha' + \sigma')$ cos. $(\beta' + \rho')$, &c. $= 0$.

3°. $+ \omega$ sin. α' cos. α' sin. $\beta' - 3\mu$ sin. $(\alpha' + \sigma) \times$ cos. $(\alpha' + \sigma)$ sin. $(\beta' + \rho) - 3\mu'$ (sin. $\alpha' + \sigma'$) cos. $(\alpha' + \sigma')$ sin. $(\beta' + \rho')$, &c. $= 0$.

On tirera de ces équations les valeurs des sinus & cosinus de α', de β' & de σ.

(*g*) *Art.* 13. Ces deux équations seront,

1°. $A'' + \mu - 3\mu$ cos. $(\beta' + \rho)^2$ cos. $(\alpha' + \sigma)^2 + \mu' - 3\mu'$ (cos. $\beta' + \rho')^2$ cos. $(\alpha' + \sigma')^2 +$ &c. $+ \omega \times (-1 +$ cos. β'^2 cos. $\alpha'^2) = A''' m' m' + \mu m' m' - 3\mu m' m'$ cos. $(\alpha' + \sigma)^2$ sin. $(\beta' + \rho)^2 + \mu' m' m' - 3\mu' m' m'$ cos. $(\alpha' + \sigma')^2$ sin. $(\beta' + \rho')^2$, &c. $+ \omega (-1 +$ sin. β'^2 cos. $\alpha'^2)$.

2°. $m^2 A' + \mu m^2 - 3 m^2 \mu$ sin. $(\alpha' + \sigma)^2 + \mu' m^2 - 3 m^2 \mu'$ sin. $(\alpha' + \sigma')^2 +$ &c. $- m^2 \omega$ cos. $\alpha'^2 = A''' + \mu - 3\mu$ cos. $(\alpha' + \sigma)^2$ sin. $(\beta' + \rho)^2 + \mu' - 3\mu'$ cos. $(\alpha' + \sigma')^2$ sin. $(\beta' + \rho')^2$, &c. $+ \omega (-1 +$ sin. β'^2 cos. α'^2).

Pour rendre le calcul plus simple, on remarquera que l'arc $GH = \beta'$ (Fig. 32) peut varier comme on voudra, tous les autres angles α', $\alpha' + \sigma$, ρ, γ, η, ϑ, demeurant les mêmes ; d'où il s'ensuit que les valeurs de ces angles sont indépendantes de la valeur de sin. β' & cos. β' ; mettant donc au lieu des sinus & cosinus de $(\beta' + \rho)$, & au lieu des sinus & cosinus de $(\beta' + \rho')$ leurs valeurs sin. β' cos. ρ + sin. ρ cos. β', &c. dans les trois équations de la Note (f) p. 250 & 251, on tirera aisément de la seconde & de la troisiéme la valeur de $\frac{\text{sin. } \beta'}{\text{cos. } \beta'}$ ou tang. β' exprimée en sinus & cosinus des autres angles ; la premiere équation de la Note (f) donnera de même une équation dans laquelle $\frac{\text{sin. } \beta'}{\text{cos. } \beta'}$ montera au second degré. Comparant les deux valeurs de $\frac{\text{sin. } \beta'}{\text{cos. } \beta'}$ trouvées par le moyen de la seconde & de la troisiéme équation, on aura une nouvelle équation où β' ne sera plus ; & substituant dans l'équation où $\frac{\text{sin. } \beta'}{\text{cos. } \beta'}$ monte au second degré, la valeur de $\frac{\text{sin. } \beta'}{\text{cos. } \beta'}$ déja trouvée, on aura encore une autre équation où β' ne sera plus ; on aura donc deux équations où il n'y aura d'inconnues que α' & $\alpha' + \sigma$, ou α' & σ ; toutes les autres quantités ρ, σ', ρ', &c. étant connues en α', σ, γ, η, ϑ, &c. Nommant donc z le sinus de α', z' celui de σ, on substituera z & z' au lieu de sin. α' & sin. σ dans ces équations, & y, y' au lieu de leurs cosinus ; il est clair de plus qu'on a $1 - yy = zz$, & $1 - y'y' = z'z'$. Au moyen de ces deux équations & des deux équations trouvées, on aura une valeur de z' en z par les régles de l'élimination, & une équation finale en z' ou sin. α' ; équation qu'il est maintenant facile de trouver, & dont j'abandonne l'analyse au Lecteur.

Si on suppose que les corps attirans soient tous placés dans le même plan, on aura pour lors l'angle $D'EF$ ou E' par-tout égal à zéro, & cos. $D'D =$ cos. $\vartheta' \times$ cos. $\vartheta +$ sin. ϑ' sin. ϑ cos. $E =$ cos. ϑ' cos. $\vartheta + \frac{\text{sin. } \vartheta}{\text{sin. } \gamma} \times (\text{cos. } n' - \text{cos. } \vartheta' \text{ cos. } \gamma) =$ sin. α' cos. $\vartheta + \frac{\text{sin. } \vartheta}{\text{sin. } \gamma} \times [\text{sin. } (\alpha' + \sigma) - \text{sin. } \alpha' \text{ cos. } \gamma]$. Ce qui rendra les calculs plus simples.

Si de plus le plan où se trouvent les corps attirans étoit tel que l'axe de rotation y fût placé, alors il n'est pas difficile de voir par la Note (n) du Mém. précéd. p. 198, que $\mathfrak{C}'$ seroit $= 0$, ce qui donneroit sin. $\mathfrak{C}' = 0$, cos. $\mathfrak{C}' = 1$. Pour lors, des trois équations de la Note (f) ci-dessus, p. 251, il ne subsisteroit plus que la seconde ; & en supposant α ou $\alpha' + \sigma = \alpha' + \epsilon'$, $\alpha' + \sigma' = \alpha' + \epsilon''$, &c. & ainsi de suite, les quantités ϵ', ϵ'', &c. seroient les élongations des corps attirans à l'axe de rotation ; mettant donc au lieu de sin. $\alpha \times$ cos. α, & des quantités analogues, leurs valeurs $\frac{\text{sin. } (2\alpha' + 2\epsilon')}{2} = \frac{\text{sin. } 2\alpha' \text{ cos. } 2\epsilon'}{2} + \frac{\text{sin. } 2\epsilon' \text{ cos. } 2\alpha'}{2}$, $\frac{\text{sin. } 2\alpha' \text{ cos. } 2\epsilon''}{2} + \frac{\text{sin. } 2\epsilon'' \text{ cos. } 2\alpha'}{2}$, &c. on aura, en divisant par sin. $2\alpha'$, une équation où il n'y aura d'inconnue que $\frac{\text{cos. } 2\alpha'}{\text{sin. } 2\alpha'}$ ou cotang. α', élevée au premier degré, ce qui donnera α'.

On aura de même des équations analogues à celles de la Note (f) pag. 251, en mettant dans ces équations l'unité au lieu de cos. $(\mathit{6}' + \rho)$, cos. $(\mathit{6}' + \rho')$, &c. & en effaçant les termes où se rencontrent sin. $(\mathit{6}' + \rho)$, sin. $(\mathit{6}' + \rho')$, &c.

(h) *Art.* 30. Soit $r' = r + \mathit{6}$, ou plutôt $r(1 + \alpha \text{ sin. } z^2)$ le rayon variable du sphéroïde, $\rho' = \rho + \gamma$, ou plutôt $\rho(1 + \alpha' \text{ sin. } z^2)$ celui du noyau; on aura $\frac{dr}{r' dz} = \alpha(\text{sin. } 2z + \Sigma)$, Σ étant une très-petite quantité, qui dépend de z & de la figure non elliptique du sphéroide; de plus $\frac{dr'}{r' dz}$ est égal au rapport de l'attraction perpendiculaire au rayon r', à l'attraction dans la direction du rayon r'. Or, supposant δ la densité du fluide, Δ celle du noyau, n le rapport de la demi-circonférence au rayon, cette derniere attraction est $\frac{4n\delta r}{3} + \frac{4n(\Delta - \delta)\rho^3}{3r^2} + \Psi$, Ψ étant une très-petite quantité qui dépend de α & de α', de la force centrifuge & de l'angle z. Et à l'égard de l'attraction ou plutôt de la puissance perpendiculaire aux rayons r' & ρ', elle sera d'abord à cause de la force centrifuge $\frac{\phi \text{ sin. } 2z(1 + \Gamma)}{2}$, Γ étant encore une très-petite quantité qui dépend de α, α' & ζ, & de plus $\left[\frac{4n\delta r\alpha}{5} + \frac{4n(\Delta-\delta)\varrho^5\alpha'}{5r^4}\right]$ fin. $2\zeta + \Omega$, Ω étant de même une quantité très-petite dépendante de α, α' & ζ. Donc en n'ayant d'égard qu'aux termes affectés de fin. 2ζ, on auroit $\alpha \times (1 + \Sigma')$ égal à la quantité $\frac{\Phi(1+\Gamma')}{2} + \frac{4n}{5}\left[r\alpha\delta + \frac{(\Delta-\delta)\varrho^5\alpha'}{r^4}\right]$ divisé par $\frac{4n\delta r}{3} + \frac{4n(\Delta-\delta)\varrho^3}{3.r^2} + \Psi'$; donc en négligeant d'abord les quantités Σ', Γ' & Ψ', on aura $\alpha\left(1 - \frac{3r\delta}{5.\left[\delta r + \frac{(\Delta-\delta)\varrho^3}{r^2}\right]}\right)$ $= \frac{\Phi}{2} + \frac{3(\Delta-\delta)\varrho^5\alpha'}{5r^4\left[\delta r + \frac{(\Delta-\delta)\varrho^3}{r^2}\right]}$.

Si on veut que $\alpha = \alpha'$, il est évident que $\alpha\left(1 - \frac{3r\delta}{5\left[\delta r + \frac{(\Delta-\delta).^3}{r^2}\right]} - \frac{3(\Delta-\delta)\varrho^5}{5r^4\left[\delta r + \frac{(\Delta-\delta)\varrho^3}{r^2}\right]}\right) = \frac{\Phi}{2}$, ou $\alpha = \frac{\Phi}{2} : \left[\frac{2r^5\delta + 5(\Delta-\delta)\varrho^3 r^2 - 3.(\Delta-\delta)\varrho^5}{5r^5\delta + 5(\Delta-\delta)\varrho^3 r^2}\right]$.

Si ρ est presque $= r$, & que Δ & δ soient réels & finis, on aura α égal à très-peu près $\frac{5\Phi\Delta}{2p.2\Delta} = \frac{5\Phi}{4p}$, comme si le sphéroïde étoit homogene; & en effet il n'est pas difficile de voir, comme on l'a déja remarqué pag. 226, que le sphéroïde n'ayant (*hyp.*) qu'une très-petite partie qui soit de la densité δ, & ayant $\alpha = \alpha'$, doit être sensiblement de même figure que s'il étoit de la densité Δ par-tout. Mais il ne sera pas de la même figure que s'il étoit par-tout de la densité δ, la force centrifuge φ étant supposée demeurer la même. Car si le sphéroïde étoit par-tout de la densité δ, la pesanteur p seroit à celle qui résulteroit de la densité Δ, comme δ à Δ; & α seroit en raison inverse de δ à Δ, φ étant supposé le même dans les deux sphéroïdes homogenes, l'un de la densité δ, l'autre de la densité Δ.

Au reste, les résultats précédens n'auront plus lieu si Δ est $= 0$, ou très-petit, c'est-à-dire, si la Planete est creuse en dedans, ou remplie d'une matiere infiniment rare, recouverte d'une calotte très-mince de densité quelconque. Car alors r étant presque $= \rho$, & $\Delta - \delta$ presque $= -\delta$, le dénominateur de la valeur de α devient presque $= 0$, de sorte qu'on a $\alpha = \infty$, valeur illusoire, puisque la solution générale suppose que α soit toujours très-petit; & que d'ailleurs les quantités Σ', Γ' & Ψ' ne peuvent plus ici être négligées par rapport aux autres.

Suivant la formule donnée par M. Clairaut, p. 221 de son Livre *de la Figure de la Terre*, que je suppose qu'on ait ici sous les yeux, il paroît que si $\alpha = \alpha'$, c'est-à-dire, si la quantité que M. Clairaut nomme p est $= 0$, on aura $f = \frac{-1}{\infty + 1} = 0$, & $\Delta = \delta$. Cependant il est clair par ce qui précéde, que la condition de $\Delta = \delta$ n'est point nécessaire pour que $\alpha = \frac{5\varphi}{4}$, mais

mais que Δ peut avoir tel rapport qu'on voudra avec δ, pourvû que ce rapport soit fini. Il faut de plus remarquer que la différence λ des axes du sphéroïde & du noyau, étant supposée très-petite dans l'équation $f = \frac{-1}{\frac{3\lambda}{p}+1}$ que donne M. Clairaut, alors si on suppose la quantité qu'il appelle p, non pas zéro absolu, mais infiniment petit, on aura $f = \frac{-1}{\mathrm{C}+1}$, C pouvant être une quantité finie; d'où $f+1$ ou $\frac{\Delta}{\delta} = \frac{\mathrm{C}}{\mathrm{C}+1}$; c'est-à-dire, $\Delta < \delta$. Pour voir si cette conclusion résulte de nos formules, supposons toujours ρ presque égal à r, ou $\rho = r + \gamma r$, γ étant très-petit, on aura $\alpha = \frac{5\phi}{2} : \left[\frac{2\Delta}{\Delta+3\gamma\Delta-3\delta\gamma}\right] = \frac{5\phi[\Delta+3\gamma(\Delta-\delta)]}{4\Delta}$; & comme γ est négatif, il est clair 1°. que si $\alpha = \frac{5\phi}{4}$, on aura $\Delta = \delta$, en supposant cette formule exacte à la rigueur; 2°. que si α est $> \frac{5\phi}{4}$, c'est-à-dire, si p est positif, il faudra que $\Delta - \delta$ soit négatif, c'est-à-dire, $\Delta < \delta$, comme il résulte du calcul de M. Clairaut. Mais comme γ est fort petit, la valeur de α se réduit sensiblement à $\frac{5\phi}{4}$, quels que soient Δ & δ. Au reste, lorsqu'on veut avoir égard à la différence très-petite des rayons r, ρ, & de plus lorsque Δ est $= 0$ ou très-petit, alors l'équation qu'on vient de trouver pour la valeur de α n'eſt pas exacte, à cauſe des quantités Γ' & Ψ' qu'on a négligées dans le calcul, & qui ſont de l'ordre de $\alpha\Delta$, & par conſéquent du même ordre que $\phi\gamma$. Ainſi il faut pour ce cas une analyſe particuliere, & les calculs précédens, non plus que ceux de M. Clairaut, ne peuvent plus être utiles. Mais il demeure toujours évident, par ce qui a été démontré ci-deſſus (voyez le préſent Mémoire, art. 29, p. 225), que ſi $\alpha = \alpha'$, & que ρ ſoit preſque $= r$, on aura δ égal à tout ce qu'on voudra, pourvû que Δ ſoit fini.

Au reſte, il ne faut pas oublier ce que nous avons dit (*art.* 16, p. 217) qu'à l'exception du cas d'un ſphéroïde homogene, toutes les ſolutions données juſqu'ici du problême de la Figure de la Terre ne ſont qu'approchées. Ainſi la ſeule vérité qui réſulte rigoureuſement des aſſertions précédentes, c'eſt que ſi ρ eſt preſque $= r$, ſi α' eſt preſque $= \alpha$, & $\alpha = \frac{5\phi}{4p}$, p étant ici la peſanteur à l'équateur & ϕ la force centrifuge; il ne s'en faudra que d'une quantité infiniment petite du ſecond ordre que le ſphéroïde ne ſoit en équilibre, quelle que ſoit la denſité δ, pourvû que Δ ne ſoit ni $= 0$, ni infiniment petit.

Nous obſerverons encore que ſi une Planete eſt ſuppoſée creuſe en-dedans, ou qu'en général il y ait un eſpace vuide entre le noyau & le fluide, il faudra pour l'équilibre 1°. que la couche intérieure du fluide ſoit de niveau comme la supérieure; 2°. que si on imagine un canal rectiligne tendant au centre & terminé par les deux couches du fluide, la pesanteur de ce canal soit nulle. Il sera aisé de voir, d'après ces deux conditions, si une Planete peut avoir une matiere fluide suspendue autour d'elle, & qui l'enveloppe en tout sens, cette matiere fluide étant supposée homogene ou non. C'est un problême dont la solution peut se trouver aisément, au moyen des formules connues pour l'attraction des sphéroïdes qui different peu d'une sphere.

XLIX. MÉMOIRE.

Eclairciſſemens ſur une prétendue loi de la Réfraction de la Lumiere.

1. Soit P ou $\frac{1}{m}$ le rapport du ſinus d'incidence d'un rayon de Lumiere au ſinus de réfraction, en paſſant du milieu A dans le milieu B; ſoit $\frac{1}{M}$ le rapport du ſinus d'incidence d'un pareil rayon au ſinus de réfraction, en paſſant du milieu A dans le milieu C, $\frac{1}{m'}$ & $\frac{1}{M'}$ les rapports des ſinus d'incidence & de réfraction pour les rayons d'une autre couleur; M. Newton a prétendu qu'on auroit toujours $\frac{\frac{1}{m}-1}{\frac{1}{m'}-1} = \frac{\frac{1}{M}-1}{\frac{1}{M'}-1}$; c'eſt-à-dire, $\frac{\frac{1}{m}-1}{\frac{1}{m'}-1}$ égale à une quantité conſtante α;

quels que soient les milieux *B*, *C*, pourvû que le passage se fasse toujours en partant du milieu *A*.

2. Cette loi a été reconnue fausse par les expériences de M. Dollond, qui d'abord l'avoit crue vraie; mais avant ces expériences, de grands Géometres avoient cru pouvoir démontrer la fausseté de cette loi par le simple raisonnement. Je crois avoir prouvé (& on le verra encore à la fin de ce Mémoire) que leur démonstration est insuffisante. Voyez *Opusc. Mathém.* Tome III, art. 873 & suiv.

3. Feu M. Klingenstierna avoit aussi cru trouver une pareille démonstration, rapportée & adoptée par M. Clairaut dans les Mém. de l'Acad. de 1756. La briéveté de la démonstration de M. Klingenstierna, & la maniere dont la question y est présentée, m'avoit fait croire d'abord qu'elle étoit fondée sur la même supposition arbitraire que j'avois reprochée à d'autres grands Géometres; mais ayant depuis examiné de nouveau la démonstration dont il s'agit, à la priere d'un ami de M. Klingenstierna, j'ai reconnu que ce savant Mathématicien n'avoit point fait la supposition que j'avois cru, ou du moins que cette supposition n'étoit pas une suite nécessaire de sa démonstration. Cependant cette démonstration ne m'en paroît pas plus solide, & c'est ce que je vais tâcher de prouver.

4. Le rapport des sinus, en passant du milieu *A* dans le milieu *B*, étant $\frac{1}{m}$ pour les rayons de la couleur

K, & $\frac{1}{m'}$ pour ceux de la couleur *Q*, & le rapport des mêmes ſinus, en paſſant du milieu *A* dans le milieu *C*, étant $\frac{1}{M}$ & $\frac{1}{M'}$, le rapport des ſinus, en paſſant du milieu *B* dans le milieu *A*, ſera $\frac{m}{1}$ & $\frac{m'}{1}$; ou ſimplement m & m'; & en paſſant du milieu *B* dans le milieu *C*, il ſera $\frac{m}{M}$ & $\frac{m'}{M'}$, que j'appelle μ & μ'. M. Klingenſtierna ſe propoſe de démontrer que $\frac{1-m}{1-m'}$ n'eſt pas $= \frac{1-\mu}{1-\mu'}$.

5. En ſuppoſant ſa démonſtration rigoureuſe & générale, il en réſulteroit qu'en effet $\frac{\frac{1}{m}-1}{\frac{1}{m'}-1}$ n'eſt pas $= \frac{\frac{1}{M}-1}{\frac{1}{M'}-1}$; car ſi cette derniere équation avoit lieu, on auroit (en mettant pour $\frac{1}{M}$ ſa valeur $\frac{\mu}{m}$, pour $\frac{1}{M'}$ ſa valeur $\frac{\mu'}{m'}$, & en réduiſant) l'équation $\frac{1-m}{1-m'} = \frac{\mu-m}{\mu'-m'}$, ou $\frac{\mu-m}{1-m} = \frac{\mu'-m'}{1-m'}$; ou $\frac{\mu-1}{1-m} = \frac{\mu'-1}{1-m'}$, ou $\frac{\mu-1}{\mu'-1} = \frac{1-m}{1-m'}$, ou enfin, $\frac{1-m}{1-m} = \frac{1-\mu}{1-\mu'}$, équation dont M. Klingenſtierna ſe propoſe de démontrer la fauſſeté. Mais en examinant avec attention la

démonſtration de M. Klingenſtierna, il eſt aiſé de voir qu'il ne démontre pas *en général* que $\frac{1-m}{1-m'}$ n'eſt pas $= \frac{1-\mu}{1-\mu'}$, mais ſeulement pour une hypothèſe particuliere, c'eſt-à-dire, pour l'hypothèſe que les rayons de différente couleur qui tombent parallèles ſur le priſme, puiſſent en ſortir parallèles. C'eſt ce que je vais tâcher de développer.

6. Soit ζ l'angle d'incidence dans le paſſage du milieu A au milieu B, & ρ l'angle de réfraction; ſoit auſſi α l'angle du priſme que M. Klingenſtierna ſuppoſe placé entre les milieux A & C, priſme dont la matiere eſt d'une denſité égale à celle du milieu B (a); les ſuppoſitions & la conſtruction de M. Klingenſtierna donnent $\frac{1}{m} = \frac{\text{ſin.}\,\zeta}{\text{ſin.}\,\rho}$, ou $m = \frac{\text{ſin.}\,\rho}{\text{ſin.}\,\zeta}$; l'angle d'incidence, en paſſant du priſme ou du milieu B dans le milieu C, ſera par la même conſtruction $\alpha + \rho$, & l'angle de réfraction (en ſuppoſant que le rayon émergent ſoit parallèle au rayon incident) ſera $\zeta + \alpha$, & il faudra que $\mu = \frac{\text{ſin.}\,(\rho+\alpha)}{\text{ſin.}\,(\zeta+\alpha)}$.

7. Suppoſant donc $m' = m + dm$ (dm étant poſitif ou négatif) & $\mu' = \mu + d\mu$, on aura les équations ſuivantes,

1°. $m = \frac{\text{ſin.}\,\rho}{\text{ſin.}\,\zeta}$ ou $\text{ſin.}\,\rho = m\ \text{ſin.}\,\zeta$.

(a) Voyez la Figure de M. Klingenſtierna, Mém. Acad. 1756, pag. 405.

$$2^{\circ}.\ \mu = \frac{\sin.(\rho+\alpha)}{\sin.(\beta+\alpha)} = \frac{\sin.\rho \cos.\alpha + \sin.\alpha \cos.\rho}{\sin.\beta \cos.\alpha + \sin.\alpha \cos.\beta} =$$

$$\frac{\sin.\rho + \text{tang}.\alpha \cos.\rho}{\sin.\beta + \text{tang}.\alpha \cos.\beta} = \frac{m \sin.\beta + \text{tang}.\alpha \cos.\rho}{\sin.\beta + \text{tang}.\alpha \cos.\beta}.$$

8. Différentions cette équation en regardant α & β comme conſtans, μ & ρ comme variables, & nous aurons en mettant pour $d\rho$ ſa valeur $\frac{dm \sin.\beta}{\cos.\rho}$ & pour ſin. ρ ſa valeur m ſin. β, l'équation ſuivante, $d\mu = \frac{dm \sin.\beta \left(1 - \frac{m\,\text{tang}.\alpha \cos.\beta}{\cos.\rho}\right)}{\sin.\beta \left(1 + \frac{\text{tang}.\alpha \cos.\beta}{\sin.\beta}\right)}$; d'où l'on tire

$$3^{\circ}.\ \frac{d\mu}{dm} = \frac{1 - \frac{m \sin.\beta\, \text{tang}.\alpha}{\cos.\rho}}{1 + \frac{\text{tang}.\alpha}{\text{tang}.\beta}}.$$

9. Soit donc $\frac{d\mu}{dm} = k$, $\frac{m \sin.\beta}{\cos.\rho}$ ou $\frac{m \sin.\beta}{\sqrt{(1 - m^2 \sin.\beta^2)}} = \omega$, $\frac{1}{\text{tang}.\beta}$ ou $\frac{\cos.\beta}{\sin.\beta} = \sigma$; on aura $k = \frac{1 - \omega\, \text{tang}.\alpha}{1 + \sigma\, \text{tang}.\alpha}$ & $\text{tang}.\alpha = \frac{1 - k}{k\sigma + \omega}$.

10. De-là il eſt évident que m, β & $\frac{d\mu}{dm}$ étant donnés, ſi on veut que les rayons émergens de toutes les couleurs ſortent parallèles entr'eux & parallèles aux incidens, α doit avoir une certaine valeur dépendante de m, β & $\frac{d\mu}{dm}$; & par conſéquent auſſi que $\mu = \frac{\sin.(\rho+\alpha)}{\sin.(\beta+\alpha)}$ devra avoir une certaine valeur dépendante des

des mêmes quantités m, β & $\frac{d\mu}{dm}$; enforte que fi l'angle feul β devient différent, μ & $\frac{d\mu}{dm}$ demeurant les mêmes, il n'y aura plus de parallèlifme.

11. Les mêmes équations $m = \frac{\text{fin.}\,\rho}{\text{fin.}\,\beta}$ & $\mu = \frac{\text{fin.}\,(\rho+\alpha)}{\text{fin.}\,(\beta+\alpha)}$ ou $\mu = \frac{\text{fin.}\,\rho\,\text{cof.}\,\alpha + \text{fin.}\,\alpha\,\text{cof.}\,\rho}{\text{fin.}\,\beta\,\text{cof.}\,\alpha + \text{fin.}\,\alpha\,\text{cof.}\,\beta} = \frac{m\,\text{fin.}\,\beta\,\text{cof.}\,\alpha + \text{fin.}\,\alpha\,\text{cof.}\,\rho}{\text{fin.}\,\beta\,\text{cof.}\,\alpha + \text{fin.}\,\alpha\,\text{cof.}\,\beta}$ $= \frac{m\,\text{fin.}\,\beta + \text{tang.}\,\alpha\,\text{cof.}\,\rho}{\text{fin.}\,\beta + \text{tang.}\,\alpha\,\text{cof.}\,\beta}$, donnent tang. $\alpha = \frac{(\mu - m)\,\text{fin.}\,\beta}{\text{cof.}\,\rho - \mu\,\text{cof.}\,\beta}$; c'eft la valeur que doit avoir α (μ, m, β étant donnés) pour que les rayons fortent du prifme parallèlement à leur premiere pofition.

12. Si $\mu = m$, c'eft-à-dire, fi le milieu C eft le même que le milieu B, on aura $\alpha = 0$; c'eft-à-dire, que le rayon émergent ne pourra être parallèle au rayon incident, à moins que l'angle du prifme ne foit nul. Donc fi un prifme eft environné d'un feul & même milieu, le rayon émergent du prifme ne pourra jamais être parallèle au rayon incident fur le prifme.

13. Reprenons maintenant la formule générale de l'*art.* 11. Puifque α eft fuppofé conftant, & le doit être, ainfi que β, (dans l'hypothèfe que les rayons émergens fortent parallèles aux incidens) on aura $\frac{(d\mu - dm)\,\text{fin.}\,\beta}{(\mu - m)\,\text{fin.}\,\beta}$ $= \frac{d\,\text{cof.}\,\rho - d\mu\,\text{cof.}\,\beta}{\text{cof.}\,\rho - \mu\,\text{cof.}\,\beta}$, ou $\frac{d\mu - dm}{\mu - m} = \frac{-d\rho\,\text{fin.}\,\rho - d\mu\,\text{cof.}\,\beta}{\text{cof.}\,\rho - \mu\,\text{cof.}\,\beta}$ $= \frac{\frac{-m\,dm\,\text{fin.}\,\beta}{\text{cof.}} - d\mu\,\text{cof.}\,\beta}{\text{cof.}\,\rho - \mu\,\text{cof.}\,\beta} = \frac{-m\,dm\,\text{fin.}\,\beta^2 - d\mu\,\text{cof.}\,\beta\,\sqrt{(1 - m^2\,\text{fin.}\,\beta^2)}}{1 - m^2\,\text{fin.}\,\beta^2 - \mu\,\text{cof.}\,\beta\,\sqrt{(1 - m^2\,\text{fin.}\,\beta^2)}}$;

équation d'où l'on tirera, quand la chose sera possible, la valeur de β.

14. On peut remarquer en passant, que si μ est $< m$, & qu'en même-temps m soit < 1, la valeur de tang. α sera négative; car le numérateur de la fraction qui exprime la valeur de tang α, sera négatif, & le dénominateur sera positif, puisque m étant (*hyp.*) < 1, $\frac{\text{cos.}\,\rho}{\text{sin.}\,\beta}$ ou $\frac{\sqrt{(1 - m^2 \text{sin.}\,\beta^2)}}{\sqrt{(1 - \text{sin.}\,\beta^2)}}$ est $> m$, & qu'ainsi $\frac{\text{cos.}\,\rho}{\text{sin.}\,\beta} - \mu$ est $> m - \mu$, & par conséquent positif. Donc alors on trouvera pour α une valeur négative; ce qui ne signifie pas que l'angle α du prisme ait en ce cas une valeur illusoire, mais simplement que μ au lieu d'être $= \frac{\text{sin.}\,(\rho + \alpha)}{\text{sin.}\,(\beta + \alpha)}$ sera $= \frac{\text{sin.}\,(\rho - \alpha)}{\text{sin.}\,(\beta - \alpha)}$, α étant l'angle du prisme. Et en effet, il est aisé de voir par la construction de M. Klingenstierna, que si TG ou μ (Fig. 38) est $< TI$ ou m, l'angle $IHG = \alpha$, qui est l'angle du prisme, se trouvera placé à gauche de IH, & non à droite comme dans la figure de M. Klingenstierna.

15. On peut remarquer aussi, que si μ & m sont fort peu différens de l'unité, $\mu - m$ sera fort petit, mais tang. α, ni par conséquent α, ne seront pas pour cela très-petits; car le numérateur $\mu - m$ de la valeur de tang. α sera à la vérité fort petit, mais à cause de μ & de m fort peu différens de l'unité, cos. $\rho - \mu$ cos. β ou $\sqrt{(1 - m^2 \text{sin.}\,\beta^2)} - \mu\sqrt{(1 - \text{sin.}\,\beta^2)}$ sera aussi très-petit. Donc tang. α & α pourront être des quantités

finies ; & en effet, il eſt aiſé de voir par la conſtruction même de M. Klingenſtierna, que ſi on ſuppoſe les points I & G fort près de H, c'eſt-à-dire, TI & TG preſque égales à l'unité TH, l'angle IHG ou α ne ſera pas pour cela très-petit, puiſque les tangentes des arcs TGH, TIH, au point H, font entr'elles un angle fini, égal à la moitié de la différence des degrés de l'arc TGH & de l'arc TIH.

16. La raiſon qui m'engage à faire cette derniere remarque, c'eſt que le même Savant, ami de feu M. Klingenſtierna, qui m'a engagé à examiner de nouveau ſa démonſtration, ſemble ſuppoſer, dans l'écrit qu'il m'a communiqué à ce ſujet, que ſi m & μ different très-peu de l'unité, l'angle α du priſme doit être fort petit pour que les rayons émergens ſortent parallèles aux rayons incidens ; ce qui n'eſt pas.

17. Toutes ces remarques ſuppoſées, ſi dans la conſtruction de M. Klingenſtierna (Mém. Acad. 1756, pag. 405) on imagine l'arc HOo (Fig. 39) appartenant au demi-cercle qui a pour diametre TH, on ſait par la Géométrie élémentaire que l'arc Oo eſt égal à l'arc Ll décrit du centre T, & que par conſéquent il contient le double de degrés, les rayons étant comme 1 à 2 ; donc l'angle OHo eſt > l'angle LHl, donc l'angle $oHl > OHL$. Donc puiſque les angles droits Hol, HOL ſont égaux, il eſt aiſé de conclure de la démonſtration de M. Klingenſtierna, que $\frac{ol}{OL} > \frac{Ho}{HO}$;

or $\frac{Ho}{HO} = \frac{go}{GO}$, & $\frac{go}{GO} = \frac{ig}{IG}$; donc $\frac{lo}{LO} > \frac{go}{GO}$; donc $\frac{go+lo}{GO+LO}$ ou $\frac{lg}{LG} > \frac{go}{GO} = \frac{gi}{GI}$; donc $\frac{lg+gi}{LG+GI}$ ou $\frac{li}{LI} < \frac{lg}{LG}$. Donc en faisant $TI = m$; $Ti = m - dm$, $TG = \mu$, $Tg = \mu - d\mu$, on aura $\frac{1 - m + dm}{1 - m} < \frac{1 - \mu + d\mu}{1 - \mu}$ ou $\frac{dm}{1 - m} < \frac{d\mu}{1 - \mu}$. Donc il faut pour le parallèlisme des rayons que $\frac{d\mu}{1 - \mu}$ soit $> \frac{dm}{1 - m}$, μ étant supposé $> m$, comme dans cette figure 39. Si Tig tomboit au-dessous de TIG, on auroit $Ti = m + dm$, $TG = \mu + d\mu$, $\frac{li}{LI} > \frac{lg}{LG}$, $\frac{1 - m - dm}{1 - m} > \frac{1 - \mu - d\mu}{1 - \mu}$, & $\frac{d\mu}{1 - \mu} > \frac{dm}{1 - m}$, comme on vient de le trouver.

18. On peut prouver analytiquement la même vérité en considérant, que suivant les noms donnés ci-dessus $\frac{d\mu}{dm}$ sera à $\frac{1 - \mu}{1 - m}$ comme $(1 - m)\left(1 - \frac{m \text{ tang. } \alpha \text{ fin. } \beta}{\sqrt{(1 - m^2 \text{ fin. } \beta^2)}}\right)$ est à $1 - m + \text{tang. } \alpha \left(\frac{\text{cof. } \beta}{\text{fin. } \beta} - \frac{\sqrt{(1 - m^2 \text{ fin. } \beta^2)}}{\text{fin. } \beta}\right)$; ainsi, pour démontrer que $\frac{dm}{1 - m}$ est $< \frac{d\mu}{1 - \mu}$, ou $\frac{d\mu}{dm} > \frac{1 - \mu}{1 - m}$, la question se réduit à prouver que $- m(1 - m) \text{ fin. } \beta^2$ est $> \text{cof. } \beta \sqrt{(1 - m^2 \text{ fin. } \beta^2)} - 1 + m^2 \text{ fin. } \beta^2$, ou que $1 - m \text{ fin. } \beta^2$ est $> \text{cof. } \beta \times$

$\sqrt{(1 - m^2 \sin. \zeta^2)}$, ou que (en élevant au quarré & réduisant) $- 2m$ est $> - m^2 - 1$, c'est-à-dire, $(m-1)^2$ positif, ce qui est évident.

19. M. Klingenstierna a donc seulement prouvé, que si dans le passage d'un milieu *A* à tant d'autres milieux qu'on voudra, $\frac{1-m}{1-m'}$ est constant, on ne pourra jamais disposer trois milieux de suite, le premier étant *A*, & les deux autres quelconques, de maniere, que si le second milieu a une figure prismatique, un faisceau de rayons émergens soit parallèle au faisceau des mêmes rayons incidens. Or ce défaut de parallèlisme n'implique en lui-même ni absurdité ni contradiction; puisqu'en effet on a vu plus haut (*art.* 12) qu'il y a des cas où ce parallèlisme est impossible, même pour un seul rayon d'une même couleur; savoir le cas où un prisme est placé dans un seul & même milieu.

20. On objectera peut-être que comme il y a une équation finale (*art.* 13) entre m, μ, $\frac{dm}{d\mu}$, & sin. ζ, (pour que les rayons émergens soient parallèles aux incidens) on peut, en supposant m, μ & $\frac{dm}{d\mu}$ donnés, déterminer sin. ζ à être tel qu'il satisfasse à cette équation; & que par conséquent il sera toujours possible de faire ensorte que les rayons émergens soient parallèles aux incidens. Mais il est évident que si $\frac{dm}{1-m}$ étoit égal à $\frac{d\mu}{1-\mu}$, ou même $\frac{dm}{1-m} > \frac{d\mu}{1-\mu}$ (m & μ

étant ſuppoſés < 1, & $\mu > m$), l'angle ζ n'auroit point de valeur poſſible, puiſqu'on trouve (*art.* 17 & 18) qu'en ſuppoſant ζ & α des angles réels & poſſibles, $\frac{dm}{1-m}$ eſt $< \frac{d\mu}{1-\mu}$.

21. En effet, ſi on fait $\frac{d\mu}{dm} = k$, l'équation de l'*art.* 13 $\frac{d\mu - dm}{\mu - m} = \frac{-m\,dm\,\text{ſin.}\,\zeta^2 - d\mu\,\text{coſ.}\,\zeta\,\sqrt{(1-m^2\,\text{ſin.}\,\zeta^2)}}{1-m^2\,\text{ſin.}\,\zeta^2 - \mu\,\text{coſ.}\,\zeta\,\sqrt{(1-m^2\,\text{ſin.}\,\zeta^2)}}$, donnera après les réductions $k^2 - 2k + 1 - \mu^2 + 2km\mu - m^2k^2 = (\text{ſin.}\,\zeta^2)(k^2m^2 + 2\mu m - 2km^2 - k^2m^4 + 2k\mu m^3 - \mu^2 - m^2\mu^2)$; d'où l'on tire ſin. $\zeta^2 = \frac{(k-1)^2 - (km-\mu)^2}{k^2m^2 - \mu^2 - 2m(km-\mu) - (km^2 - m\mu)^2}$; ſuppoſons, par exemple, $\frac{d\mu}{1-\mu} = \frac{dm}{1-m}$, on aura $\frac{k}{1-\mu} = \frac{1}{1-m}$, d'où $k - 1 = km - \mu$, & par conſéquent ſin. $\zeta = 0$; donc on aura auſſi $\alpha = 0$, puiſque tang. $\alpha = \frac{(\mu - m)\,\text{ſin.}\,\zeta}{\text{coſ.}\,\zeta - \mu\,\text{ſin.}\,\zeta}$. Donc ſi $\frac{d\mu}{1-\mu} = \frac{dm}{1-m}$, il faudra, pour le parallèliſme des rayons incidens & émergens, que l'angle du priſme ſoit nul, c'eſt-à-dire, que le milieu *B* ſoit anéanti, & que les rayons tombent perpendiculairement du milieu *A* dans le milieu *C*. [On peut démontrer de même que ſi $\frac{d\mu}{1-\mu}$ eſt $< \frac{dm}{1-m}$, le parallèliſme ſera impoſſible. Voyez ci-après le *Supplément à ces Recherches*].

22. Concluons de tout ce qui précéde, que la dé-

monſtration de M. Klingenſtierna contre la loi de M. Newton n'a lieu que dans une hypothèſe particuliere, qu'on peut lui conteſter; ſavoir dans celle du parallèliſme des rayons émergens aux incidens: & en effet il eſt évident, ce me ſemble, qu'on ne peut démontrer métaphyſiquement & en général que la loi de M. Newton eſt impoſſible, puiſqu'il ſe pourroit qu'il y eût en effet des cas où la nature eût rendu $\frac{dm}{1-m}$ égal à $\frac{d\mu}{1-\mu}$; cette ſuppoſition n'ayant rien en elle-même de choquant ni d'abſurde.

23. C'eſt donc uniquement par l'expérience, & non par la ſimple théorie, qu'on peut détruire l'aſſertion de M. Newton, que $\frac{\frac{1}{m}-1}{\frac{1}{m'}-1}$ eſt $=\frac{\frac{1}{M}-1}{\frac{1}{M'}-1}$. J'ajouterai que la propoſition de l'*Optique* de ce grand homme, citée dans les Mémoires de l'Académie de 1756, page 384, eſt exactement & même évidemment vraie, ſi *tous* les rayons émergens d'*un même faiſceau*, composé des ſept couleurs, ſortent parallèles aux rayons incidens *de ce même faiſceau;* pour lors le faiſceau émergent ſera blanc, comme le dit M. Newton; mais il ne le ſera plus s'il n'y a qu'*un ſeul* des rayons émergens, par ex. le rayon rouge, qui ſoit parallèle au rayon rouge incident. En ce cas, comme l'a obſervé M. Dollond, l'objet ſera coloré. M. Klingenſtierna, qui place ſon priſme entre deux différens milieux, ſuppoſe, comme

M. Newton, que *tous* les rayons d'un faisceau soient parallèles à l'entrée & à la sortie, d'où résultera la blancheur. Or cette supposition pourroit n'avoir pas lieu dans la nature (*art.* 19 & 22).

24. Je terminerai ce Mémoire par quelques autres Remarques sur la loi supposée par M. Newton, & sur le théorême de M. Klingenstierna. Si un rayon passe du milieu A dans le milieu B, un pareil rayon du milieu A dans le milieu C, un pareil rayon du milieu A dans le milieu D, &c. M. Newton suppose, comme nous l'avons déja dit plusieurs fois, qu'on aura $\frac{\frac{1}{m}-1}{\frac{1}{m'}-1}$ égal à une quantité constante, quel que soit le second milieu, le milieu A restant toujours le même, & $\frac{1}{m}$, $\frac{1}{m'}$ étant les rapports des sinus d'incidence & de réfraction pour les rayons de la couleur K & ceux de la couleur Q, en passant du milieu A dans ce second milieu. On a prétendu qu'il s'ensuivroit de-là que $\frac{\frac{1}{m}-1}{\frac{1}{m'}-1}$ devroit être $= \frac{1-m}{1-m'}$, conséquence dont on a aisément fait voir la fausseté ; mais cette conséquence n'est point une suite de la loi supposée par M. Newton.

25. Car si on prend $P = \frac{1}{m}$, pour le rapport des sinus dans le passage du milieu A aux milieux B, C, D,

D, &c. la quantité $\frac{P-1}{P'-1}$ peut être ſuppoſée égale à une conſtante α, ſans que de cette ſuppoſition il réſulte que $\frac{1-m}{1-m'}$ ſoit égal à la même conſtante α; c'eſt-à-dire, que cette même loi ou rapport ait lieu dans le paſſage du milieu B au milieu A, du milieu C au milieu A, du milieu D au milieu A, &c.

26. Il y a plus; de ce que $\frac{\frac{1}{m}-1}{\frac{1}{m'}-1}$ eſt $=\frac{\frac{1}{M}-1}{\frac{1}{M'}-1}$, non-ſeulement il ne s'enſuit point que $\frac{1-m}{1-m'}$ ſoit $=\frac{\frac{1}{m}-1}{\frac{1}{m'}-1}$; il ne s'enſuit pas même que $\frac{1-m}{1-m'}$ ſoit $=\frac{1-M}{1-M'}$; puiſqu'il faudroit pour cela qu'on eût $\frac{m'}{m}=\frac{M'}{M}$, ce qui n'eſt pas; car $\frac{\frac{1}{m}-1}{\frac{1}{m'}-1}$ ſuppoſé égal à $\frac{\frac{1}{M}-1}{\frac{1}{M'}-1}$ donne $\frac{\frac{m'}{m}-m'}{1-m'}=\frac{\frac{M'}{M}-M'}{1-M'}$, & en retranchant l'unité de part & d'autre, $\frac{\frac{m'}{m}-1}{1-m'}=\frac{\frac{M'}{M}-1}{1-M'}$; d'où il eſt clair que ſi $\frac{m'}{m}$ étoit $=\frac{M'}{M}$, on auroit $1-m'=1-M'$ ou $m'=M'$, & par conſéquent auſſi $m=M$, ce qui n'eſt pas.

27. Par conséquent de ce que $\frac{\frac{1}{m}-1}{\frac{1}{m'}-1}$ est supposé une quantité constante, en passant d'un milieu *donné & constant* A, dans un autre milieu *quelconque & variable* B, il ne s'ensuit ni que $\frac{1-m}{1-m'}$ soit égal à la même constante, ni même à une autre constante quelconque; c'est-à-dire, que la loi qui peut s'observer dans le passage de A à B ne doit pas pour cela s'observer de même dans le passage de B à A.

28. Mais en même-temps il est aisé de faire voir que si dans le passage du milieu A aux milieux B, C, D, &c. la loi dont il s'agit est observée, elle le sera aussi dans le passage d'un des milieux quelconque B aux autres milieux A, C, D, &c. Nous en avons déja donné la preuve ci-dessus, *art.* 5. Mais nous allons la présenter ici d'une maniere plus générale & plus détaillée.

29. En effet le rapport des sinus, en passant du milieu B aux milieux A, C, D, &c. sera m, $\frac{m}{M}$; $\frac{m}{\mu}$, &c. dans la supposition que le rapport des sinus, en passant du milieu A dans les milieux B, C, D, &c. soit $\frac{1}{m}$, $\frac{1}{M}$, $\frac{1}{\mu}$. Or de ce que $\frac{\frac{1}{m}-1}{\frac{1}{m'}-1}$ est $=$ $\frac{\frac{1}{M}-1}{\frac{1}{M'}-1}=\frac{\frac{1}{\mu}-1}{\frac{1}{\mu'}-1}$, & de ce que $\frac{1-m}{1-m'}=$

$\frac{\frac{1}{m}-1}{\frac{1}{m'}-1} \times \frac{m}{m'}$, il s'ensuit que $\frac{1-\frac{m}{M}}{1-\frac{m'}{M'}}$ est égal à $\frac{1-m}{1-m'}$. Car puisque $\frac{\frac{1}{M'}-1}{\frac{1}{m'}-1} = \frac{\frac{1}{M}-1}{\frac{1}{m}-1}$, donc $\frac{\frac{m'}{M'}-m'}{1-m'} = \frac{\frac{m}{M}-m}{1-m}$; donc (en retranchant de part & d'autre l'unité, & réduisant) on aura $\frac{\frac{m'}{M'}-1}{1-m'} = \frac{\frac{m}{M}-1}{1-m}$ ou $\frac{1-\frac{m}{M}}{1-\frac{m'}{M'}} = \frac{1-m}{1-m'}$; & on prouvera de même que $\frac{1-\frac{m}{\mu}}{1-\frac{m'}{\mu'}}$ sera $= \frac{1-m}{1-m'}$, & ainsi de suite pour tant de milieux E, F, &c. qu'on voudra.

30. Donc si la quantité $\frac{\frac{1}{m}-1}{\frac{1}{m'}-1}$ est constante dans le passage immédiat d'un milieu donné A à d'autres milieux quelconque B, C, D, &c. la quantité $\frac{1-n}{1-n'}$ sera aussi constante, n étant le rapport des sinus dans le passage immédiat d'un de ces milieux B aux autres milieux A, C, D, &c.

31. Il faudra seulement remarquer que $\frac{1-n}{1-n'}$, quoique constant, ne sera pas égal à la valeur constante

α de $\frac{\frac{1}{m}-1}{\frac{1}{m'}-1}$, mais à cette valeur α multipliée par $\frac{m}{m'}$, c'est-à-dire, par le rapport des sinus dans le passage du milieu *B* au milieu *A*, pour les rayons de deux différentes couleurs; c'est ce qui résulte de l'équation $\frac{\frac{1}{m}-1}{\frac{1}{m'}-1} \times \frac{m}{m'} = \frac{1-m}{1-m'}$. Cette proposition a été déja démontrée art. 874 du troisiéme Volume de nos *Opuscules Mathématiques*.

32. Si le passage se faisoit du milieu *C* dans les milieux *A*, *B*, *D*, &c. $\frac{1-n}{1-n'}$ seroit $= \frac{\alpha M}{M'}$; du milieu *D* dans les milieux *A*, *B*, *C*, &c. $\frac{1-n}{1-n'}$ seroit $= \frac{\alpha m}{m'}$, en supposant $\frac{1}{m}$ le rapport des sinus dans le passage de *A* à *D*, &c. & ainsi du reste.

33. Donc si la loi de M. Newton a lieu dans le passage immédiat d'un milieu donné *A* à tant de milieux qu'on voudra, c'est-à-dire, si le rapport $\frac{\frac{1}{m}-1}{\frac{1}{m'}-1}$ est égal à une constante pour tous ces milieux, le rapport analogue $\frac{1-n}{1-n'}$ sera aussi égal à une quantité constante, différente de la premiere, dans le passage immédiat d'un de ces milieux quelconque au milieu *A* & à

tous les autres ; mais la même loi ou conſtance de rapport n'aura pas lieu dans le paſſage immédiat de ces différens milieux au même milieu *A*.

34. En général, ſi n eſt le rapport des ſinus, en paſſant du milieu d'où vient la Lumiere dans celui où elle entre, la queſtion de l'*art.* 1 ſe réduit à prouver contre M. Newton que $\frac{1-n}{1-n'}$ ou $\frac{n-1}{n'-1}$ n'eſt pas égal à une conſtante, dans le paſſage du milieu *A* aux milieux *B*, *C*, *D*, &c. Or M. Klingenſtierna ſe contente de prouver (ou plutôt ſe propoſe ſimplement de prouver) que $\frac{1-n}{1-n'}$ n'eſt pas conſtant, dans le paſſage du milieu *B* aux milieux *A*, *C*, *D*, &c. ce qui n'eſt pas préciſément la propoſition à prouver. Il eſt bien vrai que de la vérité de cette ſeconde propoſition doit réſulter la vérité de la premiere ; mais il eſt vrai auſſi, ce me ſemble, que M. Klingenſtierna auroit dû démontrer que la premiere réſulte de la ſeconde, ce qu'il n'a point fait, & à quoi nous avons ſuppléé ci-deſſus, *art.* 5 & 29. Il étoit d'autant plus néceſſaire de le démontrer, que quoïque dans les deux cas $\frac{1-n}{1-n'}$ ſoit égal à une conſtante, il n'eſt pas égal à la même conſtante (*art.* 31), puiſque ſi dans le premier cas il eſt égal à α, dans le ſecond il l'eſt à $\frac{\alpha m}{m'}$. Or M. Klingenſtierna n'ayant ni donné cette démonſtration, ni fait cette remarque que la valeur conſtante de $\frac{1-n}{1-n'}$ n'eſt pas la même dans les deux cas ;

j'en ai conclu, & peut-être avec quelque raiſon, qu'il avoit ſuppoſé *tacitement* que dans ces deux cas la valeur de $\frac{1-n}{1-n'}$ étoit la même, quoique cette ſuppoſition ne ſuive pas néceſſairement de ſa conſtruction & de ſa démonſtration.

35. Une autre cauſe qui a contribué à me faire juger que M. Klingenſtierna avoit fait la fauſſe ſuppoſition dont il s'agit, c'eſt qu'à la fin de ſa démonſtration il remarque que ſi m & μ different peu de l'unité, $\frac{1-m}{1-m'}$ ſera égal à $\frac{1-\mu}{1-\mu'}$ à très-peu près. Or dans ce cas les rapports $\frac{1-m}{1-m'}$ & $\frac{1-\mu}{1-\mu'}$ ſont égaux à très-peu près à la même conſtante α, que les rapports $\frac{\frac{1}{m}-1}{\frac{1}{m'}-1}$ & $\frac{\frac{1}{M}-1}{\frac{1}{M'}-1}$, comme nous l'allons prouver dans un moment. Il étoit donc naturel de croire que M. Klingenſtierna ſuppoſoit en général, que $\frac{\frac{1}{m}-1}{\frac{1}{m'}-1}$ & $\frac{\frac{1}{M}-1}{\frac{1}{M'}-1}$ étoient égaux à une conſtante α, $\frac{m-1}{m'-1}$ & $\frac{\frac{m}{M}-1}{\frac{m'}{M'}-1}$ ou $\frac{\mu-1}{\mu'-1}$ devoient auſſi être égaux à la même conſtante α.

36. Quoi qu'il en soit, il demeure constant, ce me semble, par les *art.* 19 & 22, qu'encore que M. Klingenstierna n'ait pas fait la fausse supposition que j'avois cru, ou du moins que sa démonstration n'entraîne pas cette fausse supposition, cependant cette démonstration ne conclut rien à la rigueur contre la loi supposée par M. Newton, laquelle ne peut être renversée que par l'expérience.

37. Si m & m' different très-peu de l'unité, alors α qui est $= \frac{\frac{1}{m} - 1}{\frac{1}{m'} - 1}$ ne sera plus une quantité presque $= 1$, mais une quantité finie, & $\frac{\alpha m'}{m}$ sera censé égal à α, parce que m' & m différent très-peu l'un de l'autre.

38. Et si dans ce cas les différences β & β' de m & de m' avec l'unité étoient telles que $\frac{\beta}{\beta'} = \alpha$ fût encore une quantité fort peu différente de l'unité, alors $\beta - \beta'$ étant une quantité censée infiniment petite du second ordre (puisque β & β' le sont du premier, & que $\frac{\beta}{\beta'}$ est supposé presque égal à 1), $m - m'$ seroit aussi censée infiniment petite du second ordre. Ainsi la différence de α & de $\frac{\alpha m'}{m}$ seroit censée infiniment petite du second ordre, & par conséquent ces deux quantités pourroient encore être regardées comme égales.

39. Nous avons démontré dans les deux articles pré-

cédens que si $\frac{\frac{1}{m}-1}{\frac{1}{m'}-1} = \frac{\frac{1}{M}-1}{\frac{1}{M'}-1} = \alpha$, & que m & M different très-peu de l'unité, ainsi que m' & M'; on aura $\frac{m-1}{m'-1}$ & $\frac{\frac{m}{M}-1}{\frac{m'}{M'}-1}$ sensiblement égaux à α. On prouvera de même que dans ce cas $\frac{M-1}{M'-1}$ est aussi sensiblement égal à α. Or de-là il s'ensuit que si $\frac{m-1}{m'-1} = \frac{M-1}{M'-1} = \alpha$, on aura $\frac{\frac{M}{m}-1}{\frac{M'}{m'}-1}$ sensiblement égal à α; car m & m', M & M', $\frac{M}{m}$ & $\frac{M'}{m'}$ font ici absolument le même effet que $\frac{1}{m}$ & $\frac{1}{m'}$, $\frac{1}{M}$ & $\frac{1}{M'}$, $\frac{m}{M}$ & $\frac{m'}{M'}$ dans l'article ci-dessus. Dans l'art. 29 du XLIII Mémoire de nos *Opuscules*, Tome V, pag. 468, nous n'avons démontré cette derniere proposition que dans l'hypothèse que la différence de m & de m', ainsi que de M & de M', soit censée infiniment petite du second ordre. On voit ici que la proposition est encore vraie, quand même $m' - m$ seroit du même ordre que $1 - m$.

40. De-là il est aisé de conclure que si $\frac{1-n}{1-n'}$ est constant & $= \alpha$ dans le passage du milieu A aux milieux

lieux B, C, D, &c. & que n & n' different peu de l'unité, la quantité $\frac{1-n}{1-n'}$ sera pareillement constante & $= \alpha$ dans le passage d'un des milieux quelconque, par exemple, D, dans un autre milieu quelconque, par exemple, B. Car on vient de voir que si $\frac{\frac{1}{m}-1}{\frac{1}{m'}-1}$ & $\frac{\frac{1}{M}-1}{\frac{1}{M'}-1}$ sont constans & égaux à α, & que m & m', ainsi que M & M', different très-peu de l'unité, les quantités $\frac{1-m}{1-m'}$, $\frac{1-M}{1-M'}$, $\frac{\frac{m}{M}-1}{\frac{m'}{M'}-1}$, $\frac{\frac{M}{m}-1}{\frac{M'}{m'}-1}$ seront aussi à très-peu près égales à la constante α.

41. J'observerai, en finissant ce Mémoire, que dans le Tome V de nos Opuscules, page 471, art. 32, il s'est glissé une légere méprise de calcul, qui n'influe point sur le fond de notre Théorie. Au lieu de $\frac{P'-1}{P-1} = \frac{Bc^{Ag+K} + \Psi\Delta'' - \Psi\Delta'}{Bc^{Ag'+K} + \Psi\Delta'' - \Psi\Delta'}$, il faut mettre $\frac{P'-1}{P-1} = \frac{Bc^{Ag+K} + \Psi\Delta' - \Psi\Delta}{Bc^{Ag'+K} + \Psi\Delta' - \Psi\Delta}$, ensorte que le rapport de $P'-1$ à $P-1$, dans le passage du milieu B au milieu C, dépend toujours des densités Δ' & Δ des milieux B & A. Mais il est à remarquer que ce rapport est constant, quel que soit le milieu C, ce qui revient à l'*art.* 31 ci-dessus. Dans le même Volume, p. 467,

art. 28, ligne derniere, au lieu de $\frac{dP}{P-1} = -Adg \times (\Psi\Delta' - \Psi\Delta)$, il faut lire simplement $\frac{dP}{P-1} = -Adg$; ce qui ne change d'ailleurs rien au reste de la Théorie, & sert même à la confirmer.

SUPPLÉMENT

AUX RECHERCHES PRÉCÉDENTES.

1. LA valeur de $\bar{\mu} = \frac{\text{fin.}(\rho+\alpha)}{\text{fin.}(\beta+\alpha)}$ trouvée *art.* 7 ci-deffus, donne, lorfque α, ρ & β font fuppofés très-petits, μ égal à très-peu près à $\frac{\rho+\alpha}{\beta+\alpha} = \frac{m\beta+\alpha}{\beta+\alpha}$; donc $\mu - 1 = \frac{m\beta-\beta}{\beta+\alpha}$, & $d\mu = \frac{\beta dm}{\beta+\alpha}$, d'où il eft clair que $\frac{d\mu}{\mu-1} = \frac{dm}{m-1}$; ou $\frac{d\mu}{1-\mu} = \frac{dm}{1-m}$.

2. Donc lorfque l'angle α du prifme eft petit, ainfi que l'angle d'incidence β, fi les rayons émergens font parallèles aux incidens, on aura $\frac{d\mu}{\mu-1} = \frac{dm}{m-1}$.

3. Mais comment accorder cette propofition avec celle de l'*art.* 18 ci-deffus, dans laquelle on a démontré en général que fi les rayons émergens font parallèles aux incidens, $\frac{d\mu}{1-\mu}$ fera $> \frac{dm}{1-m}$?

4. Pour réfoudre cette difficulté, il faut remarquer

1°. que l'équation $\frac{dm}{1-m} = \frac{d\mu}{1-\mu}$ qu'on vient de trouver, dans l'hypothèse du parallélisme des rayons, lorsque α & β sont fort petits, n'est point une équation rigoureuse, mais une équation approchée, & dépendante de la supposition qu'au lieu des sinus des petits angles α, & β, on mette ces angles mêmes dans la valeur de μ, & l'unité au lieu de leurs cosinus. 2°. Que si dans le calcul de l'*art.* 18, on met au lieu de cos. β sa valeur très-approchée $1 - \frac{\beta^2}{2}$, en supposant β très-petit, & au lieu de $\sqrt{(1 - m^2 \text{ sin. } \beta^2)}$ sa valeur aussi très-approchée $1 - \frac{m^2 \beta^2}{2}$, on aura $\frac{\text{cos. } \beta - \sqrt{(1 - m^2 \text{ sin. } \beta^2)}}{\text{sin. } \beta}$ égal à très-peu près à $\frac{-\beta^2 + m^2 \beta^2}{2\beta} = \frac{(m^2 - 1)\beta}{2}$; quantité très-petite, & que $\frac{m \text{ tang. } \alpha \text{ sin. } \beta}{\sqrt{(1 - m^2 \text{ sin. } \beta^2)}}$ sera à très-peu près $m\alpha\beta$; ensorte que $\frac{d\mu}{dm}$ sera à $\frac{1-\mu}{1-m}$ comme $(1-m)(1-m\alpha\beta)$ est à $1 - m + \frac{\alpha(m^2-1)\beta}{2}$ à très-peu près; c'est-à-dire, comme $1 - m$ est à $1 - m$ à très-peu près; d'où il s'ensuit que quand α & β sont très-petits, on a $\frac{d\mu}{dm}$ égal à très-peu près à $\frac{1-\mu}{1-m}$.

5. On trouveroit le même résultat, en employant la démonstration synthétique de l'*art.* 17. Il faut seulement observer que comme l'angle *IHG* ou α (Fig. 39) qui est l'angle du prisme, doit être fort petit, les lignes *TI* &

TG qui représentent m & μ étant finies, & *TH* représentant l'unité, il faut que les arcs *TGH*, *TIH* soient l'un & l'autre d'un très-petit nombre de degrés, ou ce qui revient au même, ayent des fleches très-petites, & soient décrits d'un fort grand rayon; ensorte que les angles *THI*, *THG* soient très-petits l'un & l'autre, & par conséquent leur différence *IGH* qui est l'angle α du prisme. Par la même raison les angles *ITH*, *GTH* seront l'un & l'autre très-petits, ensorte que les points *L*, *O*, seront très-près de *H*, & très-près l'un de l'autre. Donc en appliquant ici la proposition démontrée Tome V de nos Opuscules, p. 469, art. 30, on trouvera que $\frac{LG}{LI} = \frac{lg}{li}$ à très-peu près; d'où résulte $\frac{d\mu}{dm} = \frac{1-\mu}{1-m}$ à très-peu près.

6. Ainsi lorsque M. Klingenstierna a dit que l'égalité $\frac{d\mu}{dm} = \frac{1-\mu}{1-m}$ pourroit avoir lieu dans de *petites refractions*, cette proposition est vraie, même dans l'hypothèse que m & μ different sensiblement de l'unité, pourvû que non-seulement l'angle ζ d'incidence soit fort petit, mais encore l'angle α du prisme. Mais l'assertion n'est pas vraie, si ζ étant fort petit, α reste fini.

7. Au reste, il est à remarquer que si l'angle α est fini, ζ étant très-petit, la réfraction en entrant dans le prisme sera à la vérité fort petite, puisque sin. $\rho =$ m sin. ζ, ce qui donne à très-peu près $\rho = m\zeta$, c'est-à-dire, fort petit; mais il n'en sera pas de même de la

réfraction en sortant, puisque l'angle d'incidence $\rho + \alpha$ & l'angle de réfraction $\beta + \alpha$ seront finis. Si donc on veut que les réfractions soient *petites*, en entrant & en sortant, il faut nécessairement que α soit très-petit. C'est sans doute ce que M. Klingenstierna a supposé *tacitement*; mais on voit que son assertion avoit besoin d'être expliquée & modifiée. Ainsi la remarque que nous avons faite à ce sujet, Tome III de nos Opusc. pag. 360, art. 879, subsiste toujours; savoir qu'il ne faut pas confondre le cas où l'angle d'incidence est fort petit avec celui où m & m' different peu de l'unité.

8. Il résulte de l'*art.* 2 de ce Supplément; que si $\frac{d\mu}{dm}$ n'est pas égal, au moins sensiblement, à $\frac{1-\mu}{1-m}$; il n'est pas possible, en supposant α & β très-petits; que les rayons émergens sortent *tous* parallèles, dans aucune situation, aux rayons incidens parallèles de la même couleur.

9. Or les expériences de M. Dollond prouvent que $\frac{d\mu}{dm}$ n'est pas $= \frac{1-\mu}{1-m}$, au moins dans un grand nombre de milieux. Donc dans ces milieux, le parallèlisme des rayons émergens aux incidens est impossible, au moins en supposant α & β fort petits.

10. Il paroît que M. Newton avoit regardé ce parallèlisme comme évidemment possible, & que de-là il en avoit conclu que $\frac{d\mu}{dm}$ étoit $= \frac{1-\mu}{1-m}$. S'il en eût fait l'expérience, ou qu'il l'eût faite avec plus de soin,

il auroit reconnu que la ſuppoſition d'où il partoit, toute naturelle qu'elle pouvoit paroître, n'étoit pas conforme à la vérité.

11. La démonſtration de M. Klingenſtierna contre l'aſſertion de M. Newton, a le même défaut que cette aſſertion qu'elle combat; c'eſt de ſuppoſer poſſible dans la nature, un parallèliſme des rayons qui ne peut être conſtaté que par l'expérience. Cette ſuppoſition eſt d'autant plus gratuite qu'on a vu ci-deſſus (*art.* 17), que ſi $\frac{d\mu}{1-\mu}$ eſt $<$ $\frac{dm}{1-m}$, (μ étant $>$ m) le parallèliſme eſt impoſſible. Suppoſer donc le parallèliſme poſſible ſans s'appuyer ſur l'expérience, c'eſt réellement ſuppoſer, non-ſeulement que $\frac{d\mu}{1-\mu}$ ne ſauroit être $=$ $\frac{dm}{1-m}$, mais encore que $\frac{d\mu}{1-\mu}$ ne ſauroit être $<$ $\frac{dm}{1-m}$ (μ étant $>$ m). Or comment peut-on faire une telle ſuppoſition ſans y être autoriſé par l'expérience?

12. Au reſte, en ſuppoſant même $\frac{d\mu}{dm} = \frac{1-\mu}{1-m}$, *tous* les rayons émergens ne ſortent parallèles aux incidens de la même couleur & ayant la même incidence, que dans certaines valeurs ou du moins certains rapports de α & ζ. En effet, on a en général pour la condition du parallèliſme, en ſuppoſant α fort petit (*art.* 9)

$\alpha = \frac{1 - \frac{d\mu}{dm}}{\frac{d\mu}{dm} + m\beta}$ égal à très-peu près à $\frac{\beta(dm - d\mu)}{d\mu}$; d'où l'on tire le rapport $\frac{\alpha}{\beta} = \frac{dm}{d\mu} - 1$. On a auſſi (*art.* 11.) $\alpha = \frac{(\mu - m)\beta}{1 - \mu}$, d'où l'on tire une valeur de $\frac{\alpha}{\beta}$, qui s'accorde avec la précédente, en remarquant que (*art.* 13) $\frac{d\mu - dm}{\mu - m} =$ à très-peu près $- \frac{d\mu}{1 - \mu}$, ce qui donne $\frac{d\mu}{dm} = \frac{1 - \mu}{1 - m}$.

13. Il faut donc que les angles très-petits α & β ayent un certain rapport dans l'hypothèſe de $\frac{d\mu}{dm} = \frac{1 - \mu}{1 - m}$, pour le parallèliſme des rayons émergens aux incidens.

14. Dans toute autre hypothèſe ſur le rapport de α à β, α & β étant ſuppoſés toujours très-petits, on pourra avoir $\frac{d\mu}{dm} = \frac{1 - \mu}{1 - m}$ ſans que tous les rayons émergens de différente couleur ſortent parallèles aux incidens, l'incidence de ces rayons de différente couleur étant ſuppoſée la même.

15. Puiſque les expériences de M. Dollond prouvent que $\frac{d\mu}{dm}$ n'eſt pas généralement $= \frac{1 - \mu}{1 - m}$ en paſſant d'un milieu connu que j'appelle *A*, à d'autres milieux *B*, *C*, *D*, *E*, &c. il s'enſuit (*art.* 30 ci-deſſus) que $\frac{d\mu}{dm}$ ne ſera pas non plus $= \frac{1 - \mu}{1 - m}$ dans le paſſage d'un

d'un de ces milieux quelconque, par exemple, de *C*, aux autres milieux *A*, *B*, *D*, *E*, &c.

16. Mais il pourroit se faire que dans le passage du milieu *A* à d'autres milieux *G*, *H*, *L*, &c. on eût $\frac{d\mu}{dm} = \frac{1 - \mu}{1 - m}$; auquel cas on auroit aussi, p. 275, la même égalité, pour le passage d'un de ces milieux quelconque, par exemple, *H*, aux autres milieux *A*, *G*, *L*, &c.

17. Pour éclaircir davantage ce que nous avons dit ci-dessus (*art.* 14 des Rech. précéd. pag. 266) pour le cas où la valeur de α est négative, on considérera 1°. que nous avons supposé dans nos calculs que le rayon incident *AB* (Fig. 40) tombe à gauche de la perpendiculaire *CB*, & que la pointe *D* du prisme est aussi à gauche de la même perpendiculaire, *DB* & *DE* étant les deux côtés du prisme que le rayon *AB* doit traverser, ensorte que *DE* est au-dessous de *DB*. Si on supposoit que *AB* tombât de l'autre côté de *CD*, tout le reste demeurant le même, c'est-à-dire, que β fût négatif, α demeurant positif, ρ seroit aussi négatif; & au lieu de $\mu = \frac{\text{sin.}(\rho - \alpha)}{\text{sin.}(\beta + \alpha)}$, il faudroit supposer $\mu = \frac{\text{sin.}(\alpha - \rho)}{\text{sin.}(\alpha - \beta)} = \frac{\text{sin.}(\rho - \alpha)}{\text{sin.}(\beta - \alpha)}$; donc alors $\text{tang.} - \alpha = \frac{(\mu - m)\,\text{sin.}\,\beta}{\text{cos.}\,\rho - \mu\,\text{cos.}\,\beta}$.

18. De-là on voit que quand on trouve la tangente de α négative, c'est une marque que *AB* tombe de

l'autre côté de CB par rapport à D; c'eſt-à-dire, ici à droite de CD; ou ce qui revient au même, en laiſſant CB & AB invariables, que la pointe D du priſme ſe trouve en d, les deux côtés étant dB & dE; & en effet il eſt aiſé de voir que l'angle α ou BDE devient alors KdL, qui eſt négatif, étant de l'autre côté de la ligne fixe BL. Pour s'en aſſurer, ſuppoſons que le point D s'éloigne à l'infini vers M, enſorte que DE devienne parallèle à BD; c'eſt-à-dire, imaginons que DE tourne autour de E juſqu'à devenir parallèle à BD; alors α ſera $= 0$; continuons enſuite la rotation toujours dans le même ſens, la ligne ED paſſera dans la ſituation EdK, & l'angle α ſera négatif & $= KdL$.

19. On peut d'ailleurs conſidérer, ſans entrer dans cette diſcuſſion ſur la valeur négative de α, que la valeur négative de α, donnée par l'équation tang. $\alpha = \frac{(\mu - m)\,\text{ſin.}\,\beta}{\text{coſ.}\,\rho - \mu\,\text{coſ.}\,\beta}$, indique ſeulement qu'il falloit donner à α dans les équations du problême un ſigne différent de celui qu'on lui avoit ſuppoſé; c'eſt-à-dire, qu'au lieu de $\mu = \frac{\text{ſin.}\,(\rho + \alpha)}{\text{ſin.}\,(\beta + \alpha)}$, il falloit écrire $\mu = \frac{\text{ſin.}\,(\rho - \alpha)}{\text{ſin.}\,(\beta - \alpha)}$; ou $\mu = \frac{\text{ſin.}\,(\alpha - \rho)}{\text{ſin.}\,(\alpha - \beta)}$; équation qui convient au cas où la pointe d du priſme eſt de l'autre côté de la perpendiculaire CB par rapport au rayon incident AB. Il faut remarquer au reſte que ſi μ eſt $> m$, (μ & m étant plus petits que l'unité) la tangente de α, ſa-

voir $\frac{(\mu - m)\,\text{fin.}\,\beta}{\text{cof.}\,\rho - \mu\,\text{cof.}\,\beta}$ fera toujours positive ; pour cela il suffit de prouver que cof. ρ ou $\sqrt{(1 - m^2\,\text{fin.}\,\beta^2)}$ est $> \mu$ cof. β ou $\mu\sqrt{(1 - \text{fin.}\,\beta^2)}$, c'est-à dire, (à cause de m & de $\mu < 1$) que $1 - \mu^2$ est $> \text{fin.}\,\beta^2\,(m^2 - \mu^2)$. Or cela est évident, puisque le premier membre est positif & le second négatif.

20. Si on n'exige le parallèlisme que pour les rayons d'une seule couleur, & non pour les autres, on aura simplement $\mu = \frac{\text{fin.}\,(\rho + \alpha)}{\text{fin.}\,(\beta + \alpha)}$, mais non pas la différence $d\mu$ de μ égale à la différence de $\frac{\text{fin.}\,(\rho + \alpha)}{\text{fin.}\,(\beta + \alpha)}$, en supposant β & α constans, & en faisant varier ρ qui est tel que fin. $\rho = m$ fin. β, & $d\rho$ cof. ρ égal à dm fin. β. En ce cas particulier, on aura tang. α (p. 265) $= \frac{(\mu - m)\,\text{fin.}\,\beta}{\text{cof.}\,\rho - \mu\,\text{cof.}\,\beta}$, ce qui donnera α, β étant supposé donné ; ou si l'on veut que α soit donné, on aura tang. $\alpha = \frac{(\mu - m)\,\text{fin.}\,\beta}{\sqrt{(1 - m^2\,\text{fin.}\,\beta^2)} - \mu\sqrt{(1 - \text{fin.}\,\beta^2)}}$; & faisant $\frac{1}{\text{fin.}\,\beta^2} = x$, $\frac{\mu - m}{\text{tang.}\,\alpha} = \sqrt{(x - m^2)} - \mu\sqrt{(x - 1)}$, d'où l'on aura une équation du second degré qui donnera la valeur de x ; & il est à remarquer que cette valeur ne doit jamais être ni négative ni plus petite que l'unité, afin que fin. β ne soit ni imaginaire ni plus grand que l'unité.

21. Supposons pour plus de simplicité dans le calcul ;

$\mu < m$, & $m < 1$, il eſt aiſé de voir 1°. que le dénominateur de la valeur de α ſera poſitif, puiſque $\sqrt{(1 - m^2 \text{ſin.} \beta^2)}$ eſt $> \sqrt{(1 - \text{ſin.} \beta^2)}$ & à plus forte raiſon $\sqrt{(1 - m^2 \text{ſin.} \beta^2)} > \mu \sqrt{(1 - \text{ſin.} \beta^2)}$; 2°. que le numérateur ſera négatif, enſorte que pour avoir la vraie valeur de α, il faut écrire tang. $\alpha = \frac{(m - \mu) \text{ſin.} \beta}{\text{coſ.} \rho - \mu \text{ſin.} \beta}$, ρ & β étant regardés comme poſitifs. Dans cette hypothèſe il eſt viſible 1°. que tang. α n'aura jamais de valeur infinie; 2°. que ſi $\beta = 0$, α ſera $= 0$, & que ſi $\beta = 90°$, tang. $\alpha = \frac{m - \mu}{\sqrt{(1 - \mu^2)}}$; donc puiſque toutes les valeurs de tang. α ſont finies dans cette hypothèſe, ſi on ſuppoſe α tel que tang. α ſoit plus grande que la plus grande de ces valeurs finies, la valeur de ſin. β ſera impoſſible.

22. On voit par cet exemple, qu'il y a des cas où l'équation du ſecond degré en x, indiquée ci-deſſus, ne donne point une valeur poſſible pour ſin. β. C'eſt ce qu'il ſeroit d'ailleurs aiſé de prouver en réſolvant directement cette équation; mais j'abandonne à d'autres ce calcul, qu'il ſuffit d'indiquer, & qui eſt facile.

23. Dans la démonſtration donnée (*art.* 17 *des Rech. précéd.* p. 268) on a ſuppoſé $\mu > m$, & on a trouvé que le parallèliſme des rayons émergens aux incidens exigeoit la condition $\frac{d\mu}{dm} > \frac{1 - \mu}{1 - m}$. Il eſt aiſé de voir par la même démonſtration que ſi μ étoit $< m$,

le parallèlisme exigeroit $\frac{d\mu}{dm} < \frac{1-\mu}{1-m}$; puisqu'il n'y auroit qu'à mettre alors m à la place de μ, & μ à la place de m. Mais il ne faut pas oublier qu'alors (*art.* 17 de ce *Supplément*, p. 289) l'angle α sera négatif, ou, ce qui est la même chose, que le rayon incident AB (Fig. 40) devra être supposé d'un côté de la perpendiculaire CD, & l'angle d du prisme de l'autre côté de la même perpendiculaire.

24. Le parallèlisme des rayons incidens exige donc que $\frac{d\mu}{dm}$ soit $> \frac{1-\mu}{1-m}$ si μ est $> m$, & $< \frac{1-\mu}{1-m}$ si μ est $< m$. Il semble cependant, par la démonstration analytique de l'*art.* 18, que $\frac{d\mu}{dm}$ doit toujours être dans cette hypothèse $> \frac{1-\mu}{1-m}$, soit que μ soit $>$ ou $< m$; car cette condition de $\mu > m$ n'entre point dans la démonstration dont il s'agit.

25. Pour lever cette difficulté, il faut considérer que si μ est $< m$, on aura tang. α négatif (*art.* 21 de ce *Supplément*, pag. 292) ; & qu'ainsi $-m(1-m) \times$ sin. β^2 étant $>$ cos. $\beta \sqrt{(1-m^2 \text{ sin. } \beta^2)}$, comme nous l'avons démontré *art.* 18 des *Rech. précéd.* pag. 268 ; on aura en multipliant de part & d'autre par la quantité (négative) tang. α, $-m(1-m) \times$ sin. β^2 tang. $\alpha <$ tang. α cos. $\beta \sqrt{(1-m^2 \text{ sin. } \beta^2)}$; d'où il est aisé de conclure (en ajoutant de part & d'autre la quantité

positive $1-\mu$) que $\frac{d\mu}{dm}$ sera $< \frac{1-\mu}{1-m}$. Au reste ; dans la démonstration de l'*art.* 18 des *Rech. préc.* pag. 268, il sera bon en général, pour n'être point embarrassé des cas où β sera négatif, & par conséquent sin. β négatif, de mettre au lieu de tang. α sa valeur $\frac{(\mu-m)\,\text{sin.}\,\beta}{\text{cos.}\,\rho-\mu\,\text{cos.}\,\beta}$; & en supposant $\frac{\mu-m}{\text{cos.}\,\rho-\mu\,\text{cos.}\,\beta}$ positif ; la question se réduira à prouver que $-m(1-m)\times$ sin β^2 est $>$ cos. $\beta\,\sqrt{(1-m^2\,\text{sin.}\,\beta^2)}$, comme dans l'article cité ; ce sera le contraire si $\frac{\mu-m}{\text{cos.}\,\rho-\mu\,\text{cos.}\,\beta}$ est négatif. Or pour que $\frac{\mu-m}{\text{cos.}\,\rho-\mu\,\text{cos.}\,\beta}$ soit positif, il faut que le numérateur & le dénominateur soient de même signe. Soit donc $\mu > m$, il faudra que cos. ρ soit $> \mu$ cos. β, ou $1-m^2$ sin. $\beta^2 > \mu^2-\mu^2$ sin. β^2 ; ou $1-\mu^2 > (m^2-\mu^2)$ sin. β^2. Donc sin. $\beta^2\times(\mu^2-m^2) > \mu^2-1$, & sin. $\beta^2 > \frac{\mu^2-1}{\mu^2-m^2}$; condition qui doit avoir lieu, soit qu'on ait m & $\mu < 1$, ou > 1. Il est bon de remarquer encore que la démonstration donnée *art.* 18 des *Rech. précéd.* pag. 268, suppose que $1-m$ sin. β^2 est positif ainsi que cos. $\beta\times\sqrt{(1-m^2\,\text{sin.}\,\beta^2)}$; ce qui n'a aucune difficulté quand m est < 1 ; mais nous observerons en passant que si m est > 1, il est clair que sin. β^2 doit être $< \frac{1}{m^2}$, pour que le rayon pénetre le prisme. Soit donc sin. $\beta^2 =$

$\frac{k'}{m^2}$; k' étant $=$ ou <1, on aura $1 - m$ sin. $\zeta^2 = 1 - \frac{k'}{m}$ & par conséquent positif, puisque m est > 1 (*hyp.*); à l'égard de cos. $\zeta \sqrt{(1 - m^2 \text{ sin. } \zeta^2)}$; cette quantité sera évidemment toujours positive, puisque ζ est positif & $< 90°$, & que sin. ζ^2 n'est pas supposé $> \frac{1}{m^2}$. Maintenant $\frac{\mu - m}{\text{cof. } \rho - \mu \text{ cof. } \zeta}$ est évidemment $= \frac{\mu - m}{\sqrt{(1 - m^2 \text{ sin. } \zeta^2)} - \mu \sqrt{(1 - \text{sin. } \zeta^2)}}$; & supposant $m > 1$, cette quantité est positive, si le rapport de μ à m est tel que le haut & le bas soient de même signe.

26. Supposons, comme dans la figure 39, $\mu > m$; on aura $1 - \mu < 1 - m$, & par conséquent $\frac{1 - \mu}{1 - m} < 1$; donc si on a $\frac{d\mu}{dm} < \frac{1 - \mu}{1 - m}$, on aura à plus forte raison $\frac{d\mu}{dm} < 1$; d'où (p. 264, *art.* 9) $k < 1$, & $k - 1$ négatif. Or si $\frac{d\mu}{dm}$ est $< \frac{1 - \mu}{1 - m}$, on aura $k - 1 < km - \mu$; & comme les deux quantités $k - 1$ & $km - \mu$ sont négatives, à cause de $k < 1$ & de $m < \mu$ (*hyp.*) on aura donc $(k - 1)^2 > (km - \mu)^2$; par la raison que si $-a$ est $< -b$, on aura $+b < +a$, & $a^2 > b^2$; donc le numérateur $(k - 1)^2 - (km - \mu)^2$ de la valeur de sin. ζ^2 (p. 270) sera positif; de plus le dénominateur de cette même valeur, savoir $k^2 m^2 - \mu^2 - 2m(km - \mu) - m^2 (km - \mu)^2$

eſt égal à $k^2 m^2 - 2km^2 + m^2 - m^2 - \mu^2 + 2m\mu -$ $m^2(km - \mu)^2 = m^2(k-1)^2 - m^2(km-\mu)^2 -$ $(m-\mu)^2$; d'où il eſt viſible que $(k-1)^2$ étant $>$ $(km-\mu)^2$, m étant < 1, & $-(m-\mu)^2$ négatif, le dénominateur de la valeur de ζ^2 eſt ou négatif, ou au moins, s'il eſt poſitif, eſt plus petit que le numérateur. Donc la valeur de ſin. ζ^2 ſera ou négative, ou > 1; ce qui donne ſin. ζ impoſſible. Donc ſi $\frac{d\mu}{dm}$ eſt $<$ $\frac{1-\mu}{1-m}$, la valeur de ſin. ζ eſt impoſſible, ou ce qui eſt la même choſe, le parallèliſme des rayons émergens & des incidens. Ce qui s'accorde avec l'*art.* 17, p. 268; où l'on a fait voir que dans l'hypothèſe de $\mu > m$, & du parallèliſme des rayons, on a $\frac{d\mu}{dm} > \frac{1-\mu}{1-m}$.

27. Si on ſuppoſoit $\mu < m$, on auroit $\frac{d\mu}{dm} <$ $\frac{1-\mu}{1-m}$ pour le cas du parallèliſme des rayons (pag. 293) & par conſéquent $\frac{d\mu}{dm} > \frac{1-\mu}{1-m}$ pour le cas où ce parallèliſme eſt impoſſible. Pour lors $\frac{1-\mu}{1-m}$ ſera > 1; & par conſéquent $k > 1$; ainſi on aura $k-1$ poſitif & plus grand que la quantité poſitive $km - \mu$; & il ſera aiſé de prouver de même que pour lors le numérateur de la valeur de ſin. ζ^2 eſt plus grand que le dénominateur, qui pourra même être négatif; & que la valeur de ſin. ζ^2 eſt par conſéquent impoſſible.

28.

28. En général, pour que la valeur de ſin. ζ^2 ſoit poſſible, il faut 1°. que le numérateur & le dénominateur de cette valeur ſoient tous deux de même ſigne. 2°. Qu'en les ſuppoſant poſitifs, le numérateur ſoit $<$ ou tout au plus $=$ au dénominateur, & qu'en les ſuppoſant négatifs, le numérateur ſoit $>$ ou au moins $=$ au dénominateur. D'où il s'enſuit qu'il faut néceſſairement que $(k - 1)^2$ ſoit $< (km - u)^2$; car s'il étoit plus grand, le dénominateur ſeroit plus petit que le numérateur. On aura donc, pour que ſin. ζ^2 ſoit poſſible, la condition $(km - \mu)^2 > (k - 1)^2$, & $(km - \mu)^2 - (k - 1)^2 < (km - \mu)^2 m^2 - (k - 1)^2 m^2 + (m - \mu)^2$, d'où l'on tire $(km - \mu)^2 - (k - 1)^2 < \frac{(m - \mu)^2}{1 - m^2}$, en ſuppoſant $m < 1$.

29. Au reſte, il eſt clair par l'équation de l'*art.* 13 des *Rech. préc.* p. 265, & par celle de l'*art.* 21, p. 270, qui en réſulte, que ſi m, μ, dm, $d\mu$ ſont donnés, c'eſt-à-dire, ſi m, u, k ſont donnés, on aura, lorſque cela ſera poſſible, la valeur de ζ néceſſaire pour le parallèliſme des rayons, & de-là (*art.* 11, p. 265) la valeur de α. Ainſi en ne ſuppoſant pas même α & ζ très-petits, comme ci-deſſus (p. 283 *& ſuiv.*) mais quelconques, il n'y a qu'une certaine valeur déterminée de α & de ζ qui puiſſe produire le parallèliſme des rayons.

30. Nous avons vu ci-deſſus (p. 292, *art.* 23) qu'afin que le parallèliſme ſoit poſſible, dans l'hypothèſe de

$\mu > m$, il faut que $\frac{d\mu}{dm}$ foit $> \frac{1-\mu}{1-m}$; ce qui donne $k - 1 > km - \mu$. Nous avons vu de plus (p. 297, *art.* 28) qu'il eft néceffaire que $(k-1)^2$ foit $< (km-\mu)^2$. D'où il s'enfuit 1°. que $k = \frac{1-\mu+\omega}{1-m}$, ω étant pofitif, & qu'ainfi $k - 1 = \frac{m-\mu+\omega}{1-m}$, & $km - \mu = \frac{m-\mu+m\omega}{1-m}$; on aura donc $(m-\mu+\omega)^2 < (m-\mu+m\omega)^2$, & $2\omega(m-\mu)+\omega^2 < 2m\omega(m-\mu)+m^2\omega^2$ ou $\omega < \frac{(m-\mu)(2m-2)}{1-m^2}$. Ainfi (puifque ω eft pofitif) m & μ doivent être tels que $(m-\mu)\times(m-1)$ foit pofitif; c'eft-à-dire, à caufe de $m-1$ négatif (*hyp.*) que m doit être $< \mu$; donc fi m eft $< \mu$, & $\omega < \frac{2(\mu-m)}{1+m}$, les deux conditions ci-deffus font remplies. Mais il faut de plus (p. 297, *art.* 28) que $(km-\mu)^2 - (k-1)^2$ foit $< \frac{(m-\mu)^2}{1-m^2}$, c'eft-à-dire, que $[\omega^2(m^2-1)+2\omega(m-\mu)\times(m-1)]:(1-m)^2$ foit $< \frac{(m-\mu)^2}{1-m^2}$, c'eft-à-dire, (en réduifant) que $\omega^2(-1-m)-2\omega(m-\mu)$ foit $< \frac{(m-\mu)^2}{1+m}$, ou ce qui eft la même chofe, $\omega^2(-1-m) - 2\omega(m-\mu) < \frac{(\mu-m)^2}{1+m}$. Cette condition doit avoir lieu en même-temps que $\omega < \frac{2(\mu-m)}{1+m}$. Soit donc $\omega = \frac{2r(\mu - m)}{1+m}$, r étant < 1, il faudra que $\frac{4rr(\mu - m)^2(-1-m)}{(1+m)^2} - \frac{4r(\mu - m)(m-\mu)}{1+m}$ soit $< \frac{(\mu - m)^2}{1+m}$, c'est-à-dire, en réduisant, que $-4rr + 4r$ soit < 1, ou $o < 1 - 4r + 4rr = (2r - 1)^2$, ce qui est toujours vrai, puisque $(2r - 1)^2$ est toujours positif. Donc supposant $\mu > m$, & $\omega = \frac{2r(\mu - m)}{1+m}$, r étant < 1, le parallèlisme sera possible. Mais il ne le sera pas si r est > 1. D'où l'on voit que le parallèlisme demande à la vérité que ω soit positif, mais que cependant le parallèlisme ne sera pas possible dans tous les cas où ω sera positif, c'est-à-dire, où $\frac{d\mu}{dm}$ sera $> \frac{1-\mu}{1-m}$, si $\frac{dm}{d\mu} - \frac{1-\mu}{1-m}$, ou $\frac{\omega}{1-m}$ est $> \frac{2(\mu - m)}{(1+m)(1-m)} = \frac{2(\mu - m)}{1-m^2}$.

31. De ce que $\frac{1-n}{1-n'}$ supposé constant dans le passage du milieu *A* aux milieux *B*, *C*, *D*, *E*, &c. donne (p. 273) $\frac{1-n}{1-n'}$ variable dans le passage des milieux *B*, *C*, *D*, *E*, &c. au milieu *A*, il s'ensuit que si $\frac{1-n}{1-n'}$ est supposé constant dans le passage des milieux *B*, *C*, *D*, *E*, &c. au milieu *A*, $\frac{1-n}{1-n'}$ sera variable dans le passage du milieu *A* aux milieux *B*, *C*, *D*,

E, &c. En effet, ſi $\frac{1-n}{1-n'}$ étoit conſtant dans ce dernier cas, $\frac{1-n}{1-n'}$ ſeroit variable dans l'autre, ce qui eſt contre l'hypothèſe. Donc &c.

32. C'eſt ce qu'on peut encore prouver autrement, par un raiſonnement analogue à celui de la p. 273, en remarquant que ſi $\frac{1-n}{1-n'}$ eſt conſtant, dans le paſſage par exemple, des milieux B & C au milieu A, on aura $\frac{1-m}{1-m'} = \frac{1-M}{1-M'}$ ou $\frac{\frac{1}{m'}-\frac{m}{m'}}{\frac{1}{m'}-1} = \frac{\frac{1}{M'}-\frac{M}{M'}}{\frac{1}{M'}-1}$, & en retranchant l'unité de part & d'autre & réduiſant, $\frac{1-\frac{m}{m'}}{\frac{1}{m'}-1} = \frac{1-\frac{M}{M'}}{\frac{1}{M'}-1}$; or $\frac{1-m}{1-m'}$ ſuppoſé $= \frac{1-M}{1-M'}$, donne encore, ce qui eſt la même choſe, $\frac{\frac{1}{m}-1}{\frac{1}{m'}-1} \times \frac{m}{m'} = \frac{\frac{1}{M}-1}{\frac{1}{M'}-1} \times \frac{M}{M'}$; donc ſi $\frac{\frac{1}{m}-1}{\frac{1}{m'}-1}$ étoit $= \frac{\frac{1}{M}-1}{\frac{1}{M'}-1}$, on auroit $\frac{m}{m'} = \frac{M}{M'}$; & par conſéquent à cauſe de $\frac{1-\frac{m}{m'}}{\frac{1}{m'}-1} = \frac{1-\frac{M}{M'}}{\frac{1}{M'}-1}$, on auroit $\frac{1}{m'} - 1 = \frac{1}{M'} - 1$; donc on auroit $m' = M'$, & $m = M$;

ce qui n'eſt pas. Donc ſi $\frac{1-m}{1-m'}$ eſt conſtant & $=$ $\frac{1-M}{1-M'}$, $\frac{\frac{1}{m}-1}{\frac{1}{m'}-1}$ ne ſauroit être $=$ à $\frac{\frac{1}{M}-1}{\frac{1}{M'}-1}$.

Donc, &c.

33. Ceux qui attachent quelque prix aux raiſonnemens métaphyſiques pourroient peut-être tirer de-là une concluſion contre l'impoſſibilité de la loi $\frac{d\mu}{dm} = \frac{1-\mu}{1-m}$. En effet, diroient-ils, ſi cette loi avoit lieu dans le paſſage du milieu A, par exemple, aux milieux B, C, D, E, $\frac{1-n}{1-n'}$ ſeroit en ce cas égale à une conſtante α; il faudroit donc (attendu l'*uniformité* des loix de la nature) que $\frac{1-n}{1-n'}$ fût égale à la même conſtante α, ou du moins à une autre conſtante, dans le paſſage des milieux B, C, D, E, &c. au milieu A, ce que nous avons démontré être impoſſible. Donc $\frac{1-n}{1-n'}$ ne ſauroit être $= \alpha$.

34. C'eſt vraiſemblablement d'après un raiſonnement pareil, que de grands Géometres ont cru que $\frac{1-n}{1-n'}$ ne pouvoit être ſuppoſé égale à une conſtante α dans le paſſage d'un milieu A à d'autres milieux B, C, D, &c. ſans que $\frac{1-n}{1-n'}$ fût égale à la même conſtante α dans

le paſſage d'un milieu quelconque dans un autre milieu quelconque.

35. Mais il eſt aiſé de voir combien de pareils raiſonnemens ſont peu concluans. Nous ne connoiſſons pas aſſez en quoi conſiſte la véritable *uniformité* des loix de la nature, pour avancer que $\frac{1-n}{1-n'}$ doive dans tous les cas être égale à une quantité conſtante. Il en ſeroit à peu près de ce raiſonnement, comme de celui qu'avoit fait un grand Géometre pour déterminer l'équation entre n & n', raiſonnement fondé auſſi ſur l'uniformité des loix de la nature, & dont néanmoins l'inſuffiſance eſt aſſez bien prouvée dans les Mém. de l'Acad. de 1756, pag. 403 & ſuiv. On peut obſerver en paſſant, que ce raiſonnement, fondé ſur l'uniformité des loix de la nature, donnoit une loi de réfraction toute différente & même oppoſée à celle de $\frac{\frac{1}{m}-1}{\frac{1}{m'}-1}$ égale à une conſtante α. Ce qui ſuffiroit pour faire voir combien la prétendue *uniformité* dont il s'agit peut nous induire en erreur, puiſqu'en s'appuyant ſur ce principe, on pourroit aſſigner des loix de réfraction toutes différentes les unes des autres, & toutes également vraiſemblables.

36. Dans toutes les Recherches précédentes, nous avons ſuppoſé m & $\mu < 1$, excepté à la fin de la pag. 294, où nous avons dit un mot du cas de $m > 1$. Nous

ne nous étendrons point ici ſur le cas où m & μ ſeroient, ou tous deux, ou l'un des deux, plus grands que l'unité. On voit aſſez par tout ce qui précéde, de quelle maniere on trouvera les conditions de parallèliſme qui peuvent appartenir à ces cas. Il ſera de même aiſé de voir, dans l'*hyp.* de m & $\mu < 1$ & de $m > \mu$, les changemens qu'il faudroit faire aux propoſitions démontrées précédemment pour le cas de $\mu > m$. Nous avons indiqué quelques-uns de ces changemens, le Lecteur trouvera aiſément le reſte de lui-même.

L. MÉMOIRE.

Sur quelques points d'Astronomie Physique.

§. I.

Sur l'Orbite des Cometes.

1. J'AI donné dans le Tome II de mes *Opuscules*, (12 Mém. §. XI & suiv.) une méthode très-simple, quoiqu'assez singuliere, pour simplifier considérablement le calcul dans les parties supérieures de l'Orbite d'une Comete. On peut employer une méthode analogue pour calculer les perturbations de la Comete dans les cas où l'une des Planetes, Jupiter, par exemple, est fort près d'elle. Car soit J la masse de Jupiter, S celle du Soleil, x la distance de la Comete au Soleil, ξ celle de Jupiter à la Comete, & supposons que la distance ξ de la Comete à Jupiter, soit si petite, que la force

force perturbatrice $\frac{J}{\xi^2}$ soit très-grande par rapport à la force centrale $\frac{S}{x^2}$ de la Comete, en ce cas il n'y aura qu'à prendre la Comete pour un satellite de Jupiter, au moins pendant un certain temps qu'elle n'en est pas fort éloignée; & pour lors la force perturbatrice sera de l'ordre de $\frac{S\xi}{x^3}$, & la force centrale de l'ordre de $\frac{J}{\xi^2}$; ensorte que si dans le premier cas $\frac{J}{\xi^2} : \frac{S}{x^2} :: \lambda : 1$, λ étant un nombre très-grand, on aura dans le second $\frac{S\xi}{x^3} : \frac{J}{\xi^2} :: \frac{S}{x^2} \times \frac{1}{x} : \frac{J}{\xi^2} \times \frac{1}{\xi} :: \frac{1}{x} . \frac{\lambda}{\xi} :: \xi : \lambda x$; & comme ξ est supposé très-petit par rapport à x, & λ très-grand, on voit que la force perturbatrice sera ici très-petite par rapport à la force centrale. On pourra donc alors trouver le mouvement de la Comete par les méthodes connues, en la regardant dans les cas dont il s'agit, comme un satellite de Jupiter.

2. On remarquera de plus que dans ces cas-là, l'action de Saturne sur la Comete sera très-peu considérable, puisqu'il faudra transporter à la Comete en sens contraire l'action de Saturne sur Jupiter, laquelle est presque égale & parallèle à l'action de Saturne sur la même Comete, puisque (*hyp.*) Jupiter est très-près de la Comete. De maniere que nommant ζ la distance de Jupiter à Saturne, la force perturbatrice qui dans la solution ordinaire feroit de l'ordre de $\frac{\sigma}{\zeta^2}$, en appellant σ

la masse de Saturne, seroit ici de l'ordre de $\frac{\sigma \xi}{\zeta^3}$, & par conséquent beaucoup plus petite que $\frac{\sigma}{\zeta^2}$, & très-petite par rapport à la force centrale $\frac{J}{\xi^2}$.

3. Il en sera à peu près de même de l'action de Saturne sur le Soleil, qui doit être transportée à Jupiter & à la Comete en sens contraire; d'où il résultera encore pour la Comete une très-petite force perturbatrice.

4. On voit donc comment on pourra abréger & simplifier beaucoup, dans le cas dont il s'agit, la Recherche du mouvement de la Comete, altéré non-seulement par Jupiter, mais encore par Saturne. Mais pour lors il faudra avoir égard dans l'orbite de Jupiter aux perturbations que Saturne y cause; ce qui n'augmentera pas le calcul, puisqu'on suppose que ces perturbations sont déja calculées, & que la théorie & les observations les font suffisamment connoître, au moins pour l'objet dont il s'agit ici.

5. De-là il résulte que les deux méthodes pour trouver l'altération du mouvement des Cometes se servent pour ainsi dire de supplément l'une à l'autre, la méthode ordinaire étant plus exacte lorsque Jupiter n'est pas fort près de la Comete, & la méthode que nous proposons ici étant au contraire plus exacte, à mesure que Jupiter est plus proche de la Comete.

6. Il faut avouer cependant que cette derniere méthode est bornée à des limites qu'elle ne peut passer. En

effet, le rapport de la force perturbatrice $\frac{J}{\xi^2}$ à la force centrale $\frac{S}{x^2}$ eſt, dans la méthode ordinaire, $\frac{Jx^2}{S\xi^2}$; dans la ſeconde méthode, c'eſt-à-dire, dans celle de l'*art.* 1, le rapport de la force perturbatrice $\frac{S\xi}{x^3}$ à la force centrale $\frac{J}{\xi^2}$ eſt $\frac{S\xi^3}{Jx^3}$; ces deux rapports ſont entr'eux comme J^2x^5 à $S^2\xi^5$, de maniere qu'ils ſont égaux ſi $J^2x^5 = S^2\xi^5$, ou ſi on a $5 \log. \left(\frac{x}{\xi}\right) = 2 \log. \frac{S}{J}$. Or $\frac{J}{S} =$ à peu près $\frac{1}{1000}$; donc $2 \log. \frac{S}{J} = 6$; donc $\log. \frac{x}{\xi} = \frac{6}{5}$; ce qui donne $\log. \frac{x}{\xi} = 1.20000$, & $\frac{x}{\xi} = 16$ à peu près. Donc quand $\frac{x}{\xi} = 16$, on a dans les deux méthodes à peu près le même rapport des forces perturbatrices à la force centrale; de ſorte qu'une des deux méthodes n'a pour lors aucun avantage ſur l'autre. Or dans ce cas de $\frac{x}{\xi} = 16$, on a $\frac{Jx^2}{S\xi^2} =$ à peu près $\frac{8^2 \cdot 2^2}{1000} =$ à peu près $\frac{256}{1000}$, quantité qui n'eſt pas très-petite. Ainſi les deux méthodes ont pour lors cet inconvénient, que la force perturbatrice n'eſt pas très-petite par rapport à la force centrale principale. C'eſt ce qu'on va mieux voir encore dans l'article ſuivant.

7. Comme la force perturbatrice, dans le second des deux cas que nous venons de comparer, est plus exactement $\frac{2S\xi}{x^3}$ (*Opusc.* Tom. II, pag. 109), au moins dans la direction du rayon qui va de la Comete à Jupiter, nous supposerons, pour faire la comparaison des deux cas plus exactement & plus généralement tout-à-la-fois, que $\frac{J}{S}$ soit $= \frac{1}{p}$, & que $\frac{Jx^2}{S\xi^2}$ soit à $\frac{2S\xi^3}{Jx^3}$ ou plus généralement $\frac{Jx^2}{S\xi^2}$ à $\frac{mS\xi^3}{Jx^3} :: \frac{x^5}{p^2} : m\xi^5$; de sorte que dans le cas d'égalité des deux rapports, on aura 5 log. $\frac{x}{\xi} = 2$ log. $p +$ log. m; & dans ce cas le log. de $\frac{Jx^2}{S\xi^2} = 2$ log. $\frac{x}{\xi} -$ log. $p = \frac{4 \log. p}{5} + \frac{2 \log. m}{5} -$ log. $p = \frac{2 \log. m - \log. p}{5}$. Or soit dans la théorie de Jupiter $m = 2$, & $p = 1000$, on aura logar. $m = 0.3010300$, & $\frac{2 \log. m - \log. p}{5} = - \frac{2.3979400}{5} = - 0.4795880$; d'où $\frac{Jx^2}{S\xi^2} =$ environ $\frac{1}{3}$, quantité qui n'est pas très-petite. Dans la théorie de Saturne on a aussi $m = 2$, & $p = 3000$ environ; d'où logar. $p = 3.4771213$, & $\frac{2 \log. m - \log. p}{5} = - \frac{2.8750613}{5} = - 0.5750122$; donc $\frac{Jx^2}{S\xi^2} =$ à peu près $\frac{100}{376}$, quantité qui n'est pas non plus très-petite.

Ainſi dans le cas où aucune des deux méthodes n'a de l'avantage ſur l'autre, elles ont l'une & l'autre l'inconvénient de donner une force perturbatrice très-comparable à la force centrale.

8. Cet inconvénient n'a pas lieu dans la méthode que nous avons donnée, Tome II *Opuſc.* pag. 109, pour les parties ſupérieures de l'orbite, parce que la force perturbatrice y eſt toujours beaucoup plus petite que la force centrale, comme il eſt aiſé de le voir par la Théorie expoſée dans l'endroit cité.

9. De plus, dans le cas dont il s'agit, où ξ eſt très-petit, x doit être fort grand par rapport à ξ, enſorte que la diſtance x de la Comete au Soleil doit être à peu près égale à la diſtance de Jupiter au Soleil; or nous avons fait voir dans le Tome II de nos *Opuſcules*, pag. 114, que lorſque la Comete eſt à une diſtance du Soleil égale, ou à peu près, à la diſtance de Jupiter au Soleil, on peut ſubſtituer à la Comete un ſatellite fictif, dont le mouvement eſt beaucoup plus aiſé à calculer. Or quand Jupiter eſt ſuppoſé fort près de la Comete, il l'eſt auſſi de ce ſatellite fictif. Ainſi on peut dans ce cas appliquer aiſément à ce ſatellite fictif, la méthode que nous venons de donner ici pour la Comete même, dans le cas où elle ſeroit fort proche de Jupiter. Ce que nous n'expliquerons pas ici plus au long. Voy. *l'Appendice à la fin de ce Volume.*

10. Lorſque Jupiter eſt à une telle diſtance de la Comete, que les forces perturbatrices dans les deux mé-

thodes ne font pas très-petites par rapport à la force centrale, alors le problême des perturbations devient beaucoup plus difficile, & ce cas me paroît fur-tout mériter toute l'attention des Géometres. *Voyez ibid.*

11. On pourroit employer une méthode analogue dans des cas femblables. Par exemple, on fait que la force perturbatrice $\frac{S\xi}{x^3}$ de la Lune eft à fa force centrale $\frac{T+L}{\xi^2}$ à peu près comme 1 eft à 180. Or fi la Lune étoit à une diftance de la Terre $= n'\xi$, la force perturbatrice feroit à la force centrale $:: 1 : \frac{180}{n'^3}$. De maniere que fi, par exemple, n' étoit $= 6$, la force perturbatrice feroit plus grande que la force centrale. Mais alors, au lieu de confidérer la Lune comme un fatellite de la Terre, il faudroit la confidérer comme une Planete qui décriroit une orbite autour du Soleil; la force centrale feroit à très-peu près $\frac{S}{x^2}$, & la force perturbatrice $\frac{T}{n'^2\xi^2}$: or puifque $\frac{Sn'\xi}{x^3} : \frac{T}{n'^2\xi^2} :: 1 : \frac{180}{n'^3}$; donc $\frac{T}{n'^2\xi^2} : \frac{S}{x^2} :: 1 : \frac{180}{n'^3} \times \frac{x}{n'\xi}$: or $\frac{x}{\xi}$ = environ 360, comme le prouvent les obfervations; donc fi on fuppofoit, par exemple, $n = 6$, le rapport de la force perturbatrice $\frac{T}{n'^2\xi^2}$ à la force centrale $\frac{S}{x^2}$ feroit celui de $\frac{180}{n'^2}$ à 360, ou de 1 à 72. On pour-

roit donc alors considérer la Lune comme décrivant une orbite autour du Soleil, en vertu de la force centrale $\frac{S}{x^2}$, altérée par une force perturbatrice $\frac{T}{n'^2 \xi^2}$ considérablement plus petite que cette force centrale. On peut remarquer encore que les rapports des forces perturbatrices aux forces centrales étant dans les deux méthodes $\frac{n'^3}{180}$ & $\frac{1}{2n'^2}$, ces deux rapports seroient égaux lorsque n'^5 seroit $= 90$, ou log. $n' = \frac{1 + \log. 9}{5}$; d'où l'on tire $n' =$ environ $\frac{246}{100}$. On doit observer enfin, que dans ce cas les deux forces perturbatrices ne seroient pas très-grandes par rapport à la force centrale, puisque $\frac{1}{2n'^2}$ seroit à peu près $= \frac{4}{2.25} = \frac{2}{25}$; & on pourroit employer à volonté l'une ou l'autre des deux méthodes. D'où il résulte que si n' est $< \frac{246}{100}$, il faudra employer celle où l'on considere la Lune comme satellite de la Terre, & que si $n' > \frac{246}{100}$, il faudra employer celle où l'on considéreroit la Lune comme décrivant une orbite autour du Soleil. *Voy. l'Appendice.*

§. II.

Des Perturbations d'une Planete principale par ses satellites, & de l'orbite même de ces satellites.

1. J'ai démontré dans mes *Recherches sur le Systême du Monde*, Tome II, art. 199, que le centre de gra-

vité commun d'une Planete & de ses satellites décrit très-sensiblement une ellipse autour du Soleil. De-là il est facile, comme je l'ai remarqué *art.* 218 du même Ouvrage, de trouver le lieu de la Planete principale. Car on a d'abord, comme je l'ai remarqué à l'endroit cité, l'ellipse que décrit le centre de gravité commun, & par conséquent le lieu de ce centre de gravité dans un temps donné. On a de plus, ou l'on suppose qu'on a par la théorie des satellites, leur mouvement par rapport à la Planete principale, & par conséquent leur lieu par rapport à cette Planete dans un temps donné; donc, &c.

2. Imaginons donc, lorsque le temps $t = 0$, un plan passant par la Planete principale, & auquel on rapporte le mouvement des satellites. Au bout du temps t, on connoîtra les distances x, x', &c. des satellites S, S', &c. à ce plan, abstraction faite du mouvement de la Planete. Or au bout de ce temps t, supposons que la Planete se soit élevée au-dessus de ce plan primitif de la quantité ξ; les distances x, x', des satellites au plan primitif, deviendront $x + \xi$, $x' + \xi$, &c. Enfin comme on connoît l'ellipse décrite par le centre de gravité, on aura au bout du temps t la distance ζ du centre de gravité à ce plan primitif. Donc appellant P la masse de la Planete principale, on aura par la propriété du centre de gravité $(P + S + S', \text{\&c.})\, \zeta = S(x + \xi) + S'(x' + \xi)$, &c. $+ P\xi$. D'où l'on tirera ξ.

3. Si on imagine deux autres plans perpendiculaires au plan primitif, on trouvera de même, & par une méthode

méthode ſemblable, la poſition de la Planete principale au bout du temps t par rapport à chacun de ces plans.

4. Lorſque le centre de gravité commun eſt fort près de la Planete principale, c'eſt-à-dire, lorſque la maſſe totale des ſatellites eſt fort petite par rapport à celle de la Planete principale, on peut abréger & ſimplifier cette méthode, en rapportant les mouvemens de la Planete & de ſes ſatellites à l'orbite ſenſiblement plane décrite par le centre de gravité; par la raiſon que le mouvement des ſatellites par rapport au centre de gravité eſt alors à très-peu près connu, étant ſenſiblement le même que le mouvement connu de ces ſatellites par rapport à la Planete principale. Mais la méthode que nous venons de donner eſt plus générale & plus exacte, puiſqu'elle peut être employée lors même que la maſſe des ſatellites eſt comparable à celle de la Planete principale.

5. Il eſt vrai que quand la maſſe des ſatellites eſt comparable à celle de la Planete principale, le mouvement des ſatellites par rapport à cette Planete eſt beaucoup plus difficile à déterminer, les forces perturbatrices étant alors beaucoup plus grandes. Mais 1°. on ſuppoſe que dans tous les cas ce mouvement ſoit connu. 2°. cette difficulté n'auroit pas lieu s'il n'y avoit qu'un ſatellite, & que ce ſatellite fût comparable à la Planete principale. Car la force centrale de la Lune, par exemple, étant $\frac{T+L}{\xi^2}$, & la force perturbatrice étant $\frac{S\xi}{x^3}$,

le rapport de cette force à la force centrale eſt environ $\frac{1}{178}$, quelle que ſoit la maſſe *T* par rapport à la maſſe *L*, & l'orbite décrite par la Lune *L* autour de la Terre ſeroit toujours ſenſiblement circulaire; mais l'orbite de la Lune par rapport au centre de gravité commun de la Lune & de la Terre, ſeroit fort différente de ſon orbite par rapport à la Terre.

6. On peut remarquer cependant que lorſqu'il n'y a qu'un ſatellite, l'orbite décrite par ce ſatellite autour du centre de gravité commun, eſt à très-peu près ſemblable à celle du ſatellite autour de la Planete principale. Ainſi pour lors le problême peut ſe ſimplifier encore, & on peut déterminer les altérations de l'orbite de la Planete principale, en employant la méthode indiquée dans l'*art.* 4. J'ajouterai que lorſque les maſſes du ſatellite & de la Planete ſont comparables l'une à l'autre, il paroît alors plus exact de déterminer le mouvement du ſatellite & de la Planete par rapport à l'orbite du centre de gravité, que le mouvement du ſatellite par rapport à la Planete principale; le calcul ne ſera pas plus difficile ni plus compliqué, les forces perturbatrices étant à peu près les mêmes dans les deux cas; l'avantage d'employer ici l'orbite du centre de gravité, conſiſte en ce que cette orbite eſt plus exactement elliptique que celle de la Planete.

7. Je crois devoir à cette occaſion donner les forces perturbatrices de l'orbite décrite par le centre de gravité commun de la Terre & de la Lune, plus exacte-

ment que je ne l'ai fait dans l'art. 198 de mes *Recherches sur le Systême du Monde*, Tome II, & si l'on veut en ne supposant point L très-petit par rapport à T. Soit ξ la distance de la Lune à la Terre, la distance du centre de gravité commun à la Terre sera $\frac{L\xi}{L+T}$, & sa distance à la Lune $\frac{T\xi}{T+L}$; on a vu dans l'endroit cité que les forces perturbatrices de l'ordre de $\frac{S\xi}{x^3}$, se détruisent mutuellement, ensorte qu'il ne reste que les forces perturbatrices de l'ordre de $\frac{S}{x^4} \times \left(\frac{T \cdot \xi^2 \times L}{(T+L)^3} + \frac{L^2 \xi^2 . T}{(T+L)^3}\right) = \frac{S.L.T\xi^2}{x^4 (T+L)^2} = \frac{S}{x^2} \times \frac{L\xi^2}{Tx^2}$, en supposant L très-petit par rapport à T.

8. On voit donc que cette force perturbatrice est excessivement petite, puisque $\frac{L}{T}$ est à peu près $= \frac{1}{80}$, & que $\frac{\xi}{x}$ est à peu près $= \frac{1}{360}$. On verra de plus aisément, en supposant $x = B + t$, & en regardant t comme très-petit, que cette force perturbatrice doit produire un mouvement d'aphélie de l'ordre de $\frac{S.L\xi^2}{B^5.T}$ divisé par $\frac{S}{B^3}$, c'est-à-dire, de l'ordre de $\frac{L\xi^2}{T.B^2}$, ou du même ordre que le rapport de la force perturbatrice à la force centrale.

9. Outre cette force perturbatrice, il y en a encore

une autre, causée par l'action de la Terre & de la Lune sur le Soleil, laquelle doit être transportée en sens contraire au centre de gravité commun de la Terre & de la Lune, comme nous l'avons observé *art.* 198 de l'Ouvrage cité. Mais 1°. de cette force perturbatrice, la partie qui seroit de l'ordre de $\frac{L.T\xi}{x^3(T+L)}$, & celle de l'ordre de $\frac{T.L\xi}{x^3(T+L)}$ se détruiront mutuellement, comme il est aisé de le voir. 2°. La force perturbatrice restante, dont une partie seroit de l'ordre de $\frac{T}{x^4} \times \frac{L^2\xi^2}{(L+T)^2}$, & l'autre de l'ordre de $\frac{L}{x^4} \times \frac{T^2\xi^2}{(L+T)^2}$, & par conséquent beaucoup plus grande, seroit d'un ordre beaucoup plus petit que la force perturbatrice $\frac{S.LT\xi^2}{x^4(T+L)^2}$, trouvée *art.* 7, puisque ces deux forces sont entr'elles comme T à S. Ainsi on peut n'avoir aucun égard à la force perturbatrice dont il s'agit.

10. Si on considere l'orbite que la Lune, ou en général un satellite quelconque, décrit autour du Soleil, & qu'on cherche le mouvement du satellite dans cette orbite, le temps moyen doit y être égal au temps moyen de la Planete principale. Car si les deux temps n'étoient pas exactement égaux, en ce cas, quelque petite que fût leur différence, le satellite, au bout d'un certain nombre d'années plus ou moins long, se trouveroit éloigné de la Planete principale de toute l'étendue du diametre

de l'orbite de cette Planete ou à très-peu près. Or (*hyp.*) le satellite reste toujours à une distance de la Planete principale beaucoup moindre que le diametre de cette orbite. Donc, &c.

11. Si dans cette derniere hypothèse, la Planete & son satellite avoient l'un & l'autre très-peu de masse, ensorte que cette masse pût être regardée comme nulle quant à l'attraction qu'elle exerceroit, on auroit aisément le mouvement absolu de chacune des deux Planetes autour du Soleil, qui seroit dans une ellipse; on auroit donc le mouvement réciproque du satellite & de la Planete, l'un par rapport à l'autre; mouvement qui seroit peut-être très-difficile à trouver directement, parce que dans ce cas la force d'attraction de la Planete sur son satellite étant nulle ou comme nulle, il ne resteroit qu'une force de l'ordre $\frac{2S\xi}{x^3}$ dans la direction du rayon vecteur, & une force de l'ordre $\frac{S\xi}{x^3}$ perpendiculaire à ce même rayon.

12. On pourroit employer une méthode semblable pour trouver le mouvement du satellite par rapport à la Planete principale, dans la supposition même que l'on eût égard à l'attraction réciproque de la Planete & de son satellite, pourvû que cette attraction fût très-petite par rapport à la force attractive du Soleil sur l'un & sur l'autre.

13. Si on fait abstraction de l'action réciproque d'une Planete & de son satellite, il est nécessaire, pour que

les mouvemens moyens autour du Soleil ſoient égaux, que le grand axe des deux ellipſes ſoit exactement le même de part & d'autre; car on ſait que cette condition de l'égalité des grands axes eſt néceſſaire pour que les temps périodiques ſoient égaux. Or dans cette hypothèſe ſoit a le demi-grand axe des deux ellipſes, e, e' leurs excentricités, z, z' les angles décrits autour du Soleil, on aura $\frac{aa - ee}{a - e \operatorname{coſ.} z}$ & $\frac{aa - e'e'}{a - e \operatorname{coſ.} z'}$ pour les rayons vecteurs, & on trouvera aiſément la poſition reſpective & la diſtance mutuelle de la Planete & de ſon ſatellite à chaque inſtant.

14. Soit pour plus de ſimplicité $e' = 0$, c'eſt-à-dire, ſuppoſons que la Planete principale décrive un cercle autour du Soleil; en ce cas la différence des rayons correſpondans au même angle z ſera à très-peu près $e \operatorname{coſ.} z$, en regardant e comme très-petit; & la différence des angles qui répondent à des temps égaux dans l'orbite de la Planete & dans celle de ſon ſatellite ſera à très-peu près $2 e \operatorname{ſin.} z$, comme il eſt aiſé de le prouver. Donc la diſtance de la Planete & de ſon ſatellite ſera à très-peu près $\sqrt{[e^2 \operatorname{coſ.} z^2 + (2 e \operatorname{ſin.} z)^2]} = \sqrt{(e^2 + 3 e^2 \operatorname{ſin.} z^2)}$, quantité qui n'eſt pas conſtante, & qui eſt un *maximum* quand $\operatorname{ſin.} z = \pm 1$, & un *minimum* quand $\operatorname{ſin.} z = 0$.

15. L'orbite du ſatellite autour de la Planete principale eſt alors facile à déterminer; en effet, ſoient x' & y' les coordonnées de cette orbite, priſes de la Planete

principale; on aura $x'x' + y'y' = ee(1 + 3 \text{ fin. } z^2)$. Or soit ζ' l'angle compris entre le rayon vecteur & la ligne des x', on aura 1°. $\frac{y'}{x'} = \text{tang. } \zeta'$. 2°. On aura, comme il est très-aisé de le prouver, $\frac{2e \text{ fin. } z}{e \text{ cof. } z} = \frac{y'}{x'} = \text{tang. } \zeta'$, & par conséquent tang. $z = \frac{\text{tang. } \zeta'}{2} = \frac{y'}{2x'}$. Donc puisque fin. $z^2 = \frac{\text{tang. } z^2}{1 + \text{tang. } z^2}$, on aura $x'x' + y'y' = ee\left(1 + \frac{y'^2}{4x'x' + y'y'}\right)$ ou $(y'y' + x'x') \times (y'y' + 4x'x') = ee(4x'x' + 2y'y')$. Et si on veut avoir l'équation par les coordonnées polaires, on nommera ρ le rayon vecteur, & on aura $\rho\rho = ee\left(1 + \frac{\text{tang. } \zeta'^2}{4 + \text{tang. } \zeta'^2}\right)$.

16. Dans ce même cas, soient g & g' les vîtesses initiales, & r, r' les rayons vecteurs autour du Soleil, on a $gg = \frac{2S}{r} - \frac{S}{a}$, & $g'g' = \frac{2S}{r'} - \frac{S}{a}$; d'où il s'ensuit que $gg - g'g'$ doit être exactement égal à $2S\left(\frac{1}{r} - \frac{1}{r'}\right)$. Et par conséquent cette équation doit avoir lieu en prenant g, g' pour les vîtesses de projection, & r, r' pour les valeurs initiales des rayons vecteurs.

17. Faisant toujours abstraction de l'action réciproque de la Planete & de son satellite, si les grands axes des deux ellipses different d'une quantité α, quelque

petite qu'elle ſoit, alors le ſatellite ceſſera de l'être, & ſa diſtance à la Planete pourra augmenter juſqu'à $2a$ ou à peu près ; enſorte que la diſtance des deux Planetes, qui, lorſque $\alpha = 0$, ne ſauroit paſſer $2e$, puiſqu'elle eſt $= \sqrt{(e^2 + 3ee \text{ ſin. } z^2)}$, peut & doit augmenter conſidérablement pour peu qu'on donne quelque valeur à α ; eſpéce de paradoxe aſſez remarquable.

18. Si on cherchoit directement l'orbite de la Lune autour du Soleil, on trouveroit que la force perturbatrice $\frac{T}{\xi^2}$ feroit à la force centrale $\frac{S}{x^2} :: \frac{T}{\xi^2} : \frac{S\xi}{x^3} \times \frac{x}{\xi} :: 1 : \frac{n^2 x}{\xi}$; or on a $\frac{\xi}{x} = \frac{1}{300}$ à peu près, c'eſt-à-dire, environ la moitié de 180, & $n^2 =$ à peu près $\frac{1}{180}$; d'où l'on voit que $\frac{T}{\xi^2} : \frac{S}{x^2}$ à peu près comme 2 à 1 ; & qu'ainſi la force perturbatrice étant plus grande que la force centrale, cette méthode donneroit peu exactement le mouvement de la Lune. Cependant il faut obſerver d'un autre côté, que l'orbite décrite par la Lune differe peu d'une ellipſe, ce qui eſt évident, puiſqu'il n'y a de différence entre le rayon de cette ellipſe & le rayon de la Terre qu'une quantité de l'ordre de ξ, c'eſt-à-dire, de $\frac{1}{360}$, & par conſéquent d'un ordre fort au-deſſous de celui de l'excentricité de l'orbite de la Terre, laquelle eſt $\frac{1}{60}$. Voilà donc une orbite peu différente d'une ellipſe, & dont néanmoins les perturbations ſeroient très-difficiles à déterminer, ſi on s'y prenoit par la méthode dont il s'agit ici.

19.

19. Supposons, pour plus de simplicité, que le Soleil S, & deux Planetes P, P' soient dans le même plan, & rangés en ligne droite, & que les Planetes P, P' soient lancées perpendiculairement avec des vîtesses G, G'. Soit r la distance de la Planete P au Soleil S, & $r + ir$ celle de la Planete P', i étant supposé fort petit. On aura d'abord $GG = \frac{2S}{r} - \frac{S}{a}$, a étant le demi-axe de l'ellipse que tend à décrire la Planete P; & de même on aura pour la Planete P', $G'G' = \frac{2S}{r+ir} - \frac{S}{a'} = \frac{2S}{r} - \frac{2Si}{r} - \frac{S}{a'}$ à très-peu près. Maintenant soit $g = G' - G$, & $ir = \alpha$; il est clair qu'on auroit $gg = \frac{2(P+P')}{\alpha} - \frac{P+P'}{a}$, a étant le demi-axe de l'ellipse que la Planete P' tendroit à décrire autour de la Planete P. Faisant évanouir g, on aura la valeur de a; & si cette valeur est positive, & beaucoup plus petite que r, & que de plus $\frac{P+P'}{\alpha^2}$ soit beaucoup plus grand que $\frac{S\alpha}{r^3}$, la Planete P' sera un satellite de la Planete P. Car cette Planete P' décrira à peu près une ellipse autour de P, puisque les forces perturbatrices, qui sont de l'ordre de $\frac{S\alpha}{r^3}$, seront peu considérables par rapport à la force centrale $\frac{P+P'}{\alpha^2}$. Et si la masse du satellite P' étoit inconnue, & que $\frac{P}{\alpha^2}$

fût encore très-grand par rapport à $\frac{S\alpha}{r^3}$, il eſt clair que P' feroit encore à plus forte raiſon ſatellite de P.

20. On pourroit faire quelqu'uſage de ce moyen, pour s'aſſurer, au moins en certains cas, ſi une Comete qui vient à s'approcher fort près d'une Planete, en deviendra ſatellite; & en général on voit aſſez comment on peut étendre plus loin cette méthode, quelles que ſoient les diſpoſitions, les directions & les vîteſſes initiales de P & de P'. Car ayant trouvé d'abord les demi-axes a, a, de l'ellipſe de la Planete P autour du Soleil, & de la Planete P' autour de P, ſoit b la plus petite diſtance de P à S, & b la plus grande de P' à P, il eſt évident que ſi $\frac{S\mathrm{b}}{b^3}$ eſt beaucoup plus petit que $\frac{P+P'}{\mathrm{b}^2}$; la Planete P' ſera un ſatellite de P.

21. Je reviens à la perturbation de la Planete principale par l'action de ſes ſatellites. On trouveroit, par une méthode analogue à celle de l'*art.* 2, les perturbations de la Planete principale, quand même les orbites des ſatellites ne feroient pas ſenſiblement circulaires, mais qu'elles feroient des ellipſes très-différentes d'un cercle, ou même des courbes un peu différentes de ces ellipſes. Car on voit par la Théorie précédente qu'il ſuffit d'avoir à très-peu près le mouvement des ſatellites par rapport à la Planete principale. Or ce mouvement ſera à peu près elliptique, ſi les forces perturbatrices ſont peu conſidérables.

22. Si la Planete a plusieurs satellites, dont il y en ait un (mais un seul) très-gros par rapport aux autres, & même de masse comparable à celle de la Planete, on pourroit de même trouver à très-peu près la perturbation de la Planete. Car quoique dans ce cas les orbites des petits satellites soient ou puissent être fort éloignées de la figure elliptique, cependant les perturbations de la Planete principale seront à peu près les mêmes que s'il n'y avoit que le seul gros satellite dont il s'agit, & dont on suppose que l'orbite est presque elliptique, supposition légitime, puisque cette orbite sera peu altérée par l'action des autres satellites.

23. L'action que le Soleil exerce sur le centre de gravité d'une Planete, de Jupiter, par exemple, & de ses satellites, étant à très-peu près en raison inverse du quarré de la distance, on pourra démontrer de la même maniere que l'action de Saturne, par exemple, sur le centre de gravité de Jupiter & de ses satellites, est en raison inverse du quarré de la distance. D'où l'on peut tirer un moyen facile pour trouver les perturbations de Jupiter, causées à-la-fois par ses satellites & par Saturne.

24. On peut remarquer en passant, que non-seulement le centre de gravité commun d'une Planete & de ses satellites décrit sensiblement une ellipse autour du Soleil, mais encore autour du centre de gravité commun de tout le systême, c'est-à-dire, du Soleil, de la Planete & de ses satellites. C'est ce qu'on démontrera aisément

en considérant 1°. que le Soleil, le centre de gravité de la Planete & de ses satellites, & le centre de gravité commun de tout le systême, sont toujours en ligne droite. 2°. Que les distances du centre de gravité commun aux deux autres points, sont toujours en raison constante, savoir en raison de la masse du Soleil à la somme des masses de la Planete & de ses satellites. 3°. Que par conséquent la courbe décrite par le Soleil autour du centre de gravité commun, la courbe décrite par le centre de gravité de la Planete & de ses satellites autour du centre de gravité commun, & la courbe, sensiblement elliptique, décrite par le centre de gravité de la Planete & de ses satellites autour du Soleil, sont des courbes semblables. Donc, &c.

§. III.

Sur les Equations séculaires des Planetes.

1. J'ai fait voir dans le Tome V de mes *Opuscules*, pag. 386, que s'il y a dans l'équation du rayon vecteur de l'orbite d'une Planete deux termes de cette forme α cos. $Nz + \beta$ cos. $(Nz + \gamma z)$, γ étant fort petit, il en résulte dans l'équation du temps un terme de cette forme A sin. γz, d'où peut résulter une équation séculaire apparente. Je vais faire voir ici comment ces deux mêmes termes α cos. $Nz + \beta$ cos. $(Nz + \gamma z)$ peuvent altérer le mouvement de l'apogée & l'excentricité. Voici quelques lemmes préliminaires.

2. Soit α cos. $Z + \beta$ cos. Z' une quantité qu'on propose de changer en k cos. ζ; je mets d'abord $Z + \delta$ au lieu de Z', & j'ai α cos. $Z + \beta$ cos. $Z' = \alpha$ cos. $Z + \beta$ cos. $(Z + \delta) = \alpha$ cos. $Z + \beta$ cos. δ cos. $Z - \beta$ sin. δ sin. $Z = (\alpha + \beta$ cos. $\delta)$ cos. $Z - \beta$ sin. δ sin. Z. Pour transformer cette quantité en k cos. ζ, je fais $\zeta = Z + \omega$, & j'ai k cos. $\zeta = k$ cos. ω cos. $Z - k$ sin. ω sin. Z, de sorte qu'on aura $\frac{\text{sin. }\omega}{\text{cos. }\omega} = \frac{\beta \text{ sin. } \delta}{\alpha + \beta \text{ cos. } \delta}$, & $k^2 = (\alpha + \beta \text{ cos. } \delta)^2 + \beta^2 \text{ sin. } \delta^2 = \alpha^2 + 2\alpha\beta$ cos. $\delta + \beta^2$; donc k cos. $\zeta = \sqrt{(\alpha^2 + 2\alpha\beta \text{ cos. } \delta + \beta^2)} \times$ cos. $(Z + \omega)$, l'angle ω étant tel que tang. $\omega = \frac{\beta \text{ sin. } \delta}{\alpha + \beta \text{ cos. } \delta}$.

3. Il est aisé de voir qu'on peut donner différentes formes à la quantité k cos. ζ. En effet, 1°. au lieu de α cos. $Z + \beta$ cos. $Z' = \alpha$ cos. $Z + \beta$ cos. $(Z + \delta)$, il n'y a qu'à, par exemple, écrire β cos. $Z' + \alpha$ cos. $(Z' - \delta)$, & mettre dans les valeurs de k & de ω, trouvées ci-dessus, $-\delta$ au lieu de δ, Z' au lieu de Z, α au lieu de β, & β au lieu de α, & on aura $\zeta = Z' + \omega'$, ω' étant un autre angle que l'angle ω trouvé ci-dessus. 2°. En général, soit Ω un angle quelconque, constant ou variable à volonté, on peut au lieu de α cos. $Z + \beta$ cos. Z', écrire α cos. $(Z + \Omega - \Omega) + \beta$ cos. $(Z + \Omega + \delta - \Omega) = \alpha$ cos. $(Z + \Omega) \times$ cos. $\Omega + \alpha$ sin. $(Z + \Omega)$ sin. $\Omega + \beta$ cos. $(Z + \Omega)$ cos. $(\delta - \Omega) - \beta$ sin. $(\delta - \Omega)$ sin. $(Z + \Omega) = [\alpha$ cos. $\Omega + \beta$ cos.

$(\delta - \Omega)] \times \cos.(Z + \Omega) + [\alpha \sin.\Omega - \beta \sin.(\delta - \Omega)] \times \sin.(Z + \Omega)$, quantité qu'on peut réduire aiſément par les méthodes précédentes à la forme $K \cos.(Z + \Omega + \omega) = K \cos.(Z + \Omega) \cos.\omega - K \sin.\omega \sin.(Z + \Omega)$.

4. Si aux deux termes $\alpha \cos. Z + \beta \cos. Z'$, on en joignoit un troiſiéme $+ \beta' \cos. Z''$, il eſt clair qu'après avoir réduit les deux premiers à $k \cos.\zeta$, on réduiroit de même $k \cos.\zeta + \beta' \cos. Z''$ à $k' \cos.\zeta'$; & ainſi de ſuite, quel que ſoit le nombre des termes ajoutés ; ce qu'on peut d'ailleurs voir directement par une méthode analogue à celle de l'*art.* 2 précédent, en écrivant au lieu de $\alpha + \beta \cos. Z' + \beta' \cos. Z''$, $\alpha \cos. Z + \beta \cos.(Z + \delta) + \beta' \cos.(Z + \delta') = (\alpha + \beta \cos.\delta + \beta' \cos.\delta') \cos. Z - (\beta \sin.\delta + \beta' \sin.\delta') \sin. Z$, d'où l'on tirera aiſément 1°. $k' = \sqrt{(\alpha^2 + 2\alpha\beta \cos.\delta + 2\beta'\beta \cos.\delta \cos.\delta' + \beta\beta + \beta'\beta' + 2\beta\beta' \sin.\delta' \sin.\delta)}$, quantité dans laquelle on peut mettre au lieu de $2\beta\beta' \times [\cos.\delta \cos.\delta' + \sin.\delta \sin.\delta']$, $2\beta\beta' \cos.(\delta - \delta')$; 2°. $\zeta'' = Z + \omega'$, ω' étant tel que tang. ω' ſoit égal à $\frac{\beta \sin.\delta + \beta' \sin.\delta'}{\alpha + \beta \cos.\delta + \beta' \cos.\delta'}$. Il en ſera de même des autres cas ; enſorte que toute quantité compoſée de termes de cette forme $\alpha \cos. Z$, α & Z étant tels qu'on voudra, pourra toujours ſe réduire à une ſeule quantité de la forme $k \cos.\zeta$.

5. Il n'y auroit pas plus de difficulté quand même il ſe trouveroit parmi les termes de la forme $\alpha \cos. Z$,

d'autres termes de la forme δ ſin. Z'. En effet, on peut toujours changer δ ſin. Z' en δ coſ. $(90° - Z') = \delta$ coſ. Z''; ainſi ce cas ſe réduit au précédent; il eſt d'ailleurs aiſé de voir que α coſ. $Z + \beta$ ſin. Z', par exemple, ſe change en α coſ. $Z + \beta$ ſin. $(Z + \delta) = (\alpha + \beta$ ſin. $\delta)$ coſ. $Z + \beta$ coſ. δ ſin. $Z = k$ ſin. ζ, en faiſant $k = \sqrt{(\alpha^2 + 2\alpha\beta \text{ ſin. } \delta + \beta^2)}$ & $\zeta = Z + \omega$, de maniere que cotang. $\omega = \frac{\beta \text{ coſ. } \delta}{\alpha + \beta \text{ ſin. } \delta}$. Il en ſera de même des autres cas plus compoſés, ſur leſquels il eſt inutile de nous arrêter plus long-temps.

6. Donc en général toute quantité compoſée de termes de la forme α coſ. Z, β ſin. Z', &c. peut ſe réduire à k coſ. ζ; ou ſi l'on veut encore à k ſin. ζ', en prenant $\zeta' = 90° - \zeta$.

7. Il eſt de plus facile de voir que deux termes de cette forme α coſ. $(Z + A) + \beta$ ſin. $(Z + B)$, α & β étant des conſtantes ainſi que A & B, ſe réduiront à un ſeul terme de cette forme α' coſ. $(Z + C)$, α' & C étant encore deux conſtantes. En effet, on aura α coſ. $(Z + A) + \beta$ ſin. $(Z + B) = (\alpha$ coſ. $A + \beta$ ſin. $B) \times$ coſ. $Z + (\beta$ coſ. $B - \alpha$ ſin. $A)$ ſin. Z. Or α' coſ. $(Z + C) = \alpha'$ coſ. C coſ. $Z - \alpha'$ ſin. C ſin. Z; d'où l'on tire $-$ tang. $C = \frac{\beta \text{ coſ. } B - \alpha \text{ ſin. } A}{\beta \text{ ſin. } B + \alpha \text{ coſ. } A}$, & $\alpha'^2 = \alpha^2 + \beta^2$.

8. Soient donc α coſ. $Nz + \beta$ coſ. $(Nz + \gamma z)$ deux quantités propoſées, dans leſquelles γ ſoit conſtant,

ainsi que N & α, β; on les réduira à la quantité k cos. ζ', en prenant $k = \sqrt{(\alpha^2 + \beta^2 + 2\alpha\beta \text{ cos. } \gamma z)}$, & $\zeta' = Nz + \omega$, ω étant tel que tang. $\omega = \frac{\beta \text{ sin. } \gamma z}{\alpha + \beta \text{ cos. } \gamma z}$, ensorte que k cos. ζ' sera $\sqrt{(\alpha^2 + \beta^2 + 2\beta\alpha \text{ cos. } \gamma z)} \times$ cos. $(Nz + \omega)$, ω ayant la valeur qu'on vient d'indiquer.

9. Soit maintenant, comme dans le cinquiéme Volume de nos *Opuscules*, pag. 386, & par les mêmes raisons $z = \zeta + \delta$, ζ renfermant tant de circonférences qu'on voudra, & δ plusieurs circonférences, mais de maniere que $\gamma\delta$ reste très-petit, on aura tang. $\omega =$
$$\frac{\beta \text{ sin. } (\gamma\zeta + \gamma\delta)}{\alpha + \beta \text{ cos. } (\gamma\zeta + \gamma\delta)} = \frac{\beta \text{ sin. } \gamma\zeta + \beta\gamma\delta \text{ cos. } \gamma\zeta, \text{ \&c.}}{\alpha + \beta \text{ cos. } \gamma\zeta - \beta\gamma\delta \text{ sin. } \gamma\zeta, \text{ \&c.}} =$$
$$\frac{\beta \text{ sin. } \gamma\zeta}{\alpha + \beta \text{ cos. } \gamma\zeta} + \frac{\beta\gamma\delta \text{ cos. } \zeta}{\alpha + \beta \text{ sin. } \gamma\zeta} + \frac{\beta^2 (\text{sin. } \gamma\zeta)^2 . \gamma\delta}{(\alpha + \beta \text{ cos. } \gamma\zeta)^2}, \text{ \&c.}$$
plus les termes de l'ordre de $\gamma^2\delta^2$, α, β, γ & ζ étant constans, & δ seule étant variable. On aura de même $k = \sqrt{[\alpha^2 + \beta^2 + 2\beta\alpha \text{ cos. } (\gamma\zeta + \gamma\delta)]} = \sqrt{(\alpha^2 + \beta^2 + 2\beta\alpha \text{ cos. } \gamma\zeta - 2\beta\alpha\gamma\delta \text{ sin. } \gamma\zeta, \text{ \&c.})} = \sqrt{(\alpha^2 + \beta^2 + 2\beta\alpha \text{ cos. } \gamma\zeta)} - \frac{\beta\alpha\gamma\delta \text{ sin. } \gamma\zeta}{\sqrt{(\alpha^2 + \beta^2 + 2\beta\alpha \text{ cos. } \gamma\zeta)}}$, &c. *Voyez l'Appendice à la fin de cet Ouvrage.*

10. On a vu ailleurs que dans la Théorie de Saturne & de Jupiter le rayon vecteur est exprimé par une quantité de cette forme $a + \alpha$ cos. $Nz + \beta$ cos. $(Nz + \gamma z)$, α & β étant des quantités constantes & petites, à peu près du même ordre, savoir $Nz = z - \rho z$, & $Nz + \gamma z = z - nz + nz - \rho' nz$; où il faut remarquer que

que z désigne le mouvement moyen de Jupiter, par exemple, si c'est de cette Planete qu'on cherche les altérations, nz celui de Saturne, ρn le mouvement de l'aphélie de Jupiter, & $\rho' nz$ celui de l'aphélie de Saturne, de maniere que $Nz + \gamma z = z - \rho z - nz + nz - \rho' nz + \rho z = Nz + \rho z - \rho' nz$, ce qui donne $\gamma = \rho - \rho' n$. Donc $\gamma \zeta = \rho \zeta - \rho' n \zeta =$ à la différence du mouvement de l'aphélie des deux Planetes, pendant le temps que Jupiter a décrit l'arc ζ, c'est-à-dire, égal à la distance de ces deux aphélies dans l'instant où l'on commence à compter l'arc δ. Donc $\gamma\zeta$ est la distance de l'aphélie de Jupiter à celui de Saturne lorsque $\delta = 0$. Ainsi nommant D cette distance, les valeurs de k & de ω sont exprimées en constantes α, β, D, avec la seule variable δ. On remarquera encore que $\gamma\delta$ est la variation de la distance des deux aphélies à la fin du temps où est parcouru l'arc variable δ.

11. L'angle $\gamma\delta$ étant fort petit, & tout le reste étant constant, il est visible que k sera égal à une quantité de cette forme $A + B\gamma\delta + C\gamma^2\delta^2$, &c. & tang. $\omega = A' + B'\gamma\delta + C'\gamma^2\delta^2$, d'où il sera facile de tirer $\omega = A'' + B''\gamma\delta + C''\gamma^2\delta^2$, &c. Ainsi on aura par ce moyen les variations $B\gamma\delta + C\gamma^2\delta^2$, &c. de l'excentricité k, & les variations $B''\gamma\delta + C''\gamma^2\delta^2$, &c. du mouvement de l'aphélie. *Voyez l'Appendice à la fin de cet Ouvrage.*

12. Pour avoir maintenant les variations de l'équation du centre, on considérera qu'elle est α' sin. Nz + β' sin. $(Nz + \gamma z) = \alpha'$ sin. $(N\zeta + N\delta) + \beta'$ sin.

$(N\zeta + N\delta + \gamma\zeta + \gamma\delta) = \alpha'$ fin. $(N\zeta + N\delta) +$ β' fin. $(N\zeta + N\delta)$ cof. $(\gamma\zeta + \gamma\delta) + \beta'$ cof. $(N\zeta +$ $N\delta)$ fin. $(\gamma\zeta + \gamma\delta) = \sigma$ fin. $(N\zeta + N\delta + \varpi)$, en faifant ϖ tel que tang. $\varpi = \frac{\beta' \text{ fin.} (\gamma\zeta + \gamma\delta)}{\alpha' + \beta' \text{ cof.} (\gamma\zeta + \gamma\delta)}$ & $\sigma = \sqrt{[\alpha'^2 + \beta'^2 + 2\beta'\alpha' \text{ cof.} (\gamma\zeta + \gamma\delta)]}$. Donc l'équation du centre fera auffi de cette forme $(A' + B'\gamma\delta +$ $C'\gamma^2\delta^2)$ fin. $(N\zeta + N\delta + D + B''\gamma\delta + C''\gamma^2\delta^2)$. On remarquera que comme les coefficiens N & $N + \gamma$ font peu différens de l'unité, α' & β' feront très-peu différens de 2α & de 2β, & qu'ainfi ϖ eft fenfiblement $= \omega$, & σ fenfiblement $= 2k$. *V. l'Appendice.*

13. Nous avons déja remarqué que comme $\gamma\zeta$ eft la diftance des aphélies de Jupiter & de Saturne, lorfque t & $\delta = 0$, $\gamma\delta$ fera la quantité dont cette diftance variera pendant tout le temps t; or quoique les Aftronomes different beaucoup entr'eux fur le mouvement des aphélies de Saturne & de Jupiter, cependant il ne paroît pas qu'en un fiécle la diftance des deux aphélies augmente d'un degré à beaucoup près (a); d'où il s'enfuit que la diftance $\gamma\zeta$ des aphélies, qui en 1750 étoit de 79° 6′ 12″, n'augmentera pas affez pendant plufieurs fiécles, pour que l'angle $\gamma\zeta$ augmente fenfiblement.

14. Nous avons vu dans le Tome V des *Opufcules*, pag. 386, que le terme A fin. $\gamma\zeta$ de l'expreffion du temps, donnoit un terme de cette forme $A\gamma\delta$ cof. $\gamma\zeta$,

(a) Suivant M. Caffini, cette diftance augmente de 34′ en 100 ans, & fuivant M. Halley, de 13′ feulement.

proportionnel au moyen mouvement uniforme, & qui s'ajoute à ce mouvement moyen; ce terme n'est pas le seul qui soit donné par les termes α cos. $N z + \beta$ cos. $(N z + \gamma z)$; car en élevant tout-à-fait ces deux termes au quarré, comme il est nécessaire pour l'expression du temps, on aura deux termes de cette forme $(B \alpha \alpha + C \beta \beta) dz$, qui donnent aussi une partie $(B \alpha \alpha + C \beta \beta) \delta$, proportionnelle à la partie uniforme du moyen mouvement. Mais la partie essentielle à considérer ici, celle qui constitue l'*altération séculaire* du moyen mouvement, proportionnelle au quarré de $\delta \delta$, provient principalement du terme A sin. γz.

15. Suivant les dernieres Tables de M. Mayer, l'équation séculaire de la Lune est de 9″ en 100 ans, de 36″ en 200 ans, de 81″ en 300 ans, enfin en 3000 ans de 8100″ ou 2° 15′, & ainsi de suite. Or cette équation étant proportionnelle à $\gamma^2 \delta^2$, & $\gamma \delta$ devant être fort petit, il est clair que le nombre γ devra être d'une très-grande petitesse, puisqu'en 3000 ans δ renferme environ 39000 révolutions de la Lune, ou 39000 × 360°. Donc l'angle $\gamma \zeta$ n'augmentera pas sensiblement dans la Théorie de la Lune pendant un très-grand nombre de siécles; cet angle $\gamma \zeta$ est le même que celui que nous avons nommé $\lambda \zeta$, pag. 16; d'où l'on peut conclure la légitimité de la supposition que nous avons faite ci-dessus (XLV. Mémoire, §. I, *art.* 9, p. 20), que l'angle $\lambda \zeta$ n'augmente pas sensiblement dans la Théorie de la Lune pendant plusieurs siécles, de ma-

niere qu'en ſuppoſant ζ augmenté de ρ, $\lambda\rho$ reſteroit extrêmement petit, ou du moins tel que ſin. $(\lambda\zeta + \lambda\rho)$ n'augmenteroit pas ſenſiblement.

17. Non-ſeulement des termes de la forme α coſ. $Nz + \beta$ coſ. $(Nz + \gamma z)$ donneroient dans l'expreſſion du temps un terme proportionnel à $\delta\delta$, mais il en ſeroit de même de termes de cette forme α coſ. $(Nz + A)$ $+ \beta$ coſ. $(Nz + \gamma z + B)$; puiſque ces termes donneroient dans l'expreſſion du temps un terme de cette forme A ſin. $(\gamma z + C)$ ou A ſin. $(\gamma\zeta + \gamma\delta + C)$; d'où il eſt aiſé de voir qu'il réſultera un terme proportionnel à $\delta\delta$, dans l'expreſſion du mouvement vrai.

17. L'expreſſion du rayon étant α coſ. $(Nz + A)$ $+ \beta$ coſ. $(Nz + \gamma z + B)$, on trouvera de même très-facilement les variations de l'excentricité, de l'équation du centre & du mouvement de l'aphélie, par une méthode toute ſemblable à celle qu'on a ſuivie pour le cas de $A = 0$ & de $B = 0$.

18. Si l'expreſſion du rayon, au lieu des termes α coſ. $Nz + \beta$ coſ. $(Nz + \gamma z)$, en renfermoit de cette eſpéce α' coſ. $(Nz + A) + \beta'$ coſ. $(Nz + \gamma z + B) +$ a ſin. $(Nz + C) +$ b ſin. $(Nz + \gamma z + D)$, il eſt très-aiſé de voir par l'*art.* 7 ci-deſſus, p. 327, que ces quatre termes pourroient ſe réduire à α'' coſ. $(Nz + E)$ $+ \beta''$ coſ. $(Nz + \gamma z + F)$; ainſi il réſultera toujours de ces ſortes de termes une altération ſéculaire du moyen mouvement, proportionnelle à $\delta\delta$; & on trouvera de même facilement les variations de l'excentricité, de l'é-

quation du centre, & du mouvement de l'aphélie dans cette hypothèse.

19. Si on avoit dans l'équation du rayon vecteur un troisiéme terme δ cos. $(Nz + \gamma' z)$, γ' étant encore fort petit, il est encore facile de voir que ce terme produiroit dans l'équation du temps un terme de la forme A' sin. $\gamma' z$, & un autre de la forme B' sin. $(\gamma' z - \gamma z)$, & que de ces deux termes naîtroit encore une équation séculaire proportionnelle au quarré du temps; ce qu'il est inutile d'expliquer plus au long.

20. On trouveroit avec la même facilité les altérations produites par ce nouveau terme dans l'excentricité, l'équation du centre & le mouvement de l'aphélie; il suffiroit pour cela d'employer la même méthode qu'on a employée ci-dessus pour déterminer les altérations résultantes des deux termes α cos. $Nz + \mathcal{C}$ cos. $(Nz + \gamma z)$.

21. On sait déja que la valeur du rayon vecteur de Jupiter, étant supposée $= a + \alpha$ cos. $Nz + \mathcal{C}$ cos. $(Nz + \gamma z)$, donne dans l'expression du temps dt un terme de la forme $\alpha \mathcal{C} dz$ cos. γz, d'où résulte une équation séculaire. Mais si de plus il y avoit dans l'expression du rayon un terme de la forme $B \alpha \mathcal{C}$ cos. γz, B étant une quantité finie, il feroit très-néceffaire d'avoir égard à ce terme pour déterminer la valeur absolue de l'équation séculaire. La recherche de ces sortes de termes dans l'expression du rayon, paroît donc très-digne de l'attention des Géometres.

22. Les mêmes méthodes qu'on vient de donner pour déterminer les équations séculaires, dans les cas où l'expression du rayon ne renferme point d'arcs de cercle, peuvent s'appliquer aisément aux cas où elle en renferme. Par exemple, si l'expression du rayon renfermoit les quantités α cos. $N(\zeta+\delta)+6(A+\gamma'\delta)\times$ sin. $N(\zeta+\delta)$, il est évident (en élevant cette expression au quarré) qu'il en résulteroit, dans l'expression différentielle du temps, un terme de la forme $2 6^2\gamma' A\delta d\delta \times$ [sin. $(N\zeta+N\delta)]^2$, d'où résulte un terme de la forme $6^2\gamma' A\delta d\delta$, & par conséquent un terme de la forme $6^2\gamma' A\delta^2$ dans l'expression du mouvement vrai. Et il est clair que dans les cas plus compliqués, on pourra toujours employer la méthode qu'on vient d'expliquer, & trouver de même les variations de l'excentricité, de l'équation du centre & du mouvement de l'aphélie; puisqu'on pourra dans tous les cas réduire l'expression du rayon à k cos. $(Z'+A)$, & celle de l'équation du centre à k' sin. $(Z''+B)$, les quantités k, k', A, B, étant constantes ou variables.

23. Si N & $N+\gamma$ étoient imaginaires, il n'y auroit pas plus de difficulté; il faudroit seulement alors 1°. écrire au lieu de α & de 6, $\alpha+\delta\sqrt{-1}$ & $\alpha-\delta\sqrt{-1}$; 2°. au lieu de N & $N+\gamma$, $M+\nu\sqrt{-1}$ & $M-\nu\sqrt{-1}$, & faire attention que $\gamma=-2\nu\sqrt{-1}$. 3°. Il faut aussi remarquer que $\frac{\text{sin.}\,A\sqrt{-1}}{\sqrt{-1}}=\frac{c^{-A}-c^{+A}}{-2}$, & que cos. $A\sqrt{-1}=\frac{c^{-A}+c^{+A}}{2}$.

4°. D'après ces obſervations le reſte du calcul ſe fera comme ci-deſſus. Voyez le Tome I de nos *Opuſcules*, pag. 111. On peut d'ailleurs, ſans avoir recours aux quantités imaginaires, réſoudre directement le cas dont il s'agit, par une méthode entiérement analogue aux précédentes, en conſidérant que $c^{\gamma t + \gamma \delta} = c^{\gamma t} + \gamma \delta c^{\gamma t} + \frac{\gamma \gamma \delta \delta c^{\gamma t}}{2}$, &c. d'où l'on trouvera aiſément les termes qui contiendront le quarré $\delta \delta$ dans l'expreſſion du lieu.

§. IV.

Sur la Préceſſion des Equinoxes.

1. Dans le Tome V de ces *Opuſcules*, pag. 282 & ſuiv. j'ai remarqué pluſieurs mépriſes échappées à M. Simpſon dans la ſolution du problême de la Préceſſion des Equinoxes. Mais il en eſt une, non moins importante que les autres, & qui m'avoit échappée. C'eſt la valeur qu'il donne de ddx (V. p. 283 du Tome cité) & qu'il trouve $\frac{dx\,dz}{r} \times \text{coſ.}\, z$, au lieu que cette quantité a une valeur double, égale à $\frac{2\,dx\,dz}{r}$ coſ. z, ou $2\,dx\,dz$ coſ. z, en ſuppoſant $r = 1$.

2. Pour le prouver, ſoit FAG (Fig. 41) le plan perpendiculaire à l'axe de rotation, & ſur lequel le mouvement du corps eſt cenſé projetté; ſoit $AB =$ ſin. z, CD la projection du chemin que fait le corps

dans un instant. Dans l'instant suivant, s'il obéissoit à sa simple inertie, la projection de son mouvement seroit la ligne DE égale & en ligne droite avec CD. Pendant le temps que le corps décriroit la ligne CDE, le cercle, en tournant autour de l'axe de rotation, décriroit l'angle $CAF = 2dx = \frac{2BC}{AB}$; or le ddx qu'on cherche est l'angle EAF, différence des angles FAH & EAH, ou CAB & EAH, c'est-à-dire, $\frac{BC}{AB} - \frac{EH}{AH} = BC\left(\frac{1}{AB} - \frac{1}{AH}\right) = \frac{BC \times 2BD}{AB}$ $= 2dxd$ sin. $z = 2dxdz$ cos. z.

3. L'erreur de M. Simpson, comme il est aisé de le voir en examinant sa solution, vient de ce qu'il a supposé, qu'en décrivant du centre A & du rayon AD un arc DO (égal à son sinus, à un infiniment petit du troisiéme ordre près,) cet arc étoit égal à l'arc EH décrit du rayon AE, ou à son sinus. Or il est visible que le sinus EH étant rigoureusement $= BC$ (à cause de $DE = CD$), est plus petit que DO d'une quantité égale à la différence de BC & de DO, c. à. d. égale à $\frac{BC \times BD}{AB} = dxdz$ cos. z; ensorte que PEH étant faite égale, comme elle le doit être, à $\frac{DO \times AH}{AD}$, ou $\frac{BC \cdot AH}{AB}$, ou $dx(1 + 2dz \cos. z)$, on aura $\frac{PH - EH}{AE} = dx(1 + 2dz \cos. z) - dx =$

$2dxdz \times$

$2\,dx\,dz \times$ cos. z, au lieu que M. Simpson supposant par son calcul $EH = DO = dx(1 + dz \text{ cos. } z)$, il ne trouve que $\frac{PH - EH}{AE} = dx\,dz$ cos. z, c'est-à-dire, égal à la moitié de sa valeur réelle.

4. Ayant corrigé cette méprise sur la valeur de ddx, donnée par le calcul de M. Simpson, & ayant corrigé en même-temps, comme nous l'avons fait dans la pag. 285 du Volume cité, son erreur sur la valeur de la force centrifuge, il se trouve que les deux méprises se compensent l'une l'autre, & que le résultat de la valeur de φ est le même qu'a trouvé M. Simpson. Mais l'exactitude de ce résultat, bien loin de justifier la solution de ce Géometre, ne la rend au contraire que plus fautive, puisqu'il provient de *deux* erreurs dont l'effet se compense mutuellement. D'ailleurs en admettant même l'exactitude de ce résultat, la solution du problême de la Précession des Equinoxes, donnée par cet Auteur, n'en est pas plus exacte, étant sujette à beaucoup d'autres difficultés, exposées à l'endroit cité.

5. Dans la seconde solution que nous avons donnée du problême de la *Précession des Equinoxes*, il est aisé de voir que le point O de l'équateur (Fig. 42) a d'abord au premier instant un mouvement infiniment petit du second ordre, en vertu de la force attractive du Soleil ou de la Lune; & que ce point O, se mouvant à-la-fois ou tendant à se mouvoir uniformément suivant OA, & d'un mouvement uniformément accéléré pendant un

instant, suivant la ligne AB, infiniment petite du second ordre, ce point O décrit l'arc infiniment petit de parabole ou de cercle OiB, de maniere qu'en menant BC tangente en B, & $O\mathfrak{C}$ parallèle à BC, on aura $AC = \frac{AO}{2}$, & $A\mathfrak{C} = 2AB$; & l'angle de déviation de l'équateur, c'est-à-dire, l'angle que le nouvel équateur forme avec le précédent, sera ACB ou $AO\mathfrak{C}$ qui lui est égal, c'est-à-dire, $\frac{A\mathfrak{C}}{AO}$. Or $A\mathfrak{C}$ est la valeur qu'auroit AB, décrit d'un mouvement uniforme; & cette valeur de AB seroit dans ce cas φdz^2, & dans le cas du mouvement uniformément accéléré, elle ne seroit que $\frac{\varphi dz^2}{2}$. Voilà pourquoi j'ai supposé dans cette seconde solution $AB = \varphi dz^2$; si je l'eusse supposé égal à $\frac{\varphi dz^2}{2}$, il eût fallu, pour avoir l'angle ACB, diviser AB, non par AO ou dx, comme j'ai fait dans cette solution, mais par $\frac{AO}{2}$, ce qui auroit donné le même résultat $\frac{\varphi dz^2}{dx}$.

6. C'est pour cela que le résultat de notre seconde solution s'accorde avec celui de M. Euler (*Mém. de Berlin* 1749). M. Euler donne à la vérité à AB sa valeur réelle & rigoureuse $\frac{\varphi dz^2}{2}$, mais il ne divise AB que par la moitié de AO, pour avoir l'angle ACB.

§. V.

Sur les Atmosſpheres des Corps céleſtes.

Le but des Recherches ſuivantes eſt de donner ſur l'Atmoſphere des Planetes quelques Remarques que je crois nouvelles, & de corriger en même-temps quelques mépriſes où des Auteurs célébres ſont tombés ſur cette matiere.

1. Soient P, p (Fig. 43) les poles de la Planete, PEp un de ſes méridiens, E un point de ſon équateur, EA la hauteur de l'atmoſphere ſous l'équateur, & PB ſa hauteur au pole.

2. Il eſt d'abord évident que la plus grande hauteur A à laquelle l'atmoſphere puiſſe s'élever, eſt celle où la force centrifuge du point A eſt égale à ſa gravitation vers C; car au-delà de ce point les parties de l'atmoſphere ſe diſſiperoient.

3. Soit donc M la maſſe de la Planete, qu'on ſuppoſe conſidérablement plus grande que celle de l'atmoſphere, enſorte qu'on puiſſe négliger l'attraction de celle-ci; on aura, en appellant CA, ω, $\frac{M}{\omega^2}$ pour la valeur, au moins très-approchée, de l'attraction en A; car on ſuppoſe que la Planete ſoit à peu près ſphérique.

4. Soit de plus $CE = r$, & la force centrifuge en $E = \frac{M}{\alpha^3 rr}$, α étant un nombre indéterminé; on aura

donc $\frac{M\omega}{\alpha^3 r^3}$ pour la force centrifuge en A, & par conséquent $\frac{M}{\omega^2} = \frac{M\omega}{\alpha^3 r^3}$, d'où $\omega = \alpha r$. Nous faisons abstraction jusqu'à présent de l'action des autres Planetes.

5. Pour déterminer présentement le rapport entre CA & CB, nous nommerons CB, ζ, CP, r', & nous remarquerons que les deux surfaces ou couches AOB, EKP, devant être de niveau, parce que la pesanteur doit être perpendiculaire à chacune de ces surfaces, le poids de AE doit être égal à celui de BP. Or le poids de $AE = \frac{M}{r} - \frac{M}{\omega} - \frac{M\omega\omega}{2\alpha^3 r^3} + \frac{M}{2\alpha^3 r}$, en supposant d'abord l'atmosphere homogene (a); & celui de $BP = \frac{M}{r'} - \frac{M}{\zeta}$; donc $\frac{M}{r} - \frac{M}{\omega} - \frac{M\omega^2}{2\alpha^3 r^3} + \frac{M}{2\alpha^3 r} = \frac{M}{r'} - \frac{M}{\zeta}$. De plus, l'équilibre de la surface EKP, donne $\frac{M}{r'} - \frac{M}{r} = \frac{M}{2\alpha^3 r}$ (b); donc l'équation se réduit à $-\frac{M}{\omega} - \frac{M\omega^2}{2\alpha^3 r^3} = -\frac{M}{\zeta}$; ou $\frac{\omega^3}{2\alpha^3 r^3} - \frac{\omega}{\zeta} + 1 = 0$.

(a) Nous verrons plus bas que les résultats donnés par cette supposition, ne sont point altérés par l'hétérogénéité réelle de l'atmosphere.

(b) Cette équation n'est rigoureusement vraie que dans le système de la gravitation de toutes les parties vers un centre, & non dans celui de l'attraction mutuelle de toutes les parties du Globe; mais comme la Terre est supposée presque sphérique, les rayons r' & r sont à peu près égaux, & le terme $\frac{M}{2\alpha^3 r}$ fort petit; ainsi les trois termes $\frac{M}{r'} - \frac{M}{r} - \frac{M}{2\alpha^3 r}$ peuvent être négligés, & l'équation finale en ω subsiste toujours, au moins à très-peu près.

6. Supposons maintenant que la hauteur ω ou CA (Fig. 43 & 44) soit moindre que αr; & nous aurons en faisant $\zeta = pr$, & $p = \frac{2\alpha}{3m}$ (m étant un nombre indéterminé) l'équation $\omega^3 - \alpha^2 \omega r^2 \times 3m + 2\alpha^3 r^3 = 0$.

7. Cette équation aura deux racines imaginaires & une négative réelle, si $\frac{1}{27}(3m\alpha^2 r^2)^3$ est $< \frac{1}{4}(2\alpha^3 r^3)^2$, c'est-à-dire, si $m^3 < 1$, ou $m < 1$; elle aura deux racines réelles, positives & égales, si $m = 1$; & ces racines seront $\omega = \alpha r$, comme il est aisé de le voir; & il y aura de plus, à cause de l'évanouissement du second terme, une racine négative $- 2\alpha r$ égale à la somme des deux positives. Enfin, si m est > 1, les trois racines seront réelles & inégales, deux positives, & une négative égale à leur somme.

8. De ces trois cas, le second où $m = 1$, est celui de la plus grande hauteur de l'atmosphere.

9. Le premier cas donne pour ω une valeur imaginaire, ou une valeur négative, toutes deux également illusoires, & le problême est impossible; c'est-à-dire, que si p est $> \frac{2\alpha}{3}$, ou $CB > \frac{2\alpha . CE}{3}$, on ne pourra assigner la hauteur de l'atmosphere.

10. Enfin, si $m = 1 + k$, k étant un nombre positif, ce qui est le troisiéme cas, on aura $\omega^3 - 3\alpha^2 r^2 \omega + 2\alpha^3 r^3 = 3\alpha^2 r^2 \omega k$; d'où il est aisé de voir, à cause que le terme $3\alpha^2 r^2 \omega k$ est positif, que des deux racines réelles positives qui donnent la valeur de ω, la plus petite sera moindre que αr, & la seconde plus

grande que αr, puiſque ces deux valeurs ſeroient chacune $= \alpha r$, ſi k étoit $= 0$.

11. Or il eſt clair d'abord que de ces deux valeurs, on ne doit employer que la valeur moindre que αr, puiſque la hauteur de l'atmoſphere ne ſauroit être plus grande que αr (*art.* 2 & 4).

12. Si donc on prend $C\alpha = \alpha r$ (Fig. 45), & que CA & CR ſoient les deux racines indiquées dans l'*art.* 10, le point α ſera entre A & R; & comme la partie αR auroit une force centrifuge plus grande que ſa peſanteur vers C, & par conſéquent tendroit à ſe diſſiper vers R, on voit que la racine CR eſt inutile pour trouver la hauteur de l'atmoſphere. Ce qui n'empêche pas néanmoins que le poids de CR ne ſoit égal à celui de CA & CB, le poids de CR étant compoſé d'une partie poſitive depuis α juſqu'en C, & d'une négative depuis α juſqu'en R; enſorte que ſi l'atmoſphere s'étendoit juſqu'en R, & qu'elle fût ſuppoſée environnée d'une enveloppe ſolide, l'équilibre entre CR & CB ſeroit réel.

13. En ſuppoſant que l'atmoſphere ait ſa plus grande hauteur poſſible, on a $\omega^3 = \alpha^3 r^3$; donc (*art.* 5), on aura $\frac{\omega}{\zeta} = 1 + \frac{1}{2}$, ou $\omega = \frac{3\zeta}{2}$. Donc ſi l'atmoſphere étoit ſuppoſée homogene, & de la plus grande hauteur poſſible EA, la diſtance CA de A en C ſous l'équateur ſeroit à la diſtance CB ſous le pole, comme 3 à 2.

14. Au lieu de déterminer ω par ζ, on pourroit dans

l'équation $\frac{\omega^3}{2\alpha^3 r^3} - \frac{\omega}{\zeta} + 1 = 0$ de l'*art.* 5, déterminer ζ par ω, ou CB par CA, ce qui feroit encore plus commode à certains égards, d'autant que ζ n'eft élevé qu'au premier degré dans l'équation. Nous difons *à certains égards*, parce qu'il eft bon d'un autre côté de confidérer l'équation du troifiéme degré en ω, pour connoître quelles font les valeurs de ω qui font utiles au problême, & quelles font celles qu'on doit rejetter.

15. Nous avons fuppofé dans les calculs précédens l'atmofphere homogene ; fur quoi nous remarquerons d'abord que la plus grande hauteur de l'atmofphere eft la même, foit qu'on la fuppofe homogene ou non, parce que cette plus grande hauteur dépend uniquement de la pofition du point A dont la force centrifuge feroit égale à fa gravitation vers C. De plus, l'hétérogénéité de l'atmofphere n'influe ni fur fa figure, ni fur le rapport de la colonne CA de l'équateur à la colonne CB du pole : car on fait par les Théories de l'Hydroftatique, que les couches de niveau refteront les mêmes dans l'atmofphere homogene & dans l'atmofphere hétérogene, abftraction faite de l'attraction de l'atmofphere, dont l'effet eft ici fort petit. Ainfi on peut appliquer à l'atmofphere hétérogene, telle qu'elle eft réellement, tout ce que nous avons dit jufqu'ici, & tout ce que nous dirons par la fuite, dans l'hypothèfe de l'atmofphere homogene.

16. Pour avoir maintenant la figure de l'atmofphere,

après en avoir fixé la hauteur, soit un rayon quelconque $CO = x$ (Fig. 43), l'angle $OCB = z$; & on aura, à cause de l'équilibre des canaux KO, BP, & du niveau des surfaces BO, PK, l'équation $- \frac{M}{x} - \frac{Mx^2 \sin. z^2}{2a^3 r^3} = - \frac{M}{\mathit{6}}$, ou $\frac{x^3 \sin. z^2}{2a^3 r^3} - \frac{x}{\mathit{6}} + 1 = 0$.

17. Donc lorsque z sera égal à $90°$, si on prend un angle z qui ne soit au-dessous de $90°$ que d'une quantité infiniment petite, il est aisé de voir que la valeur de x, correspondante à cette valeur de z, ne différera que d'une quantité infiniment petite du second ordre, de la valeur de x répondante à $z = 90°$, & qu'ainsi la surface de l'atmosphere fera un angle droit en A avec le rayon CA.

18. On trouvera de même que lorsque $z = 0$, c'est-à-dire, au point B, les deux valeurs de x infiniment proches ne différeront que d'un infiniment petit du second ordre, & qu'ainsi l'angle en B sera droit.

19. De-là il s'ensuit que ni au point A ni au point B (Fig. 44) la surface de l'atmosphere ne peut se terminer en pointe, & qu'ainsi il est impossible qu'elle ait la forme d'une lentille dont le tranchant réponde à l'équateur A; ce qu'il est d'ailleurs aisé de démontrer directement, en considérant que si l'angle en A étoit aigu, il le seroit aussi au point a infiniment proche de a; d'où il s'ensuivroit que la direction de la pesanteur

teur combinée avec la force centrifuge en a, ne pourroit être perpendiculaire à la surface du fluide en a, comme elle le doit être pour l'équilibre.

20. Si donc il est vrai, comme les Observateurs l'assurent, que la lumiere zodiacale qu'on observe autour du Soleil dans certains temps de l'année, se termine par une pointe A, qui forme un angle aigu d'un nombre plus ou moins grand de degrés, il est clair que cette lumiere zodiacale ne peut avoir pour cause l'atmosphere du Soleil, comme l'ont cru des Savans célèbres. Voyez le *Traité de l'Aurore Boréale* de M. de Mairan, seconde Edit. 1754, pag. 20 & suiv.

21. Si on mene Co infiniment proche de CO (Fig. 43), il n'est pas difficile de voir que le petit cône formé par la révolution du triangle COo autour de CB sera $\frac{x \cos. z}{3} \times 2\pi x \sin. z \times o\lambda$, $o\lambda$ étant parallèle à CA, & 2π étant le rapport de la circonférence au rayon; or il est aisé de voir encore que $o\lambda = \frac{x\,dz}{\cos. z}$; donc l'élément dont il s'agit sera $\frac{2\pi x^3}{3} \times dz \sin. z = \frac{2\pi x^3}{3} \times -d(\cos. z)$. Or puisqu'on a $\sin. z^2 = -\frac{2a^3r^3}{x^3} + \frac{2a^3r^3}{Cx^2}$, on aura $\cos. z = \sqrt{}(1 + \frac{2a^3r^3}{x^3} - \frac{2a^3r^3}{Cx^2})$; donc supposant $x = \frac{1}{u}$, l'intégration de cet élément dépendra de celle de $\frac{Au^2du + Budu}{u^3\sqrt{}(a + bu^2 + cu^3)}$

ou $\frac{du}{u\sqrt{(a+bu^2+cu^3)}}$ & $\frac{du}{u^2\sqrt{(a+bu^2+cu^3)}}$. Or (*Mém. de Berl.* 1748, p. 251, *coroll.* 1) la seconde de ces deux différentielles ne dépend que de la rectification des sections coniques. Donc l'intégration de l'élément dont il s'agit, dépend de l'intégration de la différentielle $\frac{du}{u\sqrt{(a+bu^2+cu^3)}}$, c'est-à-dire (*Mém. de Berl.* 1748, p. 254), de la quadrature d'une courbe du troisiéme ordre, qui auroit pour équation $zyy = a'z^3 + b'z + c'z$; d'où il est évident que si la masse de l'atmosphere est supposée $= \frac{2\pi\delta^3}{3}$, on ne pourra déterminer les valeurs de ω & de ϵ que par les intégrations dont on vient de parler; car une des deux quantités ω & ϵ ne peut se déterminer qu'en supposant la masse de l'atmosphere connue & $= \frac{2\pi\delta^3}{3}$. Cette équation, jointe à celle de l'*art.* 5, pag. 340, donnera la valeur de ϵ & celle de ω en δ.

22. Dans le cas où l'équation $\frac{\omega^3}{2a^3r^3} - \frac{\omega}{\epsilon} + 1 = 0$ a deux racines réelles positives, la courbe dont l'équation est $\frac{x^3 \text{ sin. } z^2}{2ar^3} - \frac{x}{\epsilon} + 1 = 0$, doit avoir à peu près la forme représentée dans la Figure 45, & elle sera formée d'une ovale *ABaQ*, dont les deux parties *ABa*, *AQa* seront semblables & égales; & de deux courbes *VRT*, *urt*, semblables toutes

deux, & composées de deux parties semblables *RV*, *RT*, *ru*, *rt*; la ligne *CB* sera $= \beta$, *CA* = à la plus petite valeur de ω, *CR* à la plus grande. Mais il est clair (*art.* 12) que les parties de la courbe *RV*, *RT*, *ru*, *rt*, sont inutiles au problême.

23. Au reste, les lignes *ML*, *ml* seront les asymptotes des courbes *VRT*, *urt*; & pour déterminer *CS* ou *Cs*, on fera attention que quand x est infini, & sin. $z = 0$ ou infiniment petit, on a x sin. $z = CS$, & que l'équation $\frac{x^3 \text{ sin. } z^2}{2\alpha^3 r^3} - \frac{x}{\beta} + 1 = 0$ se change en $\frac{CS^2}{2\alpha^3 r^3} - \frac{1}{\beta} + \frac{1}{x} = 0$, ou $\frac{CS^2}{2\alpha^3 r^3} - \frac{1}{\beta} = 0$, à cause de x infinie; d'où il s'ensuit que $CS^2 = \frac{2\alpha^3 r^3}{\beta}$. Il est clair que *CS* est plus grande que l'une & l'autre des deux racines positives & réelles *CA*, *CR*, de l'équation en ω. Car on a $\frac{\omega^2}{2\alpha^3 r^3} + \frac{1}{\omega} = \frac{1}{\beta} = \frac{CS^2}{2\alpha^3 r^3}$. Donc $CS^2 > \omega^2$ & $CS > \omega$; c'est-à-dire, $CS > CA$, & $> CR$.

24. Si on appelle *CP*, z', & *PO*, y, & qu'on substitue $\sqrt{(z'z' + yy)}$ à la place de x, on trouvera, après avoir fait évanouir les radicaux, une équation du sixiéme degré, analogue à celle qu'on peut voir dans le *Traité de l'Aurore Boréale* de M. de Mairan, p. 329, Edit. de 1754; & cette équation donneroit, outre les différentes parties de la courbe trouvées dans l'*art.* 22, une nouvelle partie *KNZ*.

25. Il n'eſt pas difficile de prouver que la ligne CN eſt égale à la racine négative, priſe poſitivement, de l'équation en x. En effet, quand on met $\sqrt{(z'z'+yy)}$ à la place de x, il eſt clair qu'à cauſe de l'équivoque du ſigne de $\sqrt{(z'z'+yy)}$, l'équation réſultante en z' & en y, après avoir ôté les radicaux, ſatisfait à la double équation $\frac{-M}{\pm\sqrt{(z'z'+yy)}} - \frac{M.z'z'}{2a^3r^3} = -\frac{M}{6}$, ou $\frac{-M}{\pm x} - \frac{Mx\ \text{ſin.}\ z^2}{2a^3r^3} = -\frac{M}{6}$, laquelle devient (lorſque $z = 90°$) $\frac{M}{\pm x} + \frac{Mx^2}{2a^3r^3} = \frac{M}{6}$. Or de ces deux équations, il n'y a que la premiere, c'eſt-à-dire, celle où x a le ſigne $+$, qui donne la figure de l'atmoſphere; cependant l'autre, comme il eſt aiſé de le voir, n'en differe que par les ſignes pairs, & par conſéquent elle a deux racines négatives, & une poſitive, égales aux deux racines poſitives & à la racine négative de l'autre. Donc CN eſt cette racine poſitive, égale à la négative de l'autre équation, & par conſéquent $= CA + CR$. D'où il eſt clair que $CA + CR = CA + AN$, & qu'ainſi $AN = CR$ ou $RN = CA$.

26. Il réſulte de-là, que pour déterminer la figure de l'atmoſphere, c'eſt une analyſe tout-à-fait illuſoire que de ſubſtituer $\sqrt{(z'z'+yy)}$ à x; & qu'il faut laiſſer l'équation ſous la forme $\frac{1}{x} + \frac{x^2\ \text{ſin.}\ z^2}{2a^3r^3} = \frac{1}{6}$; x étant le rayon variable CO, & OCB l'angle z. On

peut même tirer de-là en général une conclusion purement Géométrique ; c'est que quand une courbe est exprimée par l'équation entre les coordonnées polaires, c'est-à-dire, entre les angles z (ou leurs sinus & cosinus) & les rayons x qui partent d'un point fixe, il ne faut point substituer $\sqrt{(z'z' + yy)}$ à x, à moins que x ne se trouve dans l'équation à des puissances purement paires ; autrement, on auroit une courbe plus composée que celle dont il s'agit, comme il arrive dans le cas présent, où la courbe qui a pour ordonnées z' & y, représente à-la-fois les deux courbes $\frac{1}{x} + \frac{x^2 \text{ sin. } z^2}{2\alpha^3 r^3} = \frac{1}{\epsilon}$, & $-\frac{1}{x} + \frac{x^2 \text{ sin. } z^2}{2\alpha^3 r^3} = \frac{1}{\epsilon}$.

27. Dans le cas où les deux racines de l'équation en ω sont égales, les points A, R se confondent, & pour lors $CR = \alpha r$, $CB = \frac{2}{3}\alpha r$, $CS^2 = \frac{2\alpha^3 r^3}{\epsilon} =$ (*art.* 13) $3\alpha^2 r^2$; & $CS = \alpha r \sqrt{3}$.

28. Cette nouvelle courbe, dans laquelle $CA = CR$, doit être perpendiculaire à CA au point A, comme il résulte de l'*art.* 19. Ainsi elle ne paroît pas assez exactement tracée dans la Fig. 34 du *Traité de l'Aurore Boréale*.

29. Nous pouvons ajouter que la Fig. 35 du même Ouvrage, qui répond au cas de l'*art.* 7 & à l'équation seule $\frac{M}{-x} + \frac{Mx^2}{2\alpha^3 r^3} = \frac{M}{\epsilon}$ (équation qui n'est pas la vraie), ne peut être non-seulement d'aucune utilité, mais même d'aucune considération dans la détermination

de la hauteur & de la figure de l'atmoſphere. Cette figure d'ailleurs appartient (*art.* 7) au cas de $m < 1$, qui eſt illuſoire (*art.* 9), puiſqu'il donne $p > \frac{2\alpha}{3}$, & le problême impoſſible. Ainſi M. Euler a eu raiſon de dire que ſi l'équation de l'*art.* 6 a une racine poſitive, elle aura néceſſairement trois racines réelles; & M. de Mairan s'eſt trompé, ce me ſemble, quand il l'a repris ſur cet article, p. 329 du *Traité de l'Aurore Boréale.* Car quand les deux racines ſont imaginaires, dans le préſent problême, la troiſiéme (*art.* 7) eſt négative & non poſitive; & la recherche de la hauteur de l'atmoſphere eſt abſolument illuſoire & impoſſible. Mais, d'un autre côté, M. de Mairan a remarqué, ce me ſemble, avec raiſon, contre M. Euler, que dans le cas même des trois racines réelles, dont deux *CA*, *CR* ſont poſitives, la plus grande *CR* eſt illuſoire pour trouver la hauteur de l'atmoſphere.

30. Nous avons fait abſtraction juſqu'ici de l'action des autres Planetes ſur l'atmoſphere d'une Planete donnée. Soit préſentement *S* (Fig. 46) un corps céleſte qui agiſſe ſur l'atmoſphere de la Planete *PEp*, & ſoit $CS = \delta$, $CA = \omega$ comme ci-deſſus, l'action au point *A* vers *AS* ſera $\frac{S}{(\delta - \omega)^2}$, de laquelle il faut retrancher l'action $\frac{S}{\delta^2}$ ſur le centre de la Planete *PEp*, & enſuite retrancher le tout de l'action $\frac{M}{\omega^2}$ de la Pla-

nete ; ce qui donnera $\frac{M}{\omega^2} - \frac{S}{(\delta - \omega)^2} + \frac{S}{\delta^2} = \frac{M\omega}{\alpha^3 r^3}$, pour l'équation qui détermine le point A de la plus grande hauteur de l'atmoſphere.

31. Suppoſant donc ω très-petit par rapport à δ, on aura $\frac{M}{\omega^2} - \frac{2S\omega}{\delta^3} - \frac{M\omega}{\alpha^3 r^3} = 0$.

32. Si le point A étoit en a de l'autre côté de S, il faudroit, au lieu de retrancher de $\frac{M}{\omega^2}$ la force $\frac{S}{(\delta - \omega)^2} - \frac{S}{\delta^2}$, y ajouter la force $\frac{S}{(\delta + \omega)^2} - \frac{S}{\delta^2}$, ce qui donneroit le même réſultat.

33. Si M eſt la Terre, S le Soleil, δ le rayon du grand orbe, ou la diſtance du Soleil à la Terre, ρ le rayon de l'orbite lunaire, on aura $\alpha^3 = 289$; & $\frac{M}{\omega^2} - \frac{M\omega}{289 r^3} - \frac{2\omega}{\rho} \times \frac{S\rho}{\delta^3} = 0$. Or $\frac{S\rho}{\delta^3} : \frac{M}{\rho^2} :: 1 : 178\frac{1}{4}$, & $\rho = 60 r$; donc $\frac{1}{\omega^2} - \frac{\omega}{289 r^3} - \frac{2\omega}{60^3 r^3 . 178\frac{1}{4}} = 0$.

34. D'où il eſt clair que la hauteur ω de l'atmoſphere eſt à peu près la même que ſi le Soleil n'agiſſoit pas. Car ſi le Soleil n'agiſſoit pas, on n'auroit que les deux premiers termes de l'équation précédente ; & le troiſiéme terme eſt très-petit par rapport au ſecond ; donc, &c.

35. Si on avoit encore égard à l'action de la Lune,

on trouveroit qu'il faudroit ajouter à l'équation précédente le terme $-\frac{2L\omega}{\varrho^3}$, L étant la masse de la Lune; or ce terme est $= -\frac{2M\omega}{80.60^3 r^3}$, & par conséquent encore très-petit par rapport à $\frac{M\omega}{289 r^3}$. Ainsi ni l'action du Soleil ni celle de la Lune ne peuvent influer beaucoup sur la hauteur de l'atmosphere.

36. Si la Planete M est la Lune & S la Terre, on remarquera que la Lune tournant sur elle-même dans le même temps qu'elle tourne autour de la Terre, la force centrifuge du centre de la Lune, c'est-à-dire, $\frac{T}{\delta\delta}$ (je mets ici T au lieu de S), est à la force centrifuge d'un point de sa surface, comme les rayons des cercles qu'ils décrivent, c'est-à-dire, comme δ est à r; donc $\frac{M}{\omega^3 rr} = \frac{T}{\delta\delta} \times \frac{r}{\delta}$; donc $\frac{M}{\omega^2} - \frac{T\omega}{\delta^3} - \frac{2T\omega}{\delta^3} = 0$. Or si on faisoit abstraction de l'action de la Terre, on auroit simplement $\frac{M}{\omega^2} - \frac{T\omega}{\delta^3} = 0$; d'où l'on voit que dans ce dernier cas on a $\omega^3 = \frac{M\delta^3}{T} =$ environ $\frac{\delta^3}{80}$, & que dans l'autre on a $\omega^3 = \frac{M\delta^3}{3T}$, & par conséquent ω beaucoup plus petit. Donc l'action de la Terre peut influer très-considérablement sur la hauteur de l'atmosphere lunaire; ensorte que

que l'action de la Terre peut diminuer beaucoup la plus grande étendue possible de l'atmosphere de la Lune.

37. On peut remarquer en passant, qu'abstraction faite de l'action du Soleil & de la Lune, la hauteur de l'atmosphere terrestre est à peu près $r\sqrt[3]{(289)}$; & celle de l'atmosphere lunaire $\delta\sqrt[3]{\left(\frac{1}{3.80}\right)}$ ou $60r\sqrt[3]{\left(\frac{1}{3.80}\right)}$ = à peu près $\frac{60r}{7}$. La hauteur de l'atmosphere terrestre sera donc à celle de la Lune (abstraction faite de l'action des Planetes extérieures) à peu près comme 50 à 60, ou comme 5 à 6.

38. On a supposé dans le calcul de l'*art.* 36, que la Terre répondoit à l'équateur de la Lune. Si elle répondoit au pole, c'est-à-dire, si elle se trouvoit dans l'axe de la Lune prolongé, alors il est aisé de voir qu'au lieu de la force $-\frac{2T\omega}{\delta^3}$, il faudroit ajouter à $\frac{M}{\omega^2}$ dans l'*art.* 36 la force $\frac{T\omega}{\delta^3}$; ce qui donneroit $\frac{M}{\omega^2} = 0$; & $\omega = \infty$. Ainsi dans cette supposition, l'atmosphere de la Lune pourroit avoir sous l'équateur une hauteur indéfinie; au moins en faisant abstraction de l'équilibre qui doit être d'ailleurs entre les colonnes de l'équateur & du pole. Au reste, cette supposition, que la Terre se trouve dans l'axe de la Lune, n'a point lieu dans notre systême céleste; car comme l'orbite de la Lune est fort inclinée à l'Ecliptique, & que l'axe de la Lune est presque perpendiculaire à cette même Ecliptique, le centre

de la Terre ſe trouve toujours à peu près dans le plan de l'équateur lunaire.

39. Si on avoit égard à l'action du Soleil pour déterminer la plus grande hauteur poſſible de l'atmoſphere lunaire, on verroit facilement que le Soleil répondant toujours à peu près, ainſi que la Terre, au plan de l'équateur lunaire, il faudroit (en ſuppoſant le Soleil en conjonction avec la Terre par rapport à la Lune) ajouter à l'équation de l'*art. 36* le terme $-\frac{2S\omega}{\delta'^3}$, δ' étant la diſtance du Soleil à la Lune, c'eſt-à-dire, à la Terre à très-peu près. Or $\frac{S}{\delta'^3} : \frac{T}{\delta^3}$ à peu près comme $1:178\frac{1}{4}$; d'où l'on voit que le terme $-\frac{2S\omega}{\delta'^3}$ eſt très-petit par rapport à $-\frac{2T\omega}{\delta^3}$, & par conſéquent influera peu ſur la valeur de ω.

40. Dans les Recherches précédentes ſur la plus grande hauteur de l'atmoſphere en ayant égard à l'action des Planetes extérieures, nous nous ſommes bornés à chercher le terme de cette plus grande hauteur. Nous allons préſentement déterminer la figure de l'atmoſphere, en ayant égard à l'action de la Planete *S*.

41. Pour faciliter cette Recherche, il faut d'abord ſuppoſer cette Planete dans l'axe de rotation *QCB* (Fig. 47), afin que les méridiens ſoient ſemblables; enſuite on conſidérera que le point *R* eſt tiré vers *C* par une force $= \frac{S.CR}{CS^3}$, & parallèlement à *CS* par

une force $= -\frac{3\,S.CR\,\text{cof.}\,OCB}{CS^3}$, d'où réfulte fuivant RO une force $= -\frac{3\,S.CR\,\text{cof.}\,OCB^2}{CS^3}$; ainfi la force totale de R vers C eft $\frac{S.CR}{CS^3}(1 - 3\,\text{cof.}\,OCB^2)$. De-là il eft aifé de voir que l'équation de l'équilibre d'où réfulte la figure de l'atmofphere, fera $-\frac{M}{x} - \frac{Mx^2\,\text{fin.}\,z^2}{2\alpha^3 r^3} + \frac{Sx^2}{2\delta^3}(1 - 3\,\text{cof.}\,z^2) = -\frac{M}{\zeta} + \frac{S\zeta^2}{2\delta^3} \times -2$; équation qui n'eft guères plus compliquée que celle de l'*art.* 16.

42. Pour que x foit $= \zeta$ lorfque $z = 90°$, il faut que $-\frac{M}{2\alpha^3 r^3} + \frac{S}{2\delta^3} \times 1 = -\frac{S}{\delta^3}$ ou $\frac{M}{\alpha^3 r^3} = \frac{3S}{\delta^3}$. Dans cette fuppofition, il eft aifé de voir que x fera $= \zeta$ quel que foit z, puifqu'on aura $-\frac{M}{x} - \frac{Mx^2}{2\alpha^3 r^3} + \frac{Mx^2}{3.2\alpha^3 r^3}$ ou $-\frac{M}{x} - \frac{Mx^2}{3.\alpha^3 r^3}$ égal à la quantité $-\frac{M}{\zeta} - \frac{M\zeta^2}{3\alpha^3 r^3}$, ce qui donne $x = \zeta$; donc alors l'atmofphere fera fenfiblement fphérique. Je dis *fenfiblement;* car les valeurs fuppofées ci-deffus aux forces que la Planete S exerce fur le point R, ne font pas rigoureufement exactes. *V. ci-deffus* p. 156, *Note* (*l*).

43. Pour déterminer en général la figure de l'atmofphere, en fuppofant la Planete attirante par-tout où

l'on voudra, il faut d'abord supposer un plan *BVGQ* (Fig. 48) qui passe par la Planete attirante *S*, & par l'axe de rotation *BQ* de la Planete attirée; il faut ensuite imaginer un méridien *BOQ*, dont le plan fasse avec le plan *BVGQ* un angle $= \alpha'$; prenons maintenant sur ce méridien un point *O*, tirons *CO* & nommons l'angle *BCO*, z'; si après avoir tracé le demi-cercle *BO'Q* dans le plan *BOQ*, on mene du point *O'* une perpendiculaire au plan *BVGQ*, laquelle tombe au point *K* sur ce plan *BVGQ*, & que de ce point *K* on mene dans le même plan *BVGQ* la ligne *KN* perpendiculaire à *CV*, il est très-aisé de faire voir que *CN* sera le cosinus de l'angle *OCS* que j'appelle z.

44. On aura de plus $KL =$ sin. z' cos. α'; $CL =$ cos. z', & en nommant β' l'angle *BCV*, *CN* ou cos. *OCS* ou cos. $z =$ cos. z' cos. $\beta' +$ sin. z' cos. α' sin. β', après quoi il n'y aura qu'à substituer cette valeur au lieu de cos. z dans l'équation de l'*art.* 41, & en même-temps sin. z' au lieu de sin. z, & on aura $-\frac{M}{x} - \frac{Mx^2 \text{ sin. } z'^2}{2\alpha^3 r^3} + \frac{Sx^2}{2\delta^3} [1 - 3(\text{cos. } z' \text{ cos. } \beta' + \text{sin. } z' \text{ cos. } \alpha' \text{ sin. } \beta')^2] = -\frac{M}{\beta} + \frac{S\beta^2}{2\delta^3} \times (1 - 3 \text{ cos. } \beta'^2)$. D'où l'on tirera la valeur de x en z', ou celle de z' en x, α' & β' étant donnés.

45. S'il y avoit un autre corps attirant *S'*, placé à la distance δ', qui fît avec l'axe *BC* un angle β'', le problême ne feroit pas plus difficile, & il suffiroit d'a-

jouter au premier membre de l'équation les termes $\frac{Sx^2}{2\delta^3}$ $\times [1 - 3(\text{cof. } \zeta' \text{ cof. } \beta'' + \text{fin. } \zeta' \text{ fin. } \alpha'' \text{ fin. } \beta'')^2]$, & au fecond membre les termes $\frac{S\beta^2}{2\delta^3} - \frac{3S\beta^2 \text{ cof. } \beta''^2}{2\delta^3}$. On remarquera de plus que fi ϵ eft l'angle connu que forment entr'eux les deux plans qui paffent par l'axe *BQ* & par les corps attirans *S*, *S'*, on peut fuppofer $\alpha'' = \alpha' + \epsilon$, & par conféquent cof. $\alpha'' =$ cof. α' cof. ϵ − fin. α' fin. ϵ, & fin. $\alpha'' =$ fin. α' cof. ϵ + fin. ϵ cof. α'.

46. Je joindrai ici en finiffant les deux remarques fuivantes. Une atmofphere qui envelopperoit entiérement la Planete, & qui ne commenceroit qu'à une certaine diftance, enforte qu'il y eût un vuide entre la furface de la Planete & la couche inférieure de fon atmofphere, ne fauroit exifter. Car la colomne du pole de cette atmofphere n'ayant point de force centrifuge, cette colomne auroit néceffairement de la pefanteur vers le centre de la Planete, & par conféquent retomberoit vers la Planete; il faudroit donc, comme dans la Fig. 43, que la colomne en *B* & en *Q* fût = 1; enforte que les couches fupérieure & inférieure *QMA*, *Qma*, partiroient du même point commun *Q*, placé dans le prolongement de l'axe de rotation de la Planete. Mais cela ne fe peut encore; car alors les deux furfaces *QM*, *Qm* devant être de niveau, le poids de *Mm* feroit = 0; c'eft-à-dire, le poids de *CM* égal à celui de *Cm* (en imaginant pour un moment l'atmofphere continuée juf-

qu'à la Planete). On auroit donc pour un même angle QCM (z), deux valeurs de CM, ou x, qui seroient égales en faisant $z = 0$. Or l'analyse exposée dans ce Mémoire prouve que cela est impossible. En effet, soit $CM = x$, le poids d'une colonne CM seroit représenté par une quantité de cette forme $\frac{1}{o} - \frac{1}{x} - xx$ sin. $z^2 . A$; & faisant $Cm = x'$, le poids de cm seroit $= \frac{1}{o} - \frac{1}{x'} - Ax'x'$ sin. z^2; on auroit donc $\frac{1}{x} - Axx$ sin. $z^2 = \frac{1}{x'} - Ax'x'$ sin. z^2, équation impossible à moins que sin. z ne soit $= 0$, ce qui donnera $x = x'$. Dans tout autre cas soit $x' = x - \alpha$, on aura $o = \frac{\alpha}{x(x-\alpha)} + 2Ax\alpha$ sin. $z^2 - A\alpha\alpha$ sin. z^2; équation impossible, puisque α est positif & $< x$; & qu'ainsi le second membre est positif.

47. Je remarquerai encore à cette occasion que la formation de l'anneau de Saturne imaginée par M. de Maupertuis (*Fig. des Astres*, seconde Edition, p. 126), ne peut avoir lieu que dans l'hypothèse purement mathématique & précaire, que chaque centre d'attraction n'agisse que dans le plan du méridien où il est placé; d'où il s'ensuit que cette explication, d'ailleurs ingénieuse, ne peut être admise dans le systême réel de l'attraction générale & mutuelle de toutes les parties de l'anneau, & que pour appliquer alors cette explication, il faudroit s'assurer qu'un tel fluide, concentrique à la

Planete, & suspendu autour d'elle en forme d'anneau, peut avoir, dans cette hypothèse, une figure d'équilibre possible, c'est-à-dire, telle que la pesanteur soit perpendiculaire à la surface; & c'est ce qui n'est pas aussi facile à prouver dans le systême de l'attraction des parties, que dans celui de leur tendance vers un ou plusieurs centres.

48. On peut même remarquer que si l'anneau étoit plan, de figure d'ailleurs quelconque, & placé dans le plan de l'équateur, ou autrement, il ne pourroit y avoir d'équilibre; car la pesanteur ou force qui agiroit dans le plan de l'anneau, produiroit par les loix de l'hydrostatique, sur chaque partie du fluide, une pression latérale & dirigée hors du plan de l'anneau, laquelle pression n'étant point soutenue par une force contraire, puisque (*hyp.*) l'anneau est plan, ou même si l'on veut, solide, & terminé par une surface plane, il en résulteroit la destruction de l'équilibre; par la même raison qu'une colonne verticale de fluide s'affaisse & se détruit, si l'action que le fluide exerce latéralement n'est point soutenue par des parois solides.

LI. MÉMOIRE.

Recherches sur différens Sujets.

§. I.

Nouvelle démonstration du Parallélogramme des Forces.

DANS le Mémoire que j'ai donné sur les principes de la Méchanique (*Vol. de l'Acad.* de 1769, p. 285), j'ai annoncé une nouvelle démonstration du Parallélogramme des Forces. C'est celle que je vais donner ici. Elle est à la vérité moins simple que la démonstration qu'on peut lire dans le volume cité ; mais comme l'usage que j'y fais des fonctions pourra être utile dans d'autres problêmes du même genre, j'ai cru que les Géometres ne me sauroient pas mauvais gré de leur en faire part.

1. Je me bornerai à démontrer que quand deux forces quelconques font un angle droit, la direction de la résultante doit être la diagonale ; car on sait que toute la

la difficulté du problême se réduit à ce seul point, le reste étant aisé à trouver & à démontrer. Voyez les *Mém. de Péterʃb.* Tom. I.

2. Soit donc BAC (Fig. 49) un angle droit, $AB = a$; $AC = b$ les deux forces, AD la direction de la résultante, & l'angle $BAD = x$; il est clair que cet angle BAD demeurera le même, tant que les forces b, a, garderont entr'elles le même rapport; d'où il s'ensuit que si on fait $\frac{b}{a} = z$, le rapport du sinus de BAD au sinus de DAC sera égal à une fonction de z; ce que j'exprime ainsi $\frac{\text{sin. } x}{\text{sin. } (90^\circ - x)}$ ou $\frac{\text{sin. } x}{\text{cos. } x} = \varphi z$; ou tang. $x = \varphi z$.

3. Imaginons de plus suivant AC une force $= na$ (n étant un nombre quelconque à volonté) & suivant AV une force $= nb$; la résultante AQ de ces deux forces sera telle que l'angle QAC sera évidemment $= BAD = x$; & l'angle DAQ sera droit.

4. Soit AR la force résultante des forces totales suivant AC & suivant AB, c'est-à-dire, de $a - nb$; & $b + na$; & soit $DAR = x'$; nous aurons (*art.* 2) tang. $(x + x') = \varphi \left(\frac{b + na}{a - nb}\right) = \varphi \left(\frac{z + n}{1 - nz}\right)$. D'où l'on tire (en mettant pour tang. $(x + x')$ sa valeur $\frac{\text{sin. } (x + x')}{\text{cos. } (x + x')}$ ou $\frac{\text{sin. } x \text{ cos. } x' + \text{sin. } x' \text{ cos. } x}{\text{cos. } x \text{ cos. } x' - \text{sin. } x \text{ sin. } x'} =$ à la quantité $\frac{\text{sin. } x}{\text{cos. } x} + \frac{\text{sin. } x'}{\text{cos. } x'}$, divisée par $1 - \frac{\text{sin. } x \text{ sin. } x'}{\text{cos. } x \text{ cos. } x'}$)

l'équation ſuivante, $\frac{\text{tang.}\,x+\text{tang.}\,x'}{1-\text{tang.}\,x\ \text{tang.}\,x'}=\varphi\left(\frac{z+n}{1-nz}\right)$; donc, en mettant pour tang. x ſa valeur φz, & réduiſant, on aura tang. $x'=\frac{\varphi\left(\frac{z+n}{1-nz}\right)-\varphi z}{1+\varphi z\,.\,\varphi\left(\frac{z+n}{1-nz}\right)}$.

5. Soit maintenant la force ſuivant $AD=y$, la force ſuivant AQ ſera évidemment $=ny$; & la force ſuivant AR ſera auſſi la réſultante des forces ſuivant AD & ſuivant AQ; d'où il s'enſuit (*art.* 2) qu'on aura tang. DAR ou tang. $x'=\varphi\left(\frac{ny}{y}\right)=\varphi n$.

6. Egalant donc les deux valeurs de tang. x', & réduiſant, on aura $\frac{\varphi z+\varphi n}{1-\varphi z\,.\,\varphi n}=\varphi\left(\frac{z+n}{1-nz}\right)$. C'eſt la condition qui doit ſervir à trouver φz.

7. Pour y parvenir, différentions les deux membres de cette équation, en faiſant d'abord varier z, puis en faiſant varier n; nous aurons $\frac{(1+\varphi n^2)}{(1-\varphi z\,.\,\varphi n)^2}\times\frac{d\varphi z}{dz}=\frac{(1+n^2)}{(1-nz)^2}\times\Delta\left(\frac{z+n}{1-nz}\right)$; & $\frac{(1+\varphi z^2)}{(1-\varphi z\,.\,\varphi n)^2}\times\frac{d\varphi n}{dn}=\frac{(1+z^2)}{(1-nz)^2}\times\Delta\left(\frac{z+n}{1-nz}\right)$. Donc $\frac{1+n^2}{1+z^2}=\frac{(1+\varphi n^2)\frac{d\varphi z}{dz}}{(1+\varphi z^2)\frac{d\varphi n}{dn}}$; ou $\frac{d\varphi z}{1+\varphi z^2}\times\frac{1+z^2}{dz}=\frac{d\varphi n}{1+n^2}\times\frac{1+n^2}{dn}$.

8. Pour ſatisfaire à cette condition d'une maniere

générale, il faut suppoſer $\frac{d\varphi z}{1+\varphi z^2} = \frac{a\,dz}{1+z^2}$, & $\frac{d\varphi n}{1+\varphi n^2} = \frac{a\,dn}{1+n^2}$, a étant un nombre conſtant quelconque; ce qui donnera φz égal à la tangente d'un certain angle, lequel ſera égal à l'angle dont la tangente eſt z, ce dernier angle étant multiplié par a.

9. Maintenant il faut conſidérer que φz doit être telle qu'elle augmente à meſure que z ou $\frac{b}{a}$ augmente. Car ſuppoſons que b augmente, a reſtant le même; c'eſt-à-dire, qu'on ajoute une force g à la force AC, ſans toucher à la force AB; il eſt clair que cette force nouvelle ſuivant AC combinée avec la force ſuivant AD qui réſulte déja de a & de b, donnera une force réſultante ſuivant Ad, qui ſera évidemment entre AD & AC; d'où il s'enſuit que la réſultante Ad des forces a & $b+g$, donnera un angle $dAB > DAB$, & par conſéquent que tang. x ou φz augmentera quand z augmentera; & il eſt de plus viſible par la même raiſon que φz ſera toujours poſitif, tant que z ſera poſitif.

10. Il faut de plus que $z = 1$ donne $\varphi z = 1$; car quand $a = b$, la direction AD de la réſultante diviſe l'angle BAC en deux parties égales.

11. Or pour que ces conditions ſoient remplies, il faut néceſſairement que dans l'*art.* 8, a ſoit $= 1$. Car il eſt d'abord aiſé de voir que pour que $\varphi z = 1$, lorſque $z = 1$, il faut néceſſairement que a ſoit $= 1$ ou $=$

$1 + 4r$, r étant un nombre entier positif. Ce sont les seuls cas où la tangente de a fois 45° soit égale à cette tangente. En second lieu, supposons $a = 1 + 4r$, & supposons l'angle dont la tangente est z, un peu plus grand que $\frac{90°}{1+4r}$, mais plus petit que 90°; & imaginons de plus que cet angle $\frac{90°}{1+4r} + \alpha$ soit tel que $(1 + 4r)\alpha$ ne soit pas $> 270°$, il sera encore aisé de voir que la tangente de $1 + 4r$ fois cet angle seroit négative; & que par conséquent z croissant, φz ne seroit toujours ni positif ni croissant. Donc a ne sauroit être $= 1 + 4r$. Donc $a = 1$. Donc $\varphi z = z$, & tang. $x = z = \frac{b}{a}$. D'où il est évident que la diagonale AD est la direction de la force résultante. Donc, &c. C. Q. F. D.

Remarque Premiere.

12. La fonction φz doit être telle qu'en mettant $\frac{1}{z}$ au lieu de z, la fonction $\varphi\left(\frac{1}{z}\right)$ qui en résultera soit $= \frac{1}{\varphi z}$; car si les forces a & b deviennent b & a, la direction de la résultante AD deviendra $A\delta$, l'angle δAC étant $= BAD$, & $\delta AB = DAC$. Cette condition se trouve évidemment remplie, en supposant $\varphi z = z$; mais je remarquerai en passant (& par forme

de simple observation analytique) qu'elle pourroit avoir lieu en supposant à a de certaines valeurs. Car la condition $\frac{d\varphi z}{1+\varphi z^2} = \frac{a\,dz}{1+z^2}$, donne $\frac{1}{2\sqrt{-1}}$ log. $\left(\frac{1+\varphi z.\sqrt{-1}}{1-\varphi z.\sqrt{-1}}\right) = \frac{a}{2\sqrt{-1}}$ log. $\left(\frac{1+z\sqrt{-1}}{1-z\sqrt{-1}}\right)$; d'où $\varphi z = \frac{1}{\sqrt{-1}}\left[\frac{(1+z\sqrt{-1})^a-(1-z\sqrt{-1})^a}{(1+z\sqrt{-1})^a+(1-z\sqrt{-1})^a}\right]$, donc pour que $\varphi\left(\frac{1}{z}\right) = \frac{1}{\varphi z}$, il faudra qu'on ait l'équation $\frac{\sqrt{-1}\times[(1+z\sqrt{-1})^a+(1-z\sqrt{-1})^a]}{(1+z\sqrt{-1})^a-(1-z\sqrt{-1})^a} = \frac{(z+\sqrt{-1})^a-(z-\sqrt{-1})^a}{\sqrt{-1}\,[(z+\sqrt{-1})^a+(z-\sqrt{-1})^a]}$; donc en multipliant les deux membres par $\sqrt{-1}$, & divisant le haut & le bas du premier membre par $(\sqrt{-1})^a$, on aura $-1\times\frac{(z-\sqrt{-1})^a+(-z-\sqrt{-1})^a}{(z-\sqrt{-1})^a-(-z-\sqrt{-1})^a} = \frac{(z+\sqrt{-1})^a-(z-\sqrt{-1})^a}{(z+\sqrt{-1})^a+(z-\sqrt{-1})^a}$. Or il est visible que ces deux membres seront identiques, si a est un nombre entier impair négatif ou positif, ou même si a est une fraction négative ou positive, dont le numérateur & le dénominateur soient des nombres impairs.

Remarque Seconde.

13. On peut remarquer encore 1°. que si dans la valeur de $\varphi z = \frac{1}{\sqrt{-1}}\left[\frac{(1+z\sqrt{-1})^a-(1-z\sqrt{-1})^a}{(1+z\sqrt{-1})^a+(1-z\sqrt{-1})^a}\right]$ on fait $a=1$, on aura $\varphi z = z$; 2°. que si on fait

successivement $a = 2, 3, 4, 5$, &c. on aura

$$\varphi z = \frac{z}{1 - zz}$$

$$\varphi z = \frac{3z - z^3}{1 - 3z^2}$$

$$\varphi z = \frac{4z - 4z^3}{1 - 6z^2}$$

$$\varphi z = \frac{5z - 10z^3 + z^5}{1 - 10z^2 + 5z^4}, \text{ \&c.}$$

D'où il est visible qu'en faisant $z = 1$, on aura successivement $\varphi z = \infty$, $\varphi z = -1$, $\varphi z = 0$, $\varphi z = 1$, & ainsi de suite; ce qui confirme ce que nous avons remarqué ci-dessus *art.* 11, qu'il n'y a que la supposition de $a = 1 + 4r$ qui donne $\varphi z = 1$ lorsque $z = 1$.

Remarque Troisiéme.

14. On trouve dans le *Journal des Savans* de Juin 1764, second Vol. une démonstration très-ingénieuse & très-simple du Parallélogramme des Forces. L'Auteur s'y borne à prouver, comme nous venons de faire, que dans un parallélogramme rectangle la résultante aura pour direction la diagonale. Pour cela il remarque que le rapport des sinus des deux angles dans lesquels l'angle droit doit être divisé par cette résultante, doit être une *fonction des vîtesses*, il auroit pu même dire une *fonction du rapport des vîtesses*, puisque ce rapport demeurant le même, la direction de la résultante demeure la même. Mais ce même Auteur suppose que si dans

un cas la fonction qui exprime le rapport des sinus est plus grande ou plus petite que le rapport inverse des vîtesses, elle le doit être dans tout autre cas; or c'est ce qui ne paroît pas assez rigoureusement démontré. On voit bien que φz doit être d'autant plus grand que z est plus grand, mais on ne voit pas de même sans démonstration, que si φz est $<$ ou $>$ z dans un cas, il le doit être dans tous les autres. On voit bien aussi (*art.* 10 & 12) que $z = 1$ doit rendre $\varphi z = 1$, & que $\varphi\left(\frac{1}{z}\right)$ doit être $= \frac{1}{\varphi z}$. Or ces conditions pourroient être remplies en supposant, par exemple, $\varphi z = z^m$, m étant un nombre positif; car z croissant, φz croîtra; $z = 1$, donnera $\varphi z = 1$, & $\varphi\left(\frac{1}{z}\right)$ ou $\varphi(z^{-1})$ sera $= z^{-m} = \frac{1}{z^m} = \frac{1}{\varphi z}$. Il reste donc à démontrer que φz doit être toujours $>$ ou $< z$, s'il est $>$ ou $< z$ dans un seul cas; & c'est à quoi notre analyse satisfait, ou plutôt c'est une difficulté que notre analyse évite, en faisant voir que φz doit toujours être $= z$.

Remarque Quatrième.

15. J'observerai encore ici, à l'occasion de la Remarque premiere, que pour trouver une fonction y de z, telle qu'en mettant $\frac{1}{z}$ au lieu de z, la fonction qui en viendra soit $= \frac{1}{y}$, il n'y a qu'à supposer une

équation dans laquelle y & $\frac{1}{y}$, z & $\frac{1}{z}$ entrent de la même maniere ; & si de plus on veut que cette fonction soit telle que $z = 1$, rende $y = 1$, il sera encore aisé de satisfaire à cette condition, en mettant dans l'équation 1 pour z & 1 pour y, & supposant la somme des coefficiens $= 0$. Par exemple, l'équation $Ay + \frac{A}{y} + Bz^2 + \frac{B}{z^2} + Cz + \frac{C}{z} = 0$, satisfera à cette condition si $A + B + C = 0$. Mais il est plus difficile de remplir la condition que z croissant, y croisse. C'est une recherche à laquelle nous ne nous occuperons point ici, parce qu'elle n'est pas de notre sujet.

Remarque Cinquième.

16. Dans la démonstration précédente nous supposons que si un corps tend à se mouvoir suivant la même direction avec deux vîtesses à-la-fois, dont l'une soit $= f$, & l'autre $= b$, il se mouvra avec la vîtesse $f + b$. Quoique cette proposition soit assez claire par elle-même pour n'avoir pas besoin de démonstration, cependant on peut en donner la suivante. Soit g la vîtesse qui résulte des deux vîtesses f & b, il est évident 1°. que g ne pourra être qu'une fonction de f & de b. 2°. Que dans cette fonction f & b doivent y entrer de la même maniere, ensorte que si on met b pour f & f pour b, la fonction demeure la même ; en effet, qu'on mette la puissance b à la place de f, &

& f à la place de b, la résultante g sera évidemment la même. 3°. Que cette valeur de g doit être en raison constante avec f & avec b, tant que le rapport de f à b restera le même ; car il est clair que si f & b devenoient doubles, par exemple, g deviendroit double ; que s'ils étoient triples, g deviendroit triple, & ainsi du reste. D'ailleurs il est évident que la puissance g ne devant résulter que des seules puissances f, b, l'équation entre g, f, b, ne doit contenir aucune autre quantité que g, f, b ; d'où il s'ensuit que cette équation sera homogene, & que par conséquent elle pourra se diviser par une puissance de f. Donc si on fait $g = mf$, & $b = nf$, on aura une équation entre m & n. Donc $m = \varphi n$, & $g = f\varphi n$; or au lieu de φn on peut écrire $\Delta(1 + n)$; car si dans φn, on écrit au lieu de n, $k - 1$, cette quantité deviendra une fonction Δk de k, & si ensuite au lieu de k on écrit $1 + n$ dans Δk, cette quantité Δk deviendra $\Delta(1 + n)$. Donc $g = f\Delta(1 + n)$. Par la même raison $g = b\Delta\left(1 + \frac{1}{n}\right)$, en mettant b pour f, & $\frac{1}{n}$ ou $\frac{f}{b}$ au lieu de n ou $\frac{b}{f}$. Donc $f\Delta(1 + n) = b\Delta\left(1 + \frac{1}{n}\right)$, ou $\Delta(1 + n) = n\Delta\left(1 + \frac{1}{n}\right)$, ou $\frac{\Delta(1+n)}{n} = \Delta\left(\frac{1+n}{n}\right)$, ou en faisant $1 + n = m$, $\Delta\left(\frac{m}{n}\right) = \frac{\Delta m}{n}$; soit $\frac{m}{n} = t$, on aura $\Delta t = \frac{t\Delta m}{m}$, ou $\frac{\Delta t}{t} = \frac{\Delta m}{m}$, m & t étant tout ce qu'on voudra ; or cette équation ne peut avoir lieu à moins que Δt ne soit $= At$, A étant une constante. On aura donc $g = Af(1 + n) = Af + Ab = A(f + b)$; & par la même raison si le corps avoit à-la-fois trois vîtesses f, b, c, on auroit $g = A(f + b) + Ac = A(f + b + c)$; or si le corps avoit à-la-fois les trois vîtesses f, $+b$, & $-b$, il est évident que g seroit $= f$, & que de plus on auroit pour lors $g = A(f + b - b) = Af$. Donc en comparant les deux valeurs de g, on auroit $f = Af$, donc $A = 1$. Donc g est en général $= f(1 + n) = f + b$.

17. Pour prouver que $g = f + b$, on peut considérer encore que si la vîtesse g est résultante de f & de b, donc la vîtesse g fera équilibre aux vîtesses $-f$, $-b$; donc puisque f fait équilibre à $-f$, il est clair que f sera la résultante de g & de $-b$. Si donc on suppose $g = \Delta(f, +b,)$ on aura par la même raison $f = \Delta(g, -b)$. Donc puisque $g = Af + Ab$, on aura $f = Ag - Ab$. Donc $\frac{g - Ab}{A} = Ag - Ab$, quels que soient g & b ; donc $A^2 = 1$, & $-A^2 = -A$, donc $A = 1$.

§. II.

Sur l'Equilibre du Levier.

1. J'ai dit (*Mém. de l'Acad.* 1769, pag. 285) qu'il

y avoit beaucoup d'analogie entre la Théorie du Parallélogramme des Forces & celle de l'Equilibre dans le Levier; ce qui ne paroîtra pas ſurprenant, ſi d'après la méthode de M. Varignon, on applique au Levier le principe du Parallélogramme. Mais on peut encore s'en aſſurer plus directement par les conſidérations ſuivantes.

2. Soit $AC = x$, $BC = CD = y$ (Fig. 50), & ſoient priſes de l'autre côté du point A, $Ab = AB$, $bc = cd = BC = CD$. Imaginons enſuite quatre puiſſances égales m appliquées en B, b, D, d; $m\varphi(AB)$ ſera la puiſſance en A équivalente à la double puiſſance m appliquée en B & en b; & $m\varphi(AD)$ ſera la puiſſance en A, équivalente aux deux puiſſances m appliquées en D & en d. Donc la ſomme de ces deux puiſſances appliquées en A ſera $m\varphi(AB) + m\varphi(AD) = m\varphi(x - y) + m\varphi(x + y)$. Or les deux puiſſances m appliquées en B & en D, donnent la puiſſance équivalente en $C = m\varphi(BC) = m\varphi y$; & les deux puiſſances en C & en c, chacune $= m\varphi y$, & égales entr'elles, donnent la réſultante appliquée en A, égale à $m\varphi y \times \varphi AC = m\varphi y \times \varphi x$; & comme cette derniere réſultante doit évidemment être égale à la ſomme des deux précédentes, on aura $m\varphi(x - y) + m\varphi(x + y) = m\varphi x \times \varphi y$; d'où réſulte (*Mém. de* 1769, pag. 279,) $\varphi x = c^{x\sqrt{A}} + c^{-x\sqrt{A}}$, & $\varphi y = c^{y\sqrt{A}} + c^{-y\sqrt{A}}$.

3. On voit que ce cas eſt parfaitement analogue à celui de la compoſition des forces, lorſque le Parallé-

logramme eſt un rhombe. Voyez la Note (2) ſur l'*art.* 3 du §. I (*Mém.* 1769). On voit de plus qu'au lieu de $c^{x\sqrt{A}} + c^{-x\sqrt{A}}$, on peut ſubſtituer 2 coſ. $(x\sqrt{-A})$ qui lui eſt égal, & qu'on aura de même $c^{y\sqrt{A}} + c^{-y\sqrt{A}} = 2$ coſ. $(y\sqrt{-A})$. Enfin on ſe ſouviendra (*Mém. de* 1769, §. III, *art.* 3) que $c^{x\sqrt{A}} + c^{-x\sqrt{A}} = 2$ dans le cas préſent, d'où il s'enſuit que $\sqrt{A} = 0$.

4. Venons maintenant au cas des puiſſances inégales, & ſuppoſons une puiſſance m appliquée en B (Fig. 51), & une puiſſance n en D, & C leur point d'appui. Ayant fait $Cb' = CB$, & $Cd' = CD$, ſoient imaginées une puiſſance m en b' & une puiſſance n en d'; la puiſſance en C, réſultante de B & de b', ſera $= m\varphi BC = 2m$ coſ. $(BC\sqrt{-A})$, & la puiſſance en C, réſultante de D & de d', ſera $m\varphi CD = 2m$ coſ. $(CD\sqrt{-A})$. Or la ſomme de ces deux puiſſances doit évidemment être double de la réſultante de B & de D; donc cette réſultante ſera $\frac{m\varphi BC + m\varphi CD}{2} = m$ coſ. $(BC\sqrt{-A}) + m$ coſ. $(CD\sqrt{-A})$.

5. Donc dans la Fig. 52 prenant un point quelconque A au-delà de B & de D, & ſuppoſant $Ab = AB$, $Ac = AC$, $Ad = AD$, ſi on imagine deux puiſſances égales m appliquées en B & en b, & deux puiſſances égales n appliquées en D & en d, & qu'on appelle comme ci-deſſus AC, x, & CB, y, on aura, en ſuppoſant $CD = z$, $2m\varphi AB + 2n\varphi AD = \frac{m\varphi BC + m\varphi CD}{2} \times \varphi AC$ ou $m\varphi(x - y) +$

$n\phi(x+z) = \frac{m\phi y + n\phi z}{2} \times \phi x$; c'est-à-dire, $2m \times$ cof. $[(x-y)\sqrt{-A}] + 2n$ cof. $[(x+z)\sqrt{-A}] =$ $[m$ cof. $(y\sqrt{-A}) + n$ cof. $(z\sqrt{-A})] \times 2$ cof. $(x\sqrt{-A})$. Donc en achevant le calcul & réduifant, on aura m fin. $(y\sqrt{-A}) - n$ fin. $(z\sqrt{-A}) = 0$, ou $\frac{m}{n} = \frac{\text{fin.}(z\sqrt{-A})}{\text{fin.}(y\sqrt{-A})}$; équation analogue à celle du §. I *art.* 3 des *Mém. de* 1769, favoir $a = \frac{b\,\text{fin.}(a-u)}{\text{fin.}\,u}$. De plus; comme A eft ici $= 0$ (*art.* 2), on aura $\frac{\text{fin.}\,z}{\text{fin.}\,y} = \frac{z}{y}$, & $\frac{m}{n} = \frac{z}{y}$; ce qui eft le principe du Levier.

On voit affez par ce détail l'analogie qui eft entre le Levier & le Parallélogramme des Forces.

§. III.

Réflexions fur quelques loix de Méchanique.

1. Il eft vifible, dit-on, dans les *Mém. de Turin*, Tom. II, pag. 318, qu'une maffe A animée de la vîteffe a, & une maffe B animée de la vîteffe $\frac{Aa}{B}$, feront équilibre à la même force p; d'où il s'enfuit que l'effet de cette force p fur les deux corps A & B fera de leur donner des vîteffes réciproques à leurs maffes. Je ne crois pas cette conféquence inconteftable. Car foit la force p égale à une maffe C animée de la vîteffe

$\frac{Aa}{C}$, cette masse C fera équilibre à la masse A animée de la vîtesse a, & à la masse B animée de la vîtesse $\frac{Aa}{B}$; cependant cette masse C imprimeroit à la masse A supposée en repos, une vîtesse $= \frac{Aa}{C+A}$, & à la masse B supposée en repos, une vîtesse $= \frac{Aa}{C+B}$. Or ces vîtesses ne sont pas en raison inverse de A & de B; mais de $C+A$ & $C+B$.

2. Il me paroît donc que la conclusion qu'on veut tirer à l'endroit cité des *Mém. de Turin*, sur la vérité métaphysique du principe $p\,dt = m\,du$, n'est pas nécessairement admissible; & que ce principe, envisagé comme purement géométrique, ou plus exactement, comme une expression purement analytique, peut toujours être vrai, quand même une force donnée ne produiroit pas la même quantité de mouvement dans des masses différentes; parce que dans cette équation $p\,dt = m\,du$, on n'est point obligé de regarder p comme autre chose que comme un simple coefficient de dt. Voyez sur cela notre *Traité de Dynamique*, seconde Edition, *art.* 22 & 158.

3. Quelques Mathématiciens ont cru que les forces ne pouvoient être que comme une puissance des vîtesses qu'elles impriment. La raison qu'ils en apportent, c'est que si on avoit, par exemple, $f = au - buu$, $u = \frac{a}{b}$

donneroit $f=0$; ce qui seroit absurde. Mais on peut répondre 1°. que la fonction de u qui représentera f doit être telle qu'en faisant $u=0$, elle soit $=0$, & qu'en donnant à u une valeur quelconque finie & réelle, f ne soit jamais $=0$. 2°. Qu'en donnant à u différentes valeurs, il n'en résulte jamais la même valeur pour f. D'ailleurs il s'ensuivroit du raisonnement dont il s'agit, que f ne pourroit être égale qu'à des puissances impaires de u, puisque si on avoit, par exemple, $f=Au^2$, f positive répondroit également à u positive & à u négative. On ne peut donc déterminer par des raisonnemens algébriques l'équation entre les forces & les vîtesses.

4. Supposons qu'un corps tende à se mouvoir suivant une ligne de direction donnée, de maniere que l'équation entre les temps & les vîtesses soit $du=Au^n dt$; c'est-à-dire, que la force accélératrice soit comme une puissance n de la vîtesse; supposons de plus que lorsque $t=0$, u soit $=0$, ainsi que l'espace x parcouru durant le temps t; on aura les équations

$$du=Au^n dt,$$

$$du=Au^{n-1}dx,$$

desquelles il résulte (Voy. *Mem. Acad.* 1769, p. 120 & suiv.) que si $n=$ ou plus grand que 1, u sera $=0$ quel que soit t, & que si $n-1$ est $=$ ou >1, c'est-à-dire, $n=$ ou >2, u sera $=0$ quel que soit x; d'où il paroît s'ensuivre que si n est entre 1 & 2, u sera $=0$ quel que soit t, mais non pas $u=0$ quel que soit x, ce qui semble contradictoire.

5. Pour éclaircir cette eſpéce de paradoxe, on remarquera d'abord qu'en ſuppoſant $n - 1 < 1$, ou $n < 2$, mais > 1, on aura $\frac{du . u^{1-n}}{A} = dx$, $\frac{u^{2-n}}{(2-n)A} = x$; & $u = [(2-n)Ax]^{\frac{1}{2-n}}$; donc dt ou $\frac{dx}{u} = \frac{dx}{Bx^{\frac{1}{2-n}}}$; donc ſi $\frac{1}{2-n}$ eſt $=$ ou > 1, c'eſt-à-dire, ſi n eſt $=$ ou > 1, x ſera $= 0$ quel que ſoit t. Ainſi lorſque n eſt $=$ ou > 1, quoique n ſoit < 2, le mouvement du corps eſt illuſoire, quoiqu'il y ait une équation réelle apparente entre les eſpaces & les vîteſſes.

6. Au contraire, & en général lorſque n eſt < 1, on a les équations réelles $Cu^{2-n} = x$, entre les vîteſſes & les eſpaces, & $t = Dx^{\frac{1-n}{2-n}}$ entre les temps & les eſpaces. Et plus généralement encore, ſi un corps tend à ſe mouvoir ſuivant une direction donnée, de maniere que $x = Et^p$, p étant une quantité poſitive, ce corps aura toujours un mouvement réel. Cette équation entre les temps & les eſpaces eſt la ſeule à laquelle on doive s'arrêter, parce qu'il n'y a ici de réel que l'eſpace parcouru & le temps employé à le parcourir; la vîteſſe n'eſt rien de réel & de phyſique, ce n'eſt que le rapport de l'eſpace au temps; & au lieu de l'équation $du = Au^n dt$, il faut conſidérer l'équation $\frac{ddx}{dt} = \frac{A \cdot dx^n}{dt^{n-1}}$, qui donnera l'équation $B dx^{1-n} = \frac{t}{dt^{n-1}}$;

&

& par conséquent $C dx = t^{\frac{1}{1-n}} dt$, ou $x = F t^{\frac{2-n}{1-n}}$, équation illusoire si $n > 1$ & < 2. *Voy. l'Appendice.*

7. Il ne doit pas paroître plus paradoxe que $x = At^3$ donne un mouvement réel, qu'il ne l'est que $x = At^2$ donne un mouvement réel, pourvû que dans les deux cas le corps tende à se mouvoir suivant une direction *donnée*; il est vrai que dans le premier cas $\frac{ddx}{dt^2} = 0$ lorsque $t = 0$, ce qui n'a pas lieu dans le second cas; ou $\frac{ddx}{dt^2}$ est fini lorsque $t = 0$; mais il n'importe que ce soit la quantité $\frac{d^2 x}{dt^2}$, comme dans le second cas, ou $\frac{d^3 x}{dt^3}$, comme dans le premier cas, qui soit finie lorsque $t = 0$; il suffit qu'il y ait une équation réelle & possible entre les temps & les espaces, pour que le mouvement soit toujours possible, pourvû que cette équation soit telle 1°. que $t = 0$ rende $x = 0$, 2°. que x croisse à mesure que t croît; 3°. que x ne soit jamais ni négatif ni imaginaire, t étant toujours positif, & devant toujours être supposé tel. 4°. Enfin, & c'est ici une condition essentielle, que le corps *tende* à se mouvoir suivant une direction *déterminée*. C'est sur-tout par cette derniere considération qu'on peut expliquer, ce me semble, quelques contradictions apparentes que M. Euler trouve entre le calcul & la nature, dans les équations générales du mouvement. Voyez

ſa *Méchanique*, Tome I, *art.* 396, & ailleurs. C'eſt par-là, par exemple, qu'on peut expliquer pourquoi un corps, lancé en ligne droite avec une vîteſſe initiale a dans un milieu qui réſiſte comme u^n, ceſſe de ſe mouvoir lorſque $u = 0$, quoiqu'en certains cas le calcul ſemble donner le contraire; le corps s'arrête au point de l'eſpace où $u = 0$, parce que lorſqu'il eſt arrivé en ce point, il ne tend point à continuer ſa route ſuivant la ligne de ſa direction primitive.

8. Il faut obſerver encore que l'équation $x = Et^p$, donne u ou $\frac{dx}{dt} = Ept^{p-1}$, ou $Fx^{\frac{p-1}{p}}$, F, E, p étant des quantités poſitives. D'où l'on voit que quand x & $t = 0$, u ſera infinie ſi p eſt < 1. Ainſi il n'eſt pas néceſſaire que $u = 0$ lorſque x & $t = 0$, & il ſe peut même que u ſoit infinie dans ce cas. Ce paradoxe apparent n'aura rien d'extraordinaire, ſi on fait réflexion, qu'à la vérité dans le cas de $p < 1$, x & $t = 0$ donnent $u = \infty$, mais que u diminue à meſure que x & t augmente, enſorte que prenant x & t finies, & ſi petits qu'on voudra, u eſt finie.

9. De-là on voit que dans l'équation $du = Au^n dt$, il n'eſt pas rigoureuſement néceſſaire que u ſoit $= 0$ lorſque t & x ſoit $= 0$, mais il faut néceſſairement que l'équation $x = Et^{\frac{2-n}{1-n}}$, ou $t = Dx^{\frac{1-n}{2-n}}$, qui en réſulte, donne $t = 0$ lorſque $x = 0$, & réciproquement; d'où il s'enſuit que $\frac{2-n}{1-n}$ doit être poſitif,

& qu'ainsi il faut que n soit < 1 ou > 2. On voit aussi par les équations $\frac{u^{2-n}}{(2-n)A} = x$, & $\frac{u^{1-n}}{(1-n)A} = t$, déduites de l'*art.* 4, que si n est < 2 & > 1, l'équation entre les u & les x paroîtra contradictoire à celle qui est entre les u & les t; car la premiere demande que A soit positif, & la seconde que A soit négatif, afin que u soit toujours positive & réelle, x & t étant positifs & réels. Mais cette contradiction ne doit pas étonner, puisque nous avons vu (*art.* 5) que dans le cas de $n < 2$ & de $n > 1$, l'équation entre les t & les x est illusoire, x n'étant pas $= 0$ lorsque $t = 0$, & étant même alors $= \infty$, ce qui est impossible.

§. IV.

Méthode nouvelle, rigoureuse & directe pour déterminer le mouvement des Fluides dans des Vases.

1. Dans mon *Traité de l'Equilibre & du mouvement des Fluides*, publié pour la premiere fois en 1744, j'ai appliqué mon principe général de Dynamique à la recherche du mouvement des Fluides dans des Vases; & j'ai résolu par ce moyen, d'une maniere fort simple, plusieurs questions sur le mouvement des Fluides, dont quelques-unes avoient été mal résolues, & les autres ne l'avoient été que d'une maniere indirecte. Mais ces solutions étoient appuyées sur une supposition qui n'est pas exactement vraie, savoir que les tranches horizon-

tales conſervent leur parallèliſme dans leur mouvement; ſuppoſition qui empêche même, comme je ne l'ai point diſſimulé, de pouvoir trouver d'une maniere exacte & ſatisfaiſante le mouvement des Fluides dans des Vaſes de figure irréguliere, dans des Vaſes traverſés par des diaphragmes, dans des Vaſes ſubmergés, &c.

2. J'ai donné depuis, en 1752, dans mon *Eſſai ſur la réſiſtance des Fluides*, une méthode directe & rigoureuſe pour déterminer le mouvement des Fluides dans des Vaſes, méthode dont on peut voir les applications & les réſultats dans le premier & le cinquiéme Volume de mes *Opuſcules*. Mais cette méthode, comme je l'ai encore remarqué, a l'inconvénient de ſe refuſer ſouvent à l'analyſe, & par conſéquent de ne pouvoir donner dans les cas difficiles des réſultats auſſi nets & auſſi ſimples qu'on pourroit le deſirer.

3. En voici une qui a, ce me ſemble, cet avantage; ſans employer aucun principe précaire, ni aucune hypothèſe qui ne ſoit parfaitement conforme aux loix connues de l'équilibre & du mouvement des Fluides. Je me propoſe, ſi ma ſanté me le permet, & ſi les Géometres le jugent néceſſaire, de développer quelque jour les conſéquences & les applications de cette méthode dans le VII Volume de ces *Opuſcules*, qui pourra contenir d'ailleurs d'autres Recherches que j'ai déjà commencées ſur le mouvement des Fluides.

4. Pour donner aux Géometres une idée de cette méthode, je conſidere 1°. que la ſurface ſupérieure d'un

Fluide qui se meut dans un Vase, demeurant toujours sensiblement horizontale, il suffit, pour connoître le mouvement du Fluide, d'avoir le mouvement du point supérieur *A* (Fig. 53), placé dans l'axe *Ao* du Vase; quelle que soit d'ailleurs la figure de ce Vase; 2°. que pour avoir le mouvement de ce point *A*, il suffit d'imaginer un tuyau infiniment étroit, *ABOo*, dans lequel se meuvent les particules du Fluide, voisines de l'axe *Ao*, lequel tuyau *ABOo* devienne dans l'instant suivant d'une autre figure, comme *abyid*, &c. 3°. que si on appelle p la pesanteur, x la variable *AC*, v la vîtesse de la tranche infiniment petite *CD*, ou simplement du point *C*, la tranche *CD*, y, m une tranche du Fluide dont la vîtesse soit u, on aura $v = \frac{um}{y}$. 4°. Nous avons supposé dans nos Recherches précédentes sur le mouvement des Fluides dans des Vases, que la vîtesse $v = \frac{um}{y}$ de chaque tranche à chaque instant, étoit telle que m restoit toujours la même à chaque instant, & que y ne varioit à chaque instant que de dy, c'est-à-dire, que la figure du tuyau *ABOo* demeuroit constante. Mais si cette figure varioit à chaque instant, comme nous le supposons à présent pour plus d'exactitude & de généralité, c'est-à-dire, si la tranche m, qui répond à une abscisse donnée, devenoit au bout du temps dt, $m + \delta m$, & que la tranche y qui répond à x, devînt, en supposant x constante, $y + \delta y$,

& qu'en supposant x augmentée de dx, y devînt $y + dy + \delta y$, on auroit alors $dv = \frac{m\,du}{y} + \frac{u\,\delta m}{y} - \frac{u\,m\,dy}{y^2} - \frac{u\,m\,\delta y}{y^2}$, & l'équation $\int p\,dx - \int dx . \frac{dv}{dt} = 0$ feroit $dt \int p\,dx - m\,du \int \frac{dx}{y} - u\,\delta m \int \frac{dx}{y} + y\,dx . u\,m \int \frac{dy}{y^3} + u\,m \int \frac{dx\,\delta y}{y^2} = 0$; équation dans laquelle il faudra mettre, au lieu de dt, $\frac{k\,dz}{u\,m}$ (en supposant que dz soit l'espace parcouru par la tranche supérieure k, avec la vîtesse $\frac{u\,m}{k}$) & pour $y\,dx$ sa valeur $k\,dz$.

5. Si on différentie $\frac{m^2 u^2}{2} \int \frac{dx}{y}$ en faisant varier u de la quantité du, m de la quantité δm, & y de la quantité $dy + \delta y$, on aura cette différence $= m^2 u\,du \times \int \frac{dx}{y} + u^2 m\,\delta m \int \frac{dx}{y} - \frac{m^2 u^2 . y\,dx}{2} \times 2 \int \frac{dy}{y^3} - \frac{m^2 u^2}{2} \int \frac{dx\,\delta y}{y^2}$; or $\int \frac{dx\,dv}{dt} =$ (en mettant pour dt sa valeur $\frac{k\,dz}{u\,m}$ ou $\frac{y\,dx}{u\,m}$) $\frac{m^2 u\,du}{k\,dz} \int \frac{dx}{y} + \frac{u^2 m\,\delta m}{k\,dz} \times \int \frac{dx}{y} - m^2 u^2 \times \int \frac{dy}{y^3} - \frac{u^2 m^2}{k\,dz} \int \frac{dx\,\delta y}{y^2}$; donc $\int \frac{dx\,dv}{dt} = \frac{d\left(m^2 u^2 \int \frac{dx}{y}\right)}{2\,k\,dz} - \frac{u^2 m^2}{2\,k\,dz} \int \frac{dx\,\delta y}{y^2}$.

6. La proposition précédente peut encore se prouver

en considérant 1°. que $\int \frac{dx\,dv}{dt} = \int \frac{y\,dx.v\,dv}{k\,dz}$, à cause de $yv = mu$, & de $dt = \frac{k\,dz}{mu}$; 2°. que $\int y\,dx.v\,dv = \int y\,dx.d\left(\frac{m^2u^2}{2yy}\right) = \int y\,dx \times \frac{d(m^2u^2)}{2yy} - m^2u^2 \times \int \frac{y\,dx\,dy}{y^3} - \int \frac{y\,dx\,\delta y.m^2u^2}{y^3} = \frac{d(m^2u^2)}{2}\int \frac{dx}{y} - m^2u^2y\,dx \int \frac{dy}{y^3} - m^2u^2 \int \frac{dx\,\delta y}{y^2} = d\left(\frac{m^2u^2}{2}\int \frac{dx}{y}\right) - \frac{m^2u^2}{2}\int \frac{dx\,\delta y}{y^2}$.

7. Si $\frac{\delta m}{m} = \frac{\delta y}{y}$, la valeur de $\int \frac{dx\,dv}{dt}$ sera $\frac{mmudu}{kdz} - \frac{u^2m^2y\,dx}{k\,dz}\int \frac{dy}{y^3}$, précisément comme dans le cas où m & y ne changent point; & en effet, il est évident que $\frac{m'}{y'}$ ou $\frac{m+\delta m}{y+\delta y}$ est alors égal à $\frac{m}{y}$; & qu'ainsi $\frac{u'm'}{y'}$ est $= \frac{u'm}{y}$. Donc, &c.

8. On peut toujours supposer que la conservation des forces vives a lieu rigoureusement dans le mouvement des Fluides, en imaginant ce mouvement tel qu'il est réellement, & en s'abstenant de toute hypothèse arbitraire sur le mouvement des particules fluides, telle que l'hypothèse du parallèlisme des tranches, ou d'autres semblables. Pour se convaincre de cette vérité, il ne faut que relire la preuve que nous en avons donnée dans le Tom. I de nos *Opuscules*, IV. Mémoire, §. XVI.

Mais elle peut encore se prouver par les formules précédentes, comme il seroit aisé de le faire voir.

9. Voyons maintenant ce qui arriveroit, dans le cas où les quantités m & y seroient supposées varier à chaque instant d'une grandeur finie. Il est évident qu'alors m étant $m + m'$, & y devenant $y + dy + y'$, on aura $dv = \frac{u'(m+m')}{y+dy+y'} - \frac{um}{y} = \frac{u'(m+m')}{y+y'} - \frac{um}{y} - \frac{u'(m+m')dy}{(y+y')^2}$; d'où l'on tirera aisément la valeur de $\int \frac{dx\,dv}{dt}$, dans laquelle même on peut négliger le terme qui contiendroit dy, comme infiniment petit par rapport aux autres.

10. Dans ce dernier cas, la conservation des forces vives n'aura pas lieu, parce que la vîtesse de chaque point change brusquement d'un instant à l'autre d'une quantité finie; & en faisant $\int p\,dx - \int \frac{dx\,dv}{dt} = 0$; la connoissance de u' dépendra de celle de m' & de y'.

11. On peut supposer, si l'on veut, pour plus de simplicité, que la quantité m reste constante, & que la seule variable y varie de la quantité $dy + \delta y$. En effet, au lieu de $\frac{m + \delta m}{y + dy + \delta y}$ on peut écrire $\frac{m}{y + dy + \delta' y}$, $- \frac{m\delta' y}{y^2}$ étant $= \frac{\delta m}{y} - \frac{m\delta y}{y^2}$ ou $- \delta' y = \frac{y\delta m - m\delta y}{m}$. Il faut seulement remarquer qu'alors $\delta' y$ n'est

n'eſt pas la différence de y en faiſant x conſtant, mais que cette différence eſt toujours δy, & δm celle de la tranche m qui répond à une abſciſſe donnée & conſtante.

12. Les ſuppoſitions précédentes ſur la valeur de u, peuvent ſervir à rendre aiſément raiſon de tous les phénomenes qui peuvent s'obſerver dans le mouvement des Fluides. En effet, on aura $\int p dx - \int \frac{dx dv}{dt} = 0 = \int p dx - \frac{mmudu}{kdz} \times \int \frac{dx}{y} + \frac{u^2 m^2}{2} \left(\frac{1}{k^2} - \frac{1}{K^2}\right) - \frac{u^2 m \delta m}{kdz} \int \frac{dx}{y} + \frac{u^2 m^2}{kdz} \int \frac{dx \delta y}{y^2}$; ou ſimplement, en faiſant $\delta m = 0$, $\int p dx - \frac{mmudu}{kdz} \int \frac{dx}{y} + \frac{u^2 m^2}{2} \left(\frac{1}{k^2} - \frac{1}{K^2}\right) + \frac{u^2 m^2}{kdz} \int \frac{dx \delta' y}{y^2} = 0$. Ce dernier terme $\frac{u^2 m^2}{kdz} \times \int \frac{dx \delta' y}{y^2}$, introduit par la Théorie nouvelle que nous propoſons, renfermant une quantité $\int \frac{dx \delta' y}{y^2}$, dans laquelle l'inconnue $\delta' y$ pourra être ſuppoſée telle qu'il ſera néceſſaire, pour ſatisfaire au réſultat de toutes les expériences qu'on pourra faire ſur le mouvement des Fluides dans des Vaſes de figure quelconque, dans des Vaſes traverſés de diaphragmes, dans des Vaſes ſubmergés, dans des Syphons, &c. C'eſt ce que nous pourrons développer ailleurs avec plus de détail; mais en attendant, pour répandre un nouveau jour

ſur la méthode que nous venons d'expoſer, nous allons donner une ſeconde maniere, encore plus directe & plus lumineuſe, d'enviſager le mouvement des particules de Fluide infiniment proches de l'axe Ao.

13. Imaginons (comme nous l'avons déja fait dans le Tome I de nos *Opuſcules*, pag. 157) que dans un inſtant quelconque la particule B du Fluide ſe meuve vers b, la particule b vers β, & ainſi de ſuite, tandis que les parties A, a, α, ſe meuvent vers a, α, ϵ, &c. on aura par ce moyen un canal $ABDOoA$, dans lequel les vîteſſes de chaque tranche AB, CD, ſeront évidemment en raiſon inverſe de la largeur de ces tranches; & ſuppoſant $ABCD = abC'D'$, la tranche CD viendra en $C'D'$, pendant que la tranche AB vient en ab.

14. Imaginons maintenant que dans l'inſtant ſuivant le point a de l'axe venant en α, & le point α en ϵ, le point b vienne en γ, & le point β en δ, & ſuppoſons encore pour plus de ſimplicité que $\alpha\beta$, & $\epsilon\delta$ ſoient parallèles entr'elles & à AB, ab. Enfin, ſuppoſons que dans ce ſecond inſtant le point C' parvienne en c, & le point D' en d, enſorte que $C'D'$ & cd ſoient encore parallèles entr'elles & à AB; il eſt clair qu'on aura l'aire $a\gamma dc = abD'C'$, d'où $a\alpha \times ab + \beta\gamma i D' = C'c \times C'D'$.

15. Or ſi on fait $AB = m$, $CD = y$, u la vîteſſe de AB, v celle de CD, on aura $Aa = udt$, $CC' = vdt$, & par la même raiſon $a\alpha = (u + du)\, dt$, $C'c = (v + dv)\, dt$; $ab = m + dm$, $C'D' = y + dy$, &

enfin $um = vy$; donc $(m + dm)(u + du)dt + \int \gamma i D' = (y + dy)(v + dv)dt$; donc ſuppoſant $D'i = \rho dt$, & réduiſant, on aura $udm + mdu + \int \rho dx = ydv + vdy$. Donc $dv = \frac{udm}{y} + \frac{mdu}{y} - \frac{vdy}{y} + \frac{\int \varrho dx}{y} = \frac{udm}{y} + \frac{mdu}{y} - \frac{umdy}{yy} + \frac{\int \varrho dx}{y}$; donc $\int dx dv = udm \int \frac{dx}{y} + mdu \int \frac{dx}{y} - umydx \times \int \frac{dy}{y^3} + \int \frac{dx \int \varrho dx}{y}$.

16. Il faut bien remarquer que ρ doit être infiniment petit du ſecond ordre, afin que $\int \rho dx$ ſoit auſſi infiniment petit du ſecond, & par conſéquent infiniment petit, comme il le doit être, par rapport à y ou CD qu'on ſuppoſe déja infiniment petit du premier. Donc ρdt ou $D'i$ eſt infiniment petit du troiſiéme; & comme $D'e$ eſt infiniment petit du premier, il s'enſuit que l'angle $dD'e$ eſt infiniment petit du ſecond. Ainſi le détour angulaire $dD'e$ que la particule D' fait au ſecond inſtant, par rapport au petit côté $D'e$, eſt infiniment petit du ſecond ordre.

17. Il eſt en effet très-naturel que l'angle $dD'e$ ſoit infiniment petit du ſecond ordre. Car ſi $C'D'$ étoit finie, il faudroit que cet angle fût infiniment petit du premier ordre, afin que le détour du point D' ne fût pas bruſque & ſans gradation. Donc $C'D'$ étant ſuppoſée infiniment petit, enſorte que le complément de l'angle $DD'E$ eſt infiniment petit du ſecond ordre, il

eſt naturel de ſuppoſer que l'angle $dD'e$ eſt auſſi infiniment petit du ſecond ordre.

18. C'eſt pourquoi ſi dans le premier des deux inſtans on ſuppoſe $v = \frac{um}{y}$, & dans l'inſtant ſuivant $v + dv = \frac{(u+du)(m+dm+\delta' m)}{y+dy+\delta' y}$, comme dans l'*art.* 4, p. 381; ou $dv = \frac{mdu}{y} + \frac{udm}{y} + \frac{u\delta' m}{y} - \frac{umdy}{y^2} - \frac{um\delta' y}{y^2}$, on aura $u\delta' m - \frac{um\delta' y}{y} = \int \rho dx$; ou même ſimplement $- \frac{um\delta' y}{y} = \int \rho dx$, en ſuppoſant (*art.* 11) $\delta' m = 0$.

19. Par la méthode que nous venons de donner pour trouver le mouvement du Fluide, il eſt clair que le calcul ſe ſimplifie; enſorte que ſi on nomme Aa, dz; & par conſéquent dt ou $\frac{dx}{v} = \frac{dz}{u}$, on aura $\int \frac{dxdv}{dt} = \frac{mudu}{dz} \int \frac{dx}{y} + \frac{u^2 dm}{dz} \int \frac{dx}{y} - \frac{u^2 m . mdz}{dz} \int \frac{dy}{y^3} + \frac{u}{dz} \int \frac{dx \int \rho dx}{y} = \frac{1}{mdz} \times \left[\frac{d(muu)}{2} \int \frac{dx}{y} - dz . u^2 m^3 \times \int \frac{dy}{y^3} + mu \int \frac{dx \int \rho dx}{y}\right]$.

20. Soit i une quantité infiniment petite; $m = i\mu$; $y = i\zeta$, $K = iK'$, $\rho = \pi i dt = \frac{\pi i dz}{u}$; la quantité $\frac{\int \rho dx}{y}$ devient $= \frac{dz \int \pi dx}{u\zeta}$, & par conſéquent eſt in-

finiment petite, quand même $\frac{\int \pi dx}{\zeta}$ feroit fort grand; π, ζ étant toujours fuppofés des quantités finies, & dz étant infiniment petite. De plus, puifque $D'i = \rho dt = \pi i dt^2$, il eft clair que πi eft la force qui fait parcourir $D'i$. Donc fi on fait $\pi = p\varphi$, on aura, au lieu de $\frac{dz\int \pi dx}{u\zeta}$, $\frac{p dz\int \varphi dx}{u\zeta}$.

21. Il n'eft pas néceffaire de fuppofer dans l'*art.* 13 que les deux dt confécutifs foient conftans, ni que $ab\alpha\mathcal{C}$ foit $= ABba$. Mais il eft bon de remarquer que fi on fuppofe le point γ fur $\alpha\mathcal{C}$, en faifant $ab\alpha\mathcal{C} = ABba$, le fecond dt ne fera pas néceffairement égal au premier, & que réciproquement fi l'on fuppofe le fecond dt égal au premier, le point γ ne fera pas néceffairement fur $\alpha\mathcal{C}$; ce qui d'ailleurs ne change rien au calcul.

22. Quoique nous ayons auffi fuppofé dans ce même *art.* 13, que les tranches fe meuvent parallèlement dans les deux inftans confécutifs, enforte que $\alpha\mathcal{C}$ eft parallèle à ab, &c. cependant quand ce parallèlifme n'auroit pas lieu, le calcul précédent fubfifteroit toujours. Voyez le Tome V de nos *Opufcules*, pag. 65 & fuiv. où nous avons traité un cas à peu près femblable.

23. Si dans l'*art.* 17 l'angle $dD'e$ étoit fuppofé infiniment petit du premier ordre, alors ρdt feroit infiniment petit du fecond ordre, & par conféquent ρ infiniment petit du premier. C'eft pourquoi on devroit alors regarder du & dv comme des quantités finies,

dm & dy étant toujours infiniment petites, & on auroit $(m+dm)(u+du)+\int\rho dx=(y+dy)(v+dv)$; d'où $mu+mdu+\int\rho dx=yv+ydv$, & $dv=\frac{mdu}{y}+\frac{\int\rho dx}{y}$. Je ne fais, encore une fois, qu'indiquer ici ces différens points de la nouvelle Théorie du mouvement des Fluides, que je pourrai traiter ailleurs avec plus d'étendue. D'autres Auteurs ont cru pouvoir employer d'autres principes; je laisse aux Géometres à les apprécier. Cette même raison m'empêchera de répondre ici aux observations que M. Kœstner a faites dans le second Volume des *Mémoires de Gottingen* sur mes objections contre la Théorie de M. Jean Bernoulli; observations qui, à dire le vrai, ne m'ont point fait changer d'avis, & ne me paroissent pas fort propres à détromper ceux qui auront examiné la Théorie de ce grand Géometre, & pesé mes objections.

§. V.

Solution d'un Problême de calcul intégral.

1. Soit proposé d'intégrer l'équation $d^3y\,dy+a\,d^2y\,d^2y+b\,d^2y\,dy^2+e\,dy^4=0$, dx étant constant. En faisant $dy=p\,dx$, & de plus $dx=\rho\,dp$, ce qui donne $ddp=-\frac{d\rho\,dp}{\rho}$, on aura la transformée $-\frac{d\rho}{\rho}+\frac{a\,dp}{p}+bp\rho\,dp+ep^3\rho^2dp=0$; faisant en-

suite $\frac{p^a}{\varrho} = z$, on aura la nouvelle transformée $\frac{dz}{z} + \frac{bp^{1+a}dp}{z} + \frac{ep^{3+2a}dp}{z^2} = 0$; & suppofant enfin $p^{a+2} = \sigma$, on aura la derniere transformée $dz + b'd\sigma + \frac{e'\sigma d\sigma}{z} = 0$; équation homogene, dans laquelle b', e' sont des conftantes. Donc, &c.

2. En faifant $\frac{\sigma}{z} = u$, la derniere transformée fe trouvera toute féparée ; or $\frac{\sigma}{z} = \frac{\varrho p^{a+2}}{p^a} = p^2 \varrho$; donc $\varrho = \frac{u}{p^2}$; donc en fuppofant $dy = pdx$, & $dx = \frac{udp}{p^2}$, ou ce qui eft la même chofe $dy = \frac{dx}{p'}$ & $dx = - udp'$, l'équation fe trouvera toute féparée. Ce font donc les deux transformations qu'il faut faire pour féparer tout de fuite l'équation différentielle propofée.

3. Si $a + 1$ étoit $= - 1$, ou $a = - 2$, la folution précédente ne pourroit avoir lieu, parce que pour lors p^{a+2} n'eft pas l'intégrale de $p^{a+1} dp$. Mais en ce cas il faudroit faire $\varrho = p^s z$, & on auroit l'équation transformée $- \frac{sdp}{p} - \frac{dz}{z} + \frac{adp}{p} + bp^{s+1} z dp + ep^{3+2s} z^2 dp = 0$, qui eft homogene fi l'on a $s + 1 + 1 = - 1$, & $3 + 2s + 2 = - 1$, d'où l'on tire $s = - 3$.

4. En général, foit d^3y le premier terme de l'équation, & imaginons qu'elle foit compofée de tant de

termes qu'on voudra $+ a(d^2y)^k dy^\lambda \times dx^{-\lambda-2k+3} + a'(d^2y)^{k'} dy^{\lambda'} dx^{-\lambda'-2k'+3}$, &c. En ſuppoſant comme ci-deſſus $dy = pdx$, & $dx = \rho dp$, la transformée ſera $-\frac{d\rho}{\rho} + adp.p^\lambda \rho^{-k+2} + a'dp.p^{\lambda'} \rho^{-k'+2}$, &c. $= 0$. Soit $\rho = p^s z^t$, on aura la nouvelle transformée $-\frac{sdp}{p} - \frac{tdz}{z} + adp.p^{\lambda-ks+2s} \times z^{-kt+2t} + a'dp.p^{\lambda'-k's+2s} \times z^{-k't+2t}$, &c. $= 0$; équation qui ſera homogene ſi $\lambda - ks + 2s - kt + 2t = -1$, & ſi $\lambda' - k's + 2s - k't + 2t = -1$; d'où l'on tire aiſément $s + t = \frac{\lambda - \lambda'}{k - k'}$; & par conſéquent $\frac{\lambda - \lambda'}{k - k'}$ doit être une quantité conſtante dans tous les termes comparés deux à deux, pour que la propoſée ſoit intégrable.

5. Par exemple, dans le cas de l'équation propoſée *art.* 1, on a $\lambda = -1$, $k = 2$, $\lambda' = 1$, $k' = 1$; $\lambda'' = 3$, $k'' = 0$, donc $\frac{\lambda - \lambda'}{k - k'} = -2$; & $\frac{\lambda - \lambda''}{k - k''} = \frac{-1-3}{2} = -2$. Donc, &c.

6. Si $\frac{\lambda}{k}$ étoit $= \frac{\lambda'}{k'} = \frac{\lambda''}{k''}$, &c. il eſt clair que l'équation ſeroit encore intégrable, & qu'on auroit $s + t = \frac{\lambda - \lambda'}{k - k'} = \frac{\lambda}{k}$.

7. Dans l'équation $s + t = \frac{\lambda - \lambda'}{k - k'}$, on peut ſuppoſer à volonté s ou t tout ce qu'on voudra; par exemple, $t = 0$;

$i = 0$, ce qui donne la ſimple transformation $\rho = p^s$.

8. On trouvera par la même méthode que ſi d^2y eſt le premier terme d'une équation différentielle du ſecond ordre, & que les autres termes ſoient $+ a dy^k \times y^\lambda dx^{2-k} + a' dy^{k'} \times y^{\lambda'} dx^{2-k'}$, &c. on aura, en faiſant $dx = \rho dy$, la transformée $-\frac{d\rho}{\rho} + a dy . y^\lambda \rho^{2-k} + a' dy . y^{\lambda'} \rho^{2-k'}$, &c. $= 0$; équation qui ſera intégrable ſi $\frac{\lambda - \lambda'}{k - k'}$ eſt conſtant. On voit, par exemple, que l'équation $d^2y + \frac{a dy^2}{y} + b y dy dx + e y^3 dx^2 = 0$, eſt intégrable, & ainſi des autres.

9. En général, & ſuivant la méthode que nous avons indiquée dans les *Mém. de l'Acad. de* 1767, pag. 583, *art.* 38, qu'on prenne une équation différentielle du premier ordre entre ρ, y, $d\rho$, dy, qui ſoit réductible à l'homogénéité, & ſoit mis dans cette équation, au lieu de ρ, $\frac{dx}{dy}$, & au lieu de $d\rho$, $-\frac{ddy . dx}{dy^2}$, on aura une équation différentielle du ſecond ordre en d^2y, dy, y, dx, qui ſera intégrable.

§. VI.

Solution de quelques Problêmes ſur les fonctions Algébriques.

1. Soit propoſé de trouver les fonctions φ & Ψ, telles

que $\varphi(t+as)+\Psi(t+bs)=T\times S$, a & b étant des conſtantes, & T, S, des fonctions de t & de s.

J'ai donné dans les *Mémoires de Berlin de* 1750, pag. 357, une ſolution de ce Problême, mais pour le cas particulier de $b^n=a^n$. En voici une générale pour tous les cas.

On aura d'abord, en différentiant & prenant ſucceſſivement t & s conſtans, les équations $\Delta(t+as)+\Xi(t+bs)=\frac{SdT}{dt}$, & $a\Delta(t+as)+b\Xi(t+bs)=\frac{TdS}{ds}$. Donc 1°. $(b-a)\Delta(t+as)=\frac{bSdT}{dt}-\frac{TdS}{ds}$; 2°. $(a-b)\Xi(t+bs)=\frac{aSdT}{dt}-\frac{Tds}{ds}$. Différentions la premiere équation, en faiſant varier ſucceſſivement t & s, nous aurons $(b-a)\Gamma(t+as)=\frac{bSddT}{dt^2}-\frac{dTdS}{dtds}$; & $(b-a)a\Gamma(t+as)=\frac{bdSdT}{dsdt}-\frac{TddS}{ds^2}$, & par conſéquent $a\left(\frac{bSddT}{dt^2}-\frac{dTdS}{dtds}\right)=\frac{bdSdT}{dsdt}-\frac{TddS}{ds^2}$. Opérons de même ſur la ſeconde équation, & nous aurons $b\left(\frac{aSddT}{dt^2}-\frac{dTdS}{dtds}\right)=\frac{adSdT}{dsdt}-\frac{TddS}{ds^2}$.

2. Donc en comparant ces deux équations, on aura 1°. $(-a+b)\times\frac{dTdS}{dtds}=(b-a)\frac{dTdS}{dtds}$, équation identique. 2°. $\frac{abSddT}{dt^2}-\frac{(a+b)dSdT}{dsdt}+$

$\frac{TddS}{dt^2} = 0$. C'est l'équation de condition par laquelle on doit déterminer T & S.

3. Pour y parvenir, soit en général $\frac{ddT}{dt^2} + \frac{MdSdT}{Sdsdt} + \frac{N.TddS}{Sds^2} = 0$, M & N étant des constantes, & T, S, devant être des fonctions de t & de s; on intégrera d'abord cette équation, en regardant s & S comme des constantes, & on aura $T = Ac^{ft}$, A & f étant ou des constantes ou des fonctions de s; & comme T ne peut être qu'une fonction de t (*hyp.*), il s'ensuit que A & f sont des constantes.

4. On aura donc, en substituant pour T cette valeur dans l'équation différentielle, l'équation $ff + \frac{fMdS}{Sds} + \frac{NddS}{Sds^2} = 0$; ce qui donne, en faisant $S = \alpha c^{\zeta s}$, $ff + fM\zeta + N\zeta\zeta = 0$, α étant tout ce qu'on voudra; d'où $\zeta\zeta + \frac{fM\zeta}{N} = -\frac{ff}{N}$, & $\zeta = -\frac{Mf}{2N} \pm \sqrt{\left(\frac{M^2f^2}{4NN} - \frac{f^2}{N}\right)}$. Donc on aura $T = Ac^{ft}$, A & f étant des constantes quelconques, & $S = \alpha c^{\zeta s} + \alpha' c^{\zeta' s}$, α & α' étant des constantes quelconques, & ζ, ζ' étant égaux à $f \times \left[-\frac{M}{2N} + \sqrt{\left(\frac{M^2}{4NN} - \frac{1}{N}\right)}\right]$ & $f\left[-\frac{M}{2N} - \sqrt{\left(\frac{M^2}{4N^2} - \frac{1}{N}\right)}\right]$.

5. On aura donc en général $S \times T = Ac^{ft} \times S +$

$A'c^{f't} \times S'$, A, A', f, f', désignant des constantes quelconques, & S, S', &c. étant égales aux deux valeurs indiquées dans l'article précédent, c'est-à-dire, $S = \alpha c^{\zeta s}$, & $S' = \alpha' c^{\zeta' s}$. *Voyez l'Appendice.*

6. Au lieu d'intégrer dans l'*art.* 3 l'équation en T, on pourroit intégrer l'équation en S, & on auroit de même $S = Ac^{fs}$, & $\frac{ddT}{dt^2} + \frac{MfdT}{dt} + N.Tff = 0$; d'où l'on tire $T = \alpha c^{\zeta t} + \alpha' c^{\zeta' t}$, α & α' étant quelconques, & ζ, ζ' étant égaux à $f\left[-\frac{M}{2} + \sqrt{\left(\frac{M^2}{4} - N\right)}\right]$ & $f\left[-\frac{M}{2} - \sqrt{\left(\frac{M^2}{4} - N\right)}\right]$.

7. Donc on aura encore $S \times T = Ac^{fs}(\alpha c^{\zeta t} + \alpha' c^{\zeta' t})$; A & f étant quelconques, ainsi que α & α', & ζ, ζ' étant égales aux deux valeurs indiquées dans l'article précédent.

8. Donc puisque M (*art.* 2) $= \frac{-a-b}{ab}$, & $N = \frac{1}{ab}$, on aura $\frac{M}{N} = -a-b$; $\frac{M^2}{4NN} - \frac{1}{N} = \frac{(a-b)^2}{4}$, & par conséquent (*art.* 4) $\zeta = a$, & $\zeta' = b$. Donc $T = Ac^{ft}$, & $S = \alpha c^{fas} + \alpha' c^{fbs}$, d'où l'on aura $\varphi(t+as) = \alpha Ac^{f(t+as)}$ & $\Psi(t+bs) = \alpha' Ac^{f(t+bs)}$, A, α, α', f étant des constantes telles qu'on voudra.

9. On aura de même, en prenant pour ζ & ζ' les valeurs indiquées *art.* 6, $T \times S = \alpha Ac^{fs+\zeta t} + \alpha' Ac^{fs+\zeta' t} =$

$\alpha A c^{\zeta\left(t+\frac{fs}{\zeta}\right)} + \alpha' A c^{\zeta'\left(t+\frac{fs}{\zeta'}\right)}$; & il n'eſt pas difficile de voir que $\frac{f}{\zeta} = \frac{1}{-\frac{M}{2}+\sqrt{\left(\frac{M^2}{4}-N\right)}} = \frac{-\frac{M}{2}-\sqrt{\left(\frac{M^2}{4}-N\right)}}{N} = -\frac{M}{2N} - \sqrt{\left(\frac{M^2}{4NN}-\frac{1}{N}\right)} = a$; & que par la même raiſon $\frac{f}{\zeta'} = b$. Ainſi $\varphi(t+as) = \alpha A c^{\zeta(t+as)}$, & $\Psi(t+bs) = \alpha' A c^{\zeta'(t+bs)}$; ζ étant $= \frac{f}{a}$, & $\zeta' = \frac{f}{b}$, & f étant une conſtante telle qu'on voudra.

10. Si l'on vouloit, pour plus de généralité, que $\varphi(ht+as) + \Psi(mt+bs)$ fût $= T \times S$, ou, ce qui revient au même, que $\varphi(nt+nas) + \Psi(lt+lbs)$ fût $= T \times S$, on réſoudroit d'abord le problême en ſuppoſant $n=1$, & $l=1$, & enſuite au lieu de $c^{f(t+as)}$, on mettroit $c^{\frac{f}{n}(nt+nas)}$, & au lieu de $c^{f(t+bs)}$, on mettroit $c^{\frac{f}{l}(lt+lbs)}$. On pourroit d'ailleurs, ſi l'on vouloit, réſoudre le problême directement par la méthode de l'*art.* 1.

11. Si on vouloit que $\varphi(ht+as) + \Psi(mt+bs)$ fût $= \Delta(kt+rs) \times \Pi(\delta t+\gamma s)$, h, a, m, b, k, r, δ, & γ étant des conſtantes, on feroit $kt+rs=u$, $\delta t+\gamma s=y$, & en ſubſtituant pour t & s leurs valeurs en u & en y, on auroit $\varphi(\mu u+\nu y) + \Psi(\epsilon u+\lambda y) = \Delta u \times \Pi y$, problême qui ſe réduit à celui de l'article précédent.

12. Si au lieu de $t+as$ & $t+bs$, on avoit $h+t+as$ & $m+t+bs$, on parviendroit à la même équation différentielle du second ordre en T & en S, qui a été trouvée *art.* 2. En ce cas il faudroit, au lieu de $T = Ac^{ft}$, écrire $T = Ac^{f(\delta+t)}$ qui revient au même, & au lieu de $S = ac^{\beta s} + a'c^{\beta' s}$, il faudroit écrire $S = ac^{\beta(\gamma+s)} + a'c^{\beta'(\epsilon+s)}$; & on auroit $T \times S = aAc^{f\delta+\beta\gamma+ft+\beta s} + a'Ac^{f\delta+\beta'\epsilon+ft+\beta' s} = aAc^{f\delta+\beta\gamma+f(t+as)} + a'Ac^{f\delta+\beta'\epsilon+f(t+bs)}$; il n'y auroit plus qu'à supposer $f\delta + \beta\gamma = fh$, & $f\delta + \beta'\epsilon = fm$; d'où l'on tireroit, en mettant pour β, β' leurs valeurs en f, les valeurs de δ, γ, & ϵ; dont une à volonté peut être tout ce qu'on voudra, ou même nulle.

13. Enfin, si au lieu de $t+as$ & $t+bs$, on avoit $h+a't+a'as$ & $m+b't+b'bs$, il faudroit, dans l'article précédent, au lieu de $f\delta + \beta\gamma + f(t+as)$ écrire $f\delta + \beta\gamma + \frac{f}{a'}(a't + a'as)$; & au lieu de $f\delta + \beta'\epsilon + f(t+bs)$, écrire $f\delta + \beta'\epsilon + \frac{f}{b'} \times (b't + b'bs)$, & supposer $f\delta + \beta\gamma = \frac{fh}{a'}$, & $f\delta + \beta'\epsilon = \frac{fm}{b'}$. Au reste, ce problême & le précédent peuvent se résoudre directement par la méthode de l'*art.* 1.

14. Nous avons fait voir ailleurs que si $\varphi(t+s) + \varphi(t-s) = \varphi t \times \varphi s$, on aura $\varphi t = c^{t\sqrt{A}} + c^{-t\sqrt{A}}$; A étant tout ce qu'on voudra; soit donc $s = t$; il est visible que si on propose de trouver φt, telle que

$\varphi 2t + 2 = (\varphi t)^2$, on aura $\varphi t = c^{t\sqrt{A}} + c^{-t\sqrt{A}}$. Voyez les *Mém. de l'Acad.* de 1769, pag. 285. De même, si on a $\varphi(at + bs) + \Psi(ht + ms) = \Delta t \times A\Delta s$, & qu'on suppose $s = t$, on aura l'équation $\varphi[(a + b)t] + \Psi[(h + m)t] = A(\Delta t)^2$, & on déterminera par ce moyen les fonctions cherchées, lorsque la solution sera possible. *Voyez l'Appendice.*

15. On voit assez par les Recherches précédentes, comment on peut généraliser le problême résolu dans les *Mém. de Berlin* 1750. La méthode est fondée en général sur cette considération, que si on a une fonction $\varphi(at + bs)$ ou $\varphi(e + at + bs)$ de t & de s, dans laquelle ces quantités ne soient élevées qu'à une seule dimension, & qu'on fasse cette fonction Δu, sa différence premiere $du\Delta' u$, sa différence seconde $du^2\Delta'' u$; en prenant du constante, & ainsi de suite, la différence de $\varphi(at + bs)$ en faisant varier successivement t & s, & divisant par dt & par ds, sera $a\Delta' u$ & $b\Delta' u$; la différence seconde en faisant varier successivement t & s dans les différences premieres, sera $aa\Delta'' u$, $ab\Delta'' u$, $bb\Delta'' u$, &c. & ainsi de suite; de-là il s'ensuit que si on a une équation de condition pour déterminer, par exemple, deux quantités $\varphi(at + bs)$ & $\Psi(ht + ms)$, on aura en supposant $\Psi(ht + ms) = \Psi k$, & en différentiant deux fois de suite, six équations & six inconnues, Δu, Ψk, $\Delta' u$, $\Psi' k$, $\Delta'' u$, $\Psi'' k$; d'où résultera une seule équation qui ne contiendra plus que Δu, & qui donnera par conséquent la valeur de Δu; cette

équation étant différentiée deux fois de ſuite en faiſant varier t & s, on aura deux équations qui donneront chacune une valeur de $\Delta'' u$, & la comparaiſon de ces deux valeurs donnera une derniere équation de condition dans laquelle Δu, Ψk, & leurs différences ne ſe trouveront plus.

16. Si cette derniere équation renferme encore deux inconnues S, T, avec leurs différences, on l'intégrera en ne regardant que S ou T comme variable, ſelon ce qui ſera plus commode, & on tâchera par-là de ſatisfaire aux conditions du problême. Par exemple, ſi on avoit cette équation finale $\frac{A d^n S}{S d s^n} + \frac{B d^{n-1} S}{S d s^{n-1}} +$

$$\ldots\ldots + \frac{M d^n T}{T d t^n} + \frac{N d^{n-1} T}{T d t^{n-1}} + \ldots\ldots + \theta = 0;$$

A, B, M, N, &c. étant des conſtantes, & θ une fonction de t, on prendroit $S = a c^{\zeta s}$, & on trouveroit que a & ζ doivent être des conſtantes, de maniere qu'en ſubſtituant, il ne reſteroit plus qu'une équation en T. On verra dans le §. ſuivant une application de cette méthode.

17. Si on avoit à déterminer trois fonctions $\varphi(at + bs)$, $\Psi(ht + ms)$, $\Xi(lt + ns)$, on auroit par une méthode ſemblable, en différentiant trois fois de ſuite, douze équations & douze inconnues, & on acheveroit le calcul de la même maniere; & ainſi du reſte.

18. Si on avoit à déterminer deux ou pluſieurs fonctions $\varphi(at + bs + cy)$, & $\Psi(ht + ms + ey)$, on ſe

se serviroit encore d'une méthode analogue; ce qu'il est inutile d'expliquer plus au long.

19. Si on avoit $\varphi(t+s)+\varphi'(t-s)+\Game=\Delta t\times\Gamma s$, $\Game$ étant une fonction rationnelle & sans diviseur de t & de s, & que $m=n-1$ fût la puissance la plus haute de t ou de s dans $\Game$; il est visible qu'après n différentiations successives, la quantité $\Game$ & ses différences disparoîtroient, & qu'on auroit $\frac{d^n\Delta t}{\Delta t.dt^n}=\frac{d^n\Gamma s}{\Gamma s.ds^n}$; d'où l'on tirera aisément Δt & Γs égales à une suite de quantités de cette forme Ac^{ft} & Bc^{fs}; de-là on déduira la valeur de $\Delta t\times\Gamma s-\Game$, en mettant $u+y$ pour $2t$, & $u-y$ pour $2s$, & on verra si la quantité résultante est de la forme $\varphi u+\varphi' y$; sans quoi le problême ne seroit pas possible. Il en sera de même dans les cas analogues à celui-ci. Il suffit de mettre les Analystes sur la voie de ces sortes de solutions, pour qu'ils les trouvent aisément.

20. Il est bon de remarquer que les six équations de l'*art.* 15 ne sont pas toujours nécessaires. Car soit, par exemple, $T\times S=\varphi(at+bs)+\Delta(et+fs)$ comme dans l'*art.* 1; on a $\frac{TdS}{ds}=b\varphi'(at+bs)+f\Delta'(et+fs)$; $\frac{SdT}{dt}=a\varphi'(at+bs)+e\Delta'(et+fs)$; $\frac{dTdS}{dtds}=$ $ba\varphi''(at+bs)+fe\Delta''(et+fs)$; $\frac{TddS}{ds^2}=$ $bb\varphi''(at+bs)+ff\Delta''(et+fs)$; $\frac{SddT}{dt^2}=$

$aa\varphi''(at+bs)+ee\Delta''(et+fs)$. Or de ces six équations les trois dernieres suffisent, parce qu'elles ne renferment que deux inconnues $\varphi''(at+bs)$ & $\Delta''(et+fs)$, qu'on pourra par conséquent faire disparoître au moyen de ces trois équations seulement, ensorte qu'on n'aura plus, comme dans l'*art.* 2, qu'une équation linéaire entre S & T, & leurs différences. En général, soit α une fonction donnée de s & de t, & $\varphi\alpha$ une fonction inconnue de α, on aura $\frac{d\varphi\alpha}{dt}=\frac{d\alpha\Delta\alpha}{dt}$, & $\frac{d\varphi\alpha}{ds}=\frac{d\alpha\Delta\alpha}{ds}$, en supposant $d\varphi\alpha=d\alpha\Delta\alpha$; de même soit $d\Delta\alpha=d\alpha\Gamma\alpha$, on aura $d\left(\frac{d\alpha\Delta\alpha}{dt}\right)$ (en ne faisant varier que t) $=\frac{dd\alpha\Delta\alpha}{dt^2}+\frac{d\alpha^2\Gamma\alpha}{dt^2}$; & (en ne faisant varier que s) $=\frac{dd\alpha\Delta\alpha}{dtds}+\frac{d\alpha^2\Gamma\alpha}{dtds}$; & $d\left(\frac{d\alpha\Delta\alpha}{ds}\right)$ (en ne faisant varier que s) $=\frac{dd\alpha\Delta\alpha}{ds^2}+\frac{d\alpha^2\Gamma\alpha}{ds^2}$; d'où l'on voit que ces trois différentiations, & les deux précédentes, n'introduisent que deux nouvelles inconnues $\Delta\alpha$ & $\Gamma\alpha$. De maniere que si on avoit une équation de condition pour déterminer $\varphi\alpha$, on auroit, en différentiant cinq fois de suite, cinq nouvelles équations; & seulement deux nouvelles inconnues. On pourroit donc chasser ces nouvelles inconnues, en n'employant même que les trois dernieres équations; & par ce moyen on simplifieroit beaucoup le problême proposé.

21. J'ai trouvé dans les *Mém. de Berlin* de 1750, que la résolution de l'équation $\varphi(t+s)+\Delta(t-s)=\Gamma t\times\Psi s$, se réduisoit à faire ensorte que $\frac{dd\Gamma t}{dt^2}=\frac{dd\Psi s}{ds^2}=A$; d'où l'on tire $\Gamma t=\alpha c^{t\sqrt{A}}+\beta c^{-t\sqrt{A}}$; & $\Psi s=\gamma c^{t\sqrt{A}}+\delta c^{-t\sqrt{A}}$. Si A étoit $=0$, il est aisé de voir qu'on auroit $\Gamma t=C+Dt$; cette valeur de Γt se tire de la formule générale $\alpha c^{t\sqrt{A}}+\beta c^{-t\sqrt{A}}$, en regardant A, non comme nul, mais comme infiniment petit; ce qui donne $c^{\pm t\sqrt{A}}=1\pm t\sqrt{A}+\frac{At^2}{2}\pm\frac{A\sqrt{A}.t^3}{2.3}$, &c. d'où $\Gamma t=\alpha+\beta+(\alpha-\beta)t\sqrt{A}+(\alpha+\beta)\frac{At^2\ \&c.}{2}$; soit $\alpha+\beta=C$, $(\alpha-\beta)\sqrt{A}=D$, ou $\alpha-\beta=\frac{D}{\sqrt{A}}$; donc $\alpha=\frac{C}{2}+\frac{D}{2\sqrt{A}}$, & $\beta=\frac{C}{2}-\frac{D}{2\sqrt{A}}$; & il est évident qu'à cause de $A=0$ ou infiniment petit, & de $\alpha+\beta=C$, le terme $\frac{(\alpha+\beta)At^2}{2}$ se réduit à $\frac{C.At^2}{2}=0$; il en sera de même des termes suivans, qui seront successivement $\frac{(\alpha-\beta)A\sqrt{A}t^3}{2.3}$, $\frac{(\alpha+\beta).A^2t^4}{2.3.4}$, &c. c'est-à-dire, $\frac{D.At^3}{2.3}$, $\frac{CA^2t^4}{2.3.4}$, &c. & ainsi du reste. Donc Γt se réduit à $C+Dt$. On verra de même que Ψs se réduit à $C'+D't$. Maintenant, pour que $\Gamma t\times\Psi s$

soit $= \varphi(t+s) + \Delta(t-s)$, il faut faire $t+s=u$, $t-s=k$, ce qui donne $t = \frac{u+k}{2}$, $s = \frac{u-k}{2}$; donc $\Gamma t = C + \frac{Du+Dk}{2}$, & $\Psi s = C' + \frac{D'u-D'k}{2}$. Donc $\Gamma t \times \Psi s = CC' + C'D\left(\frac{u+k}{2}\right) + CD' \times \left(\frac{u-k}{2}\right) + DD' \times \frac{uu-kk}{4}$, qui se réduit à la forme $A + Bu + Fuu + Gk - Fkk$, quantité dans laquelle $\varphi(t+s)$ ou $\varphi u = A + Bu + Fuu$, & $\Delta(t-s)$ ou $\Delta k = Gk - Fkk$.

§. VII.

Sur la Loi de l'Attraction.

1. Soit r le rayon d'une surface sphérique, 2π le rapport de la circonférence au rayon, δ la distance d'un point attiré au centre, x l'abscisse prise depuis le centre; & soit l'attraction en raison inverse de la puissance n des distances; l'élément de l'attraction de la surface sera $-2\pi r dx \times (\delta - x)(\delta\delta - 2\delta x + rr)^{\frac{-n-1}{2}}$; faisant $\delta\delta - 2\delta x + rr = yy$, on aura pour transformée $\frac{\pi r}{\delta\delta}[(\delta\delta - rr)y^{-n}dy + y^{-n+2}dy]$, dont l'intégrale complette est (à cause de $y = \delta \mp r$ lorsque $x = \pm r$) $\frac{\pi r}{\delta\delta}\left[(\delta\delta - rr)\left(\frac{(\delta+r)^{1-n} - (\delta-r)^{1-n}}{1-n}\right) \pm\right.$

$\frac{(\delta+r)^{3-n}-(\delta-r)^{3-n}}{3-n}\Big]$, quantité qu'on peut mettre encore ſous cette forme $\frac{\pi r}{\delta\delta}\Big[\frac{(\delta-r)(\delta+r)^{2-n}}{1-n}-\frac{(\delta+r)(\delta-r)^{2-n}}{1-n}+\frac{(\delta+r)^{3-n}-(\delta-r)^{3-n}}{3-n}\Big]$ ou $\frac{\pi r}{\delta\delta}\Big[\Big(\frac{\delta-r}{1-n}+\frac{\delta+r}{3-n}\Big)(\delta+r)^{2-n}-\Big(\frac{\delta+r}{1-n}+\frac{\delta-r}{3-n}\Big)(\delta-r)^{2-n}\Big]$.

2. On peut ſe ſervir de cette formule pour déterminer dans quelles hypothèſes l'attraction eſt la même que ſi toute la maſſe attirante étoit raſſemblée au centre.

3. On voit d'abord que cette quantité ſe réduit à $\frac{\pi r}{\delta\delta}\times\frac{1}{(1-n)\times(3-n)}\times[(4\delta-2n\delta-2r)\times(\delta+r)^{2-n}-(4\delta-2n\delta+2r)\times(\delta-r)^{2-n}]$; & lorſque $n=2$, cette quantité ſe réduit à $\frac{\pi r}{\delta\delta}\times\frac{1}{-1\times 2}\times-4r=\frac{4\pi rr}{\delta\delta}$; c'eſt-à-dire, = à la ſurface ſphérique diviſée par le quarré de la diſtance.

4. De même lorſque $n=-1$, c'eſt-à-dire, lorſque l'attraction eſt en raiſon directe de la diſtance, l'attraction devient $\frac{\pi r}{\delta\delta}\times\frac{1}{2\times 4}\times 2.16r\delta^3=4\pi r^2\delta$; c'eſt-à-dire, égale à la ſurface ſphérique multipliée par diſtance.

5. Voilà donc deux cas, déja connus l'un & l'autre;

où l'attraction de la surface sphérique est la même que si toute la surface étoit rassemblée au centre ; d'où il s'ensuit que si l'attraction d'une masse infiniment petite, placée à la distance δ, est proportionnelle au produit de la masse par $\frac{A}{\delta\delta} + B\delta$, A & B étant des constantes, l'attraction de la surface sphérique sera $4\pi rr \times (\frac{A}{\delta\delta} + B\delta)$, c'est-à-dire, encore la même que si toute la surface étoit réunie au centre.

6. Pour se faire une idée nette des constantes A & B, il faut supposer que F soit la force avec laquelle une masse infiniment petite μ, attire à la distance a, dans l'hypothèse de la raison inverse du quarré de la distance, & G la force avec laquelle la même masse μ attire à la distance a, dans l'hypothèse de la raison directe de la distance, & nous aurons $A = \frac{Fa^2}{\mu}$, & $B = \frac{G}{a\mu}$.

7. En général, soit l'attraction proportionnelle à la masse & à une fonction φ de la distance, on aura pour la différentielle de l'attraction de la surface sphérique, en conservant les noms donnés ci-dessus, $\frac{\pi r}{\delta\delta} \times [(\delta\delta - rr) \times dy\varphi y + y^2 dy\varphi y]$, dont l'intégrale complette est $\frac{\pi r}{\delta\delta} [(\delta\delta - rr)(\varphi'(\delta + r) - \varphi'(\delta - r)) + \Delta'(\delta + r) - \Delta'(\delta - r)]$, $\varphi'\delta$ étant l'intégrale de $\int d\delta\varphi\delta$, & $\Delta'\delta$ l'intégrale de $\int \delta^2 d\delta\varphi\delta$.

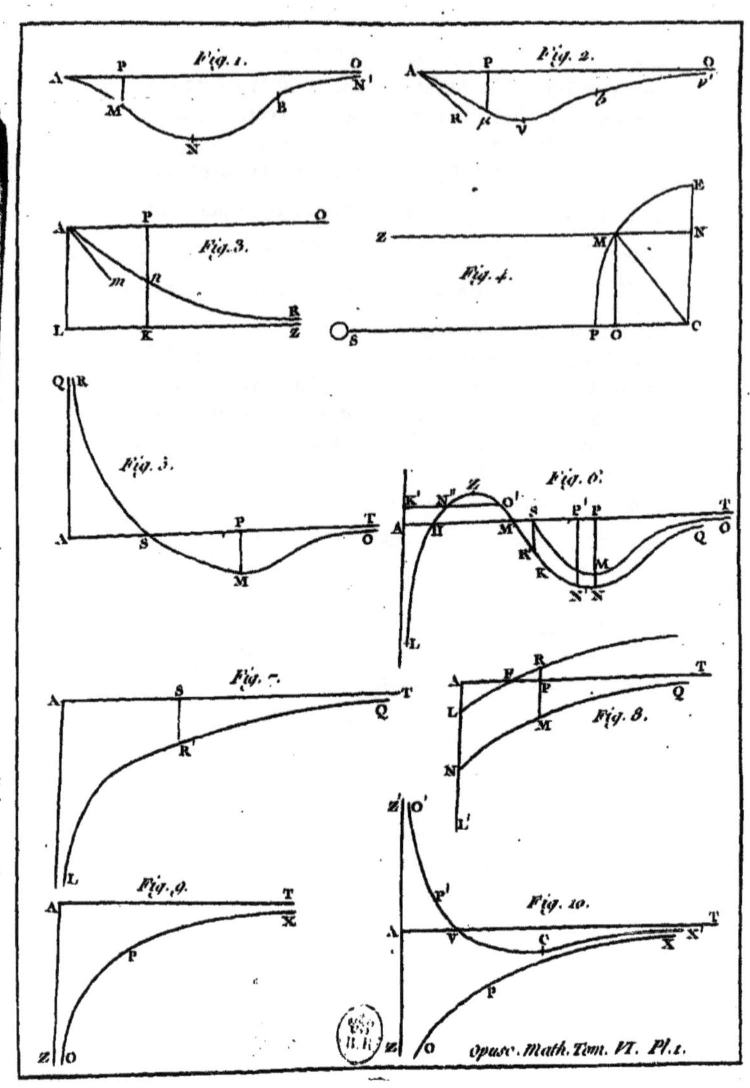
Fig. 1.
Fig. 2.
Fig. 3.
Fig. 4.
Fig. 5.
Fig. 6.
Fig. 7.
Fig. 8.
Fig. 9.
Fig. 10.
Opusc. Math. Tom. VI. Pl. 1.

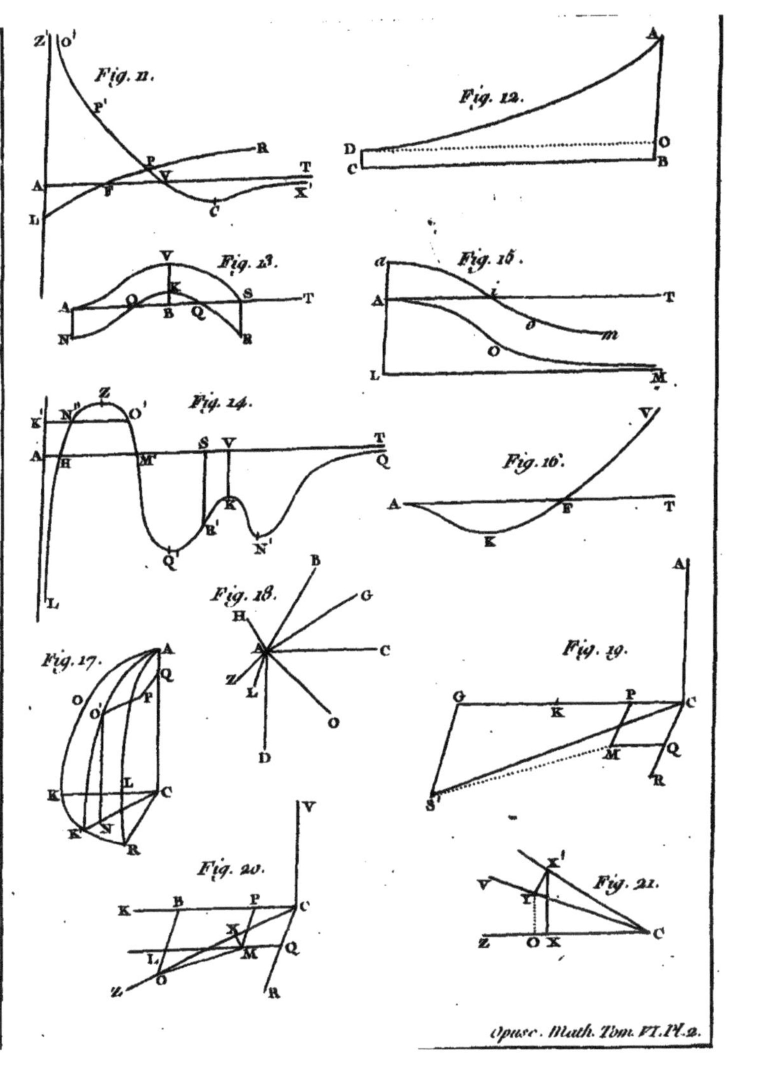

Opusc. Math. Tom. VI. Pl. 2.

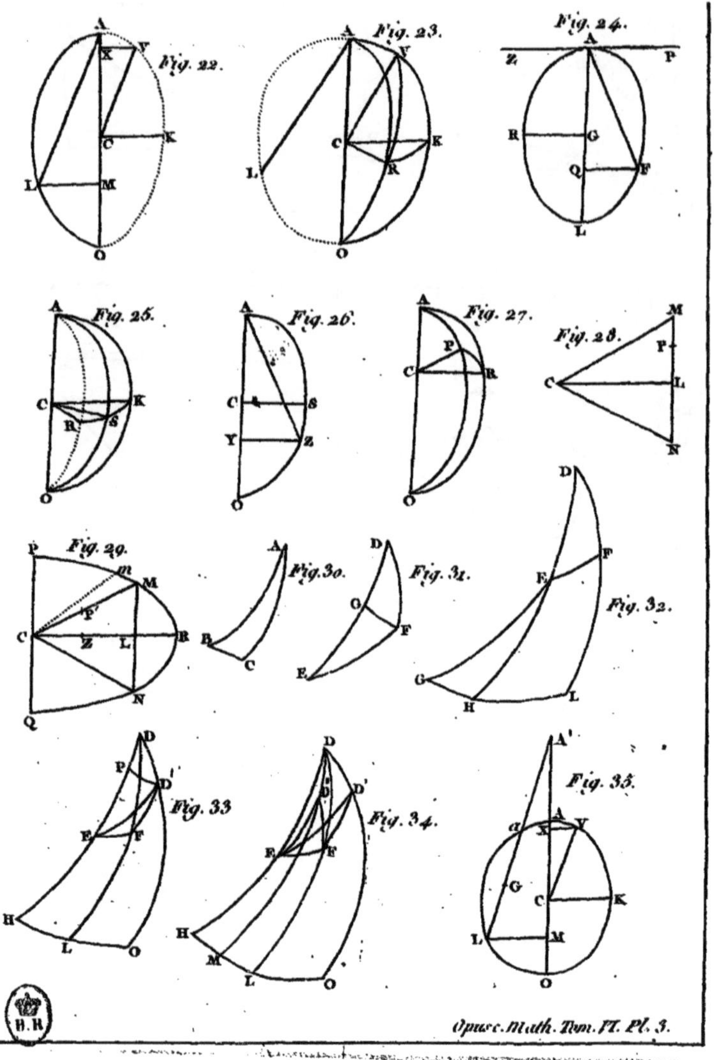

Opusc. Math. Tom. VI. Pl. 3.

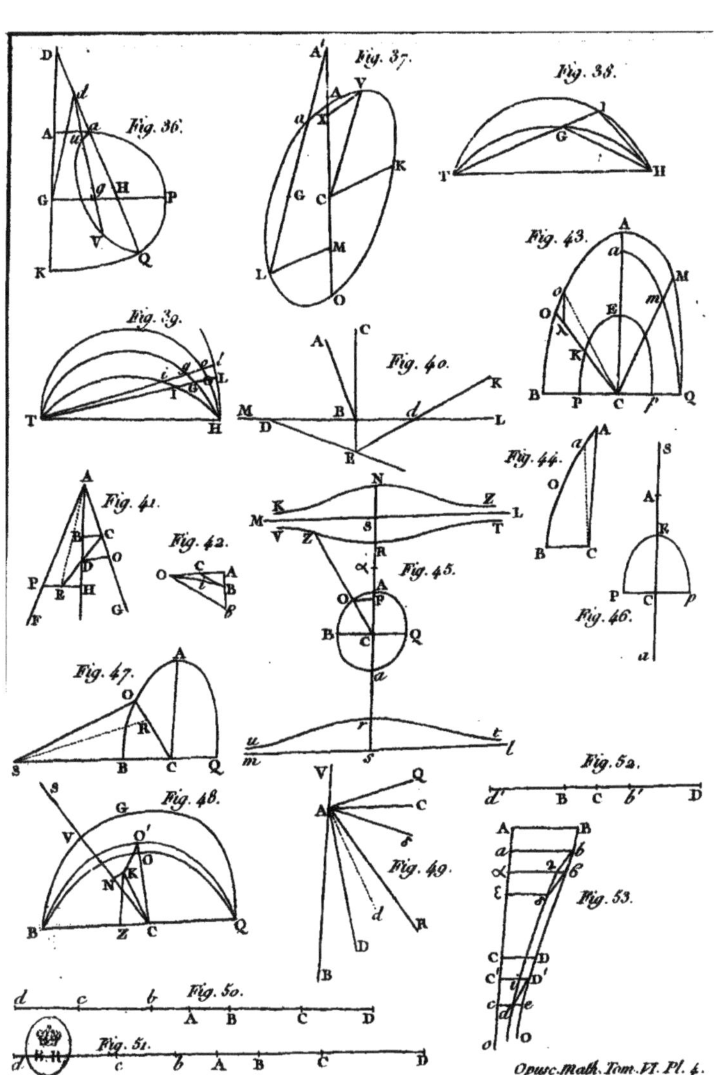

Opusc. Math. Tom. VI. Pl. 4.

8. Or pour que cette attraction de la surface totale soit la même que si la surface entiere $4\pi rr$ étoit ramassée au centre, il faut que la quantité précédente soit $= 4\pi rr\varphi\delta$. Employant donc la méthode indiquée p. 399 & suiv. on aura une équation finale dans laquelle il ne se trouvera que r & $\varphi\delta$, & leurs différences premieres & secondes, ou plutôt r, & les quantités $\varphi\delta$, $\frac{d\varphi\delta}{d\delta}$, $\frac{dd\varphi\delta}{d\delta^2}$. C'est par cette équation de condition qu'on doit déterminer $\varphi\delta$. Or comme $\varphi\delta$ doit être indépendante de r, il s'ensuit qu'il faudra faire égaux à zéro séparément tous les termes où r montera à la même puissance. Par-là on déterminera toutes les valeurs possibles de $\varphi\delta$.

APPENDICE

Contenant quelques Additions aux Mémoires précédens.

Les Opuſcules que ce Volume renferme, étoient pour la plûpart compoſés depuis long-temps. Comme je les deſtinois au Recueil des Mémoires de l'Académie, j'avois rejetté en Notes pluſieurs choſes, afin d'occuper moins de place dans ce Recueil ; & ce ſont ces Notes qui ſe trouvent ſous le titre de *Remarques* à la fin de pluſieurs de ces Mémoires, mon peu de ſanté ne m'ayant pas permis de les refondre dans le corps des Mémoires mêmes ; ce qui ne peut au reſte produire qu'un très-petit inconvénient pour le genre de Lecteurs auxquels ces Opuſcules ſont deſtinés. En reliſant depuis pour l'impreſſion, les épreuves de ces Mémoires, que j'avois comme perdus de vue, cette lecture m'a ſuggéré quelques vues & réflexions nouvelles, relatives à différens endroits des Mémoires ; & j'ai cru pouvoir faire part aux Géometres de ces réflexions & de ces vues.

Page

Page 17 *ligne* 3 *à compter d'en bas, après ces mots,* 9 secondes, *ajoutez;*

Si les valeurs de N & de p étoient supposées un peu différentes de celles qu'on leur donne ici, alors λ pourroit être beaucoup plus petit, & l'équation séculaire tirée des termes dont il est question dans cet article, pourroit peut-être avoir lieu. Il faudroit pour cela 1°. que N fût tant soit peu plus grand, c'est-à-dire, $= 1 - 0,008455 + x$, & p tant soit peu plus grand, c'est-à-dire, $= -0,004053 - y$, x & y étant des quantités fort petites. 2°. Que le coefficient du terme qui auroit pour argument $2z - 2pz + Nz - 3z + 3nz - 3\pi nz$ ne fût pas trop petit; ensorte qu'au bout de 100 ans, l'équation fût d'environ $9''$, comme les observations paroissent la d. .ner. Si l'on suppose que les valeurs de x & de y soient égales entr'elles, ce qui est l'hypothèse la plus simple, & que de p..us x & y soient chacune à peu près égale au tiers de 0, 000350, en ce cas λ seroit à peu près égal à $+ 0,000001$, (en faisant pour plus de simplicité $\pi = 1$) & λz ne seroit égal à 90° qu'au bout de 250000 mois périodiques lunaires, c'est-à-dire, d'environ 25×750 ou 18750 années. C'est aux Astronomes à examiner si ces suppositions sur les valeurs de p & de N peuvent s'accorder avec les observations. On ajoutera seulement que si on prend π non pas $= 1$, mais un peu plus petit, comme il l'est en effet, la valeur de λ sera un peu augmentée, &

par conséquent le nombre de 18750 années un peu diminué.

Soit maintenant $\frac{B\lambda^2 . (360^\circ)^2 n'^2}{57^\circ . 17' . 44''} = 9''$ l'équation séculaire de la Lune, n' étant le nombre de révolutions périodiques de la Lune pendant un siécle, on aura $n' =$ à très-peu près $100 \times \frac{10000}{750} = \frac{4000}{3}$; supposant donc que λ soit à peu près connu, il sera facile d'avoir B. Soit K le coefficient de cos. $(2z - 2pz + Nz - 3z + 3nz - 3\pi nz)$ dans la valeur du rayon, il n'est pas difficile de voir (Tome V *Opusc.* pag. 386) que $B\lambda^2$ sera $\frac{2K \text{ sin. } \lambda\zeta}{\lambda} \times \frac{\lambda\lambda}{2} = \lambda K \text{ sin. } \lambda\zeta = \lambda K$, en faisant pour plus de simplicité sin. $\lambda\zeta = 1$. Et si on suppose sin. $\lambda\zeta = p$, p étant une fraction plus petite que l'unité, on aura l'équation $\frac{\lambda K (360^\circ)^2 (4000)^2 p}{9 . (57^\circ . 17' . 44'')} = 9''$; d'où l'on voit que K ne doit pas être plus petit que $\frac{81''(57^\circ . 17' . 44'')}{(360^\circ)^2 . (4000)^2 \lambda}$; c. à. d. à cause de λ très-petit, que K doit être beaucoup plus grand que $\frac{81}{60 . (360)^2 (4000)^2}$.

Or en supposant que le coefficient de cos. $2z - 2pz$ soit de l'ordre de $\frac{1}{700}$, qui est à peu près le quarré du sinus de l'inclinaison de l'orbite, que celui de cos. Nz soit de l'ordre de $\frac{1}{20}$, qui est l'excentricité, que celui de cos. $(2z - 2nz)$ soit de l'ordre de $\frac{1}{180}$; celui de cos. $(z - nz)$ de l'ordre de $\frac{1}{390 . 13}$, ou plus ſimplement de $\frac{1}{360.12}$, & enfin l'excentricité de l'orbite terreſtre de l'ordre de $\frac{1}{60}$, il paroît en réſulter que le coefficient du terme coſ. $(2z - 2pz + Nz - 3z + 3nz - 3\pi nz)$ ſera de l'ordre de $\frac{1}{500.20.360.12.180.(60)^3}$ $= \frac{1}{5000(360)^2.12.(60)^3}$ qui eſt beaucoup plus petit que $\frac{81}{60(360)^2.(4000)^2}$, à peu près en raiſon de $\frac{1}{30.36}$ à l'unité. Ce qui me porte à douter beaucoup, indépendamment des valeurs, peut-être forcées, qu'il faudroit donner à N & à p, que l'équation ſéculaire de la Lune puiſſe venir du terme dont il s'agit.

On peut, ſinon déterminer, au moins ſe former à peu près une idée de la petiteſſe de λ, en conſidérant qu'au bout d'un ſiécle, par exemple, $\lambda\delta$ doit être fort petit, comme de 1 degré, ou en général de m degrés, m étant une fraction, ou un nombre de très-peu d'unités, enſorte qu'on a $\lambda \times 100 \times \frac{10000}{750} \times 360^\circ = m^\circ$, ou $\lambda = \frac{3m}{4000.360}$. Donc K ne doit pas être plus petit que $\frac{81.4000.360}{60(360)^2(4000)^2.3m} = \frac{1}{20.40.4000m}$. Nouvelle raiſon pour préſumer que l'équation ſéculaire ne dépend pas des termes dont il eſt queſtion; puiſque ce dernier coefficient eſt à $\frac{1}{5000(360)^2.12.(60)^3}$ comme la fraction $\frac{1}{m}$ eſt à $\frac{1}{360.500.81.36}$; c'eſt-à-dire, prodigieuſement plus grand.

Addition pour la page 20, art. 8.

On peut auſſi remarquer que ſi π renferme une quantité conſtante, il y aura des arcs de cercle dans la valeur de $\int \pi x^3 dz$, & par conſéquent dans la valeur du rayon vecteur, ce qui pourra produire encore une partie de l'équation ſéculaire. Quant au calcul de la force π, en ayant égard à la figure non ſphérique de la Terre & de la Lune, on peut voir ce que nous avons dit ſur ce ſujet, *Mém. Acad.* de 1768, p. 343 & ſuiv. & l'utilité dont peut être cette Recherche, même pour d'autres points de la Théorie de la Lune que l'équation ſéculaire. Nous ajouterons ſeulement ici 1°. que ſi la force π renferme une quantité conſtante, l'effet qui en réſulte doit être beaucoup plus conſidérable ſur la Lune que ſur la Terre, ſi l'on veut que l'équation ſéculaire de la Lune qui en réſultera ſoit ſenſible, & que celle de la Terre ne le ſoit pas. 2°. Que dans le calcul de la force π, il ne faut pas oublier d'avoir égard à l'allongement de la Lune dans le ſens de l'équateur, réſultant de l'attraction de la Terre, ce qui donne à la Lune une figure elliptique dans le ſens du méridien & de l'équateur tout-à-la-fois, au lieu que la figure de la Terre eſt ou doit être ſuppoſée ſenſiblement circulaire dans le ſens de l'équateur. Cette différence entre la figure de la Terre & celle de la Lune eſt peut-être ſuffiſante pour que les perturbations de la Lune, réſultantes de ſa figure non ſphérique, ſoient beaucoup plus ſenſibles que celles de la Terre, réſultantes de la même cauſe.

Addition pour la page 28, après ces mots, qui terminent le ſecond alinea, coefficiens des argumens.

Si l'équation propoſée à intégrer étoit $ddt + N'^2 t dz^2 + At^2 dz^2 + Bt^3 dz^2 +$ &c. $= 0$, on auroit $t = a + b$ coſ. $Nz + c$ coſ. $2Nz + e$ coſ. $4Nz$, &c. & ainſi de ſuite; de ſorte que les différentes valeurs de N^2 devroient être xx, $4xx$, $9xx$, $16xx$, &c. Ainſi, appellant A' le coefficient du ſecond terme dans l'équation qui exprime la valeur de N^2, on doit avoir $-A' = xx(1+4+9+16)$, &c. C'eſt pourquoi, ſi l'analyſe eſt ici conforme à la vraie ſolution de la queſtion, le coefficient A' du ſecond terme doit être ſucceſſivement à chaque approximation xx, $(1+4)xx$, $(1+4+9)xx$, &c. au moins à très-peu près. Mais d'un autre côté cette valeur de A', ſi elle eſt exprimée de la ſorte, le ſera par une ſerie divergente, & par conſéquent d'une maniere peu commode pour l'exactitude de l'approximation. Cet objet me paroît pouvoir mériter quelque attention & quelque examen de la part des Géometres, ne fût-ce que pour s'éclairer de plus en plus ſur les avantages ou les inconvéniens des méthodes qu'on peut employer pour réſoudre les queſtions de la nature de celle-ci, & en particulier celle qui regarde le mouvement des apſides.

A cette occaſion, je ferai une remarque ſur les cas

où l'on auroit $N'^2 = 0$, c'est-à-dire, où l'équation seroit $ddt + At^2dz^2 + Bt^3dz^2$, &c. $= 0$, & où le terme affecté de tdz^2 ne se trouveroit pas. Si le rayon x de l'orbite d'une Planete est $= B + t$, l'angle correspondant $= z$, & que l'équation du mouvement de la Planete soit $dz = \frac{dt}{\sqrt{(Att + Bt^3 + Ct^4)}}$, &c. ou en général $\frac{dt}{t\sqrt{(A + \Delta t)}}$, Δt étant une fonction de t qui soit $= 0$ quand $t = 0$, l'orbite de la Planete sera circulaire. C'est une suite de ce que nous avons démontré dans les *Mém. de l'Acad.* de 1769, p. 88 & suiv. & d'où il résulte pour le cas présent, que si $t = 0$ lorsque $x = z$, on aura $t = 0$ quel que soit z. De-là il s'ensuit que dans les équations de cette forme $ddt + At^2dz^2 + Bt^3dz^2$, &c. $= 0$, où manque le terme affecté de tdz^2, si l'on a $t = 0$ lorsque $z = 0$, on aura $t = 0$ quel que soit z, ce qui indique une orbite circulaire, puisque $x = B + t$, sera alors $= B$.

Addition pour la page 45, lig. 4, après ces mots, de l'ordre de $n^2 P$.

Une des attentions qu'on doit avoir dans la Théorie de la Lune, pour apprétier la valeur des termes qu'on néglige, c'est d'examiner de quel ordre doivent être censées les unes par rapport aux autres, les quantités qui entrent dans le calcul des coefficiens. Par exemple, nous venons de voir que $n^2 P$ & λ^2 sont du même ordre, P étant l'excentricité de l'orbite lunaire, λ celle de l'orbite terrestre, & $n^2 = \frac{1}{178}$. On trouvera de même (comme l'a déja remarqué M. de la Grange) que la quantité n^2 étant à peu près $\frac{1}{178}$, si on suppose les parallaxes de la Lune & du Soleil de 9″ & 57′ 30″, on aura le rapport de ces parallaxes, ou des distances a & B de la Lune & de la Terre au Soleil, égal à environ $\frac{1}{383}$, & par conséquent $\frac{a}{B}$ du même ordre que n^2. De même la tangente de l'inclinaison de l'orbite lunaire que j'appelle m, étant = à peu près sin. (2° 34′), on aura m^2 = environ $\frac{1}{500}$, c'est-à-dire, du même ordre à peu près que n^2, quoique plus petit; & ainsi du reste.

Il faut cependant remarquer, que comme les quantités n & P ne sont pas très-petites, l'une étant environ $\frac{1}{13}$ & l'autre $\frac{1}{20}$, il pourroit se faire que $n^2 P$, par exemple, ne fût que de l'ordre de n^2, si cette quantité $n^2 P$ étoit affecté d'un coefficient numérique égal à 20 ou même à 10; de même $12 n^3$ ne seroit que de l'ordre de n^2 & non pas de l'ordre de n^3; & ainsi du reste. Cette valeur de n & celle de P, qui ne sont, si on peut parler ainsi, ni assez grandes ni assez petites, est une des raisons qui rendent difficile l'apprétiation des quantités qu'on néglige dans la Théorie de la Lune, parce que les coefficiens numériques peuvent altérer beaucoup les termes où entrent ces quantités, & les rendre beaucoup plus grands qu'on ne l'auroit cru,

C'eſt ce qu'il faut examiner avec attention, pour ne pas négliger des quantités trop ſenſibles dans le calcul des équations de la Lune. C'eſt par une erreur de cette eſpéce que les Géometres qui ont travaillé les premiers à la Théorie de la Lune, avoient cru que cette Théorie ne donnoit que la moitié du mouvement réel de l'apogée, parce qu'on ſuppoſoit fauſſement que les deux premiers termes de la valeur de N^2 étant $1 - \frac{3n^2}{2}$, les autres étoient d'un ordre beaucoup plus petit, devant renfermer des puiſſances de n d'un ordre plus grand que le ſecond, au lieu qu'on a fait voir (Voyez nos *Recherches ſur le Syſtême du Monde*, premiere Partie, pag. 181 & 182) 1°. que le troiſiéme terme de la ſerie eſt $- \frac{3n^2}{2} \times \frac{15n.10}{16}$, qui eſt réellement de l'ordre de n^2, quoiqu'il paroiſſe de l'ordre de n^3. 2°. Que les termes qui ſuivent celui-là, & qui paroiſſent de l'ordre de n^4, donnent encore environ 23′ 30″ de mouvement à l'apogée, quantité qui n'eſt pas encore trop petite par rapport à 1° 30′ 37″ donné par le ſeul terme $- \frac{3n^2}{2}$. On voit aſſez par ce ſeul exemple combien la conſidération des quantités qu'on peut négliger eſt délicate dans cette Théorie. On en trouvera d'autres preuves frappantes dans le Ch. 22 de la premiere Partie de nos *Recherches ſur le Syſtême du Monde*, ſur-tout aux pages 200 & 201.

Autre

Autre Addition pour la page 45, *après ces mots, qui terminent l'alinea*, les équations fenfibles du mouvement moyen de la Lune.

Nous avons vu dans le §. II, pag. 11 & fuiv. comment il peut arriver que les coefficiens de certaines équations foient fort différens à la feconde approximation, de ce qu'ils font à la premiere. Cet inconvénient peut augmenter encore par une autre confidération que nous allons tâcher de faire fentir. Soit $A + Bx = 0$ l'équation qui donne, dans la premiere approximation, le coefficient inconnu x; & foit $A + a + (B + b)x + Cxx$ &c. $= 0$ l'équation de la feconde approximation, ou fimplement $A' + B'x + Cxx = 0$, dans laquelle x monte au fecond degré, & dans laquelle A' foit peu confidérable par rapport à B'. Si C n'étoit pas une quantité fort grande, on auroit à très-peu près pour la feconde approximation, $x = -\frac{A'}{B'} - \frac{C.A'^2}{B'^3}$. Mais fi C eft, par exemple, $= D\rho\rho$, D étant une quantité finie, & ρ^2 un nombre très-grand, on aura $x^2 + \frac{B'x}{D\rho\rho} + \frac{A'}{D\rho\rho} = 0$; d'où $x = \frac{-B'}{2D\rho\rho} \pm \frac{\surd(B'^2 - 4A'D\rho\rho)}{2D\rho\rho}$. Or fi B' n'eft pas très-grand par rapport à $4A'D\rho\rho$, comme il peut arriver ici, où A' eft à la vérité fuppofé affez petit, mais où $D\rho\rho$ eft fuppofé très-grand, & B' une quantité finie, il eft évident 1°. qu'on ne peut réduire le radical en ſerie, & encore moins aux deux premiers termes de cette ſerie $B' - \frac{2A'.D\rho\rho}{B'}$. 2°. Qu'il deviendra douteux laquelle des deux valeurs de x on doit employer.

Addition pour la page 49, art. 10.

On peut conſidérer encore que puiſque $P = (E - F)m$ (*art.* 8), on aura $E - F = \frac{P}{m}$. Or P eſt toujours une quantité poſitive, puiſque cette quantité exprime l'attraction que la maſſe du ſphéroïde exerce ſur le pole, ſans que la force centrifuge y entre ni doive y entrer pour rien; donc m étant ſuppoſé réel & poſitif, il eſt clair que $E - F$ ſera poſitif, quel que ſoit d'ailleurs m.

Addition pour les pages 69 & 70; art. 4 & 6.

Puiſque $\frac{\phi}{p} = \frac{1}{288}$ à peu près, il eſt clair que la condition de $\frac{\phi r}{2p} > \frac{\alpha'}{5}\left(2 + \frac{f}{\Delta}\right)$ (*art.* 4), donne $\frac{5\phi}{4}$ ou $\frac{1}{230} > \frac{\alpha'}{2r}\left(2 + \frac{f}{\Delta}\right)$, & $\frac{\alpha'}{r} < \frac{1}{230\left(1 + \frac{f}{2\Delta}\right)}$; par la même raiſon la condition de $\frac{\phi r}{2p} < \frac{\alpha'}{5}\left(2 - \frac{f}{\Delta}\right)$ donnera $\frac{\alpha'}{r} > \frac{1}{230\left(1 - \frac{f}{2\Delta}\right)}$.

Addition pour la page 91, art. 17, à la fin.

Le logarithme de $1+\alpha$ eſt, comme l'on ſait, $\alpha-\frac{\alpha^2}{2}$ à très-peu près, α étant ſuppoſé fort petit. Or m étant fort petit, $m+\surd(1+mm)=1+m+\frac{m^2}{2}$; donc $m+\frac{m^2}{2}=\alpha$, donc le logarithme de $m+\surd(1+mm)$ eſt $m+\frac{m^2}{2}-\frac{m^2}{2}$ à très-peu près, c'eſt-à-dire, m. Or $\frac{1}{\surd(1+m^2)}=1-\frac{m^2}{2}$; d'où il eſt aiſé de voir que $2\Delta''\delta'\left[\frac{\log.[m+\surd(1+mm)]}{m}-\frac{1}{\surd(1+mm)}\right]=\frac{2\Delta''\delta'.mm}{2}=\Delta''\delta'mm$.

Addition pour la page 128, à la fin de l'art. 57 du XLVI Mémoire.

Dans le XLV Mém. p. 47 & ſuiv. j'ai diſcuté le cas où $\frac{A^3}{\zeta'^3}=0$, c'eſt-à-dire, où il n'y a point de corps attirant, ω étant d'ailleurs tout ce qu'on voudra, fini ou très-petit. Or comme $\frac{A^3}{\zeta'^3}$ eſt toujours une quantité très-petite (*art.* 57, pag. 127), il ne ſera pas difficile, en combinant ce Mémoire avec le précédent, de diſcuter les cas dans leſquels ω étant fini ou très-petit, $\frac{A^3}{\zeta'^3}$ ſeroit très-petit. C'eſt un détail que j'abandonne à d'autres Géometres. Je me contenterai de remarquer ; que quel que petit que soit $\frac{A^3}{6^{\prime 3}}$, l'ordonnée qui dans la courbe de la Figure 5 répond à $m = o$, sera toujours infinie & positive, & qu'ainsi $\frac{A^3}{6^{\prime 4}}$ étant supposé si petit qu'on voudra, mais non pas $= o$, le problême aura trois solutions, dont une donnera m très-petit, c'est-à-dire, le sphéroïde très-allongé. Mais outre que cette solution ne donne pas un équilibre ferme, on a encore apporté une autre raison pour la rejetter, pag. 126 ; *art.* 55.

Addition pour la Note (*a*) *du XLVI Mémoire ; page* 141.

A l'occasion de cette discussion sur les quantités imaginaires & leurs logarithmes, je dirai encore un mot sur les logarithmes des quantités négatives, dont j'ai déja tant parlé ailleurs. Soit log. $-1 = x$, on aura log. $(-1)^3 = 3$ log. $-1 = 3x$. Or puisque $-1^3 = -1$, on aura log. $(-1)^3 =$ log. $-1 = x$. Donc $3x = x$; donc $x = o$. Donc log. $-1 = o$. Je ne vois pas ce qu'on peut opposer à une preuve si claire.

Je ne vois pas non plus pourquoi dans une progression géométrique telle que la suivante $\div -1, (-1)^2, (-1)^3, (-1)^4$, &c. qui revient à $\div -1, 1, -1, 1$, &c. il ne peut pas se trouver des quantités positives & des négatives, puisque les quantités $+1, -1$, positives

& négatives, & de plus réelles, peuvent ſe trouver dans une progreſſion géométrique où il n'y a d'ailleurs que des quantités imaginaires.

En effet, ſoit $dz = \frac{-dx}{\sqrt{(1-xx)}}$, x étant le coſinus de l'angle z, on aura $dz = \frac{-dx}{\sqrt{-1}.\sqrt{(x^2-1)}} = \frac{dx\sqrt{-1}}{\sqrt{(xx-1)}}$, & par conſéquent $z = \sqrt{-1}$ log. $[x + \sqrt{(xx-1)}]$; je n'ajoute point de conſtante, parce que $x = 1$ donne $z = 0$, comme cela doit être. Cette équation $\frac{z}{\sqrt{-1}} =$ log. $[x + \sqrt{(xx-1)}]$ ſignifie que ſi on prend des valeurs ſucceſſives de x telles que les $x + \sqrt{(xx-1)}$ ſoient en progreſſion géométrique, les valeurs correſpondantes de $\frac{z}{\sqrt{-1}}$; & par conſéquent de z, ſeront en progreſſion arithmétique. Or en ſuppoſant que x ne ſurpaſſe pas l'unité, toutes ces quantités ſont imaginaires, excepté dans le cas de $x = 1$, qui donne $z = 0$, ou $=$ à la circonférence priſe tant de fois qu'on voudra, & dans celui de $x = -1$, qui donne z égal à la demi-circonférence priſe tant de fois qu'on voudra; de ſorte que dans cette progreſſion géométrique que forment ou que ſont cenſés former les nombres ou quantités $x + \sqrt{(xx-1)}$, le premier terme 1 eſt réel ainſi que le dernier -1, & que tous les autres ſont imaginaires. Voilà donc une progreſſion géométrique dont les deux termes extrêmes ſont 1 & — 1, c'eſt-à-dire, réels l'un & l'autre, & de ſigne contraire, & dont tous les autres termes, moyens entre ceux-là, ſont imaginaires, le terme du milieu qui répond à $x = 0$, ou à $z = 90^\circ$, étant $\sqrt{-1}$, & ayant pour logarithme $\frac{90^\circ}{\sqrt{-1}}$.

Dans le ſecond Volume des *Mém. de Turin*, p. 342 & ſuiv. on convient & même on démontre que la logarithmique a deux branches égales & ſemblables, l'une au-deſſus, l'autre au-deſſous de ſon aſymptote. Or de-là il me ſemble évident que les quantités négatives peuvent auſſi bien avoir des logarithmes réels que les quantités poſitives.

Le P. Venini, ſavant Géometre, qui nous a donné de très-bons *Elémens de Mathématique* en langue Italienne, dit à la page 238 du premier Volume, que cette controverſe ſur les logarithmes réels des quantités négatives, eſt une *queſtion de nom;* & je ne m'éloigne pas de penſer comme lui, dans ce ſens, que la valeur de ces logarithmes dépend abſolument du genre de la progreſſion où ces quantités négatives peuvent ſe trouver, & du ſyſtême de logarithmes qu'on a choiſi; comme les propoſitions connues ſur les logarithmes dépendent de l'hypothèſe que le log. de 1 ſoit toujours pris pour 0, ce qui ſuppoſe tacitement qu'on fait entrer la quantité réelle 1 dans la ſuite des quantités réelles ou imaginaires, poſitives ou négatives, qu'on conſidere comme formant une progreſſion géométrique, & ayant par conséquent des logarithmes qui leur répondent, ou ce qui revient au même, une progression arithmétique correspondante; progression dont la forme est d'ailleurs absolument arbitraire, puisqu'elle est déterminée par cette seule condition, que le terme qui répond, dans cette progression arithmétique, au terme 1 de la progression géométrique (terme qu'on suppose toujours tacitement dans cette derniere progression) est égal à zéro.

On voit encore par l'équation $\frac{z}{\sqrt{-1}}$ = logarith. $[x + \sqrt{(xx-1)}$ donnée ci-dessus, que $x = 1$, a non-seulement zéro pour logarithme, mais $\frac{n\pi}{\sqrt{-1}}$, π étant la circonférence & n un nombre entier quelconque positif ou négatif. Voilà donc plusieurs valeurs de log. 1, quoique la progression naturelle des nombres réels & positifs, ne donne ou plutôt ne semble donner que zéro pour cette valeur. On ne doit donc pas, ce me semble, s'en tenir à cette seule progression des nombres naturels, réels & positifs, pour en tirer des assertions générales sur la valeur des logarithmes, & par conséquent pour en conclure que les nombres négatifs ne peuvent avoir de logarithmes réels.

Addition pour la page 143, après ces mots, qui terminent le premier alinea, comme les Géometres le savent.

En effet, soit imaginée une hyperbole qui ait pour abscisses BC (Fig. 12) $= z$, & pour ordonnées $\frac{bb}{z}$, bb

étant un quarré constant & fini; on sait que l'aire de cette hyperbole est infinie; donc puisque l'aire indéfinie de la logarithmique *ABCD*, n'est que finie, l'aire de l'hyperbole renfermera celle de la logarithmique, surtout vers l'extrémité *D*. D'où il est aisé de conclure que prenant $BO = CD$ & infiniment petit, on aura BO ou $c^{-z} < \frac{bb}{z}$; donc zc^{-z} ou $BO \times BC < bb$. Donc $BO \times BC$ ou $BC \times CD$ est moindre qu'une quantité finie bb prise à volonté. Donc $BC \times CD$ est infiniment petit. Il est d'ailleurs aisé de voir que l'aire de l'hyperbole étant infinie vers son extrémité, & l'aire de la logarithmique finie, & chacune de ces deux aires étant infinie en longueur, il s'ensuit nécessairement que quand z est infinie ou même très-grande, l'ordonnée $\frac{bb}{z}$ de l'hyperbole doit être infiniment plus grande que l'ordonnée correspondante c^{-z} de la logarithmique.

Addition pour la page 187.

Je me suis apperçu après l'impression, qu'à la ligne 2 de cette page, il faut non pas *doubler*, comme je l'ai dit, mais *quadrupler* l'intégrale, comme il est très-aisé de le voir. En conséquence, il faut p. 188, *art.* 119, lig. 5, & p. 192, *art.* 130, lig. 5, lire $-2\pi Gm^2r$ au lieu de $-\pi Gm^2r$; d'où il est clair qu'à la page 194, ligne 2, on aura $\frac{3Gm^2}{2}$ au lieu de $\frac{3Gm^2}{4}$; à la page

195,

195, ligne 4, $\frac{3 \epsilon M}{2}$ au lieu de $\frac{3 \epsilon M}{4}$; à la page 196, ligne 5, $- \epsilon M$ au lieu de $- \frac{\epsilon M}{2}$, & par conséquent ligne 8, $- M$ au lieu de $- \frac{M}{2}$, & ligne derniere, $\frac{4}{3 \cdot 5}$ au lieu de $\frac{2}{3 \cdot 5}$; d'où il s'ensuit qu'on aura, page 197, lignes 2 & 6, $\frac{6}{24}$ ou $\frac{1}{4}$ au lieu de $\frac{5}{24}$.

On prie le Lecteur de corriger ces légeres méprises de calcul.

Addition pour le L. Mémoire, § I, art. 9, pag. 309.

Nous avons supposé dans la Théorie dont il s'agit ici, que la Comete C est poussée vers J par une force $= \frac{J}{\xi^2}$, ce qui n'est pas rigoureusement exact, la Comete C devant être censée sollicitée par une force $= \frac{J + C}{\xi^2}$. Il faut donc supposer, pour l'exactitude de la solution, que la masse C est très-petite par rapport à J. Si elle ne l'est pas, alors il faut résoudre le problême, en regardant C comme indéterminée, & les observations du mouvement de la Comete pourront donner, au moins par une espéce de tâtonnement, le rapport de C à J.

Le cas où la Comete est fort près de la Planete perturbatrice, a encore un autre inconvénient; c'est que l'action de la Comete C sur cette Planete J, & par conséquent l'effet qui en résulte sur l'orbite décrite par la Comete, peut déranger sensiblement l'orbite de la Planete J. Mais cet inconvénient ne peut avoir lieu, que dans le cas où la masse C sera telle, que $\frac{C}{\xi^2}$ soit comparable à $\frac{S}{x^2}$; or il faut ici faire abstraction de ce cas-là, parce que si l'effet de la force $\frac{C}{\xi^2}$ étoit considérable, la Planete perturbatrice en seroit absolument dérangée, & son orbite autour du Soleil très-considérablement altérée; circonstance qu'on ne suppose pas qui arrive dans le problême des Cometes, tel qu'on l'a envisagé jusqu'à présent.

Au reste, on peut encore, dans le cas dont il s'agit, supposer, pour plus de simplicité, le centre de gravité commun de la Comete & de la Planete J, éloigné de la distance ξ' de la Comete C, & chercher l'orbite de cette Comete autour de ce centre de gravité, & l'orbite de ce centre de gravité autour du Soleil. Voyez le §. II qui suit dans le présent Mémoire. On essayera, parmi différentes suppositions sur la position du centre de gravité des corps C & J, celle qui paroîtra satisfaire le plus aux observations. On trouvera au reste dans l'Addition suivante une autre solution du même problême, dont on pourra aussi faire usage, si on la juge plus facile & plus commode à certains égards & dans certains cas.

Autre Addition pour le L. Mémoire, §. I, art. 9, page 309.

Je suppose qu'on ait ici sous les yeux le XII Mémoire de nos *Opuscules*, Tome II, §. XIII & XIV, p. 106 & suiv. & les Figures qui y sont relatives. Cela posé, il est clair (Fig. 12 de ce second Volume) que le petit satellite γ qu'on a supposé à la Comete, est censé sollicité par trois forces; la premiere vers le point $i = \frac{J}{i\gamma^2}$; la seconde vers le point $S = \frac{S+C}{\gamma S^2} - \frac{2(S+C)C\gamma \operatorname{cos}. \gamma Si}{\gamma S^3}$; la troisiéme perpendiculaire à γS & $= \frac{(S+C)C\gamma \operatorname{fin}. \gamma Si}{\gamma S^3}$. Or pendant ce temps le point i se meut autour de S, avec une force centrale $= \frac{S+J}{SJ'^2} \times \frac{Si}{SJ'} = \frac{S+J}{SJ'^2} \times \frac{S}{S+J} = \frac{S}{SJ'^2} = \frac{S}{Si^2} \times \frac{S^2}{(S+J)^2}$. D'où il s'ensuit que si la distance de la Comete C à la Planete J', & par conséquent celle du satellite γ au point i, est très-petite, on peut regarder le point γ comme se mouvant autour du point i, en vertu d'une force $= \frac{J}{i\gamma^2}$, & étant de plus troublé par les forces $\frac{S+C}{\gamma S^2} \times \left(1 - \frac{2C\gamma \operatorname{cos}. \gamma Si}{\gamma S}\right)$ & $\frac{(S+C)C\gamma \operatorname{fin}. \gamma Si}{\gamma S^3}$, tandis que le point i est poussé vers S par une force $= \frac{S}{J'S^2}$. Or comme CJ' (*hyp.*) est fort petit par rapport à JS, & que $C\gamma$ est parallèle à SJ', il est aisé de voir 1°. que cos. γSi est presque $= 1$, & sin. γSi presque $= 0$. 2°. Que les forces perturbatrices du point γ se réduiront par conséquent sensiblement à une seule force perturbatrice dans la direction de γS, & égale à $\frac{S+C}{\gamma S^2}\left(1 - \frac{2C\gamma}{\gamma S}\right) - \frac{S}{J'S^2}$. Par-là on pourra trouver l'orbite de γ autour de i, lorsque γ & i sont très-proches l'un de l'autre par rapport à leur distance de S. En effet, on a 1°. $\gamma S = CS - C\gamma$ à très-peu près, puisque $C\gamma$ est parallèle à $J'S$, & que $J'S$ fait (*hyp.*) un angle très-petit avec CS, CJ' étant supposé très-petit par rapport à $J'S$. 2°. $CS = J'S - CJ' \times$ cosin. γiS. Donc la force perturbatrice est $\frac{S+C}{(J'S - CJ' \text{cos.}\, \gamma iS - \gamma C)^2} \times \left(1 - \frac{2C\gamma}{\gamma S}\right) - \frac{S}{J'S^2} = \frac{C}{J'S^2} + \frac{(S+C) . 2CJ' \text{cos.}\, \gamma iS}{J'S^3}$ à très-peu près. 3°. Dans cette expression la force $\frac{C}{J'S^2}$ est inconnue, parce que la masse C est inconnue; mais il faut remarquer que le point S autour duquel se meut le point i, est attiré par une force $= \frac{S}{CS^2}$, qu'il faut transporter en sens contraire au point i, & qui est égale à $\frac{C}{(J'S - CJ' \text{cos.}\, \gamma iS)^2} = \frac{C}{J'S^2} + \frac{2C . CJ' \text{cos.}\, \gamma iS}{J'S^3}$. Ainsi la force perturbatrice $\frac{C}{J'S^2}$ étant commune aux points i

& γ qu'on ſuppoſe tourner autour du point S, on peut n'y point avoir égard. Par conſéquent il ne reſtera proprement de force perturbatrice au point γ que la force $\frac{S \times 2\, CJ' \,\text{coſ.}\, \gamma i S}{J' S^3}$ dans la direction du rayon vecteur γS. Mais il faut remarquer que dans le cas préſent le point J' étant ſollicité vers C par une force $\frac{C}{CJ'^2}$ dont l'effet peut être ſenſible, le point i, dont l'orbite eſt à celle du point J' en raiſon de Si à SJ', eſt ſollicité vers γ par une force $= \frac{C}{CJ'^2} \times \frac{Si}{SJ} = \frac{C}{CJ'^2} \times \frac{S}{S+J}$; par conſéquent l'orbite décrite par le point γ autour de i eſt décrite en vertu d'une force égale à très-peu près à $\frac{C+J}{CJ'^2}$ ou $\frac{C+J}{\gamma i^2}$; ainſi dans le cas où la maſſe C eſt comparable à la maſſe J, la difficulté eſt la même que dans l'Addition précédente, & il ne paroît pas que la conſidération du ſatellite γ diminue beaucoup cette difficulté.

Autre Addition pour le L. Mémoire, §. I, pag. 309 & 310, à la fin des art. 9 & 10.

On peut, dans le cas où la force perturbatrice eſt très-comparable à la force centrale, conſidérer que cet inconvénient ne ſauroit avoir lieu que tandis que la Planete & la Comete décrivent une très-petite portion de leur orbite; que cette portion differe par conſéquent très-peu d'une ligne droite; qu'ainſi en nommant x la valeur connue qu'auroit le rayon vecteur, ſi l'orbite étoit rectiligne, on peut ſuppoſer à ce rayon une valeur $= x + z$, z étant une quantité très-petite, dont on pourra négliger dans le calcul le quarré & les puiſſances plus hautes; ce qui pourra fournir des moyens de déterminer la portion cherchée de l'orbite par des méthodes aſſez exactes d'approximation.

Addition pour la page 311, *à la fin de l'art.* 11 *du* §. I *du L. Mémoire.*

Le cas que nous venons de diſcuter, où $n = 6$, c'eſt-à-dire, où la diſtance de la Lune à la Terre eſt ſuppoſée plus grande qu'elle n'eſt en effet, eſt à la vérité un cas purement métaphyſique & qui n'exiſte point réellement; mais il peut être en ſoi aſſez intéreſſant de le diſcuter. D'ailleurs on peut remarquer en paſſant que le cas où 180 feroit $= n'^3$, feroit celui où le mois périodique de la Lune feroit d'une année, & où par conſéquent la Lune pourroit nous éclairer conſtamment pendant tout le temps de l'abſence du Soleil. Voyez nos *Mélanges de Philoſophie*, Tome V, pag. 59. En effet, la force perturbatrice $\frac{Sn'\xi}{x^3}$ feroit en ce cas à la force centrale $\frac{T+L}{n'^2\xi^2}$, comme $\frac{S\xi^3}{(T+L)x^3}$ ou $\frac{1}{180}$, eſt à n'^3; or le rapport de ces forces centrales eſt celui des quarrés des temps périodiques. Donc ſi $180 = n'^3$, ces temps ſont égaux. Donc, &c.

Addition pour le L. Mémoire, §. II, à la fin, page 324.

Nous avons remarqué, Tome II des *Recherches sur le Systême du Monde*, art. 232, que le calcul des perturbations réciproques de Jupiter & de Saturne dépendoit de l'intégration d'une quantité de cette forme $\frac{ds.s^{\frac{n}{2}}}{\sqrt{(1-\frac{(s-a)^2}{b^2})}}$, laquelle dépend elle-même de la rectification des sections coniques. Nous ajouterons ici que si $n=-3$, cette quantité ne dépend que de la rectification d'une ellipse. En effet, nous avons fait voir (*Mém. de Berlin* 1746, art. XXIX, pag. 211) que l'intégration de $\frac{s^{-\frac{3}{2}}ds}{\sqrt{(A+Bs+Css)}}$ dépend uniquement de celle de $\frac{ds\sqrt{s}}{\sqrt{(A+Bs+Css)}}$; d'où il s'ensuit que l'intégration de $\frac{s^{-\frac{3}{2}}ds}{\sqrt{(1-\frac{(s-a)^2}{b^2})}}$ dépend de celle de $\frac{ds\sqrt{s}}{\sqrt{(1-\frac{(s-a)^2}{b^2})}}$, ou $\frac{ds\sqrt{s}}{\sqrt{(b^2-a^2+2as-ss)}}$. Or b étant ici $< a$, cette différentielle dépend de la rectification de l'ellipse seule. Voyez *Mém. de Berlin* 1746, pag. 203, art. XV. De-là il est aisé de conclure qu'on peut, par la seule rectification de l'ellipse, déterminer les perturbations de Saturne & de Jupiter, en faisant abstraction de l'excentricité de ces deux Planetes. Mais si on a égard à cette excentricité, alors n n'étant plus égal à -3, l'intégration dépend à-la-fois de la rectification de l'ellipse & de celle de l'hyperbole; & par conséquent il pourroit être moins commode d'employer cette méthode, que quand le problême se réduit à la seule rectification de l'ellipse, qu'on peut trouver par différentes méthodes connues d'approximation.

Suivant ce que j'ai démontré dans les *Mém. de Berlin* 1746, p. 201, la différentielle $\frac{ds\sqrt{s}}{\sqrt{(bb-aa-ss+2as)}}$, dépend de la rectification d'une ellipse, dont un des demi-axes est $\sqrt{(aa-bb)}$, & dont l'autre demi-axe, que j'appelle r, doit être tel que $2ar-rr=aa-bb$, ce qui donne $bb=(a-r)^2$ ou $b=a-r$, & $r=a-b$. Les abscisses x de cette ellipse, prises depuis le centre, doivent être telles que $xx=\frac{rs-rr}{q-1}$, ou $xx=\frac{rr-rs}{1-q}$, q étant le rapport du quarré $aa-bb$ de la moitié d'un des axes au quarré $(a-b)^2$ de la moitié de l'autre. Or on a (*Recherches sur le Systême du Monde*, seconde Partie, p. 66) $s=a+b$ cos. Z, & par conséquent $s-r=b$ cos. $Z+b$; donc xx ou $\frac{rs-rr}{q-1}=(a-b)(b+b \text{ cos. } Z)$ divisé par $\frac{aa-bb}{(a-b)^2}-1$, c'est-à-dire, par $\frac{a+b}{a-b}-1$, ou $\frac{2b}{a-b}$; donc $xx=\frac{(a-b)^2}{2}\times(1+\text{cos. } Z)$. D'où l'on l'on voit 1°. que si Z est égal à o, ou à la circonférence prise un nombre entier de fois, on a $x = a - b$, 2°. que x est $=$ o lorsque cos. $Z = -1$, c'est-à-dire, lorsque Z est égal à la moitié de la circonférence prise un nombre impair de fois. De-là il est aisé de conclure (Voyez *Recherches sur le Systême du Monde*, seconde Partie, pag. 66) que la quantité que nous avons nommée A, dépend ici de la rectification d'une ellipse *entiere*, dont les demi-axes sont $\sqrt{(aa - bb)}$ & $a - b$; ou en général de la rectification d'une ellipse *entiere*, dans laquelle le rapport du quarré des deux axes est celui de $a - b$ à $a + b$.

Addition pour le L. Mémoire, §. III, *art.* 9, *page* 328, & *art.* 11, *page* 329.

Dans ces valeurs de tang. ω & de k, on n'a poussé le calcul que jusqu'aux quantités de l'ordre de $\gamma\delta$, en se contentant d'indiquer qu'il peut être poussé plus loin, ce qui est très-facile par les formules connues. Il est en effet essentiel, sur-tout dans la valeur de tang. ω, d'avoir égard de plus aux quantités de l'ordre de $\gamma^2\delta^2$, pour avoir l'équation séculaire du mouvement de l'apogée; comme il résulte évidemment des articles qui suivent l'*art.* 9 dont il est question ici. Or pour avoir ces quantités de l'ordre de $\gamma^2\delta^2$, il faut, au lieu de ζ sin. $(\gamma\zeta + \gamma\delta)$, écrire ζ sin. $\gamma\zeta + \zeta\gamma\delta$ cos. $\gamma\zeta - \frac{\zeta\gamma^2\delta^2}{2} \times$ sin. $\gamma\zeta$, & au lieu de ζ cos. $(\gamma\zeta + \gamma\delta)$, il faut écrire ζ cos. $\gamma\zeta - \zeta\gamma\delta$ sin. $\gamma\zeta - \frac{\zeta\gamma^2\delta^2}{2} \times$ cos. $\gamma\zeta$; de maniere que tang. ω se réduira à une quantité de cette forme $\frac{A + B\gamma\delta + C\gamma^2\delta^2}{A' + B'\gamma\delta + C'\gamma^2\delta^2}$, qu'il est aisé de réduire à une autre de cette forme $A' + B''\gamma\delta + C''\gamma^2\delta^2$, $\gamma\delta$ étant regardé comme fort petit. On trouvera de même très-aisément les quantités de l'ordre de $\gamma^2\delta^2$ qui entrent dans la valeur de k. Mais ces quantités seront moins nécessaires à considérer, par la raison que l'équation séculaire de l'excentricité k est suffisamment déterminée par les quantités de l'ordre de $\gamma\delta$; au lieu que les quantités de l'ordre de $\gamma^2\delta^2$ doivent entrer nécessairement dans l'équation séculaire du mouvement de l'apogée.

Connoissant la valeur de tang. ω, que je suppose $E + F\gamma\delta + G\gamma^2\delta^2$, il est encore très-facile d'avoir la valeur de l'angle ω. Car soit H l'angle dont la tangente est E, on aura $\omega = H + \nu$, ν étant un fort petit angle; & en supposant $F\gamma\delta + G\gamma^2\delta^2 = \mu$, on trouvera aisément que sin. $\nu = \frac{\mu}{\sqrt{(1 + EE)}} \times \frac{1}{\sqrt{(1 + EE + 2E\mu + \mu\mu)}}$; on réduira cette quantité en serie, en négligeant les quantités d'un ordre supérieur à μ^2, & on aura la valeur de sin. $\nu = L\mu + M\mu^2$; or comme ν (*hyp.*) est fort petit, & que la différence de l'angle ν & de son sinus seroit de l'ordre de ν^3, on peut mettre au lieu de ν cette valeur $L\mu + M\mu^2$; de ſorte que l'angle cherché ω ſera $= H + L\mu + M\mu^2 = H + L.F\gamma\delta + L.G\gamma^2\delta^2 + M.F^2\gamma^2\delta^2$.

Il eſt encore bon de remarquer, que comme les quantités α & β, quoique très-petites, ſont ſuppoſées du même ordre, & que tous les termes ſont ici affectés de puiſſances de $\frac{\beta}{\alpha + \beta \text{ coſ. } \gamma\zeta}$, il n'y a dans les valeurs de ω & de k, de quantités réellement très-petites que $\gamma\delta$ & $\gamma^2\delta^2$.

Addition pour le L. Mémoire, §. III, art. 12, page 329 & 330.

Il eſt aiſé de voir que les deux termes α coſ. $N\zeta + \beta$ coſ. $(N\zeta + \gamma\zeta)$ qu'on ſuppoſe ſe trouver dans l'expreſſion du rayon vecteur, produiront une équation du centre $= \frac{2\alpha \text{ ſin. } N\zeta}{N} + \frac{2\beta \text{ ſin. } (N\zeta + \gamma\zeta)}{N+\gamma}$. Soit maintenant propoſée une quantité α' ſin. $N\zeta + \beta'$ ſin. $(N\zeta + \gamma\zeta)$ à réduire à k' ſin. $(N\zeta + \omega')$; on trouvera aiſément par une méthode ſemblable à celle de l'*art.* 2, p. 325, tang. $\omega' = \frac{\beta' \text{ ſin. } \delta'}{\alpha' + \beta' \text{ coſ. } \delta'}$, & $k' = \sqrt{(\alpha'^2 + \beta'^2 + 2\alpha'\beta' \text{ coſ. } \delta')}$; on mettra dans ces quantités au lieu de α', β', δ', leurs valeurs $\frac{2\alpha}{N}$, $\frac{2\beta}{N+\gamma}$ & $\gamma\zeta + \gamma\delta$, & on trouvera aiſément que l'équation ſéculaire de k' ſera égale à $\frac{2\beta\alpha\gamma\delta \text{ ſin. } \gamma\zeta}{N(N+\gamma)}$, diviſé par $\sqrt{\left(\frac{\alpha^2}{N^2} + \frac{\beta^2}{(N+\gamma)^2} + \frac{2\alpha\beta \text{ coſ. } \gamma\zeta}{N(N+\gamma)}\right)}$; or on a vu (*art.* 9, p. 328) que l'équation ſéculaire de l'excentricité eſt $\frac{\beta\alpha\gamma\delta \text{ ſin. } \gamma\zeta}{\sqrt{(\alpha^2 + \beta^2 + 2\alpha\beta \text{ coſ. } \gamma\zeta)}}$; d'où il eſt clair que l'inégalité ſéculaire de l'équation du centre eſt proportionnelle à celle de l'excentricité, & à peu près égale au double de cette excentricité, ſi N eſt preſque $= 1$ & γ fort petit, comme il arrive dans la Théorie de Jupiter & de Saturne. Mais ſi N, par exemple, étoit fort différent de l'unité, alors on ne pourroit pas ſuppoſer que l'équation ſéculaire de k' fût à peu près le double de celle de k.

Addition pour le L. Mémoire, §. IV, art. 6, page 338.

La remarque que nous faiſons ici ſur l'exactitude de la ſolution que M. Euler a donnée après la nôtre, pourroit faire croire auſſi que la ſolution de M. Simpſon eſt exacte, parce que s'il a pris la force centrifuge égale à la valeur qu'on lui trouve dans l'hypothèſe de la courbe rigoureuſe, il a pris auſſi le ddx égal à la moitié de la valeur qu'on doit lui trouver dans la différentiation priſe à l'ordinaire. Mais cette prétendue juſtification de la ſolution de M. Simpſon ſeroit ſans fondement; car il eſt aiſé de voir, en examinant cette ſolution, qu'il a pris le ddx ſuivant les régles ordinaires de la différentiation, & que l'erreur qu'il a commiſe, eſt d'avoir pris pour ddx la différence de PH & de DO (Fig. 41), ou ce qui eſt la même choſe, de DO & de BC, & non pas, comme il le devoit, la différence de PH

& de *EH*, c'est-à-dire, de *PH* & de *BC*, à cause de *BC* = *EH*.

J'ajouterai encore ici deux observations ; la premiere, c'est que d'habiles Géometres, comme je l'ai reconnu depuis la composition de cet écrit, ont remarqué l'erreur de M. Simpson sur le *ddx*; mais si en corrigeant cette erreur on laisse en même-temps subsister l'expression donnée par M. Simpson sur la force centrifuge, il en viendra un résultat fautif, & différent du résultat vrai, que donne, par une compensation de méprises, la solution doublement erronée de M. Simpson.

Ma seconde observation est qu'en employant une méthode plus rigoureuse & plus exactement analytique que celle de M. Simpson, on peut trouver par un calcul assez facile le rapport des deux forces dont il s'agit. (Voyez Tome V de nos *Opuscules*, p. 283, art. 57). C'est ce que M. de la Grange a pris la peine de faire, dans une Lettre qu'il m'a fait l'honneur de m'écrire, en date du 20 Novembre 1769; & le résultat de l'analyse rigoureuse qu'il donne dans cette Lettre du problême dont il s'agit ici, est qu'en effet le rapport des deux forces est tel que l'avance M. Simpson, mais non pas tel qu'il le démontre. Cette analyse de M. de la Grange acheveroit de lever tous les doutes sur ce sujet, s'il pouvoit en rester encore. C'est pourquoi nous nous abstiendrons d'en dire davantage & sur la solution de M. Simpson, & sur les autres solutions peu exactes que d'autres Géometres ont donnée du même problême.

Addition pour le LI. Mémoire, §. I, art. 16, page 370.

Dans l'équation $g = A(f + b + c)$ nous avons donné le même coefficient A aux quantités ou puissances f, b, c, parce qu'il faut que ces quantités puissent être mises indifféremment l'une à la place de l'autre dans l'équation, de maniere qu'il en résulte toujours la même valeur de g; en conséquence il n'y a point de raison pour que l'une ait un coefficient différent de l'autre dans cette même équation.

Au reste, si on veut envisager la chose d'une maniere encore plus générale, on peut considérer que $g = A(f + b)$ étant la puissance qui résulte de f & de b, celle qui résultera de f, b, c, ou de g & c, sera $A(g + c)$, ou en général, si l'on veut, $B(g + c) = BAf + BAb + Bc$, qui doit être $= f$ lorsque $c = -b$; d'où l'on tire $BA = 1$, & $BA - B = 0$, & par conséquent $A = 1$, & $B = 1$.

Dans l'*art.* 17 qui suit (même page 370), si on suppose de même pour plus de généralité $g = A(f + b)$ & $f = Bg - Bb$, on aura $\frac{g - Ab}{A} = Bg - Bb$; d'où l'on tire $AB = 1$ & $-A = -AB$. Donc $A = 1$, & $B = 1$.

On peut remarquer encore que f & b, ou ce qui est la même chose, f & n étant donnés, g est donné & déterminé; d'où il s'ensuit que dans l'équation $g =$

$f\varphi n$, on ne doit pas ſuppoſer que la fonction φn change de forme ſuivant les différentes valeurs de n ; autrement la valeur de g feroit indéterminée. En effet, prenons pour φn, ou, ce qui revient au même, pour $\Delta(1+n)$, pag. 369, une quantité quelconque de la forme qu'on voudra, comme $A + Bn^2 + Cn^3$, &c. ou telle autre à volonté; ſoit ſuppoſé $n =$ à un nombre donné a; & dans l'équation de condition $\frac{\Delta(1+n)}{n} = \Delta\left(\frac{1+n}{n}\right)$, ou mettons a pour n; il eſt clair qu'en faiſant varier à volonté les coefficiens B, C, par exemple, on déterminera le coefficient A à être tel qu'il ſatisfaſſe à cette équation ; d'où il eſt viſible que pour une valeur de $n = a$, il y a une infinité, & même une infinité d'infinité de formes à donner à φn pour ſatisfaire à l'équation $\frac{\Delta(1+n)}{n} = \Delta\left(\frac{1+n}{n}\right)$; & comme oette équation de condition eſt la ſeule de laquelle dépende la valeur, déterminée & unique, de φn ou de g, il s'enſuit que φn ne peut être ſuppoſée une fonction variable pour chaque valeur de n, mais que φn eſt une fonction toujours de la même forme, quelle que ſoit la valeur de n.

Addition pour le LI. Mémoire, §. III, *art.* 6, *page* 377.

On peut encore prouver directement de la maniere ſuivante que ſi $x = Et^p$, (p étant poſitif, comme il est nécessaire) l'exposant n de l'équation $du = Au^n dt$ ne sauroit être à-la-fois > 1 & < 2. En effet, l'équation $x = Et^p$, donne $\frac{dx}{dt}$ ou $u = At^{p-1}$, & $t = Bu^{\frac{1}{p-1}}$; & de plus on a encore $\frac{ddx}{dt^2} = Ct^{p-2}$ ou $du = Cu^{\frac{p-2}{p-1}}$. Or il est clair 1°. que si p est > 1; on aura $\frac{p-2}{p-1} < 1$, & par conséquent $n < 1$. 2°. Que si p est < 1, on aura $\frac{p-2}{p-1}$ ou $\frac{2-p}{1-p} > 2$. Donc n ne sauroit être à-la-fois > 1 & < 2.

De-là il s'ensuit que si n est > 1 & < 2 dans l'équation $du = Au^n dt$ ou $du = Au^{n-1} dx$, l'équation entre x & t qui en résultera ne sauroit être supposée de la forme $x = Et^p$, dans laquelle il n'entre que deux termes, p étant un nombre entier positif, comme il le doit toujours être.

Addition pour le LI. Mémoire, §. IV, art. 23, page 390.

Cette maniere de considérer les particules du fluide comme se mouvant, non-seulement dans des tuyaux différens & très-petits, (ainsi que je l'ai supposé le premier, Tome I *Opusc.* p. 157) mais ce qui n'est pas moins essentiel, & ce que personne n'a fait encore, dans des tuyaux infiniment petits qui changent d'un instant à l'autre, peut

peut donner, comme l'on voit, un résultat très-différent de celui qu'on auroit en supposant que ces tuyaux demeurent les mêmes pendant deux instans consécutifs. Il pourroit, par exemple, très-bien se faire, en imaginant les tuyaux variables dans deux instans consécutifs, que l'équation $uu = 2ph$, qu'on trouve lorsque l'ouverture est fort petite, ne fût pas exactement vraie dans tous les cas, & dans d'autres vases que des vases cylindriques; par la raison que cette équation $uu = 2ph$ dépend de la nullité, au moins sensible, du terme $\int \frac{dx\delta y}{y^2}$, & que cette nullité, ou *presque-nullité*, dépend de la valeur de $\int dx\delta y$, qui pourroit être nulle ou comme nulle dans un vaisseau cylindrique, & peut-être ne l'être pas dans un vaisseau non-cylindrique. C'est ce que nous pourrons développer ailleurs plus au long, s'il nous reste assez de santé pour pouvoir encore nous livrer aux spéculations Mathématiques.

Addition pour le LI. Mémoire, §. VI, art. 5; page 396.

Il faut bien remarquer que quoiqu'on puisse supposer séparément $T\times S = Ac^{ft}\times(\alpha c^{gs} + \alpha' c^{g's})$, & $T\times S = A'c^{f't}\times(\alpha'' c^{g''s} + \alpha''' c^{g'''s})$, on ne peut supposer $T\times S$ égal à la somme de ces produits, parce qu'alors cette somme totale ne seroit pas égale au produit d'une fonction T de t par une fonction S de s, comme la condition du problême l'exige. En effet, soit, par exemple, supposé plus bas, *art.* 8, page 396, $\varphi(t+as) = \alpha A c^{f(t+as)} + \gamma A' c^{f'(t+as)}$, & $\Psi(t+bs) = \alpha' A c^{f(t+bs)} + \gamma' A' c^{f'(t+bs)}$, on aura $\varphi(t+as) + \Psi(t+bs) = (\alpha A + \alpha' A) c^{ft} \times (c^{fas} + c^{fbs}) + (\gamma A' + \gamma' A') c^{f't} \times (c^{f'as} + c^{f'bs})$ = à la somme des deux produits $T \times S + T' \times S'$, & non pas à un seul produit de la forme $T \times S$.

Addition pour le LI. Mémoire, §. VI, art. 14, *page* 399.

Pour faire sentir que la solution peut n'être pas possible dans tous les cas, remarquons que pour satisfaire, par exemple, à l'équation $\varphi(t+as) + \Psi(t+bs) = T \times S$, on a $\varphi(t+as) = Mc^{f(t+as)}$ & $\Psi(t+bs) = Nc^{f(t+bs)}$. Donc si on fait $s = t$, on aura $\varphi[(1+a)t] + \Psi[(1+b)t] = Mc^{ft(1+a)} + Nc^{ft(1+b)} = c^{ft} \times (Mc^{fat} + Nc^{fbt})$. Si donc en faisant s égal à t, on veut que $\varphi(kt) + \Psi(k't) = \Delta t \times \Gamma t$, il faudra que l'on puisse supposer non-seulement $f + af = k$, & $f + bf = k'$, ce qui est toujours possible, mais encore $\varphi(kt) = M\varphi(kt)$, $\Psi(k't) = N\varphi(k't)$, $\Delta t = \varphi\left(\frac{kt}{1+a}\right)$, $\Gamma t = M\varphi\left(\frac{kat}{1+a}\right) + N\varphi\left(\frac{k'bt}{1+b}\right)$ & $\frac{k}{1+a} = \frac{k'}{1+b}$. Si donc on propose, par exemple, cette équation de condition $M\varphi(kt) + N\varphi(k't) = G\varphi(mt) \times H.\Gamma t$, ou simplement $= \varphi(mt) \times L.\Gamma t$; il faudra, pour l'application de la solution présente, que $L.\Gamma t$ soit égal à $M\varphi mat + N\varphi mbt$, a & b étant tels que $1+a=\frac{k}{m}$, & $1+b=\frac{k'}{m}$, & ainſi du reſte. Cette remarque ſuffit pour mettre le Lecteur à portée de déterminer, dans les autres problêmes ſemblables, les cas où la ſolution ſera poſſible, & de donner à la méthode que nous propoſons ici, toute l'étendue dont elle eſt ſuſceptible, lorſqu'on appliquera la ſolution générale au cas de $s=t$. Nous ne prétendons pas au reſte que la ſuppoſition de $s=t$, dans cette ſolution générale, doive donner ſans reſtriction la ſolution de tous les problêmes où il s'agira de déterminer une fonction inconnue d'une ſeule inconnue t, par quelque propriété de cette fonction; mais nous ne nous étendrons pas davantage ici ſur ce ſujet.

Fin du Sixiéme Volume.

Fautes à corriger dans ce Sixiéme Volume.

PAGE 112, *art.* 24, 26, 27 & 28, *lisez par-tout* $K'N'$, *au lieu de* KN', & $K'O'$, *au lieu de* KO'.

Page 187, *ligne* 2, *au lieu de* doubler, *lisez* quadrupler, & *voyez pour la suite de cette correction, l'Appendice ci-dessus, pag.* 424 & 425.

Page 335, *ligne* 16, *au lieu de* échappée, *lisez* échappé.

Fautes à corriger dans le Cinquiéme Volume.

PAGE 193, *ligne* 4, *au lieu de* $\beta\sqrt{-1}$, *lisez* β.

Page 242, *art.* 14 & *suiv.* il s'est glissé dans ces articles quelques légeres méprises de calcul, qui sont corrigées dans le Tome IV des *Mémoires de Turin*, pag. 151.

Page 277, *ligne derniere*, & *page* 278, *ligne* 4 *à compter d'en bas, au lieu de* $\frac{Gff}{2}$, *lisez* Gff.

Page 298, *ligne* 5, *au lieu de* la tangente de l'inclinaison, *lisez* l'inclinaison.

Page 471, *ligne* 9, *effacez cette phrase*, ni même égal à une quantité constante indépendante de la densité des milieux, & *voyez de plus quelques autres corrections, indiquées dans ce Sixiéme Volume, page* 281.

Page 496, *ligne* 11, *après le terme* $+\zeta d\pi^2$, *ajoutez le terme* $+\varrho\, dt\, d\pi$.

Errata pour la seconde Edition, donnée en 1770, *du* Traité de l'Equilibre & du mouvement des Fluides.

Page 135, *ligne* 9, *à compter d'en bas, au lieu de* $-sdq$, *lisez* $+sdq$.

www.ingramcontent.com/pod-product-compliance
Ingram Content Group UK Ltd.
Pitfield, Milton Keynes, MK11 3LW, UK
UKHW012146240726
13966UKWH00001B/172